奶牛异常症状的鉴别诊断与治疗

张子威　邢厚娟　主编

中国农业科学技术出版社

图书在版编目（CIP）数据

奶牛异常症状的鉴别诊断与治疗／张子威，邢厚娟主编．—
北京：中国农业科学技术出版社，2014.8

ISBN 978－7－5116－1795－8

Ⅰ.①奶…　Ⅱ.①张…②邢…　Ⅲ.①乳牛－牛病－诊疗
Ⅳ.①S858.23

中国版本图书馆 CIP 数据核字（2014）第 198563 号

责任编辑　　朱　绯
责任校对　　贾晓红

出 版 者　　中国农业科学技术出版社
　　　　　　北京市中关村南大街 12 号　邮编：100081
电　　话　　(010)82106626(编辑室)　　(010)82109704(发行部)
　　　　　　(010)82109709(读者服务部)
传　　真　　(010)82109707
网　　址　　http://www.castp.cn
经 销 者　　各地新华书店
印 刷 者　　北京富泰印刷有限责任公司
开　　本　　880mm×1 230mm　1/32
印　　张　　15.25
字　　数　　454 千字
版　　次　　2015 年 1 月第 1 版　2015 年 1 月第 2 次印刷
定　　价　　26.80 元

编写人员

主　编　张子威（东北农业大学）
　　　　　邢厚娟（黑龙江省动物卫生监督所）

副主编　盛鹏飞（辽宁医学院畜牧兽医学院）
　　　　　加春生（黑龙江农业工程职业学院）

参编者　毕明玉（哈尔滨铁路公安局警犬繁育训练支队）
　　　　　曹嫦妤（东北农业大学）
　　　　　陈　晰（东北农业大学）
　　　　　杜　强（东北农业大学）
　　　　　吴　琼（中国农业大学）
　　　　　姚海东（东北农业大学）
　　　　　姚琳琳（东北农业大学）
　　　　　于　娇（中国农业大学）
　　　　　赵　霞（东北农业大学）
　　　　　赵文超（东北农业大学）
　　　　　樊瑞锋（东北农业大学）

主　审　徐世文（东北农业大学）

前　言

　　近年来，我国牛业尤其奶牛业发展迅速，然而，随着养牛业尤其奶牛饲养数量不断增多、国际贸易频繁、牛群流动广泛、疫病监测和控制不力等众多因素，使得牛病旧病未除，新病又不断出现和流行。牛病根据生理系统和病原体的不同而分为内科病、外科病、传染病、产科病和寄生虫病。而临床大多疾病虽不属同一系统，却具有某些类似症状，这种类似症状常常给临床诊断带来困难。将一些具有相似症状的疾病作症状鉴别诊断，大大节约查找资料时间，并能迅速作出比较正确的诊断、减少误诊。症状鉴别诊断是根据一个主要症状或几个重要的症状，提出一组可能的、相似的疾病，通过分析比较、排除鉴别，而达到建立疾病诊断的一种方法。依据这一诊断理论，为便于临床兽医临诊时分析病情，本书以临床上一些常见的症状为主，阐述了其临床表现、生理解剖基础、发生的病因与机制、分类、鉴别诊断思路和对症治疗，并从诊断要点和防治措施角度对常见牛病进行了编撰。

　　本书分为 25 章。分别就卧地不起、腹围增大、前胃弛缓、咳嗽、呼吸困难、腹泻、皮肤黏膜苍白、皮肤黏膜黄疸、不孕症、痉挛抽搐、脱毛、浮肿、跛行、水疱、流涎、便秘、难产、流产、乳房炎、红尿、少尿或无尿、昏迷、心杂音、气肿、羞明流泪等奶牛异常症状进行了系统的症状鉴别诊断与治疗程序构建。

　　编写过程中，力求做到内容新颖，重点突出，尽力反映出当代兽医学的新理论、新概念、新技术，同时又兼顾知识面的广度及临床实用性，使之成为临床兽医、大专院校相关专业教师和学生以及养牛厂（户）的参考用书，本书有关疾病防治部分中列举的药物及剂量，由

·1·

于患牛个体和病情的差异，仅供参考，针对具体疾病的治疗，应根据患牛个体实际病情确定治疗方案。

在本书的编写过程中，参考了相关教科书、著作和论文，在此表示感谢，相关文献已列于书末。鉴于本书涉及内容较广，时间有限，资料不完善，疏漏、不妥之处在所难免，敬请同行专家们不吝指正。

最后，由衷感谢现代农业（奶牛）产业技术体系建设专项资金资助（CARS - 37）；National Key Technology R&D Program（No. 2012BAD12B03）对本书出版的支持。

编　者

目　　录

第一章

卧地不起鉴别诊断

卧地不起又称瘫痪，是指牛的随意运动肌力的减弱或消失，趴卧不能站立的一种常见症状，不是一个独立疾病，而是许多疾病的一个共有症状。

一、生理解剖基础

奶牛维持正常运动机能需要两个基本条件，一是运动的机械和动力装置必须完整，即骨骼、关节、腱和肌肉等的结构和形态完好，二是神经功能的正常调控。

调控机制　运动是由运动神经系统调控完成的。运动神经系统主要包括锥体束（上运动神经元）、周围运动神经元（下运动神经元）、锥体外系统和小脑系统。运动功能是依赖于上述各结构联合而协调作用才能完成。锥体束与外周运动神经元受损害时产生瘫痪。锥体外系统受损时主要产生不自主运动和肌张力改变；小脑系统受损时主要产生共济失调。

二、卧地不起的病因

（1）营养性病因：由于营养物质缺乏或过剩引起，如瘤胃酸中毒、产后低钙血症、低镁血症、低磷血症、低钾血症、白肌病和酮病等。

（2）感染性病因：产见于细菌、真菌或病毒感染，如脓性子宫内膜炎、关节炎、蹄叶炎、创伤性网胃腹膜炎、脑炎等。

（3）理化性病因：主要见于外力作用、温热刺激等，如外伤引起的腓肠肌断裂、跟腱断裂、脊髓损伤、骨折、髋关节损伤、闭孔神经损伤（产后截瘫）、腓神经损伤、脱臼等。如环境高温高湿引起的日射病与热射病等疾病。

（4）中毒性病因：由于有毒物质作用于神经系统或者肌肉组织所引起。如有机磷中毒、铅中毒、氟中毒等疾病。

（5）免疫性病因：由于抗原、抗体反应所引起，如肌肉、关节的风湿病、类风湿病等。

此外，也见于各种疾病引起的恶病质、脑水肿等疾病。

三、卧地不起综合征的鉴别诊断

常见的瘫痪性疾病有蹄叶炎、创伤性网胃腹膜炎、髋关节损伤、腓肠肌或腓肠肌断裂、骨折、脑水肿、闭孔神经损伤（产后截瘫）、腓神经损伤、脓毒性子宫炎、乳酸中毒、白肌病、酮病、低钾血症、低血镁症、低磷血症和产后低血钙症等。

牛卧地不起临床上分为全身性的瘫痪和后躯瘫痪。全身性瘫痪伴有中枢神经功能障碍的，一般多提示中枢神经损伤源性、离子源性、中毒源性等疾病。不伴有中枢神经功能障碍的，一般多提示外周神经损伤、肌骨源性和感染性卧地不起。后躯瘫痪引起的卧地不起，多见于脊髓损伤、外周神经损伤、骨关节损伤、肌肉损伤和血管损伤等，一般多不伴有中枢神经功能障碍。

首先，要区分是全身性瘫痪还是后躯瘫痪引起的卧地不起。临床检查时要注意前后肢的运动机能，若前后肢均丧失运动机能，可判定为全身性瘫痪引起的卧地不起。若前肢没有运动障碍，而后肢丧失运动功能，则为后躯运动障碍引起的卧地不起综合征。

其次，是明确全身性瘫痪的区别要点。确诊为全身性瘫痪后，应注重观察是否伴有中枢神经功能障碍，伴有中枢神经功能障碍的全身瘫痪性疾病常见于脑水肿、生产瘫痪、低磷血症、低镁血症、低钾血症、脓性子宫炎、酮病和乳酸中毒等疾病。不伴有中枢神经功能障碍的全身瘫痪性疾病常见于四肢骨骨折、颈部以下脊柱神经损伤、蹄叶炎、硒缺乏症、创伤性腹膜炎等。

最后，后躯瘫痪引起的卧地不起综合征，可按解剖学进行分类与诊断。

四、对 症 治 疗

（1）加强护理，对于瘫痪的病牛，有饮食欲的，要保证清洁饮水和易消化全价饲料的供给，厚垫褥草，定时人工辅助翻身，防止褥疮等的发生。

（2）对于神经损伤的病牛，应该及时给予治疗神经系统疾病的药物，如神经营养药葡萄糖注射液、维生素 C 注射液、三磷酸腺苷、B 族维生素等；外周神经损伤的疾病，除了给予神经营养药外，还应给予神经兴奋药，如硝酸士的宁、氢溴酸加兰他敏等；中枢神经损伤除了酌情给予上述药物外，还应根据具体病因和病理过程，给予脱水药如25%山梨醇、25%的甘露醇以降低颅内压，给予抗菌药如磺胺类药物等以消炎。

（3）对外伤性损伤，应根据相关疾病的治疗原则，进行及时的救治，如骨折应根据其经济价值，或淘汰，或进行接骨手术；关节脱臼的，应及时进行关节整复，以免形成关节炎或死关节等；韧带撕脱或断裂的，可进行韧带固定或缝合手术等。

（4）对于营养物质缺乏性的瘫痪，应及时进行血液生化检测，确定所缺物质，按需要进行静脉或肌内注射补充。

（5）对于中毒性因素引起的瘫痪，在去除毒源的基础上，可根据毒物的性质，进行特效和一般解毒药的应用。如有机磷中毒可选用阿托品和解磷定等；酸中毒可静脉注射5%碳酸氢钠注射液等。

（6）神经症状明显的病牛，可适当给予镇静解痉药，如水合氯醛、眠乃宁。

五、常见疾病的诊断与治疗

【口蹄疫】

口蹄疫是由口蹄疫病毒引起的急性、热性、高度接触性传染病，主要侵害偶蹄兽，偶见于人和其他动物。临诊上以口腔黏膜、蹄部及乳房皮肤发生水疱和溃烂为特征。当蹄部损伤严重时，会引起牛瘫痪。该病以传播迅速、感染率高为主要特点，国际兽疫局（OIE）将其列为 A 类传染病之一。

（一）诊断要点

1. 临床症状

潜伏期平均 2 ~ 4d，最长可达 1 周左右。病牛体温升高达 40 ~ 41℃，精神委顿，食欲减退，闭口，流涎，开口时有吸吮声，1 ~ 2d 后，在唇内面、齿龈、舌面和颊部黏膜发生蚕豆至核桃大的水疱，口温高，此时口角流涎增多，呈白色泡沫状，常常挂满嘴边，采食反刍完全停止。水疱约经一昼夜破裂形成浅表的红色糜烂，水疱破裂后，体温降至正常，糜烂逐渐愈合，全身症状逐渐好转。如有细菌感染，糜烂加深，发生溃疡，愈合后形成瘢痕。有时并发纤维蛋白性坏死性口膜炎和咽炎、胃肠炎。有时在鼻咽部形成水疱，引起呼吸障碍和咳嗽。在口腔发生水疱的同时或稍后，趾间及蹄冠的柔软皮肤上表现红肿、疼痛、迅速发生水疱，并很快破溃，出现糜烂，或干燥结成硬痂，然后逐渐愈合。蹄部糜烂部位若发生继发性感染化脓、坏死，病牛站立不稳，跛行，甚至蹄匣脱落、瘫痪。乳头皮肤有时也可出现水疱，很快破裂形成烂斑，如涉及乳腺引起乳房炎，泌乳量显著减少。

本病一般取良性经过，约经 1 周即可痊愈。如果蹄部出现病变时，则病期可延至 2 ~ 3 周或更久。病死率很低，一般不超过 1% ~ 3%，但在某些情况下，当水疱病变逐渐痊愈，病牛趋向恢复时，有时可突然恶化。病牛全身虚弱，肌肉发抖，特别是心跳加快，节律失调，反刍停止，食欲废绝，行走摇摆，站立不稳，因心脏麻痹而突然倒地死亡。这种病型称为恶性口蹄疫，病死率高达 20% ~ 50%，主要是由于病毒侵害心肌所致。

哺乳犊牛患病时，水疱症状不明显，主要表现为出血性肠炎和心肌麻痹，死亡率很高。病愈牛可获得一年左右的免疫力。

2. 临床病理学

剖检变化　口腔黏附泡沫状唾液，并有口蹄疫特有的水疱、烂斑等。瘤胃黏膜尤其在肉柱常可见到特征性的水疱和烂斑溃疡病灶。比口腔烂斑深，四周隆起，边缘不齐，中央凹陷，略呈红色或黄红色，数量不一。鼻腔及咽喉黏膜充血，个别病牛气管和支气管有卡他性炎症，伴有肺气肿现象。心脏常出现心内外膜弥散性及斑点状出血。恶性口蹄疫心肌表面和切面出现灰白色或淡黄色的斑点或条纹，外观似虎斑，又称"虎斑心"，心内膜下病变最显著。急性死亡的幼犊通常口蹄无水疱，烂斑病变，仅有急性坏死性心肌炎病变，或同时有出血性胃肠炎。

实验室检查　采取病牛水疱皮或水疱液进行病毒分离鉴定。取病牛水疱皮，用 PBS 液制备混悬浸出液，或直接取水疱液接种 BHK 细胞、IBRS2 细胞或猪甲状腺细胞进行病毒培养分离，做蚀斑试验。同时应用补体结合试验，目前，多用酶联免疫吸附实验（ELISA）效果更好。

3. 流行病学

口蹄疫病毒属于微核糖体核酸病毒科，口蹄疫病毒属。病毒由中央的核糖体和周围的蛋白壳体所组成，无囊膜。病毒粒子形态微小，直径为 7 ~ 23nm 大小不等，目前已知的在世界范围内主要流行的口蹄疫病毒共有 7 个主型，分别是 O、A、C、南非 1 型、南非 2 型、南非 3 型和亚洲 1 型以及 65 个以上亚型。O 型口蹄疫是目前已知的全世界流行最广的一个血清型。

口蹄疫病毒侵害多种动物，但主要为偶蹄兽。病牛及没有临床症状的带毒动物是该病的传染源。在症状出现前，从病牛体开始排出大量病毒，发病期排毒量最多，病毒随分泌物和排泄物同时排出。水疱液、水疱皮、奶、尿、唾液及粪便含毒量最多，毒力也最强，富于传染性。康复牛的咽喉带毒可达 24～27 个月。这些病毒可藏于牛肾，从尿排出。在草原牧区，口蹄疫多呈现大流行的方式。本病的发生没有严格的季节性，但其流行却有明显的季节规律。有的国家和地区以春、秋两季为主。一般冬、春季较易发生大流行，夏季减缓或平息。

（二）防控措施

防控本病应根据国家相关法规采取相应的措施。无病国家一旦暴发本病应采取屠宰病牛、消灭疫源的措施；已消灭了本病的国家通常采取禁止从有病国家输入活畜或动物产品，杜绝疫源传入；有本病的地区或国家，多采取以检疫诊断为中心的综合防治措施，一旦发现疫情，应立即实施封锁、隔离、检疫、消毒等措施，迅速通报疫情，捕杀患病牛只，并对易感畜群进行预防接种。

【血矛线虫病】

血矛线虫病是由毛圆科血矛属的一些线虫寄生于牛羊等反刍动物的真胃内引起的疾病。其中，以捻转血矛线虫最普遍，是危害养牛业的重要寄生虫病之一，可引起牛渐进性消瘦、结膜苍白、瘫痪为特征。

（一）诊断要点

1. 临床症状

本病一般呈急性经过，以贫血和消化紊乱为主。主要表现为贫血，可视黏膜苍白，血红蛋白降低，下颌间隙和体下垂部水肿。病牛被毛粗乱，身体消瘦，精神萎靡，放牧时离群。严重时卧地不起，常见大便秘结，干硬的粪中带有黏液，很少出现下痢。一般病程数月，后期患牛消瘦、卧地不起，陷于恶病质而死亡。

急性发病比较少见，主要发生于犊牛，是由于短时间感染了大量虫体，突然出现症状，表现为迅速发展的进行性贫血，最后因稀血症而死亡。

2. 临床病理学

剖检变化 无论是急性或慢性发病，在真胃里均可见到有大量的虫体，真胃黏膜出现不同程度的卡他性炎症，病牛的全身病变以贫血、水肿为主，黏膜和皮肤苍白，血液稀薄如水，内部各脏器色淡。有胸水、心包积液和腹水，腹腔内脂肪组织变成胶胨状。肝可由于脂肪变性而呈现淡棕色。

实验室检查　无菌采集新鲜粪便，用饱和盐水浮集法，直接涂片镜检，可看到椭圆形的虫卵。

3. 流行病学

捻转血矛线虫寄生于牛的真胃内，雌虫产卵后随粪便排到外界，在外界适应的条件下发育成第三期幼虫即为感染性幼虫。当牛吃草或饮水时，感染性幼虫随之进入瘤胃并在该处脱鞘，以后幼虫进入真胃，钻入黏膜的上皮突起之间，经 30～36h 完成第三次蜕皮，变成长约 100mm 的第四期幼虫，并返回黏膜表面。在入侵后的第 9 天再一次蜕皮变为童虫。约在感染后的第 2～3 周发育为成虫，并开始产卵。成虫在宿主体内的寿命约一年左右，随后被排出体外。

虫卵最适宜的发育温度是 20～30℃，温度较低，虫卵发育所需要的时间也较长，4℃ 以下虫卵停止发育，虫卵在高温下（60℃ 以上）迅速死亡。虫卵对一般消毒药具有抵抗力，第一、第二期幼虫营自由生活，其抵抗力较弱，干燥易使其死亡，30℃ 以上的温度和冷热交替也促使其死亡。第三期幼虫在干燥的环境中，可存活一年之久。

（二）防治措施

计划性驱虫　一般春、秋两季各进行 1 次驱虫。不在低温潮湿的地方放牧，不在清晨、傍晚或雨后放牧，不让牛饮死水、积水，而饮干净的井水或泉水。有条件的地方，实行有计划的轮放。

加强粪便管理　将粪便在适当地点堆积发酵处理，消灭虫卵和幼虫，特别注意不要让冲洗圈舍后的污水混入饮水，圈舍适时药物消毒。

左旋咪唑、丙硫咪唑、伊维菌素和阿维菌素等均是治疗牛捻转血矛线虫的有效药物，如常用的虫克星一次内服量牛每千克体重 0.2mg。其他药物如左咪唑口服剂量为每千克体重 5～6mg；噻苯唑口服剂量为每千克体重 100mg。

【瘤胃酸中毒】

瘤胃酸中毒又称为乳酸酸中毒、消化性酸中毒，是由于突然采食了大量富含碳水化合物的饲料，在微生物作用下产生大量乳酸，而引起以前胃机能障碍为主征的一种疾病。临床上以起病突然、脱水、瘤胃液 pH 值降低，神经症状和自体中毒为特征。典型的瘤胃酸中毒具有卧地不起的症状。

（一）诊断要点

1. 临床症状

瘤胃酸中毒临床上一般分为以下 4 种类型。

轻微型 呈原发性前胃弛缓体征，表现为精神轻度沉郁，食欲减退，反刍无力或停止，瘤胃蠕动减弱，稍膨满，内容物呈捏粉样硬度，瘤胃 pH 值 6.5 ~ 7.0，纤毛虫活力基本正常，腹泻，粪便灰黄稀软，或呈水样，混有一定黏液，多能自愈。

亚急性型 精神沉郁，食欲减退或废绝，轻度略凹陷，结膜潮红，脉搏加快，瘤胃蠕动减弱或消失，中等充满，触诊内容物呈生面团样或稀软，pH 值 5.5 ~ 6.5，纤毛虫数量减少。常因继发或伴发蹄叶炎或瘤胃炎而使病情恶化，病程 24 ~ 96h 不等。

急性型 精神沉郁，体温正常或偏低，呼吸、心跳增加，食欲废绝。结膜潮红，瞳孔轻度散大，反应迟钝。磨牙虚嚼不反刍，瘤胃膨满不蠕动，触诊有弹性，冲击性触诊有震荡音，瘤胃液的 pH 值在 5 ~ 6，无存活的纤毛虫。排稀软酸臭粪便，有的排粪停止，皮肤弹性降低，眼窝凹陷，血液黏滞。后期出现神经症状，步态蹒跚，或卧地不起，头颈侧曲，或后仰呈角弓反张样，昏睡或昏迷。若不及时救治，多在 24h 内死亡。

最急性型 精神高度沉郁，极度虚弱，侧卧而不能站立，双目失明，瞳孔散大，体温低下，36.5 ~ 38℃，重度脱水，腹部显著膨胀，瘤胃内容物稀软或水样，瘤胃 pH 值 <5，无纤毛虫存活，心跳 110 ~

130 次/min，微血管再充盈时间延长，通常于发病后 3~5h 死亡，直接原因是内毒素休克。

2. 临床病理学

剖检变化　在 24~48h 死亡的急性病例，瘤胃及网胃内容物稀薄如粥样，并有酸臭味，下半部角化的上皮脱落，呈现斑块状；持续 3~4d 的病例，网胃和瘤胃壁可能发生坏疽，呈现斑块状，坏疽处胃壁厚度增加，出现一种高于正常区域之上的黑色黏膜，通过浆膜表面可见外观呈暗红色，增厚区质地很脆，刀切时呈胶冻样。

实验室检查　红细胞压积增加，血液碱贮下降，白细胞总数增加，核左移，血糖下降，血浆平均渗透压降低；瘤胃内容物 pH 值多在 4.4~5.5，乳酸含量高达 50~150mmol/L；尿相对密度高，pH 值 5.0 左右；粪便也呈酸性，pH 值 5.0~6.5 不等。

3. 病因及发病机理

本病发生的主要原因在于突然过量采食富含碳水化合物的饲料如小麦、玉米、水稻、黑麦等，块根类饲料如甜菜、甘薯、马铃薯等，水果类如葡萄、苹果、梨等，或淀粉、糖类、挥发性脂肪酸、乳酸等以及酸度过高的青贮玉米或质量低劣的青贮饲料等也是本病较常见的发病原因。此外，饲养管理不当，如突然变换饲料、过度饲喂、偷食、饲料中缺乏粗料或粗饲料质量低劣等，均可促进发病。

此外，临产牛、高产牛抵抗力低，寒冷，气候骤变，分娩等应激因素都可促使本病的发生。

摄入过多富含碳水化合物的饲料后，导致链球菌和乳酸杆菌的大量繁殖，乳酸大量产生，瘤胃的 pH 值降低，瘤胃内氢离子浓度显著增高，pH 值≤5 时，即可损伤胃壁，导致瘤胃黏膜发生炎症。蓄积的乳酸还能增高瘤胃内容物的渗透压，使机体组织液进入瘤胃中，而造成瘤胃内容物稀软、积液，导致机体脱水、少尿和血液浓缩。乳酸经过吸收进入血液会降低血液的 pH 值，机体发生酸中毒。进入肠道的乳酸和未发酵的碳水化合物，使肠道菌群发生紊乱，肠道内酸度和渗透压升高，造成肠壁特别是小肠和盲肠出血乃至坏死，临床上出现腹泻。

（二）治疗要点

治疗原则为清除瘤胃有毒内容物，纠正脱水，酸中毒和恢复胃肠功能。

清除瘤胃内有毒的内容物多采用洗胃和/或缓泻法。洗胃可选用1%食盐水、碳酸氢钠溶液、自来水或1：5石灰水反复冲洗，直至瘤胃内容物无酸臭味而呈中性或弱碱性为止。缓泻多用盐类或油类泻剂如石蜡油、植物油或芒硝等。重剧病例，为排除瘤胃内蓄积的乳酸及其他有毒物质，应尽快施行瘤胃切开术，取出瘤胃内容物。为保持瘤胃的正常发酵作用，接种健畜瘤胃液或瘤胃内容物10～20L，效果更好。

病情较轻的病例，也可灌服制酸药和缓冲剂如氢氧化镁或碳酸盐缓冲合剂（干燥碳酸钠50g，碳酸氢钠420g，氯化钾40g，水5～10L，1次灌服）。

纠正脱水和酸中毒，可应用5%碳酸氢钠液，静脉注射剂量须根据病牛血浆二氧化碳结合力加以确定。为解除机体脱水，可用生理盐水，复方氯化钠液，5%葡萄糖生理盐水等，根据脱水程度确定用量。

防止心力衰竭，可选用樟脑黄磺酸钠、苯甲酸钠咖啡因、氧化樟脑、毒毛旋花子K等；降低脑内压，缓解神经症状，可选用25%山梨醇、20%甘露醇等。伴发蹄叶炎时，可应用抗组织胺药物；防止休克，宜用肾上腺皮质激素制剂；促进胃肠运动，可给予整肠健胃药或拟胆碱制剂。

预防本病应严格控制精料喂量，做到日粮供应合理，构成相对稳定，精粗比例平衡，加喂精料时要逐渐增加，严禁突然增加精料喂量。

【奶牛酮病】

奶牛酮病是由于奶牛体内碳水化合物及挥发性脂肪酸代谢紊乱所引起的一种全身性功能失调的代谢性疾病。临床病理学特征是血液、尿、乳中的酮体含量增高，血糖浓度下降；临床特征是消化机能紊乱，乳汁、呼出气体和尿液中散发酮味，体重迅速减轻，神经症状和卧地不起。

（一）诊断要点

1. 临床症状

消耗型酮病 食欲降低，食少量干草，拒绝采食青贮和精饲料，体重迅速减轻，产奶量明显下降，乳汁易形成泡沫。粪便干燥，量少，有时表面附有一层油膜或黏液。瘤胃蠕动减弱甚至消失。呼出气体、尿液和乳汁中有酮气味，加热时更明显。

神经型酮病 突然发病，初期表现兴奋，精神高度紧张，不安，大量流涎，磨牙空嚼，顽固性舔吮饲槽或其他物品；视力下降，走路不辨方向，横冲直撞。有的病畜全身肌肉紧张，步态踉跄，站立不稳，四肢叉开或相互交叉；这些神经症状间断地多次发生，每次持续1h，然后间隔 8 ~ 12h 重又出现。这种兴奋过程一般持续 1 ~ 2d 后转入抑制期，病畜表情淡漠，反应迟钝，不愿走动和采食，精神高度沉郁；严重病畜不能站立，头屈向颈侧，处昏睡状态。

隐性酮病 临床症状不明显，一般在产后 1 月内发病，病初血糖含量下降不显著，尿酮浓度升高，后期血液酮体浓度才升高，产奶量稍有下降。

2. 临床病理学

低糖血症、高酮血症、高酮尿症和高酮乳症，血浆游离脂肪酸浓度增高是该病的的特征。

血糖浓度从正常时的 2.8mmol/L 降至 1.12 ~ 2.24mmol/L。因其他疾病造成的继发性酮病，血糖浓度通常在 2.24mmol/L 以上，甚至高于正常。正常牛血液酮体浓度低于 1.0mmol/L，病牛可升高到 1.5mmol/L，甚至超过 2.5 mmol/L。乳中酮体变化幅度大，可从正常时的 0.516mmol/L，升高到平均为 6.88mmol/L。酮病牛（不论是原发性还是继发性）尿液酮体可高达 13.76 ~ 22.36mmol/L。亚临床酮病血液酮体含量在 1.72 ~ 3.44mmol/L。

血钙水平稍降低（降到 2.25 mmol/L 或 90mg/L）。酸性粒细胞增多（可高至 15% ~ 40%），淋巴细胞增多（可高至 60% ~ 80%）及中性粒细胞减少（可低至 10%）。严重病例，血清转氨酶活性升高。

酮粉检测试验 亚硝基铁氰化钠 1 份、硫酸铵 20 份、无水碳酸钠 20 份，混合研细，取其粉末 0.2g 放在载玻片上，加待检样品 2～3 滴，若含酮体则立即出现紫红色。

3. 病因

本病多发生于产犊后的第 1 个泌乳月内，尤其在产后 3 周内。酮病涉及因素多且复杂，主要与高产、日粮营养不平衡和产前过度肥胖有关。

乳牛高产 在母牛产犊后的 4～6 周已出现泌乳高峰，但其食欲恢复和采食量的高峰约在产犊后 8～10 周。因此在产犊后 10 周内食欲较差，能量和葡萄糖的来源本来就不能满足泌乳消耗的需要，假如母牛产乳量高，势必加剧这种不平衡，引起酮病发生。

日粮中营养不平衡和供给不足 饲料供应过少，品质低劣，饲料单一，日粮不平衡，或者精料过多，粗饲料不足，而且精料属于高蛋白、高脂肪和低碳水化合物饲料，使机体的生糖物质缺乏，引起能量负平衡，产生大量酮体而发病。

产前过度肥胖 干奶期供应能量水平过高，母牛产前过度肥胖，严重影响产后采食量的恢复，同样会使机体的生糖物质缺乏，引起能量负平衡，产生大量酮体而发病。由这种原因引起的酮病称为消耗性酮病。

4. 发病机理

随着产奶量升高，血糖和肝糖原不能满足乳糖合成需要，机体开始大量动员体脂和体蛋白，发生不完全氧化，产生大量酮体。酮体本身的毒性作用较小，但高浓度的酮体对中枢神经系统有抑制作用，加上脑组织缺糖而使病牛呈现嗜睡，甚至昏迷。当丙酮还原或 β-羟丁酸脱羧后，可生成异丙醇，使病牛兴奋不安。酮体还有一定的利尿作用，引起病牛机体脱水，粪便干燥，迅速消瘦，因消化不良以至拒食，病情迅速恶化。

（二）防治措施

治疗 首先根据病因调整饲料，增加碳水化合物饲料及优质牧草。在临床上采用药物治疗和减少挤奶次数相结合的方法可取得良好的效果。大多数病例，通过合理的治疗可以痊愈。有些病例，治愈后可能复发。还有一些病例属于继发性酮病，则应着重治疗原发病。治疗方法包括替代疗法、激素疗法和其他疗法，但对严重病例（例如低糖血症性脑病）效果较差。

替代疗法 静脉注射50%葡萄糖溶液500mL，对大多数母牛有明显效果，但须重复注射，否则可能复发。可选用腹腔内注射（20%葡萄糖溶液）。重复给予丙二醇或甘油（每天2次，每次500g，连用2d；随后每天250g，连用2~10d），灌服或饲喂，效果很好。

激素疗法 对于体质较好的病牛，用促肾上腺皮质激素（ACTH）200~600IU肌内注射，疗效确切，而且方便易行。应用糖皮质激素（剂量相当于1g可的松，肌内注射或静脉注射）治疗酮病也有较好疗效，注射后8~10h内血糖即可恢复正常，食欲和一般行为在24h内明显改善，血液酮体水平在3~5d恢复正常。用类固醇治疗初期产奶量下降，治疗2~3d后迅速升高，尽管泌乳量下降是缺点，但却有助于疾病的迅速恢复。

其他疗法 水合氯醛首次剂量为30g，加水口服，继之再给予7g，每天2次，连续几天。氯酸钾30g于250mL水中，2次/天，口服，有较好的疗效，但易引起腹泻。100mg硫酸钴/天有辅助治疗作用。也可试用盐酸半胱氨酸，0.75g配成500mL溶液，静脉注射，每3d重复一次，治疗酮病效果较好。为了防止酸中毒，可用5%碳酸氢钠溶液500~1 000mL静脉注射，也可作为牛酮病的辅助治疗。此外还可用健胃剂等进行对症治疗。

预防 合理搭配饲料，防止产前过肥。此外，在酮病的高发期喂服丙酸钠，每次120g，2次/天，连用10d，也有较好的预防效果。

【骨软病】

骨软病是成年动物由于钙磷比例不当或缺乏导致的一种骨质疾病，临床上以消化机能紊乱、异嗜癖、骨骼变形和运动障碍为特征。

（一）诊断要点

1. 临床症状

骨软病的早期病畜表现慢性消化机能障碍和异嗜现象。食欲减退，咀嚼无力，消化不良，病牛常舔墙吃土，舔铁器，舔食垫草、粪便及石子等。可继发造成食道阻塞、创伤性网胃炎、中毒等。

随着病情的发展，动物逐渐消瘦，骨骼肿胀变形，四肢关节肿大，出现运动障碍，运步不灵活，走路后躯摇摆或跛行。病牛弓背或腰椎下陷，某些母牛发生腐蹄病。

症状明显以后，由于支柱的骨骼都伴有严重脱钙，因而脊柱、肋弓和四肢关节疼痛，外形异常。肋骨与肋软骨接合部肿胀，骨盆变形易致难产。

2. 临床病理学

X 线检查，骨密度降低，皮质变薄，骨小梁结构紊乱，骨关节变形。

血清钙、无机磷和碱性磷酸酶水平的测定有助于诊断。尤其是采用 AKP 同工酶的检验，其骨 AKP 值的升高具有重要的诊断意义。骨软症奶牛血清骨钙素明显下降，正常（35.3 ± 5.1）μg/mL，发病时（21.34 ± 2.4）μg/mL。

3. 病因

骨软病形成的主要原因是日粮中磷缺乏，钙不足或因维生素先天缺乏，日粮中钙磷比例不平衡是骨软病发生的根本原因。牛的骨软症通常由于饲料、饮水中磷绝对缺乏或日粮中钙过量而致相对缺乏时，导致钙、磷比例不平衡而发生。不同动物对日粮中钙磷比例的要求不尽一致。日粮中合理的钙磷比黄牛为 $2.5 : 1$；泌乳牛为 $0.8 : 0.7$。日粮中的磷除与土壤有关以外，气候因素与植物含磷量有一定关系，在干旱年份，植物对钙、钾、钠吸收增多，磷吸收明显减少。日粮中钙、锰、铁含量过高，可降低磷的利用率。

维生素先天缺乏时，可促进磷缺乏的发生。动物长期患有慢性胃肠炎，胰腺炎等消化道疾病，影响钙、磷及维生素 D 的吸收利用，引起继发性骨软病。

4. 发病机理

骨质的进行性脱钙和未钙化的骨基质过剩。由于钙、磷代谢紊乱和调节障碍，动物为满足妊娠、泌乳及内源性代谢对钙磷的需要，动员骨骼中的钙或磷，骨质内的磷酸钙溶解并转入血液，以维持血钙平衡，满足机体的需要，由此而发生骨组织的进行性脱钙，脱钙后的骨组织被过度形成的未钙化的骨样基质所代替，导致骨骼组织中呈现多孔，呈海绵状，硬度降低，脆性增强以及局灶性增大和腱剥脱，在这个阶段如果骨骼受到重压，易引起骨变形或病理性骨折。随着时间的延长，骨组织内由未钙化的基质代替或由大量结缔组织增生填充其间，以致扁平骨增厚，管骨端变粗而使关节肿大。关节面常发生炎症，肌腱附着处由于骨质疏松而易撕裂，故患病动物出现运动障碍。

（二）防治措施

治疗 在纠正错误饲养的基础上，对因治疗为主。高磷低钙性骨软病的治疗，以补钙为主，辅用维生素 D。用 10% 的氯化钙或 10% 的葡萄糖酸钙，100～300mL，静脉注射。配合内服乳酸钙、骨粉和维生素 D 等。

低磷性骨软病的治疗，以补磷为主，辅以维生素 D_3 或钙制剂。可内服骨粉、磷酸二氢钠等，也可用 20% 磷酸二氢钠溶液 300～500mL，静脉注射，每日 1 次；或用 3% 次磷酸钙溶液，500～800mL，静脉注射。

预防 本病主要在调整草料内磷、钙含量和磷钙比例，对日粮成分做预防性监测，粗饲料中以花生秧、豆秸为佳。麸皮、米糠、豆饼中含磷量比较高。在长期饲喂干旱年代的植物饲料时，应考虑与外地饲料的调换。日粮中补充骨粉、磷酸盐等均有很好的预防作用。

【低磷酸盐血症】

低磷酸盐血症又称低磷血症，是指循环血液中无机磷含量低于正常而引起的一种代谢病，临床上以红尿、贫血、低磷酸盐血症和卧地不起为特征。

（一）诊断要点

1. 临床症状

骨软症型 患牛精神不振，食欲减损或废绝，体温一般正常，病牛日渐消瘦，腰脊板硬，四肢关节肿胀变形，四肢疼痛，跛行明显，颤抖，经常卧地，起卧困难，严重时卧地不起，易骨折。

血红蛋白尿型 红尿是本病最突出的临床特征。排尿次数增加，但各次排尿量相对减少，最初 1～3d 内尿液逐渐由淡红向红色、暗红色直至紫红色和棕褐色转变，以后又逐渐消退。这种尿液做潜血试验，呈强阳性反应，但尿沉渣中很少见到红细胞。

病牛的体温、呼吸、食欲均有明显的变化。随着病程发展、贫血加剧，可视黏膜及皮肤苍白色，通常脉搏增数，心搏动加快加强。出现相应的贫血体征。

混合型 病牛兼有上述两种类型的症状。

2. 临床病理学

剖检可见体内浆膜组织苍白或黄染。肝、脾、肾肿大，脂肪变性。胃肠黏膜有轻度炎症变化，膀胱黏膜有出血点，膀胱内积有红色尿液。

血液稀薄，凝固性降低，红细胞数，血红蛋白含量及红细胞压积值降低。血红蛋白指数升高，血红蛋白尿症及低磷酸盐血症。血红蛋白值由正常的 50%～70% 降至 20%～40%，红细胞数由正常的 $5 \times 10^{12}～6 \times 10^{12}$/L 降至 $1 \times 10^{12}～2 \times 10^{12}$/L。血清无机磷水平降低至 4～15mg/L。

3. 病因及发病机理

发病的主要原因是由于饲料搭配不当，饲养管理不合理，土壤、饲料中磷含量不足，致使机体钙磷比例失调，血磷含量极度下降而引起。

缺磷时，红细胞无氧酵解不能正常进行，三磷酸腺苷（ATP）及2,3-二磷酸甘油酸（2,3-DPG）都减少。红细胞表面的 ATP 依赖性钠—钾泵功能受影响，因而钠离子向红细胞流进远多于钾离子从红细胞内外流，使红细胞变形，趋向球形最后导致溶血。

另一方面，由于磷缺乏，导致钙磷比例失衡，因其钙代谢障碍，导致骨骼脱钙，放生骨骼变形。

（二）防治措施

治疗　首先及时纠正不合理的饲养管理方法，增喂含磷较高的饲料，适当加入磷酸盐类添加剂，调整日粮中的钙磷比例。20%磷酸二氢钠注射液 300～500mL 静脉注射，或 3% 次磷酸钙注射液 1 000mL 静脉注射，每日 1 次，痊愈为止。

预防　为了维持体内磷代谢内环境的稳定，保持机体内钙磷比例稳定要求饲料中钙磷要有一定的量和比例。对日粮成分做预防性监测，粗饲料中以花生秧、豆秸为佳。麸皮、米糠、豆饼中含磷量比较高。在长期饲喂干旱年代的山地植物饲料时，应考虑与外地饲料的调换。日粮中补充骨粉、磷酸盐等均有很好的预防作用。

【低镁血症】

低镁血症是放牧牛发生的一种高度致死性疾病，以血镁浓度下降，伴有血钙浓度降低为病理学特点。临床上以感觉过敏、惊厥、强直性或阵发性肌肉痉挛、共济失调和急性死亡为特征。

（一）诊断要点

1. 临床症状

一般表现精神不振，食欲减退，运动障碍等，通常按病程分为急性型和慢性型。

急性病例，常有明显的神经症状，突然发生，惊恐，四肢震颤，摇摆，磨牙，唇边挂有泡沫，牙关紧闭，眼球震颤，瞬膜突出，耳竖立，尾肌和后肢呈强直性痉挛，头部向一侧或向后方伸张，直至全身发生阵发性痉挛或强直性痉挛，状如破伤风样。精神可能紧张，对外界刺激敏感，严重者甩头，吼叫，盲目奔跑，不久倒地，四肢划动。有些病例未表现临床症状即死亡。

慢性病例，初无异常，多在数周或数月之后逐渐出现运动障碍，神经兴奋性增高，食欲减退，泌乳量减少，最后惊厥以至瘫痪、死亡。

2. 临床病理学

病理变化 无特征性变化。尸体剖检可见骨骼肌出血和混浊肿胀；瘤胃黏膜轻度脱落，小肠呈不均匀的淡红色，有轻度卡他性炎症和出血；肝脏呈不均匀的暗红色，切开呈斑纹状，被膜下及实质有出血斑；脾被膜下和心内膜下，特别是心脏乳头肌有出血点和出血斑；肾被膜易剥离，切开肾实质多汁似脑髓样；肺发生气肿，颜色不均，特别是尖部气肿明显，被膜下及实质有淤血。

实验室诊断 实验室检查血液、脑脊液、尿液镁浓度明显降低。健康牛血清镁为 $1.7 \sim 3.0$ mg/dL，发病牛一般为 0.5 mg/dL 左右，脑脊液镁一般低于 1.25 mg/dL。

3. 病因

由于土壤因素，如土壤类型、pH 值、降雨量等，均可影响牧草中镁的含量，当牛采食幼嫩牧草及禾谷类作物，因其含钾丰富而含镁、钙和糖少，导致牛血镁、血钙水平下降，可出现牧草搐搦症状。

另一方面在动物体内与镁发生竞争抑制作用。饲料中蛋白质含量过高，瘤胃内氮浓度增加，硫酸盐含量过高等都会影响镁的吸收。饲料中长链脂肪酸过多，也可产生皂化反应而影响镁的吸收。

营养缺乏、天气多变、疾病等均可诱发低镁血病，天气寒冷，动物摄食量减少，镁供应量降低，同时寒冷的应激作用，体内脂肪代谢加强，血镁向细胞内转移而致低血镁症。动物腹泻会缩短饲料在消化道内的时间，影响镁的吸收。

此外，镁代谢可能与甲状腺机能亢进和某种遗传因素有关。

4. 发病机理

镁是机体生活的必需元素之一，它不仅是骨骼正常发育所需成分，而且也是心肌及其他组织线粒体中氧化磷酸化作用不可缺少的成分。如胆碱酯酶、磷酸酶、己糖激酶等酶的活化都需用镁，镁还能使神经肌肉接头处和交感神经的乙酰胆碱释放减少，故对心脏血管系统，神经系统有抑制作用，当镁缺乏时，血清中镁、钙、磷的比例失调，使神经肌肉应激性增强，从而引起全身肌肉搐搦等一系列临床表现。

（二）防治措施

治疗 及时应用镁制剂，效果理想。成年牛常用10%的硫酸镁（或氯化镁、乳酸镁等）溶液100～200mL，缓慢静脉注射。或用25%硫酸镁溶液50～100mL、10%氯化钙溶液100～250mL，加在10%葡萄糖溶液1 000mL中，加温后缓慢静脉注射。犊牛依据体重按成年牛的1/7。最好注射钙镁合剂（硼酸葡萄糖酸钙250g，硼酸葡萄糖酸镁或硫酸镁50g，蒸馏水1 000mL）。

慢性病例，可每日内服氧化镁或氯化镁60g或碳酸镁120g，连用10～15d，镁用量过多可导致腹泻。因镁有影响磷的吸收，可同时补充磷制剂。

预防 预防本病关键是保证饲料中生物活性镁的含量。由舍饲转为放牧时要逐渐过渡，在牧草幼嫩繁茂的牧地，放牧时间不宜过长，并适当补充干草。

在发病季节，可在精料中补充0.3%～1.5%氧化镁，要逐渐添加，以免影响适口性。亦可将其加入蜜糖中作舔剂。牧场施钾肥和氮肥不宜过多，以免影响青草的含镁量。

【硒和维生素 E 缺乏症】

硒和维生素E缺乏症是因硒缺乏，或（和）维生素E缺乏，导致动物骨骼肌、心肌及肝脏等组织变性坏死为特征的一种营养代谢病。临床上以腹泻、运动障碍、猝死、繁殖障碍等为特征。

（一）诊断要点

1. 临床症状

急性 犊牛突然食欲废绝，卧地不起，全身痉挛，呼吸急迫，心跳加快。到后期，部分犊牛从口鼻流出含有泡沫的血样黏液，经5～15min 即可死亡。

慢性 ①肌营养不良（白肌病）所致的姿势异常和运动功能障碍；②顽固性腹泻或下痢为主的消化功能紊乱；③心肌损伤造成的心

率加快、心律不齐和心功能不全；④神经机能紊乱，表现兴奋、抑郁、痉挛、抽搐、昏迷等，神经症状明显；⑤繁殖机能障碍，表现公畜精液质量下降，母畜受胎率低下甚至不孕，妊娠母畜流产、早产、死胎，产后胎衣不下，泌乳母畜产乳量减少；⑥体弱，发育不良，抗病力低，可视黏膜苍白、黄染，犊牛表现为典型的白肌病症状群。发育受阻，步态强拘，喜卧，站立困难，臀背部肌肉僵硬，消化紊乱，伴有顽固性腹泻，心率加快，心律不齐。成年母牛胎衣不下，泌乳量下降。

2. 临床病理学

骨骼肌肌纤维排列零乱，肌纤维间距明显增宽，充满结缔组织，大部分肌纤维横纹、纵纹消失，肌纤维断裂，肌浆溶解。心肌呈现灰白，灰黄、或土黄色的斑块状或条纹病灶，肌肉粗糙，缺乏光泽，或病变肌肉呈灰白色鱼肉状，而且常在病变部的皮下和肌间结缔组织发生水肿，心壁变薄，质地脆弱，心腔扩张。

根据基础日粮、血液或被毛的含硒量分别为 < 0.02mg/kg、0.05μg/mL 和 0.25μg/g 时可以确诊。

3. 病因

动物缺硒症的直接原因是日粮或饲料中含硒量低于正常的营养需要量（0.1mg/kg）。一般认为日粮或饲料中含硒量小于 0.05mg/kg 可能引起动物发病，小于 0.02mg/kg 必然发病。

维生素 E 缺乏症的常见病因有：①饲料本身维生素不足；②饲料中维生素 E 破坏，如颗粒饲料加工时温度过高，制粒时间过长。成品饲料保存的时间过长或贮存的环境温度太高；③饲料中存在拮抗物质，日粮中含硫氨基酸、微量元素缺乏或维生素 A 含量过高，可促进维生素 E 缺乏症的发生；④维生素 E 的需要量增加，如动物在生长发育期、妊娠泌乳期、应激状态等对维生素 E 的需要量增加以及大量不饱和脂肪酸（亚油酸、花生四烯酸等），或酸败的脂肪类，以及霉变的饲料、腐败的鱼粉等，未能及时补充；⑤胃肠疾病、肝胆疾病可造成维生素 E 吸收障碍，导致维生素 E 缺乏。

4. 发病机理

机体代谢过程中会产生自由基，硒通过酶和非酶两个方面发挥抗氧化作用，清除机体内过多的自由基。但当硒缺乏时，机体清楚自由基的功能降低，造成自由基在组织内堆积，因其生物膜损伤，导致细胞器、细胞，乃至组织的损伤。

维生素 E 能够清除单线态氧（$^1O_2$），保护细胞膜免受单线态氧损伤；维生素 E 还可被超氧阴离子自由基（O_2^-）和羟基自由基（·OH）氧化，使细胞膜免受自由基的氧化。维生素 E 的主要抗氧化作用是提供氢，使过氧化自由基的脂质过氧化链式反应中断。

（二）防治措施

治疗 在饲料中添加动物需要量的硒 0.1 ~ 0.2mg/kg（相当于亚硒酸钠 0.22 ~ 0.44mg/kg）是省时、省力、省钱和有效的防治方法。也可应用植入瘤胃或皮下的缓释硒丸。

可采用肌内注射亚硒酸钠注射液进行治疗。为预防目的，可对妊娠母牛在分娩前 1 ~ 2 个月每隔 3 ~ 4 周注射 1 次。初生幼犊于 1 ~ 3 日龄注射 1 次，15 日龄再注射 1 次，能有效预防硒缺乏病的发生。0.1% 亚硒酸钠注射液肌内注射剂量，成年牛 15mL ~ 20mL，犊牛 5mL，配合应用适量维生素 E，效果更好。

预防 注意全价饲料喂养，从食物链的源头上采取对土壤、作物、牧草喷施硒肥的措施，可有效地提高玉米等作物、牧草的含硒量，尤其籽实的含硒量。按每公顷 111.5g 亚硒酸钠配制成水溶液，进行喷洒，可使籽实的含硒量提高 0.1 ~ 0.2mg/kg，但应注意喷施后的作物或牧草不能马上饲用，以免发生硒中毒。

【低血钾症】

牛的低血钾症是钾摄入不足不能够满足机体需要，导致钾代谢紊乱的一种营养代谢病。临床上以无力、运动障碍、瘫痪和腹泻为特征。

（一）诊断要点

1. 临床症状

本病多发生高产母牛的妊娠后期（33.3%）及产犊后1周内（40.0%），育成母牛及其他母牛也偶有发生。根据临床经过和病程，此病可分为急性型、亚急性型和慢性急性发作型。急性型病牛，往往在产后或产前24h内即出现以肌肉无力及瘫痪为主的典型临床症状，亚急性病牛，多在产犊前、后1周内，突然出现典型临床症状，慢性急性发作型病牛，常经一至数月之久，首先表现长期拉稀，四肢无力，走路摇摆，当受到寒冷、雨淋等不良外界因素作用下，则突然出现本病的典型症状。虽然本病潜伏期及病程长短不一，病牛均表现为体质健壮，营养良好，体温正常，肌肉无力，四肢瘫痪等典型症状。根据临床特征，本病可大致分为典型性瘫痪型、拉稀性瘫痪型、神经性瘫痪型等3种类型。

2. 临床病理学

血清钾离子低于2.5mmol/L即可诊断为低钾血症。

3. 病因

草料品种单一，日粮配合不合理，缺乏矿物质和含钾的青绿饲料；消化系统功能障碍，尤其是腹泻，影响了钾离子的吸收和利用。同时由于脱水，使钾离子等从细胞内液和细胞外液中也随之流失于体外，使细胞内液的渗透压及机体酸碱平衡失调。

生理状态因素 本病多见于妊娠后期及产犊前后的青年母牛。此时母牛的胎儿代谢及大量泌乳是母牛生理上负荷最大时期，也能消耗大量营养物质，钾会从细胞内进入血中，被胎儿利用或随乳汁、粪便排出体外。特别是当机体伴有其他疾病或不良自然因素作用下，可影响消化系统、中枢神经系统及内分泌腺活动机能，均可促进本病发生。

4. 发生机理

机体对钾平衡的调节主要依靠肾的调节和钾的跨细胞转移。在肾功能衰竭等特殊情况下结肠也成为重要的排钾场所。肾排钾的过程大致分为三个部分：肾小球的滤过；近曲小管和髓袢对钾的重吸收；远曲小管和集合管对钾的排泄的调节。调节钾跨细胞转移的基本机制被称为泵—漏机制。泵指钠—钾泵，即 Na^+-K^+-ATP 酶，将钾离子逆浓度差摄入细胞内；漏指钾离子顺浓度差通过各种钾离子通道进入细胞外液。影响钾的跨细胞转移的主要因素包括细胞外液的钾离子浓度、酸碱平衡状态、胰岛素、儿茶酚胺、渗透压、运动、机体总钾量。当上述调节功能受到到各种因素影响，发生紊乱时即出现钾的代谢障碍。

常见的低钾血症的常见原因为：钾摄入不足、钾丢失过多、钾的跨细胞分布异常、药源性失钾。

低钾可使肌细胞兴奋性降低，临床上出现肌肉无力、迟缓性麻痹等，严重者可发生呼吸肌麻痹导致死亡。低钾使心肌兴奋性增高，传导性下降，自律性升高，收缩性升高。低钾可引起胃肠运动减弱，重度低血钾时甚至可出现麻痹性肠梗阻。此外，低钾血症可诱发代谢性碱中毒。

（二）防治措施

及时予以补钾疗法。症状轻微时，可口服 10% 氯化钾 50～100mL/d，症状明显时，须静脉给药，静脉补钾原则是缓慢滴入、浓度宜低、剂量适中。氯化钾 10mL 须用 300mL 以上的 5% 糖水稀释，如果浓度稍大，滴入稍快，都易导致病牛惊恐不安增加心脏负担，对脱水明显，尿少或无尿的病畜，须先用大剂量复方盐水补充血容量等家畜尿量增多后方可补钾，以免因错补而造成补钾过量而出现的问题。

【生产瘫痪】

生产瘫痪又称产后瘫痪、产后麻痹、也称乳热症。是母畜在分娩前后突然发生的严重钙代谢障碍性疾病。本病以动物意识和知觉丧失、四肢瘫痪、消化道麻痹、体温下降和低血钙为特征。

（一）诊断要点

1. 临床症状

牛的生产瘫痪依病情分为严重型和轻型，即典型或非典型两类。

典型生产瘫痪，比较少见，一般于产后 12~72h 发病，病初表现短期的兴奋不安、感觉过敏，后肢交替踏地。然后精神沉郁，有些病初即表现高度沉郁。后肢或头，颈部肌肉震颤或抽搐。后肢僵硬，飞节过度伸展，运步不稳，易摔倒。食欲减少至停止，瘤胃蠕动次数减少，排粪、排尿等减少。

数小时后出现瘫痪症状，病牛伏卧或侧卧，意识逐渐消失，昏睡至昏迷。患牛将一前肢和一后肢伸向侧方，头颈向伸腿侧弯曲，低于胸腹壁，如强行将头颈拉向前方，松手后又立即弯回原状，这一特殊姿势是该病的示病症状，瞳孔散大，各种反射迟钝或消失。

本病的另一特征是体温降低，病初可在正常范围之内，随病程进展可降低到 36℃ 或 35℃，鼻镜干燥，皮肤及四肢发凉。心跳加快，呼吸减慢，血压降低，常伴有流涎和瘤胃臌气现象。

非典型生产瘫痪较多见。主要症状是伏卧，头颈姿势不自然，头部至鬐甲部呈轻度"S"状弯曲。四肢无力，行走困难，精神沉郁，食欲不振或废绝，反刍，泌乳下降或停止，体温正常或稍低。

2. 临床病理学

临床化验血清钙由正常的 90~120mg/L 降低至 40~80mg/L 以下。

3. 病因

钙质流失过多。由于大量钙质进入初乳，其量超出了母体从肠道吸收和动用骨骼钙量的总和，血钙迅速降低，导致本病，但不是生产瘫痪唯一原因。因为泌乳高峰期钙消耗更多，但却很少发病。

日粮钙磷比例不当，母体骨骼中钙磷贮备能力降低，贮量减少。干乳期饲喂高钙饲料时，血中钙浓度升高，会使甲状腺分泌降钙素增多，刺激骨基质钙化过程，以致骨骼中可迅速动员的钙减少。另一方面，血钙升高可抑制甲状旁腺素的分泌，1,25-二羟化醇合成减少，肠吸收钙的能力亦减少，以致不能应付开始泌乳时血钙的大量消耗。

钙摄入障碍。动物在怀孕后期，胎儿增大，胎水增多，挤压胃肠器官，影响正常的消化吸收功能。分娩时雌激素增加，可抑制食欲，使肠胃对钙质吸收减少。此外，慢性胃肠道疾病或消耗性疾病，如慢性胃肠炎、结核病、寄生虫病等。影响钙吸收。

4. 发病机理

钙离子具有重要的生理功能，钙代谢受多种器官和激素的调节和制约。正常情况下，血钙水平降至一定浓度（2.15mmol/L）时，甲状旁腺素的分泌增多，依次激励肾脏1,25-二羟钙化醇的合成，增加肠钙的吸收，刺激骨钙溶解，以补充血钙之不足。至于血钙大幅度下降的机制，一般认为是钙流失过多，补充过少，骨可动员钙减少，钙调节障碍等。也有人认为，分娩后腹压突然降低，大量血液进入腹腔和乳房，引起脑贫血，大脑皮质抑制加强，甲状旁腺素分泌减少，甲状腺降钙素分泌增多，以致钙调节失衡，血钙急剧降低，神经肌肉的兴奋性增强，引起震颤或强直性痉挛，严重者则发生昏迷。

（二）防治措施

本病的特效疗法是静脉注射钙制剂和乳房送风。

约有80%的病牛可应用钙制剂一次治愈。牛用40%的硼葡萄糖酸钙注射液400～600mL，或用10%的葡萄糖酸钙溶液800～1 400mL，或用5%的葡萄糖氯化钙800～1 200mL静脉注射，每日2～3次。补钙后精神迅速好转，肌肉震颤，鼻镜出汗，全身状况得到改善。

乳房送风疗法是通过乳房内注入空气，刺激乳腺末梢神经，提高大脑皮质的兴奋性，从而解除抑制状态，另一方面送风提高了乳房内压，降低了产乳量。进一步制止了血钙的减少，并通过反射作用使血压回升。也可用新鲜牛乳注入乳池内，代替打气，前后乳区各注射200～250mL，效果确定。

在用上述方法治疗时，应注意对症治疗，保温、强心、补液、静脉注射25%葡萄糖注射液500～1 000mL，或静脉注射0.5%氢化可的松80～100mL，以提高血糖和抗休克。伴有低血镁症和低磷酸盐血症，可同时补充15%磷酸二氢钠溶液200mL，15%硫酸镁液200mL。

伴有瘤胃膨气时，应早期向瘤胃内注入制酵剂或穿刺放气。并掏出直肠蓄粪，膀胱积尿时应及时导尿。

预防 目前尚无有效的预防办法。在干乳期，应避免日粮钙摄入量过多，防止镁摄入不足。干乳期饲以低钙日粮可刺激甲状旁腺素的分泌，促进肾脏 1,25-二羟钙化醇的合成，提高分娩时骨钙动用能力和胃肠吸收能力。在妊娠期间应有充足运动，产后 3 天内乳牛不可将其初乳挤得太空，以防血钙消耗太多。于分娩前后静脉注射适量葡萄糖酸钙注射液，可预防本病的发生。

【闭孔神经麻痹】

闭孔神经麻痹，是闭孔神经受到损伤而使它所支配的后肢内收肌丧失机能的一种疾病。临床上以后躯瘫痪为特征。

（一）诊断要点

1. 临床症状

根据损伤情况，闭孔神经麻痹分为两种，即一侧性及两侧性麻痹。前者为一侧闭孔神经受到损伤，后者为两侧闭孔神经都被伤害。

一侧性闭孔神经麻痹，病牛卧地时，患侧后肢向外弯曲展开，站立时患侧后肢外展。行走时，髋关节和膝关节抬高，步伐短促，并尽可能使健康后肢负重，以病肢的蹄内侧边缘着地。病牛常发生一侧性麻痹，多由于难产损伤所致。

两侧性闭孔神经麻痹，病牛卧地后不能起立，呈伏卧姿势，如同蛙卧式，两后肢分别向外弯曲展开。两侧性麻痹常见于老牛，多因骨质疏松、摔伤或骨盆骨折所引起。

2. 临床病理学

受压迫或损伤的闭孔、坐骨的神经发生出血、水肿和炎症等变化。

3. 病因

闭孔神经来自腰荐神经丛的 4~6 对腰神经腹侧支和 1~2 对荐神经的腹侧支，沿左右髂骨内侧向下方伸延，穿过闭孔，分布于闭孔肌、内收肌、耻骨肌和股薄肌，起支配后肢的内收作用。母牛分娩过程中，出现异常情况，使产道的组织受到损伤，可波及闭孔神经。易受损伤的部位是髂骨内侧和进入闭孔的部分。

（二）防治措施

治疗　治疗此病的原则是消炎和兴奋神经。①对阴道损伤的病牛，可用 0.1g 高锰酸钾或 0.1g 洗必泰 500mL 冲洗阴道，隔日 1 次。冲洗后，用紫药水涂擦损伤部位。②对胎衣不下、子宫炎或子宫颈损伤的母牛，为防止炎症扩散，应进行宫内投药。常用强力霉素 10 g，呋喃西林 5g，蒸馏水 250～500mL，隔日投送 1 次。③抗生素治疗，一般用青霉素 400 万 IU 和链霉素 400 万 IU。或用青霉素 400 万 IU 和庆大霉素 80 万～100 万 IU。根据症状轻重，每天肌注 2～3 次。④硝酸士的宁患肢臀肌深部注射，第 1 天用 20mL，第 2～3 天 10mL，每天 1 次。⑤辅助疗法，适量静注葡萄糖、氢化可的松、安钠咖、氢化钙、水杨酸钠和乌洛托品等，能提高疗效。

治疗此病必须精心护理。应将病牛移至松软的地面上，并多铺垫草，每日将病牛翻身 3 次。如尚能站起，则应每日驱赶让它站起 2～3 次。如有可能并让它缓慢行走片刻。对病牛给予易消化的优质干草，减少精料喂量，供给充足的饮水。

预防　加强饲养管理，日粮搭配合理，营养平衡。防止地面过滑引起牛后肢劈叉、跌倒，避免损伤后肢，助产和保定要严格遵守操作规程，减少难产和代谢病的发生。

（张子威）

主要参考文献

［1］徐世文，唐兆新．兽医内科学［M］．北京：科学出版社，2010.

［2］郑光远．奶牛几种卧地不起疾病的诊疗［J］．养殖技术顾问，2013，6：156.

［3］姚春雨，张志刚，孙国权，等．家畜腹围异常症状鉴别诊断

［J］．中国畜牧兽医，2008，35（2）：117－118.

［4］毛彩霞，包海鹰，魏晓军，等．奶牛腹围异常鉴别诊断［J］．科学养牛，2007，6：14－15.

［5］孙东永．家畜腹部临床检查的要点［J］．养殖技术顾问，2013，8：137.

［6］李毓义，张乃生．动物群体病症状鉴别诊断学［M］．北京：中国农业出版社，2003.

［7］徐世文，郭东华．奶牛病防治技术［M］．北京：中国农业出版社，2012.

第二章

腹围膨大鉴别诊断

腹围膨大是指在病理状态下，腹围容量的增大。主要发生于腹腔器官积食、积气以及腹腔积液等。

腹围膨大是指腹围的横径加宽或/和纵径加大，除生理性因素妊娠外，腹围的显著增大，多提示腹腔、脏器的充气性、食滞性、积液性等病变。

一、生 理 解 剖 基 础

腹部是由膈肌、腹壁、脊柱等围成的，内有胃肠、肝脏、脾脏等消化系统；肾脏、膀胱、子宫等泌尿生殖系统和腹腔等构成。

生理情况下，消化系统和泌尿系统内容物及时后送，排出体外，腹腔液少量。在病理情况下，消化系统和泌尿系统内容物停止，不能及时排出，即可导致不同程度的腹围变化。此外，腹腔内液体增多时，也可引起腹围的膨大。

二、腹 围 膨 大 的 病 因

1. 腹腔内气体过多

腹腔内气体过多，多见于消化道内气体增多，常见于采食易发酵饲料，如发热青草、苜蓿等，在瘤胃内微生物的作用下过度发酵产生大量气体潴留在消化道内而引起。此外，也见于消化道内气体排出不畅，如慢性前胃弛缓、创伤性网胃心包炎、瓣胃阻塞、食道阻塞等疾病引起消化道内气体排出不畅，滞留在消化道内引起腹围膨大。

2. 腹腔内液体过多

腹腔内液体过多，分为腹腔液体过多、消化道内液体过多和子宫内液体过多及膀胱内液体过多。

腹腔内液体过多主要见于腹腔渗出液过多、漏出液过多和腹腔积尿。前者见于各种因素引起的腹膜炎，后者见于膀胱破裂，而漏出液则见于贫血性疾病、严重营养不良（血浆胶体渗透压降低）、肝硬化、心功能障碍和肾功能障碍。

膀胱内积尿主要见于膀胱结石、膀胱麻痹、膀胱括约肌痉挛，尿道结石、尿道内异物以及腰间椎损伤等。

消化道内液体增多，主要见于瘤胃、真胃内液体增多，常见疾病为瘤胃酸中毒、真胃阻塞和真胃变位等。

子宫内液体过多，则见于各种因素引起的的子宫内膜炎。

3. 消化道内未消化食物过多

主要见于采食难消化饲料如麦秸、豆秸等，也见于大量采食易膨胀饲料，如玉米粒、小麦、黄豆等。

此外，在胃肠弛缓如前胃弛缓、瓣胃阻塞等疾病发生时，胃肠内容物不能及时后送，导致腹围增大。

4. 腹围的局限性增大

主要见于肿瘤、疝或者局部炎症等。

三、腹围膨大的鉴别诊断思路

不管腹围增大或缩小，在排除多种生理因素影响之后，临诊时首先要了解病史，多可提供有价值的材料和依据。若奶牛吃了大量精料或可口饲草，左肷窝变平或凸起，触诊质地坚硬，叩诊有混浊音为瘤胃积食；而吃进易发酵的幼嫩豆科植物，左肷窝凸起，触诊有弹性，叩诊为鼓音，则为瘤胃膨胀。急性原发性瘤胃膨胀与采食的关系极为密切。小肠和左侧上、下结肠膨胀，见左腹部胀大，而盲肠膨胀，为右侧上腹部增大，右下腹侧壁增大，通常见于奶牛的皱胃阻塞。

下腹部两侧凸出，触诊有波动，可以叩出水平浊音，且随体位改变而改变，可想到是否因肝硬变引起的腹水，或是渗出性腹膜炎，或其他疾病引起的腹腔积水。在怀孕母牛可考虑是否为胎水过多。还应该考虑膀胱破裂和脐尿管破裂，此时进行腹腔穿刺有助于诊断，若穿刺液为尿液指示膀胱破裂；若穿刺液混浊，有絮状物，见于腹膜液；穿刺液澄清透明，见于肝硬化和各种原因引起的腹腔积液。直肠检查对于确定胎水过多及腹膜炎有鉴别意义。奶牛左侧腹围下方突出，多为瘤胃炎的标志，导胃可排出大量液体。

四、对症治疗

（1）降低腹内压，由于腹围膨大的性质不同，因此降低腹内压的方法也不同。

气性腹围膨大，主要采用穿刺放气的方法降低腹内压，同时投给防腐止酵药，对于泡沫性臌气，要先投给消沫药，然后再穿刺减压。

食滞性腹围膨大，主要采用洗胃或/和缓泻的方法进行。

液性腹围膨大，一般可采用穿刺排液进行，但要及时治疗原发病。

（2）强心补液，强心主要使用安钠咖、樟脑磺酸钠等药物，补液选用复方氯化钠注射液、5%葡萄糖生理盐水、生理盐水等。

（3）解毒，一般解毒选用维生素 C 注射液、复方甘草酸铵注射液、25% ~50% 葡萄糖注射液等；酸中毒时选用 5% 碳酸氢钠注射液；内毒素中毒可选用地塞米松、氢化可的松、盐酸山莨菪碱等。

五、常见疾病的诊断与治疗

【瘤胃臌气】

瘤胃臌气是因前胃神经反应性降低，收缩力减弱，而又采食了大量容易发酵的饲料，在瘤胃内菌群作用下，产生大量气体，嗳气运动减弱或停止时，可引起瘤胃和网胃急剧膨胀，隔与胸腔脏器受到压迫，呼吸与血液循环障碍，发生窒息现象的一种疾病。

该病的临床特点是左侧腹围显著膨大；叩诊瘤胃有鼓音，触诊瘤胃紧张，有弹性；嗳气抑制；显著的呼吸循环障碍。

（一）诊断要点

急性瘤胃臌气，病情急剧，具有采食大量易发酵性饲料后发病的病史，腹部膨胀，肷窝凸出，血液循环障碍，呼吸极度困难，确诊不难。如果牛群中仅有一头牛患病，很可能是气性臌胀。但如果有数头牛不同程度地患病，如果它们是在牧场上，可以确定是泡沫性臌胀。如果对此还有疑问，可以通过插入胃管来确定。如果是气性臌胀，胃管到达瘤胃，气体会从胃管中释放出来，瘤胃将会快速恢复到正常大小。如果证实是气性臌胀，臌胀减轻后，应该彻底地检查确定不能嗳气的原因。

如果瘤胃臌气是泡沫造成的，在插入胃管时，只能断断续续从导管内排出少量气体，常被堵塞，排气困难。

1. 临床症状

过食后不久突然发病，腹围迅速膨大，肷部凸起，左侧明显。食欲、反刍废绝。触诊瘤胃紧张有弹性，叩诊呈鼓音。听诊瘤胃蠕动音减弱或消失。呼吸困难，结膜发绀，心悸亢进，脉搏增数，体温正常。病重时，张口流涎，伸舌吼叫，眼球突出，站立不稳，行走摇晃，全身出汗，最后倒地不起，常因窒息或心脏麻痹而死。继发性瘤胃臌气，常以原发症状为主，一般发展缓慢，对症治疗后，症状暂时缓解，但原发病不愈，不久又可复发，常为间歇性臌气。

2. 临床病理学

其他原因导致的反刍动物死亡的诊断，可能会与这种情况的诊断混淆。如果动物死亡后立即剖检，死于瘤胃臌气动物的病变非常明显。腹部臌胀，死后剖检，腹股沟水肿，腹部会阴区充血、出血，肝脏受到挤压而苍白，瘤胃极度扩张且含泡沫，死后泡沫数量减少，横膈膜和腹下肌肉组织明显破裂，特别是腹股沟区。

3. 病因

原发性瘤胃臌气是由于反刍动物直接饱食容易发酵的饲草、饲料后而引起，特别是舍饲转放牧的牛、羊群更易发生，如幼嫩青草、沼泽地区的水草、湖滩的芦苗等或采食堆积发热的青草、霉败饲草、品质不良的青贮饲料，或者经雨淋、水浸渍、霜冻的饲料等而引起非泡沫性瘤胃臌气。而采食富含蛋出质、皂苷、果胶等物质的豆科牧草，如新鲜的豌豆蔓叶、苕子蔓叶、花生蔓叶、苜蓿、草木樨、红三叶、紫云英则易发生泡沫性瘤胃臌气。此外饲料配合或调制不当，如精料过多过细、未经调制、饲草不足、钙磷比例失调、矿物质元素不足等，都可能成为本病的发病原因。

继发性瘤胃臌胀，主要见于前胃弛缓、创伤性网胃心包炎，食管阻塞、痉挛、麻痹，膈疝，前胃积沙、毛球和结石，某些植物中毒，如毒芹、乌头、白藜芦、白苏和毛茛科植物，或误食桃、李、梅、杏和栎树等的幼嫩枝叶。

4. 发病机理

在病理情况下，瘤胃内容物经微生物发酵迅速生成大量的气体，超过了气体的排出速度或产生大量的泡沫不能经嗳气排出，因而导致瘤胃的急剧扩张和臌胀。

瘤胃臌气按性质分为泡沫性和非泡沫性臌气。泡沫的形成，主要取决于瘤胃液的表面张力、黏稠度和泡沫表面的吸附性能等三种胶体化学因素的作用。

非泡沫性臌气，除瘤胃内重碳酸盐及其内容物发酵所产生的大量 CO_2 和 CH_4 外，饲料中还含有氰苷与脱氢黄体酮化合物，具有降低前胃神经兴奋性，抑制瘤胃平滑肌收缩的作用，因而引起非泡沫性瘤胃臌气的发生。

在瘤胃臌气发生发展的过程中，瘤胃过度膨胀和扩张，腹内压升高，影响呼吸和血液循环，气体代谢障碍，病情急剧发展和恶化。并因瘤胃内容物发酵、腐败产物的刺激，瘤胃壁痉挛性收缩，引起疼痛不安。病的末期，瘤胃壁紧张力完全消失乃至麻痹，气体排出更加困难，血液中 CO_2 显著增加，碱贮下降，最终导致窒息和心脏麻痹。

（二）防治措施

当腹围显著膨大，呼吸极度困难时，应迅速用胃管排出瘤胃积气。但速度宜慢，或采用瘤胃穿刺放气法。放气后，在套管针筒内注射 3～5mL 来苏儿溶液（配成 3% 溶液），或内服 0.2%～0.3% 高锰酸钾（溶液呈粉红色）300～500mL。如果是泡沫性臌胀，则气体以无数小气泡方式于饲料糊相混合，以致不能通过放气针排出，此时应内服或随套管针孔注入，降低气泡表面张力的药物，通常用豆油 250～500mL，为促进瘤胃蠕动，可同时静脉注射 10% 氯化钠 60～100mL；或者鱼石脂 20g、酒精 35mL、松节油 30mL、温水 500mL 灌服。

【瘤胃积食】

瘤胃积食又称急性瘤胃扩张，是由于瘤胃内容物积滞，引起瘤胃体积增大，胃壁扩张，瘤胃正常运动机能紊乱的一种疾病。临床上以瘤胃膨满，触诊黏硬或坚硬，反刍停止，瘤胃蠕动音消失为特征。

（一）诊断要点

依据肚腹膨大，肷窝平满，瘤胃内容物黏硬或坚实以及呼吸困难、黏膜发绀、肚腹疼痛等现症，可论证诊断为瘤胃积食。依据过食的生活史或其他胃肠疾病的病史，可确定其病因病程类型为原发性瘤胃积食或继发性瘤胃积食。依据瘤胃内容物 pH 值测定，可确定为酸过多性瘤胃积食或碱过多性瘤胃积食。

1. 临床症状

常在饱食后数小时内发病，病畜表现神情不安，目光凝视，弓背站立，回头顾部，后肢踢腹，间或不断起卧。食欲废绝、反刍停止、虚嚼、磨牙、时而努责，常有呻吟、流涎、嗳气，有时作呕或呕吐。

瘤胃区听诊瘤胃蠕动音初期增强，很快减弱或消失；触诊瘤胃，病畜不安，内容物坚实或发硬；腹部膨胀，瘤胃背囊有一层气体，穿刺时可排出少量气体和带有臭味的泡沫状液体；右腹部听诊，肠音微弱或沉寂。

直肠检查可发现瘤胃扩张，容积增大，充满坚实或干硬内容物。

瘤胃内容物检查可见内容物 pH 值一般由中性逐渐趋向弱酸性，发病后期，纤毛虫数量显著减少。若瘤胃内容物呈粥状，恶臭时，表明继发中毒性瘤胃炎。

晚期病例，病情恶化，腹部胀满，瘤胃积液，呼吸急促，心悸动增强，脉率增快；皮温不整，四肢下部、角根和耳冰凉；全身战栗，眼窝凹陷，黏膜发绀；病畜衰弱、卧地不起，陷于昏迷状态。

2. 临床病理学

病畜瘤胃极度扩张，其内含有气体和大量腐败内容物，胃黏膜潮红，有散在出血斑点；瓣胃叶片坏死；各实质器官淤血。

3. 病因

原发性因素 主要是饲养管理不当，包括冬春季节缺乏青绿饲料，用谷草、麦秸、玉米秸秆、高粱秸秆或稻草铡碎喂牛；农忙季节，因饲喂麦糠、豆秸、甘薯蔓、花生蔓或其他秸秆，同时添加磨碎的谷物精料所引起；饲养失调，饮水不足、劳役过度和精神紧张也可引起真胃阻塞；此外由于消化机能和代谢机能紊乱，发生异嗜，舔食砂石、水泥、毛球、麻线、破布、木屑、刨花、塑料薄膜甚至食入胎盘也是引起真胃阻塞的病因；犊牛则因大量乳凝块滞留而发生真胃阻塞。

继发性因素 常见于真胃炎、真胃溃疡、真胃淋巴肉瘤、小肠阻塞和真胃变位等。

4. 发病机理

瘤胃积食的发生除与一次大量暴食有关外，也与前胃弛缓有着密切的关系。这是由于在前胃弛缓的基础上，饲料数量和质量稍有变更，就可导致瘤胃内容物不能正常运转而停滞，从而导致本病的发生。

由于大量胃内容物积聚于瘤胃，压迫瘤胃黏膜感受器，在瘤胃短时间的兴奋之后，立即转入抑制状态。随着病情发展，瘤胃内微生物区系失调，产生大量乳酸，pH 值降低，瘤胃内纤维分解菌和纤毛虫活性降低甚至大量死亡。微生物区系共生关系失调，腐败产物增多，引起瘤胃炎，进一步导致瘤胃的渗透性增强，引起积液。由于脱水，酸碱平衡失调，碱贮下降，神经—体液调节机能更加紊乱，病情急剧恶化，表现呼吸困难，血液循环障碍，循环虚脱，病情更加危重。

（二）治疗要点

本病的治疗原则为加强护理，增强瘤胃蠕动机能，促进加速瘤胃内容物的排出和对症治疗。

对食入大量易膨胀的豆、谷或饼粕类的饲料或瘤胃中已形成大量气体，应限制其饮水，对一般性的瘤胃积食饮水也应以少量多次为宜。对食入一般性的饲料，且瘤胃气体不多，触诊瘤胃很硬，又不自行喝水，则可灌入一部分温水。如出现食欲，不宜马上就喂，待充分反刍后再喂少量的易消化饲料，以后可逐日增多。

增强瘤胃蠕动机能，促进加速瘤胃内容物的排出，可行瘤胃按摩5～10min/次，每30min一次，也可使用副交感神经兴奋剂氨甲酰胆碱、硫酸甲基新斯的明、促反刍液、10%氯化钠注射液等，以促进瘤胃蠕动，排除瘤胃内容物。使用泻剂促进瘤胃内容物后送，如硫酸镁、石蜡油、鱼石脂酒精等。在洗胃后再灌服健牛瘤胃液，有助于恢复瘤胃的正常消化机能。必要时可行瘤胃切开，将瘤胃内容物取出。

为缓解脱水症状，可静脉注射5%葡萄糖氯化钠液、林格尔氏液、生理盐水等，解除酸中毒可静脉注射5%碳酸氢钠液、乳酸林格尔注射液。另外，还可酌情或对症采用其他药物疗法。

【瘤胃酸中毒】

同"卧地不起鉴别诊断"中常见疾病的诊断与治疗。

【胎水过多】

胎水过多指孕牛怀孕过程中胎儿尿水过多或羊水过多，或两者均多，超正常几倍，且多发于怀孕5个月以后。

（一）诊断要点

怀孕6个月以后，腹部逐渐过度膨大，触诊腹部波动。直肠检查子宫膨大，充满液体，有波动，摸不到胎儿。

1. 临床症状

所有尿水过多病例的发病过程均表现出渐进性，但临床症状

（妊娠的最后 3 个月）和发展过程有所差异。在怀孕后期，出现的症状越晚，母牛可维持到分娩的几率就越大。如果在怀孕 6 ~ 7 个月时腹部已经明显膨胀，则临产前母牛的病情会非常危险。尿水的总量可达 273L，母牛起卧困难，以致影响呼吸和食欲。全身情况随疾病的加重而逐渐恶化、消瘦，最终可导致久卧不起，甚至死亡。有时母牛可因流产而症状得到缓解，病情较轻时，妊娠可继续进行，但胎儿发育不良，甚至体重达不到正常的一半，往往在产出时或出生后死亡。由于子宫弛缓，子宫颈开张不全及腹肌收缩无力，常发生难产。尿水过多病例，产后常发生胎衣不下和脓毒性子宫炎，通常预后不良。

2. 病因

真正原因还不十分清楚。可能原因：

（1）遗传因素：胎儿发育异常，近亲繁殖品种；

（2）胎儿过大或怀双胎，影响胎盘循环；

（3）脐带扭转，影响血流；

（4）胎盘发生炎症；

（5）营养不良（蛋白质、维生素 A 缺乏）。

3. 发病机理

牛胎水过多的确切原因还不完全清楚，大部分的胎水过多出现在妊娠的最后 3 个月。

怀双胎的牛更易发生胎水过多。母体和胎儿的各种疾病，如重症胎儿水肿、急性肝炎、肾炎等，也可引发胎水过多。

（二）治疗要点

对于胎水过多的治疗，主要取决于孕牛症状的严重程度。尿水过多并已出现趴卧症状的母牛，治疗效果不佳，应及时淘汰。对于尿水过多，症状轻微的牛和羊水过多牛，可给予治疗。

症状轻微并且临近分娩的母牛，可给予适当治疗，以维持到分娩。

多数病例脱水严重，电解质平衡紊乱，应静脉大量补液予以纠正，腹部膨胀严重并影响呼吸的病例，应进行子宫穿刺放液。放液的速度应控制在 1 L/min，一次的放液量不应超过 30 ~ 50L，因放液量达到或超过 30～50L 时，即可引发流产。极少数早期病例在放液 15～20L 后可逐渐康复。

【腹水】

腹水又称腹腔积液，指腹膜腔内蓄积有大量液体。腹水不是独立的疾病，而是伴随于许多其他疾病经过中的一个病征，可发生于各种动物，有单发的，称个体腹水症；也有群发的，称群体腹水症。

（一）诊断要点

漏出液性腹腔积液为非炎性积液，见于肾病、慢性间质性肾炎、重度营养不良等引起血浆胶体渗透压减低，慢性心脏衰弱引起毛细血管内压增高，以及肿瘤压迫、结核引起的淋巴回流受阻淋巴管阻塞，也由上述两种或两种以上的因素所致的漏出液性腹腔积液，如肝硬化。

渗出液性腹腔积液为炎性积液，细菌性腹膜炎、结核性腹膜炎、内脏器官破裂或穿孔等致使腹膜发生炎症，使发炎区内的毛细血管壁受损，通透性增高，使血液内的液体、细胞和分子较大的蛋白质渗出到腹腔，渗出液可达 100 L。最明显的症状是腹部外形的变化，腹部向下，向两侧对称性膨胀，状如蛙腹。当牛体位改变时，腹部的形态也随着改变，腹部的最低处即膨起，腹部叩诊，呈水平浊音，腹部冲击式触诊，可感到回击波或震荡音。

腹腔穿刺液检查，漏出液为淡黄色透明液体或稍混浊的淡黄色液体；渗出液为深黄色混浊液体，易凝固成胶冻样。漏出液细菌学检查为阴性；渗出液细菌学检查，可找到病原菌。

（二）治疗要点

以治疗原发病为主，除去病因，腹水过多时腹腔穿刺放水。

（张子威）

主要参考文献

[1] 徐世文，唐兆新．兽医内科学［M］．北京：科学出版

社，2010.

[2] 李建伟，李斯亮. 10 种牛腹围膨大症的鉴别诊断 [J]. 中国牛业科学，2013，39（6）：95 - 96.

[3] 姚春雨，张志刚，孙国权，等. 家畜腹围异常症状鉴别诊断 [J]. 中国畜牧兽医，2008，35（2）：117 - 118.

[4] 毛彩霞，包海鹰，魏晓军，等. 奶牛腹围异常鉴别诊断 [J]. 科学养牛，2007，6：14 - 15.

[5] 孙东永. 家畜腹部临床检查的要点 [J]. 养殖技术顾问，2013，8：137.

[6] 李毓义，张乃生. 动物群体病症状鉴别诊断学 [M]. 北京：中国农业出版社，2003.

[7] 梁玉珍，蔡勤辉. 野生草食动物腹围异常膨大的诊治 [J]. 中国兽医杂志，2003，39（3）：25 - 26.

第三章

前胃弛缓鉴别诊断

前胃弛缓是由各种病因引起的前胃神经兴奋性降低，平滑肌收缩力减弱，瘤胃内容物运转缓慢所致的反刍动物消化机能障碍综合征。根据发病原因分为原发性前胃弛缓和继发性前胃弛缓，按病理类型可分为神经性前胃弛缓、肌源性前胃弛缓、酸碱性前胃弛缓、离子性前胃弛缓和反射性前胃弛缓。其临床特征为食欲减退、反刍缓慢、前胃运动减弱甚至停止。本病主要发生于舍饲的牛，特别是肉牛和奶牛，多见于早春和晚秋，是前胃疾病中最为常见的一种。

一、生理解剖基础

瘤胃前面接食管，前下方与网胃相接，占腹腔的左半部，一部分越过正中线达腹腔右半部。严重的瘤胃积食，其右侧胃壁可压挤肠袢，并继发假性肠梗阻。瘤胃的前端与网胃之间形成瘤网胃间褶，是瘤胃与网胃的分界线，两室相交通之处为瘤网胃间孔，发生创伤性网胃炎时，可由此将网胃内异物取出。

网胃位于剑状软骨区的体正中面偏左，与第6~8肋骨相对。其前壁紧贴膈，而膈与心包的距离仅为1.5cm，当饱食后，膈与心包几乎相接。因此，当牛吞食金属异物后而停留在网胃内，由于网胃的蠕动常刺穿胃壁而引起创伤性网胃炎，严重者可刺穿膈进入心包而引起创伤性心包炎。

瓣胃位于体正中面的右侧，在肩端水平线与第8~11肋间隙相对，前由网瓣胃孔与网胃相连，后由瓣皱胃孔与皱胃相接。

二、前胃弛缓的病因

牛前胃弛缓分为原发性前胃弛缓和继发性前胃弛缓两大类。原发性前胃弛缓的原因，主要是饲养不当引起的。当长期饲喂粗硬劣质难以消化的饲料（如豆秸、糠秕、高秆等），强烈刺激胃壁，尤其在饮水不足的情况下，前胃内容物易纠缠成难以下咽的块状物，影响瘤胃微生物的消化活动；反之，当长期饲喂柔软细小或缺乏刺激性的饲料（如麸皮、面粉、细碎精料等），不足以兴奋前胃机能，均易引发前胃弛缓。饲喂品质不良的草料（如发酵变质的青草、青贮料、酒糟、豆腐渣等），或草料突然变换，前胃机能一时不易适应，也是造成前胃弛缓的原因。另外，血钙水平降低、管理不当如过度使役或运动不足等，也是引起原发性前胃弛缓的诱因。

继发性前胃弛缓是在瘤胃臌气、瘤胃积食、创伤性网胃炎、酮血病、皱胃变位、肝片吸虫病及腹膜炎等病过程中，经常影响前胃机能，继发性前胃弛缓。

三、前胃弛缓的鉴别诊断思路

（一）前胃弛缓确认

确认前胃弛缓的主要依据，包括饮食欲减退、反刍障碍以及前胃运动减弱。在乳牛，还有泌乳量的突然下降。

（二）区分原发性前胃弛缓还是继发性前胃弛缓

其仅表现前胃弛缓基本症状，而全身状态相对良好，体温、脉搏、呼吸等生命指标无大改变，且在改善饲养管理病给予一般健胃促反刍处置后短期（48～72h）内即趋向康复的，为原发性前胃弛缓。

其除前胃弛缓基本症状外，体温、脉搏、呼吸等生命指标亦有明显改变，且在改善饲养管理病给予一般健胃促反刍处置后，数日病情仍继续恶化的，为继发性前胃弛缓。

（三）区分继发性前胃弛缓的原发病是消化系统疾病还是群体病

凡单个零散发生，其主要表现消化病征的，应考虑各种消化系统疾病，可进一步依据各自的示病症状、特征性检验所见和证病性病变，分别逐步加以鉴别和论证。

凡群体发生的，要着重考虑各类群发病，包括各种传染病、侵袭性疾病、中毒病和营养代谢病，可依据有无传染性、有无相关虫体大量寄生、有无相关毒物接触史以及酮体、血钙、血钾等相关病原学和病理学检验结果，按类、分层、逐步加以鉴别和论证。

四、症状治疗

1. 促进前胃蠕动功能

可使用副交感神经兴奋剂如氨甲酰胆碱、新斯的明、毛果芸香碱等，这类药物在妊娠、病情严重及心机能不全时禁止应用。也可选用浓盐水、促反刍液等静脉注射。如选用5%氯化钠溶液300mL，5%氯化钙溶液300mL，安钠咖1g，一次静脉注射；10%氯化钠溶液100mL，5%氯化钙溶液200mL，20%安钠咖溶液10mL，1次静脉注射。也可用小剂量的吐酒石2～4g，常水1 000～2 000mL，内服，1次/天连用3d。吐酒石沉积在瘤胃内引起化学性瘤胃炎，故内服时要完全溶解，多次应用易引起中毒反应。

2. 健胃助消化

可使用胃蛋白酶、0.2%稀盐酸、乳酶生、药曲、乳酸菌素片等。芳香性健胃剂如陈皮酊、姜酊、辣椒酊等灌服。苦味健胃剂如龙胆酊、复方龙胆酊等灌服。盐类健胃剂如人工盐、硫酸镁等灌服。

3. 防腐止酵

可选用稀盐酸15～30mL，酒精100mL，来苏儿溶液10～20mL，常水500mL，牛一次内服；鱼石脂15～20g，酒精50mL，常水1 000mL，一次内服，每天1次。大蒜酊或芳香氨醑适量灌服。但在病的初期宜用硫酸钠或硫酸镁300～500g，鱼石脂10～20g，温水600～1 000mL，一次内服；或用液体石蜡1 000mL，苦味酊20～

30mL，一次内服，以促进瘤胃内容物运转与排除。

在治疗过程中也可选用缓冲剂，调节瘤胃内容物 pH 值，恢复微生群系活性及其共生关系，增进前胃消化功能。当瘤胃内容物 pH 值降低时，可选用碳酸盐缓冲合剂，碳酸钠 50g，碳酸氢钠 420g，氯化钠 100g，氯化钾 20g，温水 10L，胃管灌服，每日 1 次，此方适用于酸过多性瘤胃食滞。也可用氧化镁 200~400g，配成水乳剂或并用碳酸氢钠 50g，加水适量，一次内服。瘤胃内 pH 值升高时，可灌服醋酸盐缓冲合剂，醋酸钠 130g，冰醋酸 25g，氯化钠 100g，氯化钾 20g，常水 10L，胃管灌服，每日 1 次，此方适用于碱过多性瘤胃食滞；也可内服稀醋酸 20~40mL，具有较好疗效。必要时，采取健康牛的瘤胃液 4~8L，经口灌服接种，效果显著。过敏性因素或应激反应所引起的前胃弛缓，可用 2% 盐酸苯海拉明液 10mL 肌内注射，配合钙制剂，效果更佳。

4. 纠正脱水和自体中毒

当病畜呈现轻度脱水和自体中毒时，应静脉注射 5% 葡萄糖注射液 500~1 000mL，40% 乌洛托品注射液 20~50mL，20% 安钠咖注射液 10~20mL，5% 碳酸氢钠注射液 250~500mL 等。

五、常见疾病的诊断与治疗

【瘤胃积食】

同"腹围膨大鉴别诊断"中常见疾病的诊断与治疗。

【瘤胃酸中毒】

同"卧地不起鉴别诊断"中常见疾病的诊断与治疗。

【创伤性网胃腹膜炎】

创伤性网胃腹膜炎，又称创伤性消化不良，指由于金属异物（针、钉、铁丝 等）混杂在饲料、饲草内、被误食落入网胃，刺伤胃壁，导致急性或慢性前胃弛缓、瘤胃周期性臌气，消化不良。并因穿透网胃刺伤腹膜，引起急性或慢性局限性损伤腹膜炎的疾病。有时可穿透膈，伴发创伤性心包炎和心肌炎。表现为喜欢走上坡路，不喜欢走下坡路，主要是由于上坡时网胃内异物对腹膜、心脏的压力较小。

（一）诊断要点

创伤性网胃腹膜炎，通过临床症状、网胃区的叩诊与强压触诊检查、金属探测器检查可作出诊断。而症状不明显的病例则需要辅以实验室检查和 X 射线检查才能确诊。本病应与前胃弛缓、酮病、多关节炎、蹄叶炎、背部疼痛等疾病进行鉴别。

1. 临床症状

精神沉郁，呆立，痛苦、呻吟、磨牙、流涎，鼻流不洁呈蛋清样鼻液。病初表现消化机能紊乱，反复出现前胃弛缓的症状，食欲时好时坏，反刍、胃肠蠕动显著减慢或消失，排便不敢用力，有时腹泻不止。病情弛张，久治不愈，逐渐消瘦。

站立姿势异常，常见拱腰站立，肘肌震颤，压迫胸椎脊突或胸骨剑状软骨区，患牛躲闪、呻吟。双手捏紧鬐甲部皮肤向上提起（捏背试验），患牛表现脊背僵硬、腹壁紧张，或可听见呻吟声（有的健康牛或老龄牛进行捏背试验时，也会出现上述症状，应注意区别）。

运动姿势异常，不愿行动，步态僵硬，不愿与其他牛拥挤，常独处，往往最后一个进入挤奶间或最后一个进入运动场；运动时喜欢走上坡路、软路，不喜欢走下坡路、硬路，更不喜欢急转弯。

起卧姿势异常，站多卧少或卧地后不愿起来。出现马起卧姿势。创伤性网胃心包炎时，颈静脉怒张呈索状，心跳加快，有心包摩擦音。

2. 临床病理学

X 线检查可确定金属异物损伤网胃壁的部位和性质。根据 X 线影像，临床检查结果和经验，可作出诊断，确定可否进行手术及手术方法。金属异物探测器检查可查明网胃内金属异物存在的情况，但应将探测的结果结合病情分析才具有实际意义，不少耕牛与舍饲牛的网胃内存有金属异物，但无临床症状。实验室检查，病初牛白细胞总数升高，可达 $11 \times 10^9 \sim 16 \times 10^9$/L，嗜中性白细胞增至 45% ~ 70%，淋巴细胞减少至 30% ~ 45%，核左移。慢性病例，血清球蛋白升高，白细胞总数中度增多，嗜中性白细胞增多，单核细胞持续升高达 5% ~ 9%，缺乏嗜酸性白细胞。

3. 病因

耕牛多因饲养管理制度不健全，随意舍饲和放牧所致。由于不具备饲养管理常识的人员常将碎铁丝、铁钉等，混杂在饲草、饲料中，城郊路边或工厂作坊周围的垃圾与草丛中，金属异物被耕牛采食后，造成本病的发生。奶牛主要因饲料加工粗放，饲养粗心大意，对饲料中的金属异物的检查和处理不细致引起。在饲草、饲料中的金属异物最常见的是饲料粉碎机与铡草机上的铁钉，其他有碎铁丝、铁钉、缝针、别针、注射针头及各种尖锐金属异物等。

4. 发病机理

牛食入金属异物所导致的病理变化与异物的性状及其大小有关。虽说较大的金属异物进入瘤胃，不致引起急剧的病征，但驻留于食道或食道沟内，并造成损伤时，即可引起吞咽异常或逆呕现象。较小的，特别是尖锐细小 6 ~ 7cm 长的金属异物，大多数情况下，都落入网胃，所造成的危害性最大。因为网胃体积小，收缩力强，胃的前壁和后壁容易接触，落入网胃的金属异物，即使短小，也容易刺进胃壁，并以胃壁成为金属异物的支点，向前可刺损膈、心、肺，向后则刺损肝、脾、肠和腹膜，病情显得复杂而重剧。

（二）防治措施

治疗原则是加强护理，及时摘除异物，抗菌消炎。

治疗方法分为保守治疗和手术治疗。对于病情较轻的病例可以使病牛保持前高后低的体位（立于斜坡或具有 15 ~ 20cm 倾斜的平台上），同时限制饲料日供给量，以降低腹腔脏器对网胃的压力，以利于异物从网胃壁退出，同时使用磺胺或四环素等广谱抗菌药物控制细菌感染。也可使用金属异物摘除器（特制磁铁）从网胃中吸取金属异物或投服磁铁笼，以吸附固定金属异物。多数病例，往往伴有弥漫性腹膜炎，应及时应用广谱抗生素进行治疗，通常使用盐酸土霉素

2~3g 或四环素 3~4g，生理盐水 4 000mL，腹腔注入，每日 1 次，连续使用 3~5d，具有良好的治疗效果。

一般采取保守疗法，经治疗后 48~72h 内若病情明显好转，则预后良好。如果病情没有明显改善，则根据动物的经济价值，可考虑实施瘤胃切开术，从瘤胃将网胃内的金属异物取出，术后进行 5d 的抗生素可防止异物引起的腹膜炎。

【瘤胃臌气】

同"腹围膨大鉴别诊断"中常见疾病的诊断与治疗。

【瓣胃阻塞】

奶牛瓣胃阻塞俗称"百叶干"，是指瓣胃内积聚大量干涸的内容物而引起的瓣胃麻痹和食物停滞为特征的疾病，临床上以前胃弛缓，瓣胃听诊蠕动音减弱或消失，触诊疼痛，排粪干少，色暗等为特征。长期食用干草，饮水不足可以导致此病的发生。瓣胃阻塞可引起患牛全身机能发生变化，最后衰竭死亡。

（一）诊断要点

本病的发生多与前胃和皱胃疾病有关，并在症状表现上有相似之处，故临床诊断有一定困难。当病牛出现食欲不振或废绝，瘤胃、瓣胃蠕动减弱或消失，触诊瓣胃敏感性增高，病牛不安，排粪量减少，呈黑褐色粥状粪便或算盘珠样，恶臭，甚至停止排粪，瓣胃穿刺后无液体流出，注入药液时阻力大，病情逐渐恶化等临床表现时，可初步诊断为瓣胃阻塞，腹腔探查触到阻塞瓣胃后，可确诊本病。

1. 临床症状

发病初期，病牛精神迟钝，采食缓慢，前胃弛缓，食欲和反刍次数减少或废绝，嗳气增加，反复出现消化不良，瘤胃蠕动力降低，轻度膨胀，拒绝采食谷类等精饲料；鼻镜干燥，口色淡红，口臭；病牛腹痛，卧立不安，每当起卧时往往有呻吟，用后肢或角撞击腹部，四肢集于腹下或张开，背腰拱起时努责状，间或后肢踢腹，回头顾腹，摇尾，起卧缓慢，站多卧少或时起时卧，卧地时伸头贴地或将头贴于腹部，奶牛泌乳量下降；病牛精神高度沉郁，目光凝视，若无并发症，体温和脉搏一般正常。

中后期不时空口咀嚼或磨牙，口衔草尾，似食非食，继而无食欲，反刍消失，瓣胃蠕动停止，患牛日渐消瘦，头低耳耷，毛焦欣吊，眼窝下陷，鼻镜干燥甚至龟裂，鼻缘有毛与无毛处可见到结满粒状黑色油状物，舌色赤紫，舌苔黄，常拱背、磨牙，体温、呼吸、脉搏无明显变化，体温间有升高，但耳、尾、四肢末端发冷，皮温不整，无力，常见瘤胃臌气，有时倒地，或拱背踏脚及用四蹄乱扒地；排粪量减少或排少量干硬粪球，色黑，呈算盘珠样或栗子状，恶臭，表面附有黄白色黏液或带血丝黏液，粪便常因被黏液黏着而呈串珠状，后期不见排便，腹痛，只排少量胶冻样黏液；尿减少，呈深黄色，后期无尿；听诊瓣胃蠕动音初期微弱，后减弱或完全停止，叩诊瓣胃浊音区扩大，触诊瓣胃时患牛闪躲，并发现瓣胃区坚硬和扩大，压迫或深度刺激瓣胃区可引起痛感；随病程延长，患牛结膜发绀，眼窝凹陷，全身肌肉震颤，四肢无力，卧地不起，头颈搭于一侧，当瓣胃小叶坏死和发生败血症时，则体温升高，呼吸和脉搏增数，粪便呈稀糊状、带血，具有腥臭味。

末期全身症状恶化，病牛精神极度沉郁，体力衰竭，长期卧地不起，卧地后头颈搭于一侧如昏睡状态，肩胛、臀部肌肉持续战栗，眼球下陷，可视黏膜发绀，呼吸、心跳加快，心律不齐，呼吸困难，呻吟，体温下降，体表、耳尖、鼻镜、角根、四肢末梢发凉，吐舌呻吟，多因脱水、自体中毒、循环虚脱，全身衰竭而死亡。

2. 临床病理学特征及特殊诊断

本病特征是鼻镜干燥龟裂，排粪干硬呈算盘珠样，瓣胃区触诊硬且敏感。结合瓣胃穿刺实验即可确诊，即向瓣胃注射生理盐水，观察排空状态，排空障碍则可能发生瓣胃阻塞，但要注意防止造成气胸。

诊断时注意同前胃弛缓、瘤胃积食、创伤性网胃腹膜炎、皱胃阻塞、肠便秘等进行鉴别诊断，以免误诊。瓣胃阻塞在前胃疾病的发病初期诊断较困难，往往和瘤胃积食、前胃弛缓、皱胃阻塞等病相混淆，单纯依靠某一些症状确诊该病非常困难。因此，可以根据病牛的症状，进行腹腔探查加以确诊，因此，腹腔探查是一种简单确诊该病的方法。皱胃阻塞、肠阻塞、瓣胃阻塞均表现食欲、反刍减少，乃至停止，排少量粪便或黑褐色黏便；皱胃阻塞与肠阻塞的腹痛症状明显，瓣胃阻塞则变化不大，皱胃阻塞右侧下腹部膨隆，冲击触诊可以感觉到坚实的皱胃；肠阻塞时，可通过直肠检查触摸到阻塞的肠段。瓣胃阻塞在穿刺检查时，感觉内容物较坚硬且进针时有"沙沙"音，刺入后无液体流出，穿刺进针和向内部注射药液时感到阻力很大，由此可以鉴别出瓣胃阻塞。

3. 病因

原发性瓣胃阻塞，常因过度劳役，饲养粗放，长期饲喂干草，特别是饲喂甘薯蔓、花生蔓、豆秸、青干草、紫云英等含坚韧粗纤维的饲料（特别是铡得过短后喂牛）而引起；长期饲喂糠麸、粉渣、酒糟等含有泥沙的饲料或受到外界不良因素的刺激影响瓣胃的蠕动也易发生本病。此外放牧转为舍饲或突然变换饲料，饲料中缺乏蛋白质、维生素以及微量元素，或者因饲养不正规，饲喂后缺乏饮水以及运动不足等都也可引起瓣胃阻塞。

继发性瓣胃阻塞，常继发于前胃弛缓、瘤胃积食、皱胃阻塞、皱胃变位、皱胃溃疡、腹腔脏器粘连、生产瘫痪、黑斑病甘薯中毒、牛恶性卡他热、急性肝炎以及血液原虫病和某些急性热性病等疾病，系瓣胃收缩力减弱所致。

4. 发病机理

瓣胃的黏膜形成百余片大小相同的叶瓣，起滤过器的作用。通过其缓慢而强有力的收缩，将液体及细碎的食物压入皱胃，并将未磨碎的饲料留下，经过粗糙叶片的揉捏和碾磨，使其变得细小后才进入皱胃。因此，瓣胃内容物含水量比瘤胃和网胃都少而干硬。在病因的作用下，瓣胃的运动机能减弱，食物的后送缓慢，瓣胃的食物不能及时进入皱胃，而网胃的食物仍可进入瓣胃，瓣胃内的食物逐渐积累，同时瓣胃内的水分不断被吸收，这样致使瓣胃的内容物变得多而坚硬，从而导致瓣胃的收缩停止，容积增大，阻塞不通。干涸的物质嵌入各瓣胃小叶间，经过腐败分解产物刺激和压迫，使小叶黏膜缺血、发炎，甚至发生小叶坏死、脱落；腐败分解产物被机体吸收，引起自体中毒，机体饮食欲废绝，脱水。

（二）防治措施

治疗原则为增强前胃蠕动机能，软化瓣胃内容物促进其排出和对症治疗。

有食欲的病例，停止使役，充分饮水，给予青绿易消化的饲料。

促进瓣胃内容物排出，可使用硫酸镁或硫酸钠 500～700g，液体石蜡或植物油 1～2L，水 8～10L，混合，一次内服。同时可依据病情皮下注射士的宁或毛果芸香碱等（妊娠母牛及心肺功能不全、体质弱的病牛忌用），或静脉注射促反刍液、浓盐水等，以促进瓣胃的运动功能。

瓣胃内注射，在右侧第九肋间与肩端水平线相交点处垂直刺入约4cm，然后调整方向，向对侧肘头刺入约 10cm，注入生理盐水100mL，回抽，有混有草渣的液体流出，即表明已经刺入瓣胃内，然后再注射药物，如10%硫酸钠或硫酸镁溶液 2 000mL，液体石蜡或甘油 300～500mL，普鲁卡因 2g，盐酸土霉素 3～5g，疗效确实。

重症病例，可采用瓣胃冲洗进行治疗，即施行瘤胃切开术，将胃管插入网瓣孔冲洗瓣胃。瓣胃经冲洗疏通后，病情即可缓和，效果良好。

对症治疗可用庆大霉素，链霉素等抗生素，防止继发感染，并及时进行补液、强心、解毒，缓和病情，防止脱水和自体中毒。

中兽医称瓣胃阻塞为百叶干，治以养阴润胃、清热通便为主。宜用葫芦润肠汤：藜芦、常山、二丑、川穹各60g，当归 60～100g，水煎后加滑石 90g，石蜡油 1 000mL，蜂蜜 250g，一次内服。也可用加减承气汤内服。

【真胃积食】

真胃积食又称真胃阻塞，是由于受纳过多和/或排空不畅所造成的真胃内容物停滞，胃壁扩张和体积增大引起的一种真胃疾病。根据病因可分为原发性和继发性真胃积食。本病以脱水、右腹部局限性膨隆，直肠检查真胃膨大为临床特征，病理学特征为低氯血症、低钾血症和代谢性碱中毒。

（一）诊断要点

瘤胃积液，内容变软，收缩力减弱，蠕动波变短，瓣胃扩张，排粪减少、变稀，尾常举起，排出黑粪，直肠内蓄积黑色带黏液的软粪，尾根部及肛门两侧附着黑色粪痂，粪便潜血试验阳性，这些均为真胃积食的特点。确诊需要进行腹腔探查术或瘤胃切开术。

1. *临床症状*

病初呈前胃弛缓症状，随后食欲废绝，反刍停止，瘤胃蠕动极弱，粪便量减少，呈糊状、棕褐色，有恶臭，混少量黏液、血丝和血块，身体迅速消瘦，而肚腹显著增大，尤其右侧。几天后病牛体重明显下降，极度衰弱，不能起立，体温正常，寒冷季节可能略低于常温，心跳 90~100 次/分钟，后期伴有低氯血症和碱中毒，心跳可增至 120 次/分钟，呼吸稍快。由于腹部膨胀，卧地不起的病牛可发出呼气的呻吟声。外鼻孔和鼻镜常有黏性鼻液，鼻镜干燥甚至龟裂。

瘤胃通常不蠕动，充满干涸的内容物，并有大量液体，但瘤胃液 pH 值正常。在右中腹部直至肋弓后下方触诊可感到黏硬或坚实的真胃。直肠检查可在右腹腔的肋弓部下后方摸到真胃，呈捏粉样硬度，轻压留痕，质地黏硬。

真胃积食一旦发生，因大量回渗的真胃液不能进入小肠回收，而发生不同程度的代谢性碱中毒和脱水。真胃积食后，使前胃机能反射性受到抑制，以致食欲废绝，反刍停止。瘤胃内微生态和菌群发生紊乱，内容物腐败分解过程加剧，产生大量有毒物质，引起自体酸中毒，病情加重。严重病例在症状出现后 3~6d 死亡，有些病例发生皱胃破裂、急性弥漫性腹膜炎及突然休克而死。有泥沙阻塞的病例，病牛体重减轻，慢性腹泻，粪便中有泥沙，衰竭，卧地不起，几小时后死亡。

2. 临床病理学

病理变化，真胃极度扩张，体积显著增大甚至超过正常的两倍，真胃被干燥的内容物阻塞。局部缺血的部分，胃壁菲薄，容易撕裂。皱胃黏膜炎性浸润、坏死、脱落；有的病例幽门区和胃底部，有散在出血斑点或溃疡。瓣胃体积增大，内容物黏硬，瓣叶坏死，黏膜大面积脱落。由肠秘结继发的病例，则表现瓣胃空虚；瘤胃通常膨大，且被干燥内容物或液体充满。

3. 病因

原发性因素主要是饲养管理不当，包括冬春季节缺乏青绿饲料，用谷草、麦秸、玉米秸秆、高粱秸秆或稻草铡碎喂牛；农忙季节，因饲喂麦糠、豆秸、甘薯蔓、花生蔓或其他秸秆，同时添加磨碎的谷物精料所引起；饲养失调，饮水不足、劳役过度和精神紧张也可引起真胃阻塞；此外由于消化机能和代谢机能紊乱，发生异嗜，舔食砂石、水泥、毛球、麻线、破布、木屑、刨花、塑料薄膜甚至食入胎盘也是引起真胃阻塞的病因；犊牛则因大量乳凝块滞留而发生真胃阻塞。

继发性因素常见于真胃炎、真胃溃疡、真胃淋巴肉瘤、小肠阻塞和真胃变位等。

4. 发病机理

食糜由瓣胃孔进入真胃并经幽门口向小肠排空后送，其基础是真胃壁平滑肌固有的自律性运动，并由大脑皮质通过皮质下中枢和自主神经系统等神经体液机制加以调控。交感神经抑制胃壁平滑肌收缩，兴奋幽门括约肌收缩，而迷走神经兴奋胃壁平滑肌收缩，抑制幽门括约肌收缩。两者相互制约，协调和控制真胃的正常运转，保证真胃的正常消化吸收过程，使真胃内容物的进入量和排空后送量处于动态平衡，从而保持一定的真胃容积。

在迷走神经机能紊乱或受损伤的情况下，或受到饲养管理等不良因素的影响，可反射性地引起幽门痉挛、真胃壁弛缓和扩张，或者因真胃炎、真胃溃疡、幽门部狭窄、胃肠道运动障碍，而从前胃陆续运转内容物进入真胃，逐渐积聚，形成阻塞。由于真胃内容物积聚，瓣胃内容物后送受到阻塞，继而导致瓣胃秘结，更加促进其病情急剧的发展过程。由于前胃机能受到反射性的抑制，消化障碍，食欲废绝、反刍停止，呈现迷走神经消化不良的部分综合征。瘤胃内微生物区系急剧变化，内容物腐败过程加剧，产生大量的有毒物质，引起瘤胃和网胃黏膜组织炎性浸润，渗透性增强，瘤胃内大量积液，全身机能状态显著恶化，发生严重的脱水和自体中毒。

真胃阻塞一旦发生，不论原发还是继发，也不论起病于肌源性弛缓还是神经源性弛缓，都将因大量回渗的液体以及分泌的氢离子、氯离子和钾离子不能从真胃留至小肠回收，而发生不同程度的脱水、低氯血症、低钾血症以至代谢性碱中毒，使胃壁弛缓愈加严重，内容物更加充满，有的多达 30kg 以上，体积显著增大，极度扩张和伸展，直至真胃的永久性弛缓。真胃阻塞后，通过内脏—内脏反射途径，使前胃功能受到抑制，导致食欲废绝，反刍停止，瘤胃内微生态和菌群发生紊乱，内容物腐败分解过程加剧，产生大量的刺激性有毒物质，引起胃壁的炎性浸润、渗透性增强、瘤胃内大量积液，而发生严重的脱水和自体中毒。

（二）防治措施

治疗原则包括恢复胃泵功能，消除积滞食（异）物，纠正机体脱水、缓解自体中毒。

增强胃壁平滑肌的自动运动性，解除幽门痉挛，从而恢复真胃的排空后送功能，是治疗真胃阻塞尤其是继发性真胃阻塞的根本原则。主要措施是药物阻断胸腰段交感神经干和少量多次注射拟副交感神经药如比塞可灵、毛果芸香碱、新斯的明等，使自主神经对胃肠运动的调控趋向平衡。

清除积滞内容物是治疗真胃阻塞的中心环节，初期或轻症病牛，可投服盐类泻剂，如硫酸镁或氯化镁，油类泻剂如植物油和液体石蜡，经胃管投服，每日一次，连续 3~5d。中后期或重症病牛，宜施行瘤胃切开和瓣胃真胃冲洗排空术，即首先施行瘤胃切开术，取出瘤胃内容物，然后应用胃导管插入网瓣孔，通过胃导管灌注温生理盐水，逐步深入地冲洗瓣胃以至真胃，直至积滞的内容物排空为止。对塑料薄膜、胎盘等异物阻塞，则必须施行真胃切开术取出异物。

　　纠正脱水和缓解自体中毒是对各病程阶段病牛，特别是中、后期重症病牛必须施行的急救措施。通常应用5%葡萄糖生理盐水5~10L，10%氯化钾溶液20~50mL，20%安钠咖溶液10~30mL，静脉注射，每日2次，连续2~3d，兼有兴奋胃肠蠕动的作用，也可选用乌洛托品注射液、维生素C注射液等。为防止感染，可适当使用抗菌类药物。

　　但在任何情况下，真胃阻塞的病牛都不能内服或注射碳酸氢钠，否则将会加剧碱中毒。

　　在真胃阻塞已经基本疏通的恢复期病牛，可用氯化钠（50~100g）、氯化钾（30~50g）、氯化铵（40~80g）的合剂，加水4~6L灌服，每日1次，连续使用，直至恢复正常食欲为止。

　　由于真胃阻塞，多继发瓣胃秘结，药物治疗效果不好。采用手术疗法，效果较好。

　　取1、2、4腰旁神经进行麻醉，再各点注射2%~3%的普鲁卡因20mL，在切口周围进行直线浸润或菱形浸润的麻醉方式，切口多选在右季肋后3~5cm处，从后上方向下方做一个长20~25cm的斜行切口，切口下端多在乳静脉的上方。在肉牛的真胃处切开皮肤、皮肌，真胃暴露后，用牵引线固定胃壁，或用手固定真胃体，把胃壁做15~20cm长的切口，将胃内部的积粪掏净，将胃壁切口向外拉，直到皮肤切口外，用高锰酸钾温水溶液冲洗胃壁内层，并放入呋喃西林1~2g，最后用溶入青霉素的生理盐水将切口洗净，按常规行施全层连续缝合和浆膜肌层连续包埋缝合后送回腹腔。腹腔冲洗干净后，注入油剂西林300万单位或石蜡油30~50mL，将腹腔伤口进行常规闭合。

【真胃变位】

　　牛真胃变位是指真胃正常解剖位置发生改变，引起消化道梗阻，导致消化机能障碍的内科疾病，包括真胃左方变位和真胃右方变位。

　　在兽医临床上，绝大多数病例是左方变位。真胃左方变位发病高峰在分娩后6周内，也可散发于泌乳期或怀孕期，成年高产奶牛的发病率高于低产母牛。犊牛断奶前常发生右方变位。

(一) 诊断要点

在临床上凡遇到分娩或流产后消化障碍的病牛，经前胃弛缓或酮病常规治疗，效果不明显或反复发病者，除注意排除真胃阻塞、真胃溃疡、创伤性网胃心包炎、瓣胃秘结等病外，应着重怀疑有否发生真胃变位。结合病史、视诊、触诊、听诊、叩诊、直检、穿刺结果及相应的化验指标，综合分析建立诊断。

1. 临床症状

真胃左方变位　奶牛真胃左方变位通常在分娩后数日或 1～2 周之内出现症状。初期食欲降低，精神沉郁，排粪异常。腹部视诊可观察到左肷窝明显凹陷或真胃移位一侧肋弓明显突起而右下腹部平坦，从侧面视诊可发现肷窝内有半月状突起。听诊瘤胃蠕动音减弱或消失。叩诊左腹部第 8 肋间到第 12 肋间有高亢的类似叩击钢管的铿锵音和砰砰的鼓音，严重的患病奶牛钢管音和鼓音可超过第 13 肋骨。在钢管音区的直下部做试验性穿刺，常可获得褐色带酸臭的混浊液体，pH 值 2.0～4.0。发病的奶牛心跳、呼吸一般正常，多数病例体温 38.8～39.5 ℃。

真胃右方变位　真胃右方变位的临床表现类似左方变位，叩诊可在右侧肋弓部以至右腹中部发现较大范围的"钢管音"，轻轻拍打可感有击水音，直肠检查可触到膨胀的真胃后壁，紧张而富有弹性，充满液体和气体，指压不留痕。

2. 临床病理学

出现特征性低血氯（85～95 mmol/L）、低血钾（3.5～4.5 mmol/L）和代谢性碱中毒。

3. 病因

真胃变位的病因目前仍不清楚，目前认为皱胃弛缓亦是真胃变位发生的基础。

4. 发病机理

当瘤胃干物质不足时，谷物颗粒就会降落到瘤胃和网胃底部，并在此发酵或转而进入真胃，真胃内产生大量的 VFA，降低真胃的收缩能力。滞留于真胃内的食糜产生 CO_2、CH_4、N_2 等大量的气体，可进一步造成真胃的弛缓扩张。同时瘤胃的运动减弱，体积缩小，这也为已弛缓扩张的真胃留有移位空间。奶牛在分娩或体位骤然改变等诱发因素的作用下而发病。

奶牛妊娠后期不断增大的妊娠子宫机械性地将瘤胃从腹底部抬高，并向前推移，沿腹底壁与瘤胃腹囊之间形成了可供真胃经腹底部向左侧移位的潜在空隙，真胃有沿此空隙向左侧移位的倾向。分娩后弛缓、收缩无力的瘤胃由于重力作用而下沉，同时真胃因弛缓不能及时收缩回位而被瘤胃压于腹腔的左侧。

卧地滚转、突然跌倒、上下车船运输、越过障碍等剧烈运动也是奶牛真胃变位的诱因。牛在分娩时急起急卧，体位突然改变，使真胃机械性地发生变位，真胃变位在产后 1 个月内多发可能也与此有关。

（二）防治措施

真胃变位的治疗可采用保守疗法和手术疗法。其中保守疗法包括药物疗法和滚转疗法，药物治疗可采用缓泻剂、制酵剂、促反刍等药物，促进胃肠运动与排空，使真胃变位恢复。但一般情况下，药物治疗效果不够理想。滚转疗法适用于奶牛真胃左方变位的治疗，如果运用恰当，可以达到治疗目的。有研究报道滚转疗法治愈率达 14% 左右，但复发率高。

而手术疗法既适用于左方变位，又适用于右方变位，且见效快，治愈率高。特别是真胃右方变位，发病快、病程短、死亡率高，一旦确诊，应尽早施行手术。据研究报道，手术治疗成功率达 95% 左右。

（张子威）

主要参考文献

［1］徐世文，唐兆新．兽医内科学［M］．北京：科学出版社，2010.

［2］李毓义，张乃生．动物群体病症状鉴别诊断学［M］．北京：中国农业出版社，2003.

［3］王焕章．对牛前胃疾病诊治的探讨［J］．湖南畜牧兽医，2009，
1：39－40.

［4］张洁，翟文斌．牛前胃弛缓的诊治［J］．养殖与饲料，2010，
12：48－49.

［5］张东风．牛前胃弛缓状鉴别诊断与治疗［J］．吉林农业，2011，
8：208.

［6］李斌，朱战胜，王党国，等．牛前胃弛缓的诊治［J］．畜牧与
饲料科学，2011，32（4）：106－107.

［7］李朝顺．牛瘤胃酸中毒的诊断与治疗［J］．中国畜牧兽医文摘，
2012，28（7）：155.

第四章

咳嗽鉴别诊断

咳嗽是呼吸道疾病中最常见症状之一。这是动物的一种保护性反应，借以排出自外界侵入呼吸道的异物及呼吸道中的分泌物，消除呼吸道刺激因子，在防御呼吸道感染方面具有重要意义。咳嗽也为病理状态，当分布在呼吸道黏膜和胸膜的迷走神经受到炎症、温热、机械和化学因素刺激时，通过延脑呼吸中枢反射性引起咳嗽，可使呼吸道内的感染扩散。从流行病学看，咳嗽可使含有致病原的分泌物播散，引起疾病传播。

一、生理解剖基础

咳嗽是由于延髓咳嗽中枢受刺激引起的。来自耳、鼻、咽、喉、气管、支气管、胸膜等感受区的刺激传入延髓咳嗽中枢，咳嗽中枢将冲动传向运动神经，分别引起咽肌、膈肌和其他呼吸肌的运动来完成咳嗽动作，表现为深吸气后声门关闭，继以突然剧烈的呼气，冲出狭窄的声门裂隙产生咳嗽动作和发出声音。咳嗽作为一种生理反射，其反射弧包括感受器、传入神经、中枢、传出神经和效应器。咳嗽中枢位于延髓弧束核附近，呈弥散性分布，咳嗽中枢不等同于延髓呼吸中枢。咳嗽反射弧的传出神经是脊髓神经。3~5颈神经（膈神经）、胸神经（肋间神经）、迷走神经（气道）、喉返神经（喉、声门）。咳嗽反射的效应器则是气道平滑肌、呼气肌（主要是肋间内肌）、膈肌和声门等。

二、咳嗽的病因

1. 异物吸入

吸入异物引起的咳嗽。如尘螨、花粉、真菌、动物毛屑、二氧化硫、氯氨等。

2. 侵袭性

咳嗽的形成和发作与反复呼吸道感染有关。细菌、病毒、支原体、寄生虫等感染呼吸系统引起的咳嗽。

3. 呼吸器官肿瘤

见于气管、咽、纵隔、肋骨、胸骨、肌肉及淋巴的原发性或转移性肿瘤。

4. 心血管疾病

见于左心衰竭、左心扩张、心力衰竭、肺血栓、血管疾病引起的肺水肿。

5. 过敏反应

见于支气管哮喘、嗜酸细胞性肺炎、花粉过敏等。

6. 外伤性因素

由异物、刺激性气体、外伤、气管麻痹、气管形成不全所致。

7. 气候改变

当气温、温度、气压和（或）空气中离子等改变时可诱发咳嗽，故在寒冷季节或秋冬气候转变时较多发病。

8. 药物

有些药物可引起咳嗽发作，如阻断 β_2-肾上腺素能受体而引起咳嗽。

三、鉴别诊断思路

1. 咳嗽的性质

干咳或者刺激性咳嗽见于咽炎、喉炎、气管炎、气管受压、支气管异物、胸膜炎、轻度肺结核、大部分过敏性咳嗽及弥漫性肺间质疾病等。湿性或者多痰的咳嗽则见于支气管炎、支气管扩张、肺炎、肺脓肿、肺寄生虫或者肺结核有空洞的病畜。

2. 咳嗽的时间和节律

骤然发生的咳嗽多由急性上呼吸道炎症（尤其刺激性气体吸入）以及气管或者支气管异物引起。长期慢性咳嗽多见于慢性支气管炎、支气管扩张、慢性肺脓肿等。晨起咳嗽多见于支气管扩张、慢性肺脓肿、慢性支气管炎等。夜间咳嗽多见于肺结核以及心力衰竭，为迷走神经兴奋性增高所致。

3. 咳嗽的音色

嘶哑性咳嗽见于喉炎、喉结核等所致的声带麻痹。犬吠样咳嗽见于会厌、喉头疾病或者气管异物、气管受压等。

4. 伴随症状

咳嗽伴有发热病牛应考虑肺炎、肺脓肿、胸膜炎；咳嗽伴有胸痛病牛见于肺炎、胸膜炎、气胸等；咳嗽伴有咳血病牛常见于肺结核、支气管扩张、风湿性心脏病二尖瓣狭窄等；咳嗽伴有呼吸困难病牛常见于喉炎、喉水肿、慢性支气管炎、气管内异物等。

5. 与咳嗽有关的环境因素

牛常由于寒冷环境和空气中的尘埃、呼吸异物和与青草有关的过敏引起咳嗽。潮湿的环境是呼吸道疾病的一个因素，同样，饲养在干燥地区也容易发生咳嗽，吸入有毒气体和烟雾也倾向发生咳嗽。

四、症状治疗

咳嗽的治疗主要包括抗菌消炎、祛痰镇咳及对症治疗。

1. 抗菌消炎

细菌感染引起的呼吸道疾病均可用抗菌药物进行治疗。使用抗生素的原则是选择对某些特异病原体最有效的药物或选择毒性最低的药物。对呼吸道分泌物培养，然后进行药敏试验，可为合理选用抗生素提供指导。同时，了解抗生素类药物的组织穿透力和药物动力学特征，也非常重要。在治疗过程中，抗菌药物的剂量要适宜，剂量太大不仅造成浪费，而且可引起严重反应，剂量过小起不了治疗作用。同时抗菌药物的疗程应充足，一般应连续用药 3～5d，直至症状消失后，再用 1～2d，以求彻底治愈，切忌停药过早而导致疾病复发。对慢性呼吸器官疾病（如结核、鼻疽等）则应根据病情需要，延长疗程。对气管炎和支气管炎，除传统的给药途径外，可将青霉素等抗生素直接缓慢注入气管，有较好的效果。另外，对肉用或奶用动物，应注意在动物性食品中的药物残留，严格执行有关肉用动物休药期和牛奶禁用时间的有关规定，以防止出现动物性食品中的药物残留及其对公众健康造成危害。

2. 祛痰镇咳

咳嗽是呼吸道受刺激而引起的防御性反射，可将异物与痰液咳出，一般咳嗽不应轻率使用止咳药，轻度咳嗽有助于祛痰，痰排出后，咳嗽自然缓解，但剧烈频繁的干咳对病畜的呼吸器官和循环系统产生不良影响，应考虑应用镇咳药。有些呼吸道炎症可引起气管分泌物增多，因水分的重吸收或气流蒸发而使痰液变稠，同时黏膜上皮变性使纤毛活动减弱，痰液不易排出。祛痰药通过迷走神经反射兴奋呼吸道腺体，促使分泌增加，从而稀释稠痰，易于咳出。镇咳药主要用于缓解或抑制咳嗽，目的在于减轻剧烈咳嗽的程度和频繁度，而不影响支气管和肺分泌物的排出。另外，在痉挛性咳嗽、肺气肿或气喘严重时，可用平喘药。

3. 对症治疗

主要包括氧气疗法和兴奋呼吸。当呼吸器官疾病由于呼吸困难引起机体缺氧时，应及时用氧气疗法，特别是对于通气不足所致的血液氧分压降低和二氧化碳蓄积有显著疗效。临床上大动物吸入氧气不常使用，主要用于犬、猫等宠物及某些种畜。当呼吸中枢抑制时，应及时选用呼吸兴奋剂，临床上最有效的方法是将二氧化碳和氧气混合使用，其中二氧化碳占 5%～10%，可使呼吸加深，增加氧的摄入，同时可改善肺循环，减少躺卧动物发生肺充血的机会。另外，兴奋呼吸中枢的药物，对延脑生命中枢有较高的选择性，常作为呼吸及循环衰竭的急救药，能兴奋呼吸中枢和血管运动中枢。

五、常见疾病的诊断与治疗

【牛肺丝虫病】

牛肺丝虫病是由后圆科网尾属的胎生网尾线虫寄生于牛的气管和支气管内，引起的以支气管炎和肺炎为主要特征的寄生虫病。患牛大多数和缓，病程很长，在无并发或继发症的情况下，一般没有明显的临床症状，所以，往往被人们忽视。本病对幼牛的生长发育、成年牛的生产能力和养殖效益等，均有不同程度的影响。

（一）诊断要点

气喘，咳嗽逐渐频繁，初干咳后湿咳，肺听诊呈湿啰音。流淡黄色黏性鼻液，食欲减少或者废绝。消瘦，贫血。重时呼吸困难以致窒息死亡。粪便、鼻液、唾液可以检出第一期幼虫。根据临床症状，特别是牛群咳嗽发生的季节和发病率，可考虑有否肺线虫感染的可能。剖检时在气管、支气管中发现一定量的虫体和肺的相应病变时，可确诊为本病。

1. 临床症状

轻度感染的患牛，一般不见明显的临床症状，体温不高，仅个别者偶有轻咳。严重感染者，流黏性鼻液，被毛粗乱而无光泽，换毛时间延迟，躯体逐渐消瘦，泌乳减少。早期发生次数不多的干咳，以后咳嗽渐频，而且常见咳后咽痰动作。间或体温升高，精神不振，出牧和收牧时行走落后，喜卧，呼吸困难，肺部听诊时可闻湿性啰音。长期身体瘦弱的患牛（尤其幼龄者），可发生死亡。

2. 临床病理学

病死牛多见体瘦、毛焦，可视黏膜颜色发淡或苍白，皮下脂肪减少。其病变多见于肺脏，两侧膈叶边缘常膨胀而颜色苍白。纵向切开气管和支气管，见有黄白色的黏液性分泌物和分散或聚集的黄白色细长线虫。在个别部位的小支气管内，间或见有多条线虫和黏液混聚在一起，将管腔堵塞。肺脏表面凸凹不平，肺叶上见有炎性病灶，其局部结缔组织往往增生。有的病变肺组织失去弹性，切开后见有少量黄白色黏液性、脓性物，其周围组织呈充血及淤血性变化。小肠壁表面偶见有散的点状或细窄短线状的灰白色瘢痕。脾脏表面间见有少量灰白色绒毛样纤维素性渗出物，其切面稍干燥，脾小梁结构稍密集。

3. 流行病学

雌成虫在牛气管和支气管内产卵，当牛咳嗽时，虫卵随痰液咽入消化道并在消化道内孵出幼虫。幼虫随粪便排出体外，发育成为感染性幼虫，然后随饲草、饲料和水进入牛体，再沿淋巴管和血管进入肺，最后通过毛细支气管进入支气管并发育成成虫。整个过程需 1 个月左右。此病多侵害犊牛。

（二）防治措施

不要在潮湿的沼泽地区放牧，放牧前和放牧后应驱虫一次，放牧季节可用小剂量吩噻嗪口服预防，加强饲养管理，注意饮水卫生。

对病牛进行气管注射碘液，效果很好。用碘化钾 1.5g，蒸馏水 1 500mL 配制溶液，并且煮沸消毒后备用。3 ~ 6 月龄犊牛，每次注射 20 ~ 30mL；6 ~ 12 月龄幼牛，每次注射 30 ~ 40mL。注射时，将病牛仰卧于 45°角的斜坡上，首次于气管的右侧位注射，间隔 2d 后，于气管的左侧位再注射 1 次。对并发或继发支气管肺炎的病牛，不宜采用此法治疗，可选用其他驱虫药，并且配合抗菌素或磺胺类等药物进行治疗。"驱虫净"（四咪唑）口服（12 ~ 15mg/kg）或肌内（或皮下）注射（10 ~ 12mg/kg）。口服左咪唑（7.5mg/kg）或丙硫咪唑（50mg/kg）。

【牛副流感】

牛副流感又称运输热，是一种急性接触性传染病，牛副流感多发于运输后的牛，故又称运输热或运输性肺炎，是由牛副流感病毒Ⅲ型引起的一种急性呼吸道传染病，是有别于流行性感冒的另一种呼吸道疾病，以高热、呼吸困难、咳嗽和感染的肺组织细胞浆和核内形成包涵体为主要特征。

（一）诊断要点

1. 临床症状

病初表现以急性呼吸道症状为主，呈现高热，体温 40.5 ~ 41.5℃，精神沉郁，厌食、咳嗽，流浆液性鼻液，呼吸困难，听诊肺前下部有湿性啰音，肺泡呼吸音消失，有时还可听到胸膜摩擦音。有些病例发生黏液性腹泻。如本病单纯感染时，病牛仅表现为轻微的呼吸道症状或多数呈隐性感染，但病毒感染可导致机体免疫机能和巨噬细胞功能低下，而易继发细菌性感染。

2. 临床病理学

剖检可见支气管肺炎和纤维素性胸膜炎变化，肺泡和细支气管上皮细胞肥大、增生，肺脏实变。病理切片可见支气管上皮样细胞核肺泡细胞形成合胞体，细胞内有包涵体。

3. 流行病学

牛副流感病毒Ⅲ型为负链单股 RNA 病毒，为副黏病毒科、副黏病毒科亚科、呼吸道病毒属成员。该病毒可以造成牛的免疫系统受到抑制，并且损害牛的呼吸道上皮细胞，从而更加容易引起继发感染，导致呼吸道症状的发生。

（二）防治措施

用氨苄青霉素、清开灵注射液混合注射。氨苄青霉素 20mg/kg 体重，清开灵 0.1mg/kg 体重，混合，肌内注射，每日 2 次，连用 3d，控制呼吸道炎症，清热解毒，增强免疫力。

【牛传染性鼻气管炎】

本病是由牛疱疹病毒Ⅰ型引起的一种牛呼吸道传染病。临床以上呼吸道和气管炎症、呼吸困难、精神沉郁、流涕、身体消瘦为特征。

（一）诊断要点

1. 临床症状

潜伏期 4 ~6d。体温 40℃以上，精神沉郁，鼻黏膜高度充血，流多量鼻液，出现浅溃疡，鼻窦、鼻镜高度充血。鼻液多时呼吸困难，咳嗽。有时可见拉稀带血。重症数小时死亡，严重流行时发病率75%以上，但死亡率在10%以下。

2. 临床病理学

咽喉、气管、大支气管黏膜高度发炎，有浅溃疡，并覆有腐臭黏液性、脓性分泌物。常有皱胃炎症和溃疡。

3. 流行病学

牛疱疹病毒Ⅰ型，具有细胞结合性，是潜伏感染的基础。潜伏感染和间歇排毒是该病毒的主要特点之一。该病毒初次感染牛后，病毒粒子沿感觉神经轴索移行到颅神经或脊髓神经的神经结内，在神经结的神经原细胞内以附着体病毒脱氧核糖核酸的形式持续存在，有些转录为信使核糖核酸，但很少或完全不翻译。受应激因素如接受激素类药物、免疫接种、运输、气候条件和饲养条件的改变、过分拥挤、分娩等应激因素，使潜伏的病毒被激活，再次移行到感觉神经，并到达鼻黏膜或皮肤，在上皮细胞内增殖扩散，重新发生感染。

（二）防治措施

本病无有效疗法，病牛应及时严格隔离，最好予以扑杀或根据具体情况逐渐将其淘汰。

【牛流感】

牛流感是牛流行性感冒的简称，中兽医多称时疫感冒。是由牛流感病毒侵入牛体引起的一种急性、热性、全身性、高度接触性传染病。

（一）诊断要点

1. 临床症状

牛流感表现为呼吸道和消化道呈严重的卡他性炎症，间或发生关节炎、皮下气肿及咽喉麻痹。往往发病突然，并易引起继发性感染导致死亡。主要表现为全身发抖，心跳加快，呼吸困难，精神萎靡不振，眼结膜充血，偶见流泪，精神倦怠，被毛逆立，鼻镜干燥，反刍减少或停止，舌苔白或黄，体温升高到 40～42℃，并持续 1～3d。出现咳嗽，流涕流涎，气促喘粗，粪便有大量黏液，甚至有血液，并发生严重胀气，尿液混浊而量减少，一肢或两肢僵硬，跛行。

2. 临床病理学

急性死亡的病牛，可见间质性肺气肿的病理变化，亦可见肺充血和肺水肿，其他组织器官无明显变化。

3. 流行病学

流行性感冒病毒属于正黏病毒科流感病毒属。病牛是主要的传染源，康复者和隐性感染者在一定时间内也能排毒。病毒主要存在于呼吸道黏膜细胞内，随呼吸道分泌物排向外界，以空气飞沫传播。

（二）防治措施

主要对症治疗，以解热镇痛为主，止咳平喘，加强护理。

盐酸林可霉素注射液，肌内注射或静脉滴注，每千克体重 0.05～0.1mL，一日一次，症犊牛连续用 2～3d；或柴胡注射液，肌内注射，每千克体重 0.05mL，一日一次，连用 2～3d；或板蓝根注射液，肌内注射，每千克体重 0.1～0.2mL，严重病例，可加倍使用，一日两次，连用 3～5d。为预防细菌性或病毒性感染引起并发症，可用青霉素 320 万～800 万，配加黄芪多糖注射液，肌内注射或静脉滴注，每千克体重 0.05～0.1mL，一日一次，连用 2～3d。

【牛腺病毒病】

牛腺病毒感染是腺病毒感染的以犊牛和成年牛的呼吸道疾病、下痢、肠炎、结膜炎和多发性关节炎等为特征的传染病。

（一）诊断要点

1. 临床症状

临床表现与病毒的毒力、宿主的免疫状态以及健康状态有关。同一血清型病毒的不同毒株的致病力也有差异。

发病动物的临床表现为体温升高，咳嗽，气喘，食欲减退，角膜结膜炎，流泪，鼻炎，支气管炎，肺炎，呼吸困难，消瘦，轻度至重度肠炎等。

2. 临床病理学

病理切片可见支气管黏膜上皮增生排列紊乱、重叠，管腔充填坏死脱落的细胞碎片，造成堵塞或半堵塞。最常见的是肺泡间隔明显增厚，肺泡萎陷或气肿扩张。肺间质小血管周围以淋巴细胞为主的白细胞聚集。毛细血管和小静脉内皮肿胀、坏死、脱落和出血。病毒感染组织中能检出核内包涵体。

实验室诊断可用病变组织涂片标本用特异的荧光抗体快速诊断病原体。

3. 流行病学

本病毒属于哺乳动物腺病毒属成员。病毒无囊膜，核衣壳 20 面体对称，直径 80～100nm，该病毒为单分子线状双股 DNA 病毒，对环境稳定，但易被一般消毒剂灭活。本病毒在细胞核内复制，并受宿主免疫应答的调控。

（二）防治措施

感染动物发病后，可针对细菌性继发感染等进行对症治疗。

【牛鼻病毒病】

牛鼻病毒病是由牛鼻病毒引起的传染病，临床上以流浆液性鼻液、咳嗽为特征，是引起奶牛"运输热"的主要病因之一。

（一）诊断要点

1. 临床症状

体温升高，食欲不振，伴有呼吸迫促、流浆性鼻液和咳嗽等呼吸道症状。本病毒单纯性感染时，一般呈隐性感染，或即使发病其症状也轻微。

2. 临床病理学

主要病变为鼻甲骨和气管上皮样细胞炎症，支气管周围出现细胞浸润。偶尔可见间质性炎症。

3. 流行病学

牛鼻病毒为微 RNA 病毒科、鼻病毒属、无囊膜、单股正链 RNA 病毒，基因大小为 7.1 ~ 8.8kb。有 3 个血清型。病毒对酸敏感，最适温度为 31 ~ 33℃。

（二）防治措施

无预防本病的疫苗和治疗方法。为了控制细菌的继发感染，可适当使用敏感抗生素。治疗时，对病牛进行补液强心之前一定要对心肺功能进行检查，如果主观地应用强心药和大剂量输液，会导致病牛心脏功能衰竭以及加重肺水肿等现象的出现而使病情加重。

【牛冠状病毒病】

牛冠状病毒病也称新生犊牛腹泻，是由牛冠状病毒引起的犊牛的传染病。临床上以出血性腹泻为主要特征，本病还可引起牛的呼吸道感染和成年奶牛冬季的血痢。

（一）诊断要点

1. 临床症状

潜伏期短，约为 1d 左右，腹泻主要见于 7 ~ 10 日龄的犊牛，吃过初乳或未吃过初乳的犊牛均可发病，前者病情较轻。病初，患犊精神沉郁，吃奶减少或停止，排淡黄色的水样粪便、内含凝乳块和黏液，严重的可出现发热、脱水和血液浓缩。腹泻持续 3 ~ 6d，大部分犊牛可以康复，如腹泻特别严重，少数可发生死亡。若继发细菌感染，死亡率可超过 50%。牛冠状病毒还可使各种年龄的犊牛发生呼吸道感染、通常呈亚临床症状，最常见于 12 ~ 16 周龄牛。

2. 临床病理学

小肠壁变薄、松弛，绒毛萎缩和融合，条状出血。大肠黏膜顶端萎缩，肠系膜淋巴结肿大。组织学检查发现衬在小肠绒毛和结肠嵴上柱状上皮样细胞被立方上皮和鳞状上皮样细胞代替，感染严重的细胞可完全脱落，杯状细胞数量减少。

进行免疫荧光检查，可发现肠黏膜上肠腺的上皮细胞都有冠状病毒的荧光。

3. 流行病学

牛冠状病毒为冠状病毒科、冠状病毒2群的单股正链RNA病毒。病毒粒子为多形性球状，直径约80~160nm。该病毒是目前已知的RNA病毒中最大的，大小为27~32kb，病毒颗粒表面有棒状突起和血凝素纤突，仅有一个血清型。病牛是主要传染源，随粪便排出的病毒污染环境、饲料和饮水，经消化道传播。本病冬季流行严重，病毒可经口和呼吸道感染。该病在我国分布广泛，且感染率很高。

（二）防治措施

无特效疗法，只能对病犊尽早采取对症治疗。其原则是补充体液，防止脱水；补碱以缓解酸中毒；防止继发感染，可使用抗生素。注射抗生素如环丙沙星、恩诺沙星、氧氟沙星等防止细菌继发感染。用庆大霉素、新霉素、氟苯尼考等这些制剂抑制肠道致病菌和呼吸道致病菌。对有血痢症状者，可注射止血剂或内服磺胺脒、药用炭、云南白药。

【呼吸道合胞体病毒感染】

呼吸道合胞体病毒感染是由呼吸道合胞体病毒引起的以发热为主和呼吸道症状为特点的急性传染病。

（一）诊断要点

1. 临床症状

感染的潜伏期为2~5d。感染可能表现为无症状，或者只局限在上呼吸道，也可能上、下呼吸道均感染。上呼吸道感染以咳嗽、鼻及眼分泌物为特征。在较严重的感染中，病牛表现为轻微的精神沉郁、厌食，泌乳奶牛产奶量下降，体温升高、呼吸急促（呼吸频率≥60次/min）、腹式呼吸等，肺部听诊异常呼吸音。

2. 临床病理学

剖检变化为间质性或肺泡性肺气肿，肺肝变，气管和支气管黏膜充出血。肺中膈淋巴结肿大，皮下气肿。支气管、细支气管和肺泡样上皮细胞形成合胞体，以及嗜酸性细胞质内有包涵体。

3. 流行病学

呼吸道合胞体病毒为单股负链 RNA 病毒，属副黏病毒科、肺病毒亚科、肺病毒属成员。病毒粒子呈多形性，有的甚至呈线状，直径约 80~450nm。呼吸道包涵体病毒感染是引起犊牛呼吸道疾病的主要病原之一。病牛和带毒牛是本病的传染源。呼吸道合胞体病病毒常通过直接接触传播，也可通过气雾或者呼吸道分泌物传播。

（二）防治措施

药物对症治疗，如地塞米松、顺丁烯二酸吡纳明等。免疫球蛋白，如抗呼吸道合胞体病毒的单抗或多抗，用它进行局部治疗，疗效显著。干扰素，特别是外源性干扰素，雾化吸入和滴鼻法较肌注效果为优，可能是因为局部干扰素浓度高，能直接作用于未感染细胞，起到抗病毒效果。

【牛昏睡嗜血杆菌病】

牛昏睡嗜血杆菌病也称牛传染性血栓栓塞性脑膜炎，是由昏睡嗜血杆菌引起的一种急性败血性传染病，有多种临床类型，多以血栓性脑膜脑炎、呼吸道感染和生殖道疾病为特征。

（一）诊断要点

1. 临床症状

超急性综合征迅速死亡，偶可见到体温升高，木僵和球关节崩曲。

神经型　急性早期症状为体温升高或正常、抑郁、厌食，不愿运动、眼半闭或全闭。继而轻瘫、麻痹、转圈、兴奋、共济失调、关节肿胀、盲目、斜视、眼球振颤，倒地后四肢划动，最后昏迷死亡。

呼吸道型　体温上升到 41℃，呼吸加快，尖锐干咳，流脓性或黏液性鼻液。犊牛初期有咳嗽，继而出现纤维素性肺炎、坏死性细支气管炎和支气管肺炎症状。

生殖道型　公牛感染率高，但症状不明显，主要表现为精液中有脓汁和包皮、尿道发炎。母牛主要表现为子宫内膜炎、流产、胎膜停滞和产后长期排出脓性分泌物，可能引起不孕症。

2. 临床病理学

神经型 脑脊液增量混浊，脑室中有脓性—纤维素性渗出物，脑膜下出血。

呼吸道型 出血性间质性肺炎等伴有血管炎和血栓形成等特征的病变，肺泡上皮变化不明显。

生殖道型 胎膜和流产胎儿的脑、肺、心肌和肾均有本病特征性的血栓形成和血管炎。

3. 流行病学

该菌是一种革兰氏阴性杆菌，与多种病理过程有关，包括肺炎、败血症、心肌炎、流产、血栓性脑膜炎和关节膜炎。细菌无荚膜，主要毒力因子有脂多糖和几种外膜蛋白，如铁结合蛋白等。

（二）防治措施

昏睡嗜血杆菌对大多数抗生素敏感，最常使用的是四环素。体外试验表明，青霉素、红霉素和磺胺类药也有效。因此，在没有合并感染的情况下，用抗生素治疗呼吸道及生殖道的感染是很有效的。

【牛巴氏杆菌病】

牛巴氏杆菌病又称牛出血性败血症，是牛的一种急性传染病。以发生高热、肺炎和内脏广泛出血为特征。

（一）诊断要点

1. 临床症状

急性败血型表现为突然发病，体温升高达 40～42℃，结膜潮红，精神沉郁，食欲废绝，呼吸困难，鼻流带血泡沫，腹泻，粪便呈液状并混有黏液、血液，多在 12～48h 内死亡。

肺炎型最为常见，主要表现为急性纤维素性胸膜肺炎症状。痛性干咳，叩诊胸部浊音，听诊有支气管啰音，胸膜摩擦音。

水肿型表现胸前、头颈部水肿，舌咽高度肿胀，呼吸困难，皮肤和黏膜发绀，眼红肿，流泪，有时出现血便。患畜常因窒息或下痢而死亡。

2. 临床病理学

急性败血型　剖检可见败血症变化，皮下、各部黏膜和浆膜有点状出血，以心包、胸膜及腹膜最为显著，4个胃、小肠和大肠常见出血性炎症，肠内容物稀薄并混有血液，全身淋巴结呈急性淋巴结炎。

肺炎型　剖检可见胸腔内有大量淡红色渗出液，其间混有纤维素性絮状物，胸膜及肺膜上有大小不等的出血点，并附有一层灰色纤维膜。肺呈深红色或暗褐色，间质增厚，切面流出带泡沫的血液。肝稍肿大、质脆，胆囊肿大，胆汁稀薄。脾脏未见肿大。

水肿型　剖检可见咽喉部、头颈部与胸前皮下发生胶样浸润。

3. 流行病学

本菌对多种动物和人均有致病性，家畜中以牛发病较多。在牛群饲养不卫生的环境中，由于受冷、拥挤、闷热、圈舍通风不良、营养缺乏、饲料突变、寄生虫病等诱因，在机体抵抗力降低时即可致病。发病后病原体通过病牛的分泌物、排泄物、污染的饲料、饮水、用具和外界环境，经消化道而传染于健康牛，或由咳嗽、喷嚏排出病菌，通过飞沫经呼吸道传染。另外吸血昆虫的媒介和皮肤黏膜的伤口也可发生传染。本病的发生一般无明显的季节性，但在气候骤变、潮湿多雨时多发生，一般为散发性。

（二）防治措施

治疗用恩诺沙星、环丙沙星等抗菌药大剂量静脉注射。也可用大剂量四环素制成0.5%的葡萄糖生理盐水溶液静脉注射，有一定治疗效果。另外，青霉素、链霉素、庆大霉素及磺胺类药物都有很好疗效，一般连用3~4d，中途不能停药。另外，对呼吸困难者可给予输氧，因喉头水肿而吸入性呼吸困难，而有窒息危险者可考虑做气管切开术。

【链球菌病】

链球菌病主要是由溶血性链球菌引起的多种人畜共患病的总称。

牛的链球菌病主要是牛链球菌乳房炎和牛肺炎链球菌病。

（一）诊断要点

1. 临床症状

牛肺炎链球菌病最急性病例病程短，仅持续几小时。病初全身虚弱，不愿吮乳，发热，呼吸极度困难，眼结膜发绀，心脏衰弱，出现神经紊乱，四肢抽搐，痉挛。常呈急性败血性经过，于几小时内死亡。如病程延长 1 ~ 2d，鼻镜潮红，流脓液性鼻汁。结膜发炎，消化不良并伴有腹泻。有的发生支气管炎、肺炎，出现咳嗽，呼吸困难，共济失调，肺部听诊有啰音。

2. 临床病理学

牛肺炎链球菌病病变剖检可见浆膜、黏膜心包出血。胸腔渗出液明显增量并积有血液。脾脏呈充血性肿大，脾髓呈黑红色，质韧如硬橡皮，即所谓"橡皮脾"，是本病特征。肝脏和肾脏充血，出血，有脓肿。成年牛感染则表现为子宫内膜炎和乳房炎。

3. 流行病学

牛链球菌乳房炎主要是由 B 群无乳链球菌引起，也可由乳房链球菌，停乳链球菌等群链球菌引起。牛肺炎链球菌病是由肺炎链球菌引起的急性败血性传染病。主要发生于犊牛，曾被称为肺炎双球菌感染。患畜为传染源，3 周龄以内的犊牛最易感。主要经呼吸道感染，呈散发或地方流行性。

（二）防治措施

牛链球菌对青霉素、氨苄西林均呈高度敏感，其他抗生素如广谱青霉素类哌拉西林、头孢噻吩、红霉素、克林霉素和万古霉素均对该菌有良好抗菌作用。

【牛支原体肺炎】

牛支原体肺炎或称霉形体性肺炎是由牛致病性的支原体引起的，以支气管或间质性肺炎为特征的慢性呼吸道疾病。

（一）诊断要点

1. 临床症状

病初体温升高，42℃左右，持续 3～4d。牛群食欲差，被毛粗乱，消瘦。病牛咳嗽，喘，清晨及半夜咳嗽加剧，有清亮或脓性鼻汁。有些牛继发腹泻，粪水样带血。可出现关节炎和角膜结膜炎。所有牛均可发病，但犊牛病情更为严重。病死率各场有差异，可高达 50%。

2. 临床病理学

剖检观察的大体病理变化主要集中在肺部与胸腔。肺和胸膜轻度粘连，有少量积液；心包积水，液体黄色澄清；肺部病变的严重程度在不同病牛表现出差异，与病程有关。

3. 流行病学

牛支原体肺炎是与运输应激密切相关的一种牛传染病，在我国是随着肉牛的异地育肥生产模式而新出现的疫病。感染牛和羊，不感染人。病牛可通过鼻腔分泌物排出牛支原体，健康牛可通过近距离接触感染牛而感染发病。牛一旦感染，可持续带菌而成为其他健康牛的传染源，同时牛群中很难将该病原清除。牛支原体对环境因素的抵抗力不强，但在无阳光情况下可存活数天，如4℃下可在海绵中或牛奶中存活 2 个月，或水中存活 2 周以上；20℃存活 1～2 周，或 37℃存活 1 周。粪中可存活37d。常规消毒剂均可达到消毒目的。较差的饲养管理因素与不利环境因素是该病的重要诱因，其他病原的混合感染对该病的发生起促进作用。环境与管理因素中，运输、通风不良、过度拥挤、天气变化、饲养方式改变及其他应激因素等均可诱发该病并加剧病情。

（二）防治措施

早期应用抗生素类治疗有一定效果。牛支原体无细胞壁，对作用于细菌细胞壁的 β-内酰胺酶类抗菌药物不敏感，因此，应选作用于细菌蛋白质合成的相关药物。喹诺酮类药物：环丙沙星，氧氟沙星。泰乐菌素类抗菌药物：泰乐菌素，替米考星，瑞可新。四环素类抗菌药物：四环素，多西环素。泰妙菌素类抗菌药物：支原净，沃尼妙林。

【牛鹦鹉热衣原体病】

是一种由衣原体所引起的传染病，人也有易感性。以表现流产、肺炎、肠炎、结膜炎、多发性关节炎、脑炎等多种临诊症状为特征。

（一）诊断要点

1. 临床症状

本型主要见于6月龄以前的犊牛。潜伏期1~10d，病牛表现抑郁、腹泻，体温升高到40.6℃，鼻流浆黏性分泌物，流泪，以后出现咳嗽和支气管肺炎。犊牛表现的症状轻重不一，有急性、亚急性和慢性之分，有的犊牛可呈隐性经过。

2. 临床病理学

剖检观察的大体病理变化主要集中在肺部与胸腔。肺和胸膜轻度粘连，有少量积液；心包积水，液体黄色澄清；肺部病变的严重程度在不同病牛表现出差异，与病程有关。

3. 流行病学

牛鹦鹉热衣原体隶属于衣原体目，衣原体科，衣原体属。它的发育形态有两个型：一是具有二分裂方式增殖能力的滋养体型的网状小体；另一是具有感染能力的原始小体。原始小体呈圆形。游离于细胞外的原始小体进入易感的宿主细胞，再组合成网状小体并以二分裂方式反复增殖，进而聚合成有感染性的新一代原始小体在宿主细胞内呈包涵体形。继之被感染的宿主细胞破裂而游离出来，再不断感染宿主健康细胞。

（二）防治措施

发生本病时，可用四环素抗生素进行治疗，也可将四环素族抗生素混于饲料中，连用1~2周。

【咽炎】

咽炎是咽黏膜、软腭、扁桃体（淋巴滤泡）及其深层组织炎症的总称。临床上一般以吞咽障碍，疼痛，厌食和咳嗽为特征。

（一）诊断要点

病畜发生咽炎时，临床上容易诊断，根据头颈伸展，口鼻流涎，吞咽困难，触诊咽部疼痛，视诊咽部黏膜潮红，肿胀等。

1. 临床症状

牛头颈部伸直，颈项不灵活，转动小心，吞咽困难，拒绝粗饲料，湿咳嗽，有时饮入的水或吃入的食物会逆流回口腔，并表现经常空咽、呕吐、流涎，有时吐出白色泡沫状黏稠物。在颈部用手摸，咽外部肿热，经过刺激引起咳嗽。可摸到颌淋巴结肿胀。体温、呼吸、脉搏分别升高加快。口腔打开，视诊，直观看咽腭部发生肿胀，红肿、发红、化脓。

2. 临床病理学

纤维素性咽炎表现为渗出的纤维蛋白和白细胞浸润黏膜表层，形成一种灰白色的膜样物。卡他性咽炎表现为急性病例咽黏膜出现充血、肿胀，有点状或条纹状充血或红斑。慢性病例黏膜苍白、肥厚，形成皱襞，被覆黏液。有的病例咽黏膜糜烂，形成糜烂性咽炎的病理现象。蜂窝织炎性咽炎表现为咽部黏膜下的疏松结缔组织，呈弥漫性化脓性炎症的病理特征。此外，在口腔和鼻患有卡他性炎症时，咽部周围淋巴结肿胀、化脓，喉炎，声门水肿，支气管卡他及异物性肺炎等原发病的病理特征。

3. 病因

原发性病因，主要是饲料中的芒刺、异物等机械性刺激，饲料与饮水过冷过热或混有酸碱等化学药品的温热性和化学性刺激，受寒、感冒、过劳或长途运输时，机体防卫能力减弱，链球菌、大肠杆菌、巴氏杆菌、坏死杆菌等条件致病菌内在感染而引发本病。

继发性病因，常见于邻近器官的炎性疾病的蔓延，如口炎、食管炎、喉炎以及流感、咽炭疽、口腔坏死杆菌病、巴氏杆菌病、牛恶性卡他热和牛口蹄疫的经过中。

4. 发病机理

咽是消化道和呼吸道的共同通道，其上为鼻咽、中为口咽、下为喉咽，咽黏膜下有黏液腺和混合腺。因此，当机体的抵抗力下降时，各种不良的病因作用于咽部黏膜时，引起咽部黏膜发生充血、肿胀炎性反应。由于炎性的作用，咽部的敏感性增强而引起吞咽困难，渗出大量浆液性炎性渗出液和黏液以及上皮细胞脱落等。当发生纤维素性或蜂窝织炎性咽炎时，可在咽部黏膜上形成一层纤维膜，并在膜下形成溃疡。当蜂窝织炎性咽炎时，在黏膜下层及咽周围的结缔组织严重肿胀、化脓而形成脓肿。当大量的炎性产物被机体吸收后，则导致牛体温升高，严重时在咽深部组织有胶样的浸润，造成喉狭窄，引起牛呼吸困难，甚至出现窒息现象。

（二）防治措施

治疗原则，加强护理，抗菌消炎。

多饮水，饲喂软草和软饲料。加强护理，供足水后，给 0.1% 高锰酸钾水饮服。对于采食困难的牛，要进行补糖输液，还可静脉输给氨基酸，在治疗期间应慎重口腔投药。消除病因，加强护理，用 2% 醋酸铅溶液在颈部冷敷，2 ~ 3d 后改用 20% 硫酸镁溶液温敷。对重症病例应禁食，局部去掉假膜，涂擦碘仿甘油，可用脱氢皮质醇 1 ~ 2mg/kg 体重，分 2 次口服，但应注意要防止误咽，造成不良的后果。应用抗生素治疗，青霉素钠 2 万 ~ 4 万 U/kg 体重，每天 2 次，肌内注射。磺胺二甲基嘧啶 20 ~ 100mg/kg 体重，每天 1 次，口服。也可用磺胺甲基嘧啶初次量 30mg/kg 体重，之后 15mg/kg 体重，每天 2 次，口服，连用 4d。或 10% 磺胺嘧啶钠注射液 0.05 ~ 0.10mg/kg 体重，肌内注射，每天 2 次。对严重吞咽障碍的牛，在应用上述药物的同时，可静脉注射 25% 葡萄糖注射液 5mL/kg 体重，也可加入维生素 C 20mg/kg 体重，同时喂以刺激性小的软饲料即可。封闭疗法，对严重影响呼吸的可采用气管切开术进行急救。其他对症疗法，如果是由异物刺伤引起的，应立即清除异物。原发性急性咽炎，如无并发症，

1～2周内病牛可治愈，预后良好。纤维素性咽炎或蜂窝织炎性咽炎，病程长，如继发异物性肺炎或败血症则预后不良。

【支气管炎】

支气管炎是支气管黏膜表层或深层的炎症。在临床上以咳嗽、流鼻液与不定型热为特征。

（一）诊断要点

急性病病初干咳，咳出黏稠痰由鼻流出，听诊先干啰音后湿啰音，有时候咳嗽很剧烈。慢性咳可拖延数月或者数年，肺清音界后移。X线胸片检查大多为肺纹理增强。

1. 临床症状

（1）急性支气管炎：发病初期，牛体温轻度升高 0.5～1.0℃，24h内升降不定。呼吸稍增，脉跳稍快。初期短咳、干咳，以后则长咳、湿咳，并出现支气管啰音。发病过程中，初期病牛鼻液呈浆液性，后期则变为黏液性。胸部听诊，初期肺泡音粗厉，3d左右则出现啰音。叩诊则无明显变化。食欲减退，眼结膜充血。腐败性支气管炎症，呼出的气有恶臭味，鼻孔流出污秽和有腐败臭味的鼻液，全身症状严重。

（2）慢性支气管炎：牛长期持续性咳嗽，尤其是运动、使役、喂食和早晚气温低时明显，并且多为剧烈干咳、气喘。鼻孔流黏液性鼻涕，量少，较黏稠。发病病初在病牛肺部可听到各种啰音，肺泡音强盛，当肺泡气肿时，肺泡音即减弱或消失，叩诊无变化。病程越长，病情越重。

2. 临床病理学

病牛常见剖检特征为支气管舒张充满血液，黏膜发红，有弥漫性分布条纹、斑点及淤血，黏膜下水肿，有分叶细胞和淋巴细胞浸润。

3. 病因

原发性支气管炎，主要是由于寒冷、天气骤变、长途运输应激等，造成机体抵抗力减弱，存在于呼吸道内常在细菌大量繁殖而致病。机械性或化学性的刺激，如吸入粉尘状饲料、烟气、灰尘等，吸入刺激性气体如氯、氨、二氧化硫、热气流、污染的空气、各种毒气，或投药、误咽等，均可引起本病。某些过敏原如植物花粉、异种蛋白、霉菌孢子等，可引起变态反应性支气管炎。

继发性支气管炎，多继发于某些传染病和寄生虫病的经过中，如流行性感冒，地方性支气管炎、病毒性肺炎等，牛的睡眠嗜血杆菌感染、恶性卡他热、传染性鼻气管炎等。还有邻近器官的炎症蔓延，如喉炎、气管炎、肺炎以及胸膜炎等。

4. 发病机理

急性支气管炎，在病因的作用下，动物机体抵抗力降低，尤其在黏膜损伤后，支气管的一系列保护作用和防御机能（咳嗽、分泌黏液、支气管壁中的淋巴滤泡）减弱，肺巨噬细胞和白细胞的吞噬作用降低，呼吸道内的常在菌或外来的病原微生物，如肺炎球菌、巴氏杆菌、链球菌、葡萄球菌、化脓杆菌等乘虚大量繁殖而呈现致病作用，引起黏膜发生充血、肿胀，上皮细胞脱落，黏液分泌增加，炎性细胞浸润，刺激黏膜中的感觉神经末梢，出现反射性的咳嗽。同时，炎症可导致管腔狭窄，甚至堵塞支气管，炎症向下蔓延可造成细支气管狭窄、阻塞和肺泡气肿，出现高度的呼吸困难和啰音。炎性产物和细菌毒素被吸收入血后，引起不同程度的全身反应。病因作用持续或反复存在，使支气管壁及其周围组织增生，发生慢性支气管炎和支气管周围炎，甚至因支气管阻塞而发生肺膨胀不全或慢性肺泡气肿。如继发感染腐败菌，发生腐败性支气管炎，使病情加重。当炎症蔓延而引起细支气管炎时，全身症状较为严重，黏膜肿胀及渗出物阻塞支气管腔引起急性肺泡气肿，发生明显的呼吸困难，在病因的长期持续作用下，可导致支气管壁及其周围组织增生而发生慢性支气管炎。

（二）防治措施

治疗原则为消除病因，祛痰镇咳，抑菌消炎，制止渗出，促进吸收，解痉，抗过敏。

保持畜舍内清洁、通风良好、温暖、湿润，喂以易消化饲料、青草和充足的清洁饮水，适当的牵遛运动。

（1）消炎制菌：青霉素40万～80万U，加0.25%普鲁卡因，气管注射；青霉素和链霉素进行肌内注射，每次每千克体重青霉素4 000～8 000U，链霉素2 000～4 000U。另外，应用磺胺类药物，10%的磺胺嘧啶钠肌内注射，120～160mL；磺胺噻唑肌内注射，每次每千克体重0.07g，每天注射4次。第1次注射药量要大，按每千克体重0.2g计算；长效磺胺肌内注射，每天1次，每次每千克体重0.1g。而第1次注射应按每千克体重0.2g注射。

（2）祛痰止咳：当痰液浓稠而排出不畅时，应用祛痰剂，如氯化铵，牛8～15g；吐酒石，牛2～4g；碳酸氢钠，牛50～100g。还可行蒸气吸入疗法，如1%～2%碳酸氢钠溶液或1%薄荷脑溶液蒸气吸入。

当咳嗽剧烈而频繁时，应用止咳剂，如复方樟脑酊，牛50～100mL；复方甘草合剂，牛15～60mL；远志酊，牛10～30mL。

（3）葶苈子40g，茯苓37g，桔梗32g，贝母38g，板蓝根40g，黄芩22g，山栀22g，共研为末，开水冲烫后1次灌服，可治急性支气管炎。

（4）贝母35g，熟地36g，麦冬24g，百合37g，生地36g，当归35g，玄参30g，桔梗32g，白芍30g，甘草20g，共研为细末，开水冲，1次灌服，可治慢性支气管炎。

【小叶性肺炎】

小叶性肺炎又称支气管肺炎是病原微生物感染引起的以细支气管为中心的个别肺小叶或几个肺小叶的炎症。病理学特征为肺泡内充满了由上皮细胞、血浆和白细胞组成的卡他性炎性渗出物，故又称为卡他性肺炎。

（一）诊断要点

临床上以弛张热型、呼吸次数增多、叩诊有散在的局灶性浊音区、听诊有啰音和捻发音，剖检病变和X线检查即可做出诊断。

1. 临床症状

病初与支气管炎的症状完全相似。表现为干、短的痛咳，后为湿性的长咳。听诊时出现啰音。精神沉郁，前胃弛缓，食欲减少或废绝，往往贪饮，体温升高至 39.5 ~ 41℃，呈弛张热型。病畜恶寒、怕冷，呼吸困难、加快，咳嗽，流鼻涕，舌色赤红。肺部叩诊，当病灶部位于肺的表面时，可听见局灶性的浊音区，同时病畜躲避检查。局灶性浊音区在胸壁的前下方较多见，在浊音区周围为过清音。肺部听诊，在病灶部位，肺泡呼吸音减弱，有时可听到捻发音。当肺泡内充满渗出液时，则肺泡音消失，可听见明显的支气管呼吸音。在健康部位，则肺泡音亢盛，常可听见啰音。血常规检查，白细胞总数增加，嗜中性白细胞增多并伴有核左移，单核细胞增多，嗜酸性白细胞消失。X 线检查，可见斑片状或斑点状的渗出性阴影，大小和形状不规则，密度不均匀，边缘模糊不清，可沿肺纹理分布。当病灶发生融合时，形成较大片的云絮状阴影，但密度多不均匀。

2. 临床病理学

肺脏有小叶炎的特性，病灶呈岛屿状。在肺实质内，特别在肺脏的前下部，散在一个或数个孤立的大小不一的肺炎病灶，每个病灶是一个或一群肺小叶，这些肺小叶局限于支气管的分支区域；患病部分的肺组织坚实而不含空气，初呈暗红色，而后则呈灰红色，剪取病变肺组织小块投入水中即下沉。肺切面因病变程度不同而表现各种颜色，新发病变区，因充血呈红色或灰红色；病变区因脱落的上皮细胞及渗出性细胞的增多而呈灰黄或灰白色。当挤压时流浆液性或出血性的液体，肺的间质组织扩张，被浆液性渗出物所浸润，呈胶冻状。在病灶中，可见到扩张并充满渗出物的支气管腔，病灶周围肺组织常伴有不同程度的代偿性肺气肿。

3. 病因

原发性原因，凡能引起支气管炎的各种致病因素，都是支气管肺炎的病因。首先受寒感冒，特别是突然受到寒冷的刺激最易引起发病；物理、化学及机械性刺激或有毒的气体、热空气的作用等；过劳、使役不当、幼弱、老龄、维生素缺乏及慢性消耗性疾病等，使机体的抵抗力降低，易受各种病原微生物如肺炎球菌、绿脓杆菌、化脓棒状杆菌、沙门氏杆菌、大肠杆菌、链球菌、葡萄球菌、衣原体属、腺病毒、鼻病毒等侵入而发病。

继发性原因，常继发或并发于许多传染病和寄生虫病，发生在犊牛常带有传染性。如流感、结核病、放线菌病、恶性卡他热、口蹄疫等疾病的经过中。另外，一些化脓性疾病，如子宫炎、乳房炎以及阉割后阴囊化脓等，其病原菌可以通过血源途径进入肺脏而致病。卡他性肺炎、慢性心脏病、血液疾病以及破伤风的经过中屡有本病发生。在咽炎及神经系统发生紊乱时，常因吞咽障碍，将饲料、饮水或唾液等吸入肺内或经口投药失误，将药液投入气管内引起异物性肺炎。此外，某些过敏原（植物花粉、异种蛋白等）可引起变态反应气管支气管炎（表现为支气管喘息）。

4. 发病机理

机体在致病因素的作用下，呼吸道的防御机能受损，呼吸道内的常住寄生菌大量繁殖，引起感染，发生支气管炎，然后炎症沿支气管黏膜向下蔓延至细支气管、肺泡管和肺泡，引起肺组织的炎症；或支气管炎向支气管周围发展，先引起支气管周围炎，然后再向邻近的肺泡间隔向外扩散，波及肺泡，引起细支气管和肺泡充血、肿胀、浆液性渗出、上皮细胞脱落和白细胞游出，因毛细血管未受到严重损害，其渗出物中极少会含有纤维蛋白，因此，就不易凝固。这些炎性渗出物和脱落上皮细胞等聚积在细支气管和肺泡内，引起肺小叶或小叶群的炎症，并相互融合形成较大的病灶，使得肺有效呼吸面积缩小，临床呈现呼吸困难，叩诊呈小片浊音区。由于支气管和肺泡脱落上皮的积聚和细胞浸润，感染的细菌就不容易受到体液的溶解作用，限制了那些能促使渗出物迅速被降解的特异性抗体的产生。肺小叶炎症的发展是不平衡的，呈跳跃式发展，当炎症蔓延到新的小叶时，体温升高；当旧的病灶开始恢复时，体温开始下降，但不降至常温，因此，呈现较典型的弛张热型。由于一些个别肺小叶诱发的炎症过程并非同时进行，使整个病程延长下去。

（二）防治措施

加强护理，抗菌消炎，祛痰止咳，制止渗出，促进炎性渗出物的吸收和排出及对症治疗。

1. 抗菌消炎

可选用抗生素和磺胺类药物，常用的抗生素是青霉素、链霉素及广谱抗生素。磺胺类药物是磺胺二甲氧嘧啶。青霉素 5 000～10 000U/kg 体重，链霉素 300 万～500 万 U/kg 体重，10% 葡萄糖酸钙 200～300mL，10% 葡萄糖 500～1 500mL，10% 安钠咖 10～20mL，维生素 C 20～50mL，静脉注射。

2. 祛痰止咳

祛痰止咳，可参考支气管炎。

3. 制止渗出

用 10% 氯化钙液 10～20mL 或者 10% 葡萄糖酸钙液 10～20mL 静脉注射，每日一次。

4. 对症治疗

针对心脏功能减弱及呼吸困难。强心剂常用咖啡因类、樟脑类，必要时可用洋地黄苷类药物；当动物缺氧明显时，宜采用输氧疗法，可皮下注射或用氧气袋鼻腔输给，也可用双氧水（3%）以生理盐水 10 倍稀释后，静脉注射。

【大叶性肺炎】

大叶性肺炎又称纤维素性肺炎，是以支气管和肺泡内充满大量纤维蛋白渗出物为特征的一种急性炎症，常侵及肺的一个或几个大叶。临床上以稽留热型、铁锈色鼻液和肺部出现广泛性浊音区为特征。

（一）诊断要点

根据本病的典型经过，高热稽留、铁锈色鼻汁、叩诊呈大片浊音，听诊各病理阶段特点，白细胞增多，X 线检查呈大片阴影，可做出诊断。

1. 临床症状

患畜突然发生持续性高热，呈稽留热，体温达 40～41℃，一般持续 6～9d。精神沉郁，反刍紊乱，泌乳量降低或者停止。听诊，脉搏快，呼吸频数，可视黏膜充血，肌肉发抖，严重气喘，间歇性痛咳，整个肺有湿啰音。叩诊，整个肺呈现浊音区（病灶有渗出物）。病初，有浆液性、黏液性或黏液脓性鼻液，肝变期流出铁锈色或黄红色的鼻液。血液学检查可见白细胞增多，中性粒细胞增多，核型左移。X 射线检查，病变部位呈大片阴影。

2. 临床病理学

充血期，肺毛细血管充盈，肺泡上皮脱落，渗出液为浆液性，并有红细胞、白细胞的积聚。剖检，可见肺组织容积略大，富有一定弹性，病变部呈蓝红色，切面光泽而湿润，流出暗色血样液体，气管内有多量的泡沫。红色肝变期，肺泡内渗出物凝固，主要由纤维蛋白构成，其间混有红细胞、白细胞，肺泡内不含空气。剖检，病变肺组织肝变，切面呈颗粒状，像红色花岗石样。灰色肝变期，白细胞大量出现，渗出物开始变性，病变部呈灰色或黄色。剖检，病变部如黄灰色花岗石样，坚硬程度不如红色肝变期。溶解期，白细胞及细菌死后释放出的蛋白溶解酶，使纤维蛋白溶解，肺组织变柔软，切面有黏液性或浆液性液体。

3. 病因

该病的真正病因尚未完全清楚。目前认为有两类原因，一是传染性因素引起的；二是非传染性因素引起的。

传染性因素，常见于一些传染病过程中，如传染性胸膜肺炎和巴氏杆菌引起的肺炎等。其他细菌，如金黄色葡萄球菌、肺炎链球菌、克雷伯杆菌、绿脓杆菌、大肠杆菌、坏死杆菌、沙门氏杆菌、霉形体属、溶血性链球菌、放线菌、诺卡氏菌等也可引起本病。另外，某些病毒、真菌、寄生虫等，均可引起本病。此外，一些化脓性疾病，如子宫炎、乳房炎、子宫蓄脓等，其病原可经血液途径进入肺而致病。

非传染性因素，诱发大叶性肺炎的因素甚多，变态反应是其中的重要因素。还有受寒感冒、过劳、长途运输、吸入刺激性气体、通风不良、胸部外伤、饲养管理不当，卫生环境恶劣等，因其能使机体的抵抗力减弱，成为本病的诱发因素。

4. 发病机理

病原主要通过气源、血源或淋巴途径，侵害到肺组织。通常侵入肺脏的微生物，开始于深部组织，一般在肺的前下部尖叶和心叶。侵入该部的微生物迅速繁殖并沿着淋巴径路支气管周围及肺泡间隙的结缔组织扩散，同时引起肺间质发炎，由此进入肺泡并扩散进入胸膜，微生物借此与肺组织发生相互影响。部分被溶解了的细菌放出内毒素，并在其作用下，开始了组织的炎症过程。细菌毒素和炎症组织的分解产物被吸收后，又引起动物机体的全身性反应，如高热、心脏血管系统紊乱以及特异性免疫体的产生。

典型的纤维素性肺炎，其发展过程有明显的阶段性，一般分为4期：

充血期 病程短促，约持续 12~36h。肺毛细血管扩张和充满血液与浆液性水肿。肺泡上皮肿胀脱落。肺泡和细支气管内渗出含有大量白细胞与红细胞的渗出物。病变部肺体积增大和膨胀，呈深红色，弹性降低，常有大小不等的出血灶，用指按压时可留有压痕。切开肺时可听到捻发音，切面光泽而湿润，其中仍存有少量空气，割取小块放入水中，并不下沉。

红色肝变期 持续约48h。肺泡和细支气管内充满纤维蛋白渗出物，其中含有大量红细胞、脱落的上皮和少量白细胞。渗出物很快凝固，病变的肺组织不含空气，质地坚实如肝脏样呈红色。切面干燥呈颗粒状似红花岗石样，剪取一块放入水中，立即下沉。

灰色肝变期 持续时间约48h 或者更长，充满肺泡的纤维蛋白渗出物开始发生脂肪变性和白细胞渗入。以后脂肪变性达最高度，外观先呈灰色后变灰黄色。切面似灰色花岗石样，坚固性比红色肝变期为小。由于肝变期肺病变不同步，致使病肺的切面呈斑纹状大理石外观。

溶解吸收期 渗出的蛋白质经溶蛋白酶作用变为可溶性的分解产物，而被吸收或排出。肺组织变柔软，切面有黏液性或浆液性液体。此期终了时，肺组织即可恢复常态。

（二）防治措施

治疗原则为加强饲养管理，抗菌消炎，止咳化痰，制止渗出和促进炎性产物吸收以及对症治疗。

抗菌消炎　根据病情，可选用以下药物，卡那霉素 10~50mL，每日 2~3 次；青霉素 80 万~800 万单位，链霉素 0.5~6g，地米针 5~25mg，10~50mL 注射水溶解后肌内注射，每日 2~3 次；清开灵 20~30mL，配合卡那霉素 100 万~500 万 U 肌内注射，每日 2~3 次。病畜恢复期间可用长效磺胺药 10~50mL 隔日肌注一次。

祛痰止咳　祛痰止咳，可参考支气管炎。

制止渗出　用 10% 氯化钙液 10~20mL 或者 10% 葡萄糖酸钙液 10~20mL 静脉注射，每日一次。

对症治疗　体温过高可用解热镇痛药，如复方氨基比林、安痛定注射液等。剧烈咳嗽时，可选用祛痰止咳药。严重的呼吸困难可输入氧气。心力衰竭时用强心剂。其他疗法均同支气管肺炎。

【胸膜炎】

胸膜炎是胸膜发生以纤维蛋白沉着和/或胸腔积聚大量炎性渗出物为特征的一种炎症性疾病。临床上以胸部疼痛、腹式呼吸、体温升高和胸膜摩擦音或叩诊水平浊音为特征。

（一）诊断要点

根据呼吸浅表而困难，明显的腹式呼吸，胸壁触诊疼痛，听诊有胸膜摩擦音，胸部叩诊呈水平浊音，特别是利用 X 线检查或超声检查出现水平线，胸腔穿刺有大量渗出液流出，即可确诊。

1. 临床症状

体重下降，产奶量下降，发热，精神沉郁，头颈伸展，呼吸困难。叩诊时，胸部疼痛。听诊时，有摩擦音或没有声音，因为胸腔中液体很多。咳嗽明显，常呈干、痛、短咳，胸壁受刺激或叩诊表现频繁咳嗽。呼吸快而续浅表，呈腹式呼吸。渗出期叩诊呈水平浊音区。在渗出初期和渗出物被吸收的后期均可听到明显的胸膜摩擦音，渗出期听诊摩擦音消失，肺泡呼吸音减弱或者消失，浊音区上方呼吸音增强。胸腔积液时，心音减弱。胸腔穿刺，可流出黄色或含有脓汁的液体，含有大量纤维蛋白，易凝固。

2. 临床病理学

急性胸膜炎 胸膜明显充血、水肿和增厚，粗糙而干燥；胸膜面上附着一层黄白色的纤维蛋白性渗出物，容易剥离，主要由纤维蛋白、内皮细胞和白细胞组成；在渗出期，胸膜腔有大量混浊液体，其中有纤维蛋白碎片和凝块，污秽并有恶臭。肺脏下部萎缩，体积减小呈暗红色。

慢性胸膜炎 因渗出物中的水分被吸收，胸膜表面的纤维蛋白因结缔组织增生而机化，使胸膜肥厚，壁层和脏层与肺脏表面发生黏连。局限性胸膜炎可发生有小白斑（腰斑），胸膜变为肥厚，经久后变成厚的结缔组织，接着发生钙盐沉着。易伴发肺炎和心包炎。在愈合期分泌物把胸膜和内脏黏连在一起。

3. 病因

胸膜炎的主要病原是化脓棒状杆菌、巴氏杆菌、霉形体、结核杆菌、支原体等。

原发性胸膜炎较少见。胸壁各种外伤、肋骨骨折、创伤性网胃心包炎、食道破裂、胸腔肿瘤等均可引起本病。受寒侵袭、过劳、长途运输、体弱等诱因，使动物机体防御机能降低，病原微生物如链球菌、巴氏杆菌、克雷伯菌等乘虚侵入繁殖而致病。

继发性胸膜炎较为常见。常起因于邻近器官炎症的蔓延，如卡他性肺炎、大叶性肺炎、吸入性肺炎、肺脓肿、腹膜炎等疾病。还常继发于传染病，如出血性败血症、传染性胸膜肺炎、溶血性巴氏杆菌病、肺结核、散发性脑脊髓炎、嗜血杆菌感染等疾病的经过中。

4. 发病机理

各种致病因子损害胸膜的间皮组织和毛细血管，引起毛细血管的充血和间皮组织的疏松，产生大量渗出液。渗出的液体成分又被胸膜未被损害部位所吸收，而渗出的纤维蛋白则沉积于胸膜上。如果渗出液的量很大，液体积聚于胸膜腔中。如果微生物和渗出液中的固体成分不能及时被正常的和新形成的特异抗体所完全溶解，将产生新生的结缔组织。

炎症早期急性阶段，细菌产生的内毒素及渗出液中蛋白分解产物被机体吸收，可引起发热。炎症产物对刺激脑膜以及沉于胸膜壁层、脏层的纤维蛋白随呼吸运动相互摩擦，会刺激神经末梢引起疼痛，呼吸运动受到限制，呼吸浅表而快或呈断续性呼吸。炎症第二阶段，随着渗出液增多，胸膜摩擦状态可被缓解，疼痛会有所减轻，但由于渗出液压迫肺脏，引起肺腹侧萎缩，肺活量减少，妨碍气体交换，引起呼吸困难。渗出物继续蓄积就会挤压心房造成静脉回流受阻。炎症第三阶段，渗出物被吸收并出现黏连，使肺与胸壁的运动受到限制，但对呼吸的影响逐渐减小。在细菌内毒素的作用下，胸膜刺激的反射作用以及大量渗出液和纤维蛋白的聚积与黏连，可使心脏功能发生障碍。

（二）防治措施

治疗原则为抗菌消炎，制止渗出及促进渗出物的吸收和排出以及防止自体中毒。

患畜应置在通风良好、温暖、安静的环境，给予易消化的富营养的草料，适当限制饮水。

消除炎症，通常应以胸膜液致病菌的细菌培养和药敏试验为基础，选择有效的抗菌药物来控制感染，在确定有效抗菌药前应使用广谱抗菌药物，如氨苄西林钠、先锋霉素类抗菌药，氨基糖苷类和磺胺类药物。厌氧菌感染，应用甲硝唑。支原体感染，应用四环素。常用氨苄青霉素 20～25mg/kg、头孢曲松钠 10～15mg/kg、卡那霉素 4～5mg/kg、阿米卡星 10mg/kg、头孢拉定 10～30mg/kg 或阿奇霉素 10～20mg/kg，肌内或静脉注射，2 次/天。必要时做胸腔内注射，可收到良好效果。

制止渗出。病初可在胸壁上施行冷敷或灌注冷水，或者贴敷冰袋。配合静脉滴注 10%葡萄糖酸钙 200～300mL，1 次/天，连用 2～3d。还可应用乌洛托品、水杨酸制剂等。

促进炎性产物吸收。胸部涂擦刺激剂如 10%樟脑酒精、芥子精、氯仿、氨擦合剂，或用特定电磁波 TDP 治疗仪或红外线治疗仪照射两侧胸壁，同时配合速尿 1～2mg/kg，肌内注射。急性炎性消散后，可实行温敷法。

加速炎性渗出物排出。应用利尿药、强心剂、泻药、呕吐药以及发汗药等。洋地黄，1次剂量2~5g；醋酸钠或醋酸钾溶液100~180mL，内服。

胸腔冲洗，胸腔渗出液积聚过多，呼吸高度困难时，可进行胸腔穿刺，进行引流和灌注，结合纤维蛋白溶解疗法，反复冲洗，排除积液。在施行胸腔穿刺排出积液后，应用0.1%雷佛奴尔，2%~4%硼酸溶液，0.1%麝香草酚溶液，1%~2%醋酸铅溶液，或碘酊60mL，2%碘化钾溶液，反复冲洗胸腔，然后注射青霉素100万~200万U或氨苄青霉素0.5~1g，地塞米松2.5~5mg。

对症治疗，当胸壁疼痛时，肌内注射盐酸曲马多50~200mg，2次/天，连续注射2~3d。高热病例，可用醋酚苯胺、安替匹林、非那西丁、洋地黄制剂。

【肺结核】

结核病是由结核分枝杆菌引起人、畜、禽共患的一种以慢性经过为主的传染病。其特征是渐进性消瘦，多种组织器官形成结核结节或干酪样坏死、空洞或钙化，是对养牛业危害最严重的常见病之一。

（一）诊断要点

目前，牛结核病的诊断方法主要有临床诊断和实验诊断。临床诊断主要是依据临床症状来诊断疾病，消瘦，贫血，呼吸增数，气喘，干咳，体表淋巴结肿大，无热，无痛，奶稀薄。结核分枝杆菌素皮变态试验（PPD）呈阳性。

1. 临床症状

结核病的潜伏期不一，一般十几天至数月甚至数年不等。发病隐蔽，精神和健康状况逐步恶化，呈渐进性消瘦。牛常见的多为肺结核，病初表现为食欲不振，黏膜贫血，咳嗽，呼吸困难，被毛粗乱无光。乳房结核时泌乳减少或停止，乳房中形成肿块，严重者乳腺萎缩或肿大变硬，但无热无痛。肠结核时便秘与腹泻交替出现，食欲不振，消化不良，迅速消瘦。淋巴结结核时表现为淋巴结高度肿大，硬而凹凸不平。生殖器官结核时常见性机能紊乱，性欲亢进或减退，母牛发情频繁但屡配不孕，或孕后流产；公牛睾丸肿大，阴茎发生结节糜烂。脑结核时常伴有癫痫，运动障碍，感觉过敏等。粟粒性结核也叫"珍珠病"，即全身布满结核，直肠检查可摸到腹膜发生结核。此外还有骨、关节、皮肤等结核，可见局部硬肿变形。本病发展到后期，病牛形体消瘦，间歇性发热，不久衰竭死亡。有的病例因局部病灶崩溃，大量结核菌侵入血液而转为急性，全身组织、内脏出现无数粟粒大的结节，高热不退，经十几天死亡。

2. 临床病理学

特征性病变是形成结核结节，从针头大到鸡蛋大不等，呈白色或黄色，切开后中心有干酪样坏死物，且常伴发钙化。增生性结核结节的中心为灰白色或黄色的干酪样坏死或钙化，外有肉芽组织包绕。渗出性结核结节为纤维素性渗出物浸润组织，形成干酪样坏死，切面呈灰白红色与灰白黄色交织的斑纹。肺结核时常见有干酪样变性的病灶或肺内的空洞，其中，有黄色干酪样或脓样的内容物，并伴发胸膜炎和心包炎。当支气管患病时，可在支气管内部发现结节，继而变为溃疡。支气管淋巴结常肿大，有时可达拳头大小或更大，断面见有结核性干酪样变性的病灶，常发生钙化。胸膜腔浆膜结核时，在浆膜上形成很多密集的小结节，同时结缔组织增生。肠结核时，在黏膜上发生小结节，坏死崩溃后在结节中央发生溃疡。应与牛肺疫鉴别：牛结核的特征性病变是形成结核结节，并常伴发钙化；牛肺疫的特征性病变是浆液性纤维素性胸膜肺炎，胸腔有积水。

3. 病因

饲养管理不良，畜舍拥挤，阴暗潮湿，饲料不足，都能促进此病的发生。本病一年四季均可发生。主要传染来源是病牛，结核杆菌随患牛的脓液、粪便等排出体外，污染环境，经消化道、呼吸道、伤口而感染。由于人畜接触，互相传染。

4. 发病机制

结核分枝杆菌侵入机体后，在趋化和吸引作用下，被巨噬细胞所吞噬，在细胞免疫反应建立之前，巨噬细胞很难完全杀灭所有的结核分枝杆菌，结核分枝杆菌在细胞内繁殖，在淋巴管和组织中可引起局部炎症，故称为原发性结核，牛一般发生在肺和肺部淋巴结。如果机体抵抗力强，原发性病灶就长期不播散。如果机体抵抗力下降，原发性病灶可以通过血管、淋巴道或者支气管向邻近或远离组织播散，形成继发性结核病灶。结核分枝杆菌进入机体后，引起炎症反应，结核分支杆菌与机体的相互较量互有消长，使得病理变化很复杂，但基本的病理变化是以渗出、增生、变质为主。以渗出为主的病变主要表现为充血、水肿和白细胞浸润。当机体以细胞介导免疫反应为主的情况下，则病变是以增生为主，开始时可有一短暂的渗出阶段，然后在淋巴组织的周围常有较多的淋巴细胞聚集，形成典型的结核结节。当机体的抵抗力下降时，病变在增生基础上就发展为变质，最后形成干酪样坏死，通过镜检可以观察到被染成红色的、凝固无结构的坏死组织。以上3种病理变化可以同时存在同一个病灶中，但一般是以一种病理变化为主。

（二）防治措施

牛结核病作为重要的人畜共患病，它的流行严重影响畜牧业的健康发展，所以其综合防控具有重大的公共卫生意义。自1921年发明卡介苗（BCG）以来，一直作为预防该病的最佳疫苗。但其临床免疫效果表明，BCG对牛和其他动物没起到完全的预防作用。牛感染结核分枝杆菌后，会影响BCG的免疫效果，同时，用PPD变态反应检测还无法将自然感染牛和疫苗免疫接种牛区分开来。因此，还有待于进一步研究更有效的预防该病的疫苗，目前，正在研制的疫苗有DNA疫苗、亚单位疫苗和病毒活载体疫苗等，现阶段防控牛结核病的策略仍然是采取检疫—扑杀的措施。

在治疗方面，异烟肼，又名雷米封，杀菌力强，毒副作用小，一次口服量20～30mg/kg；庆大霉素，抗菌性在偏碱中最强，肌注1 000U/kg；利福平，有强大的杀结核菌作用，并能进入脑脊液，口服量每日6～10g/kg。

（邢厚娟）

主要参考文献

[1] 董彝. 实用牛马病临床类症鉴别 [M]. 北京：中国农业出版社，2001.

[2] 王小龙. 兽医内科学 [M]. 北京：中国农业出版社，2004.

[3] 张树基，罗明泉. 内科症状鉴别诊断学 [M]. 北京：科学出版社，2011.

[4] 水林燕. 小叶性肺炎和大叶性肺炎的鉴别治疗 [J]. 四川畜牧兽医，2009，11：51.

[5] 喻建荣. 肉牛肺丝虫病的诊治 [J]. 中国牛业科学，2007，33（2）：5 – 8.

[6] 王英，李宽阁，窦春旭. 犬咽炎的临床症状与预防 [J]. 养殖技术顾问，2014，11：178.

[7] 张树合. 牛支气管炎和支气管肺炎的诊断与防治 [J]. 养殖技术顾问，2013，11：136.

[8] 安家骞，魏来，闵向松. 牛支气管炎的症状及中西疗法 [J]. 养殖技术顾问，2010，2：95.

[9] 冯兆喜. 牛咽炎的防治 [J]. 农业科技，2007，12：63.

[10] 邓伟吾. 咳嗽的发生机制与临床 [J]. 内科理论与实践，2006，1（11）：50 – 53.

[11] 吉宁飞，殷凯生. 咳嗽的解剖、生理及病理生理学基础 [J]. 老年实用医学，2011，25（3）：180 – 183.

[12] 侯俊峰. 牛结核病的诊断与防治 [J]. 动物科学与动物医学，2003，20（4）：69 – 70.

[13] 付建，王敏兰，温荣辉. 牛结核病研究进展 [J]. 畜牧与饲料科学，2012，33（7）：111 – 113.

第五章

呼吸困难鉴别诊断

呼吸困难，又称呼吸窘迫综合征，是一种以呼吸用力和窘迫为基本临床特征的症候群。它不是一个独立的疾病，而是由许多原因引起或许多疾病伴发的一种临床常见综合征。

呼吸困难，表现为呼吸频率、强度、节律和方式的改变。按呼吸困难的原因和其表现形式，分为吸气性呼吸困难、呼气性呼吸困难和混合性的呼吸困难。

一、生理解剖基础

机体的呼吸进程可分为机体与周围环境之间的气体交流，称为外呼吸；血液与组织之间的气体交流，称为内呼吸或组织呼吸。外呼吸与内呼吸之间具有极亲密的相互因果关系。呼吸体系是受神经体系调节的。在延髓有呼吸中枢，并与脊髓两侧的呼吸活动神经原接洽，在脑桥还有呼吸调节中枢，这些中枢本身是受神经体系高等部位，即大脑皮层调节的，同时，呼吸中枢的运动又直接收到来自机体内各方面神经传入激动的影响。来自肺迷走神经的传入激动对保持呼吸中枢节律性运动具有重要的意义，其他，如血液成分的转变，体温的转变，以及血液循环的转变也都能直接和间接地刺激呼吸中枢，引起呼吸机能运动的变化。

二、病因及发生机制

（1）上呼吸道狭窄或阻塞，常见于鼻炎、鼻孔狭窄、喉炎、喉水肿、咽水肿、气管或支气管炎、气管或支气管内有异物、支气管弛缓、肺门淋巴结肿大及肿瘤、呼吸道外伤性破裂等，因空气进入受阻，肺换气不足，导致缺氧和二氧化碳潴留而引起呼吸困难。

（2）下呼吸道及肺疾病，常见于肺炎、肺充血、肺水肿、肺气肿、过敏或免疫性肺疾病、肺肿瘤等，由肺部病变使肺换气面积减少，肺部迷走神经反射作用增强而引起呼吸困难。

（3）胸膜腔疾病，常见于气胸、胸水、血胸、脓胸及非化脓性渗出液、乳糜胸、胸膜炎、胸膜黏连、膈肌疝、胸壁及胸椎外伤等，因胸腔活动受限制而引起呼吸困难。

（4）血液疾病，各类贫血、高铁血红蛋白血症、某些中毒等，使得红细胞数量和血红蛋白量减少，血液携氧能力降低，氧含量减少，导致呼吸加速、心率加快。

（5）心血管疾病，各种原因引起的心力衰竭导致的肺充血、肺淤血、肺水肿等，使肺换气受限制，见于心肌炎、心肌肥大、心脏扩张、心脏瓣膜病等。

（6）其他疾病，如头部外伤、中枢神经障碍、神经肌肉传导障碍、腹腔肿瘤、高热、休克、酸中毒、腹水、肝肿大等。

三、鉴别诊断思路

（一）吸气困难的类症鉴别

特征为吸气延长而用力，并伴有狭窄音（哨音或喘鸣音），是吸气性呼吸困难。吸气困难这一体征，指示的诊断方向非常明确，即病在呼吸器官，在上呼吸道通气障碍，在鼻腔、喉腔、气管或主支气管狭窄。可造成上呼吸道狭窄而表现吸气困难的疾病较多，主要依据鼻液，包括鼻液之有无和数量，鼻液的性质和单双侧性，进行定位。

（1）单侧鼻孔流污秽不洁腐败性鼻液，且头颈低下时鼻液涌出。应注意鼻副窦疾病，如鼻窦炎、额窦炎。然后依据具体位置检查的结果确定。

（2）双侧鼻孔流黏液—脓性鼻液，并表现鼻塞、打喷嚏等鼻腔刺激症状。主要考虑各种鼻炎以及以鼻炎为主要症状的其他疾病。呈散发的，有感冒、腺疫、鼻腔鼻疽、牛恶性卡他热（东北地区）等。呈大批流行的，有流感、牛变应性鼻炎（夏季鼻塞）、传染性上呼吸道卡他、牛恶性卡他热等。

（3）不流鼻液或只流少量浆液性鼻液。应注意造成鼻腔、喉气管等上呼吸道狭窄的其他疾病。可轮流堵上单侧鼻孔，观察气喘的变化，以了解上呼吸道狭窄的部位。堵住单侧鼻孔后气喘加剧，指示鼻腔狭窄。见于鼻腔肿瘤、息肉、鼻腔异物等。堵住单侧鼻孔后气喘有所增重，指示喉气管狭窄。急性见于喉炎、喉水肿、气管水肿、甲状腺肿、食管憩室、纵隔肿瘤等造成的喉气管受压；慢性见于喉偏瘫、喉肿瘤和气管塌陷等。

（二）呼气困难的类症鉴别

特征为呼气延长而用力，伴随胸、腹两段呼气而在肋弓部出现"喘线"（息痨沟）。多由于肺泡弹力减退和下呼吸道狭窄。慢性病程呈散发的，见于慢性肺泡气肿；呈群发的，见于慢性阻塞性肺病。急性病程，表现气喘轻、咳嗽重、鼻汁多、听诊有大中小水泡音的，见于弥漫性支气管炎；表现气喘重、咳嗽轻、鼻汁少、听诊有捻发音和小水泡音的，见于毛细支气管炎。

（三）混合型呼吸困难的类症鉴别

特征为呼气、吸气均用力，吸气、呼气的时间均缩短或延长，绝大多数为呼吸浅表而疾速，极个别为呼吸深长而缓慢，但吸气时听不到哨音，呼气时看不到喘线。

在对混合性呼吸困难病畜进行类症鉴别时，首先要看呼吸式和呼吸节律有无改变。混合性呼吸困难伴有呼吸式明显改变的，表明胸腹原性气喘。伴有胸式呼吸的，提示病在腹和膈。其次看肚腹是否膨大，肚腹膨大的，要考虑胃肠臌胀（积食、积气、积液）、腹腔积液（腹水、肝硬化、膀胱破裂）、腹膜炎后期等；肚腹不膨大的，要考虑腹膜炎初期（腹壁触痛、紧缩）、膈疝（腹痛）、膈肌麻痹以及遗传性膈肌病（遗传性疾病）等，最后逐个加以论证诊断和病因诊断。

伴有腹式呼吸的，提示病在胸和肋。再看两侧胸廓运动有无对称性和连续性。其左右呼吸不对称的，要考虑肋骨骨折和气胸；断续性呼吸的，要考虑胸膜炎初期；单纯呼吸浅表、快速而用力的，要考虑胸腔积液或胸膜炎中后期（渗出性胸膜炎），最后逐个进行论证诊断和病因诊断。

病畜伴有呼吸节律的明显改变，呼吸深长而缓慢，并出现陈—施二氏呼吸、毕欧特氏呼吸和库斯茂尔氏呼吸的，常指示属中枢性气喘。其神经症状明显的，要考虑各种脑病，如脑炎、脑出血、脑肿瘤、脑膜炎等；表现严重的全身症状则考虑全身性疾病（尿毒症、高热病、药物中毒）的危重期，最后逐个进行论证诊断和病因诊断。

病畜伴有明显心衰体征（脉搏不感于手，黏膜发绀，静脉怒张，皮下浮肿等）的，常提示心力衰竭（尤其是左心衰竭）引起肺循环淤滞的表现。对这样的病畜，要着重检查心脏。

病畜伴有可视黏膜潮红、静脉血色鲜红、极度呼吸困难并为闪电病程的，考虑氰氢酸和 CO 中毒；同样的病征，但病畜静息不明显，运动后显著呼吸困难并为取慢性病程的，常见高原反应和异常血红蛋白血症。

病畜伴有呼吸特快，每分钟呼吸数多达80~160次（牛通常不超过40~60次）的，常提示非炎性肺病，要考虑肺充血、肺水肿、肺出血、肺气肿以及肺不张，可依据肺部听、叩诊结果和鼻液性状改变，逐个鉴别并查明病因。

四、症状治疗

治疗原则主要是治疗原发病，如抗感染、抗心衰、抽出气体及胸腔积液。如呼吸极度困难，频率加快，病畜烦躁焦虑，可适当给予镇静剂。呼吸困难时由于过度通气，容易引起呼吸肌疲劳、经呼吸道蒸发的水分增加，因此应注意加强水分和热量的补充。如病畜出现呼吸无力，意识障碍，预示病情危重。

五、常见疾病的诊断与治疗

【牛肺疫】

牛肺疫又称牛传染性胸膜肺炎。是由丝状支原体引起的牛的急性或慢性高度接触性传染病。其特征是肺小叶间淋巴管浆液渗出性纤维蛋白性炎、肺实质不同期的肝变和浆液维蛋白性胸膜炎。临床上表现体温升高、呼吸困难、贫血、消瘦和皮下浮肿等症状。

（一）诊断要点

该病初期不易诊断。若牛在数周内出现高热，持续不退，同时兼有浆液性纤维素胸膜肺炎的症状，并结合病理变化可作出初步诊断。

1. 临床症状

急性型 表现为急性纤维蛋白性胸膜肺炎症状。病牛体温升高到41℃以上，呈稽留热，鼻孔扩大，呼吸困难，呼吸浅表而快，呈腹式呼吸，听诊肺泡呼吸音减弱，但啰音、摩擦音增强。后期病牛头颈伸直，鼻翼开张，前肢外展，呼吸更加困难，从鼻孔流出白沫，体温下降，最后窒息死亡。一般 5～8d 死亡，整个病程 15～60d。

亚急性型 病状与急性相似，病程较长时症状较轻。

慢性型 大多由急性转化而来，消瘦、短咳。胸部叩诊实音、敏感。食欲时好时坏，有的无临床症状，但长期带毒。

2. 临床病理学

初期胸膜脏层下小叶性肺炎，病灶大小不一，最大不超过小叶范围，切面红或灰红色。中期呈现典型病变，表现为浆液性纤维素性胸膜肺炎，病肺呈紫红、红、灰红、黄或灰色等。肝脏的切面呈大理石状外观，间质增宽。支气管、淋巴结和纵隔淋巴结肿大、出血。心包液混浊且增多。末期肺部病灶坏死并有结缔组织包囊包裹，严重者结缔组织增生使整个坏死灶瘢痕化。

细菌学诊断 高倍镜下见多形性菌体，结合补体结合试验即可确诊。

3. 流行病学

牛肺疫丝状霉形体，细小、多形，但常见球形，为革兰氏阴性菌。多存在于病牛的肺组织、胸腔渗出液和气管分泌物中。

牛肺疫主要通过呼吸道感染，也可经消化道或生殖道感染。本病多呈散发性流行，常年可发生，以冬春两季多发。非疫区常因引进带菌牛而呈暴发性流行；老疫区因牛对本病具有不同程度的抵抗力，发病缓慢，通常呈亚急性或慢性经过。

（二）防治措施

新肿凡纳明 3 ~ 4g 溶于 5% 葡萄糖盐水或生理盐水 100 ~ 500mL 中，一次静脉注射，间隔 5d 用 1 次，连用 2 ~ 4 次，溶液应现配现用。

抗生素治疗法。四环素或土霉素 2 ~ 3g，1d 用 1 次，连用 5 ~ 7d，静脉注射；链霉素 3 ~ 6g，每日 1 次，连用 5 ~ 7d。除此之外辅以强心、健胃等对症药物治疗。

配合中药治疗法。选黄连、黄芩、知母、白术、白芍、厚朴各 50g，五味子、贝母、阿胶、泽泻、云苓各 30g，火麻仁 25g 为引，研末开水冲服，1d 用 1 剂，连服 3 剂。

【牛流行热】

牛流行热又称三日热或暂时热，是由牛流行热病毒引起牛的一种急性、热性传染病。由吸血昆虫传播，主要侵害黄牛和奶牛，其临床特征为突发高热、出血性胃肠炎，流泪、流鼻液，气喘，呼吸促迫，四肢跛行，后躯僵硬。

（一）诊断要点

根据大群牛流行特点，结合临床症状、病理剖检可作出初步诊断，同时注意与茨城病、牛传染性鼻气管炎、牛恶性卡他热、牛副流行性感冒等相鉴别。必要时，需做实验室检查。

1. 临床症状

本病的潜伏期一般为 3 ~ 7d。病初，病牛的体温突然升高，可达

40~42℃，维持2~3d。在发热期间，病牛精神极度委顿，体表温度不均（特别是角根、耳、肢端有冷感），被毛粗乱，有的突然倒地，不能站立，产奶量明显下降，甚至停止。呼吸迫促，呼吸次数显著增加，喉头和支气管音粗厉，肺泡音高亢尖锐呈现呼吸困难，病畜发出痛苦的吭声。病牛食欲废绝，反刍停止，流涎，粪便干燥，有的下痢。全身肌肉和四肢关节疼痛，步态僵硬，后肢麻痹，跛行。病重的站立困难而倒地，个别怀孕母牛可能流产。重症病畜可导致窒息死亡。

2. 临床病理学

剖检可见肝、脾、肾大多轻度肿胀，可见小坏死灶。消化器官无明显变化，少数病例消化道黏膜显著充血出血，特别是皱胃，盲肠黏膜有渗出性出血。淋巴结肿胀，可见窦卡他。脑充血，水肿。肺、支气管特别是细小支气管腔，由于嗜中性白细胞、纤维素、黏液块等的堵塞，呈现局限性的无气肺。

实验室诊断 采取急性期病牛血液，收集血小板层和白细胞层制成悬液，脑内接种于出生后24h以内的乳鼠、乳仓鼠，一般接种后5~6d发病，并很快死亡。将传代发病乳鼠脑悬液接种BHK21细胞单层进行培养，使病毒增殖，出现细胞病变后，用特异性血清做中和试验或免疫荧光试验鉴定及分离病毒。进行血清诊断时，可采集急性期和恢复期双份血清做补体结合试验、ELISA试验和中和试验，以检测特异性血清抗体。

3. 流行病学

牛流行热病毒为弹状病毒科、暂时热病毒属的负链单股RNA病毒。病毒粒子为弹状，至少包括L、G、N、P和M 5种结构蛋白。

主要侵害黄牛和奶牛（以3~5岁的壮年牛较易感染），本病传播迅速，发病率高，死亡率低。流行似有一定的周期性，一般认为每隔几年或3~4年发生一次较大规模的流行。发病季节，以夏秋季较多发生，尤其是天气闷热的多雨季或昼夜温差较大的天气容易引起流行。

（二）防治措施

本病无特效药物，只能对症治疗。发生本病后，应立即隔离病牛并进行药物治疗，四肢关节疼痛跛行可静脉注射 10% 水杨酸钠注射液 150～200mL；高热时可肌肉注射复方氨基比林 20～40mL 或安乃近 20～30mL，1 次肌内注射，2 次/天；采用抗菌药物，预防继发感染，青霉素 300 万～320 万 U，链霉素 200 万～300 万 U，混合 1 次肌内注射，2 次/天；呼吸困难可肌内或皮下注射尼可杀米注射液 10～20mL；发生肺水肿时，可静脉注射 20% 甘露醇注射液 1 000mL；防止脱水，可用 5% 葡萄糖生理盐水 1 500～2 000mL 静脉输液，2 次/天。

【牛副流感】

见"咳嗽鉴别诊断"中常见疾病的诊断与治疗。

【牛腺病毒感染】

见"咳嗽鉴别诊断"中常见疾病的诊断与治疗。

【牛传染性鼻气管炎】

见"咳嗽鉴别诊断"中常见疾病的诊断与治疗。

【恶性水肿】

恶性水肿是由以腐败梭菌为主的多种梭菌引起多种家畜的一种经创伤感染的急性传染病，病的特征为创伤局部发生急剧气性炎性水肿，并伴有发热和全身毒血症。

（一）诊断要点

1. 临床症状

病初减食，体温升高，伤口周围出现气性炎性水肿，并迅速扩散蔓延，肿胀部初期坚实，灼热、疼痛，后变无热痛，触之柔软，有轻度捻发音，尤以触诊部上方明显；切开肿胀部，则见皮下和肌间结缔组织内流出多量淡红褐色带少许气泡、其味酸臭的液体，随着炎性气性水肿的急剧发展，全身症状严重，表现高热稽留，呼吸困难，脉搏细速，发绀，偶有腹泻，多在 1~3d 内死亡。

2. 临床病理学

发病局部的弥漫性水肿，皮下和肌肉间结缔组织有污黄色液体浸润，常含有少许气泡，其味酸臭。肌肉呈白色，煮肉样，易于撕裂，有的呈暗褐色。实质器官变性，肝、肾浊肿，脾、淋巴结肿大，偶有气泡，血凝不良，心包、腹腔有多量积液。

3. 流行病学

本病的病原为梭菌属中的腐败梭菌、魏氏梭菌及诺威氏梭菌、溶组织梭菌等。据报道恶性水肿病例中有 60% 可分离到腐败梭菌，其次是魏氏梭菌，而诺威氏梭菌、溶组织梭菌仅占 5%。

本病一般为散发，但在断尾、去势、剪牙、剪耳号或预防注射时如消毒不严，则畜群中可能出现伙发病例。经口食入多量芽孢，除绵羊和猪可发生感染外，一般无致病作用。

（二）防治措施

本病经过急，发展快，全身中毒严重，治疗应从早从速，从局部和全身两方面同时着手。局部治疗应尽早切开肿胀部，扩创清除异物和腐败组织，吸出水肿部渗出液，再用氧化剂（如 0.1% 高锰酸钾或 3% 过氧化氢液）冲洗，然后撒上青霉素粉末，并施以开放疗法。或在肿胀部周围注射青霉素，甚为有效，全身治疗以早期采用抗菌消炎（青霉素、链霉素及土霉素或磺胺类药物治疗）为好，同时还要注意对症治疗，如强心、补液、解毒。

【细菌性血红蛋白尿症】

由牛溶血性梭菌感染引起，发病最急，临床上有高热及肠出血。常在 24~36h 内就死亡。牛尿液中含有数量不等的血红蛋白，临床以尿液呈红色、暗红色甚至咖啡色。

（一）诊断要点

1. 临床症状

本病呈急性经过。病牛精神不振，食欲废绝，反刍停止，呼吸困难。体温升高到41℃左右。皮肤和眼结膜黄疸。排出深红色透明尿液。后期昏迷，瘫软无力，卧地不起，多数在24h内死亡。

2. 流行病学

细菌性血红蛋白尿是由溶血性梭菌引起的，溶血梭菌是一种能运动的革兰氏阳性杆菌，在多数培养基中培育24～36h后变为革兰氏阴性。本病主要发生于成年牛，消化道是主要传播途径，动物摄入的溶血性梭菌的芽孢随淋巴液和血液运送到肝脏和其他组织。

（二）防治措施

本病取急性经过，因此治疗很少成功。发病时可试用青霉素等抗生素静脉滴注，输全血和静脉补液等可能有一定疗效。

【牛巴氏杆菌病】

见"咳嗽鉴别诊断"中常见疾病的诊断与治疗。

【牛肺丝虫病】

见"咳嗽鉴别诊断"中常见疾病的诊断与治疗。

【胸腔积液】

胸腔积液又称胸水，是指胸膜腔内积聚有大量的液体，而胸膜无炎症变化的一种异常状态。通常以呼吸困难、胸腔内贮留有血清样漏出液为特征。

（一）诊断要点

体温不高，呼吸困难，叩诊胸部有水平浊音，体位变动时浊音水平也随之移动，穿刺胸腔有液体流出。

1. 临床症状

病初胸腔有少量漏出液积聚，常看不出明显的临床症状。当液体积聚过多时，呼吸浅表而困难，胸部叩诊有水平浊音，前肢站高站低时水平浊音也随之改变。胸部穿刺部位牛在左胸第7肋间和肩端水平线交叉点下方，与外胸静脉上方2～5cm处，右侧在第6肋间，穿刺位置与左侧相似，进针时仅靠肋骨前缘。胸部听诊，有漏出液部位，肺泡呼吸音消失，但漏出液上部肺泡呼吸音代偿性增强，心音减弱、遥远，呈短脆的"滴答"声，有时心音消失。如同时发生腹水、心包积水、皮下水肿则预后不良。

2. 临床病理学

胸腔有大量淡黄色至微红黄色、透明清亮或稍混浊积液，间或混有细微的纤维蛋白絮片。肺萎缩，胸膜轻度增厚和混浊。

3. 病因

本病常因心脏、肺脏或静脉受压迫的疾病如心内膜炎、心脏瓣膜病、心力衰竭、肺水肿、肾功能不全、肝硬化、胸腔内肿瘤等引起血液循环障碍而发病；慢性贫血、稀血症、低蛋白血症以及任何长期的消耗性疾病如鼻疽、癌症、棘球蚴病等使血液胶体渗透压降低等均可引起发病；也见于某些毒物中毒、非洲马病、牛病毒性白血病、机体缺氧等过程中。

4. 发病机理

胸膜炎症可使管壁通透性增高，较多蛋白质进入胸膜腔，使胸液渗透压增高。肿瘤可压迫、阻断淋巴引流，致使胸液中蛋白质积累，导致胸腔积液。门静脉肝硬化常有低蛋白血症，血浆胶质渗透压降低，可产生漏出液，当有腹水时，又可通过膈肌先天性缺损或经淋巴管而引起胸腔积液。变态反应性疾病、自身免疫病、心血管疾病或胸外伤等，都有可能产生胸腔积液。

（二）防治措施

治疗的关键是消除病因，治疗原发病，对症治疗。

首先应加强饲养管理，限制饮水，供给蛋白质丰富的优质饲料，积极治疗原发病。

当胸腔积液不多时，强心利尿。应用 10% 氯化钙 100 ~ 300mL，50% 葡萄糖 250mL，20% 安钠咖 20mL，混合静脉注射，1 次/天，连用 3 天；或双氢克尿噻，2 ~ 4mg/kg，2 次/天，口服；或速尿，2 ~ 4mg/kg，2 ~ 3 次/天，注射或口服。

当胸腔积液过多引起严重呼吸困难时，应穿刺排液，但通常液体会迅速的重新累积，应注入适量抗生素和醋酸可的松等。

当血液稀薄时，可应用低分子和中分子右旋糖酐 500mL，10% 氯化钙 150mL，混合静脉注射。也可用洋地黄浸膏同醋酸钾溶液、杜松子浓煎剂各 20mL 配伍应用，2 ~ 3 次/天，内服。

【黑斑病甘薯中毒】

牛采食一定量黑斑病甘薯后，发生严重呼吸困难，急性肺水肿，间质性肺气肿以及皮下气肿为特征的中毒性疾病。

（一）诊断要点

有食入生熟有黑斑病的甘薯、甘薯片、甘薯秧或加工副产品的病史，体温不高，突发气喘，伸舌张口，胸廓增大，久站不愿卧下，即可确诊此病。

1. 临床症状

牛发生中毒时，一般是突然发病，精神沉郁，饮食、反刍减退或完全停止，体温正常，少数在后期升高，可达 40℃。突出的是呼吸困难，初期呼吸增加，以后剧烈气喘，甚至张口呼吸，呼吸音粗厉，后期口鼻内流出带泡沫的液体。听诊肺部有湿性啰音，叩诊是鼓音。重者肩前及背部皮下有气肿，压诊呈捻发音。病至后期呼吸高度困难，头颈伸直，张口伸舌喘气，结膜发绀。病牛肠音沉衰，便秘，长期站立，不愿躺卧，心跳急速，眼球突出，瞳孔放大，呈窒息状态，急性者 1 ~ 3d 内死亡。

2. 临床病理学

主要以败血病为主，肝脏肿大，表面有少量出血点，胆囊肿大，肾脏皮质有出血点，肾脏变脆、变软、肿胀，脾肿大，淋巴结出血、肿大，鼻、咽喉、气管黏膜出血，肺脏水肿、气肿、肺实质出血、肝变，呈大叶性肺炎，膀胱水肿，子宫黏膜、胃、大小肠浆膜和黏膜有弥漫性出血点。瘤胃内可发现未消化的甘薯块渣，甘薯块渣有腥臭味。

采取病死牛肝、肾、肺组织涂片，革兰氏染色镜检，可见呈双球形并有荚膜的革兰氏阳性球菌。将病料无菌接种在血液琼脂平板上培养 24h，可见有露滴状细小、灰白色、有光泽、透明湿润、黏稠的菌落，将培养物再涂片染色镜检，可见大部分长链的革兰氏阳性球菌。

3. 发病机理

甘薯感染了黑斑病真菌后，其表面干涸形成黑色凹斑，味苦，这种有毒的苦味物质称为翁家酮，又称甘薯酮及其衍生物——甘薯醇、甘薯宁，其病部深达 2 ~ 3cm，内部干硬，浅黄色，当空气接触后变为黑褐色，牛采食大量的这种有毒物质，即可发生中毒。甘薯酮及其衍生物能耐受高温，经煮、蒸、发酵都不能破坏其毒性。本病的发病机制尚不完全清楚，就目前所知，致病毒素为甘薯酮及其衍生物，均属肝毒素。毒素进体内经微粒体中的加氧酶致活后，与肺组织色素 P-450 以双价的形式结合，其结合的程度同肺水肿的发生和致死率呈平行关系，其与肺脏微粒体蛋白结合的程度，往往超过同肝脏或其他器官微粒体蛋白的结合，因此中毒的主要症状是呼吸困难，发生间质性肺水肿，尚有肝脏肿大和胰脏坏死。

（二）防治措施

病牛一次性灌服 0.1% 高锰酸钾 2 000mL 进行洗胃。

硫酸镁 500g、植物油 500g、加温水 2 000mL 混合，一次性给病牛灌服，利于排除胃肠内有毒物质。

5% ~20% 硫代硫酸钠溶液 100 ~200mL 静注，缓解呼吸困难。

静脉注射 10% 葡萄糖生理盐水液 1 500mL，每天 1 次，连用 3d，缓解酸中毒。

50% 葡萄糖 500mL、5% 氯化钙 100mL、10% 安钠咖 30mL 静注，缓解肺水肿。

3% 双氧水 130 ~150mL，糖盐水 500mL 静注，增加血氧含量。

【硝酸盐和亚硝酸盐中毒】

硝酸盐或亚硝酸盐中毒是动物摄入过量含有硝酸盐或亚硝酸盐的饲料和/或饮水，进入血液后使血红蛋白氧化为高铁血红蛋白而失去携氧能力，导致组织缺氧而引起的一种中毒病。临床上以起病突然、黏膜发绀、血液褐变、呼吸困难、神经紊乱和经过短急为特征。

（一）诊断要点

1. 临床症状

牛通常在采食之后 5h 内突然起病，除血液褐变、黏膜发绀、高度呼吸困难、抽搐等基本症状外，还伴有流涎、呕吐、腹痛、腹泻等硝酸盐对消化道刺激症状。且呼吸困难和循环衰竭的临床表现更为突出。整个病程可延续 12 ~ 24h。

2. 临床病理学

中毒家畜的尸体腹部多较膨满，皮肤苍白，可视黏膜呈棕褐色或蓝紫色，血液不易凝固，呈咖啡或酱油色，在空气中长期暴露亦不变红。全身血管扩张充血。新鲜尸体刚打开胃腔时可能闻到硝酸样气味。牛中毒病尸，还伴有硝酸盐直接刺激所造成的胃肠道炎性病变。

3. 病因

饲草、草料富含有硝酸盐，主要见于氮肥施用增加，土壤肥沃，光照不足，铜、钼、锰等矿物质缺乏，此外也见于气候急变、除草剂的应用和病虫害等，这也会使植物中的硝酸盐含量增高，如燕麦草、苜蓿、甜菜叶、白菜，以及大麦、黑麦、燕麦、高粱、玉米及其青贮等都含有较多的硝酸盐，从而导致硝酸盐中毒的发生。

4. 发病机理

亚硝酸盐吸收入血后，与 Cl^- 交换进入红细胞，将血红蛋白中的二价铁（Fe^{2+}）转化为三价铁（Fe^{3+}），Fe^{3+} 与 -OH 具有高结合力，失去携带氧的能力，其结果引起全身性缺氧。在缺氧过程中，中枢神经系统最为敏感，出现一系列神经症状，最终发生窒息，甚至死亡。

（二）防治措施

小剂量的美蓝对亚硝酸盐中毒具有药到病除、起死回生的作用。

预防硝酸盐和亚硝酸盐中毒，应该注意改善青绿饲料的堆放和蒸煮办法。青绿饲料不论生熟，摊开敞放，是预防亚硝酸盐中毒的有效措施。接近收割的青绿饲料不应施用硝酸盐等化肥，以免增高其中的硝酸盐或亚硝酸盐的含量。

【氢氰酸中毒】

氢氰酸中毒是采食含氰苷类植物或氰化物，在体内生成游离的氢氰酸，抑制呼吸酶，使组织呼吸发生障碍的一种急剧性中毒病。临床上以起病突然、窒息、抽搐痉挛、血液鲜红和闪电病程为特征。

1. 临床症状

通常在采食含氰苷类植物的过程中或采食后 1h 左右突然起病。

病畜站立不稳，呻吟苦闷，表现不安，可视黏膜潮红，呈玫瑰样鲜红色，静脉血亦呈鲜红色。呼吸极度困难，抬头伸颈，迎风站立，甚而张口喘息。

肌肉痉挛，首先是头、颈部肌肉痉挛，很快扩展到全身，有的出现后弓反张和前弓反张。全身或局部出汗，体温正常或低下。牛可伴发臌胀，有时出现呕吐。

2. 临床病理学

剖检可视黏膜呈樱桃红色，血液暗红（病初急宰的血液呈鲜红色），凝固不良，各组织器官的浆膜面和黏膜面、特别是心内、外膜有斑点状出血，腹腔脏器显著充血，体腔和心包腔内有浆液性液体，肺色淡红、水肿，气管和支气管内充满大量淡红色泡沫样液体，切开瘤胃有时可闻到苦杏仁味。

3. 病因

采食富含氰苷的植物，是动物氢氰酸中毒的主要原因。

误食或吸入氰化物农药如钙腈酰胺或误饮冶金、电镀、化工等厂矿的废水，亦可引起氰化物中毒。

4. 发病机理

大量氢氰酸吸收，超过肝脏解毒功能，则与细胞色素氧化酶的 Fe^{3+} 结合，生成氰化高铁细胞色素氧化酶，使细胞色素丧失传递电子的能力，结果氧化磷酸化受阻，呼吸链中断，导致组织缺氧。此外，氢氰酸还能抑制细胞色素氧化酶、过氧化物酶、接触酶、脱羟酶、琥珀酸脱氢酶、乳酸脱氢酶等的活性，干扰细胞内代谢，进一步加重代谢紊乱。由于氧相对过剩，静脉血饱含氧合血红蛋白而呈鲜红色。由于中枢神经系统对氧特别敏感，呼吸中枢和血管运动中枢等生命中枢首先遭受毒害，短时间内即可导致死亡。

防治措施

特效解毒，常用的药物有硫代硫酸钠、亚硝酸钠和美蓝。

氢氰酸中毒，最好将含氰苷的饲料放于流水中浸渍24h，或漂洗后加工利用。此外，不要在含有氰苷植物的地区放牧家畜。

【瘤胃臌气】

见"腹围膨大鉴别诊断"中常见疾病的诊断与治疗。

（张子威）

主要参考文献

[1] 徐世文，唐兆新. 兽医内科学［M］. 北京：科学出版社，2010.

[2] 邓伟吾. 咳嗽的发生机制与临床［J］. 内科理论与实践，2006，1（1）：50－53

[3] 张静，蔡映云. 呼吸困难鉴别诊断的临床思维［J］. 中国呼吸与危重监护杂志，2004，3（6）：346－347.

[4] 周雄健. 牛肺疫的诊断要点及防治措施［J］. 畜牧兽医科技信息，2006，07：45

［5］赵金科，张海云，冶晓瑜．牛流行热的流行与防治［J］．动物医学进展，2008，29（10）：116 – 117.

［6］黄鑫炎，谢灿茂．胸腔积液的诊断进展—诊断思路［J］．内科急危重症杂志，2012，18（3）：129 – 133.

第六章

腹泻鉴别诊断

腹泻是指动物出现频繁排粪、甚至排粪失禁，粪便可能呈稀粥样甚至水样。腹泻发生的机制在于动物排粪反射的紊乱。排粪是一种复杂的反射活动，排粪的反射弧包括感受器、传入神经、中枢神经系统、传出神经和效应器，涉及肠道的蠕动性能、腹壁的状态、神经功能等方面，任何一个部分发生气质性或功能性的改变，均会导致排粪的异常。当肠道存在炎症、异常刺激、功能异常、食物消化异常、过食等均会导致腹泻现象。

一、生理解剖基础

消化道与外界环境相连通，随饮食进入消化管的病原微生物对机体有一定的危害，消化管壁内含丰富的淋巴组织，具有重要免疫功能，不同肠管都具有一定的结构和功能，但也具有一些共同特征，表现在肠管壁由内向外均由黏膜、黏膜下层、肌层和外膜四层构成。

正常消化道吸收、神经调节功能的任何环节异常或缺损以及肠道受到破坏时均可产生腹泻。

二、腹泻的病因及发生机制

引起腹泻的机制十分复杂，一种腹泻性疾病常有多种因素的参与。一般按病理生理将腹泻的发病机制分为以下4类。

1. 分泌功能异常

因分泌功能异常而导致的腹泻也称为分泌性腹泻。正常肠黏膜具有分泌与吸收的功能，并有调节水、营养物质及电解质的吸收功能，使从粪便中丧失的水分基本保持稳定，当肠道的分泌功能超过其吸收功能时，必然会导致腹泻。大肠杆菌内毒素、霍乱弧菌内毒素引起的大量水样泻是肠分泌性腹泻的典型代表。其机制是内毒素激活了肠黏膜细胞内的腺苷环化酶，使细胞内第二信使 cAMP（环磷酸腺苷）、cGMP（环磷酸鸟苷）及钙离子增加，继而使细胞内水与氯向肠腔内分泌增加，每小时可达 1 ~ 2L。大量的液体不能被小肠及大肠黏膜吸收，则必然导致腹泻。此外，肠道的感染性与非感染性炎症（如痢疾、非特异性溃疡性结肠炎等）都是因肠道分泌增加而引起的腹泻。

2. 渗透压升高

因肠腔内渗透压升高所致的腹泻也称为渗透性腹泻或高渗性腹泻。在正常家畜，食物的分解产物如碳水化合物、脂肪、蛋白质及电解质等在乳糜微粒、小肠激酶及各种胰酶的作用下，基本已被吸收或者被稀释，故空、回肠内容物呈等渗状态。如果空、回肠内容物呈高渗状态，也即肠腔内渗透压升高时，会造成血浆与肠腔内容物之间的渗透压不等，当两者的渗透压差增大时，为了维持两者渗透压梯度，血浆中的水分会很快透过肠黏膜而进入肠腔，直至肠腔内容物被稀释到等渗为止，肠腔内有大量液体即可引起腹泻。

当胰腺病变（如慢性胰腺炎、胰腺癌、胰腺囊性纤维性变等）或者肝胆道病变（慢性肝炎、肝硬化、肝癌、胆道结石、胆道炎症及胆道肿瘤等）时，由于缺乏各种消化酶或脂肪的乳化障碍，均可造成碳水化合物、脂肪及蛋白质在空、回肠内的消化、吸收障碍，使肠腔内容物处在高渗状态下，则必然会导致腹泻。乳糖吸收不良所引起的腹泻亦属高渗性腹泻。此外，服用某些药物，例如硫酸镁、氧化镁，甘露醇及乳果糖等所致的腹泻也属于高渗性腹泻。

3. 吸收功能障碍

因营养物质吸收障碍所致的腹泻也称为吸收不良性腹泻。各种引起肠黏膜损害或吸收面积减少的疾病均可导致腹泻。肠道感染性与非感染性疾病均可引起肠黏膜的损害，即小肠黏膜表面的微绒毛遭到破坏后可造成吸收面积的减少而出现腹泻。肠管大部分切除后吸收面积明显减少可导致腹泻。此外，肠系膜血管或淋巴管病变（如发生梗阻、回流障碍）亦可引起吸收不良性腹泻。

4. 胃肠道运动功能紊乱

由于胃肠道运动功能紊乱所致的腹泻也称为运动性腹泻、功能性腹泻或称为蠕动功能亢进性腹泻。当胃肠道蠕动增快时，食糜及水分在胃肠道停留时间缩短，造成吸收不完全而引起腹泻。肠道炎症、感染性病变可刺激肠壁，使肠管蠕动增快而加重腹泻。此外，某些内分泌疾病如甲状腺功能亢进、糖尿病等也可发生腹泻，其原因也与肠运动功能亢进有关。当肠蠕动缓慢，食糜在肠管内停留时间过长时，引起细菌的过度繁殖也可导致腹泻。此外，一些药物引起肠管蠕动增快时，也可导致腹泻。

三、鉴别诊断思路

对于牛腹泻的诊断，没有捷径可言。一定要考虑到所有环境因素（包括营养、泌乳、季节、舍饲或者放牧），个体发病还是群体发病，急性还是感染等方面。

侵袭性因素引起的腹泻最为显著的特点是发病由少到多，再逐渐减少的过程，而且可以通过特定血清学检验、病原的分离鉴定和粪便中寄生虫卵的检查进行诊断。

中毒性因素引起的腹泻最为显著的特点是往往突然发生，具有群发性，体格健壮的动物发病较为严重，更换可疑饲料和饮水后发病随即停止，并可通过特定毒物的检测进行确诊。

饲养管理因素引起的腹泻多为散发，除腹泻表现外缺乏共同性特点，主要包括肠卡他、肠炎、霉菌性肠炎、黏液膜性肠炎、幼畜消化不良、肠痉挛、硒缺乏。

1. 体温升高的腹泻性疾病

肠炎　是指胃肠黏膜及其深层组织的重剧性炎症。呈现剧烈腹泻，粪便恶臭，带有黏液、血液、浓汁等。与胃肠卡他最明显的区别在于具有严重的全身症状、体温升高、脱水、可视黏膜发绀、心音快而弱，精神高度沉郁。

黏液膜性肠炎　最为显著的特点是有固定的病理过程，粪便中有特异的灰白色、黄白色呈条状、索状、管状的黏液膜。

2. 体温无明显变化的腹泻性疾病

肠卡他　是指肠道黏膜发生的卡他性炎症。主要表现为腹泻，饲料消化不充分，粪便中带有黏液，肠音增强，口腔干、臭，有舌苔，全身变化不明显。

霉菌性肠炎　本病与一般性肠炎最大的区别在于除具有消化系统症状以外还具有神经系统症状即兴奋不安、盲目运动和呼吸系统症状即流浆液性、黏液性鼻液。部分病例还会出现血尿和皮疹。血液学检查血液中细胞成分均减少。

幼畜消化不良　发生于幼畜，全身症状较为明显，体温不高甚至降低，但是心跳加快，呼吸困难。粪便细软，具有酸臭味。

肠痉挛　与其他腹泻性疾病最为显著的区别在于突然发病，有受寒病史，呈现典型的间歇性腹痛，间歇期一切正常。口腔湿润，无臭味。

硒缺乏　硒缺乏也出现腹泻现象，主要是由于肠道平滑肌变性、坏死所致。在硒缺乏时不仅发生肠道平滑肌的损伤，而且骨骼肌、心肌也发生变性、坏死，因此，在发生硒缺乏时，不仅出现腹泻，而且往往具有运动障碍和心功能降低的表现，四肢僵硬、站立不稳、运步拘强、跛行，心跳加快、心音较弱，甚至出现节律不齐。

四、症状治疗

对于腹泻的治疗，原则是查明原因、清理胃肠、增强抵抗力、抗微生物（抗菌抗病毒和抗寄生虫）。

患牛不剧烈的腹泻应半停食不停水，口服大黄苏打片或矽炭银。病毒性腹泻（剧烈腹泻）可腹腔注射5%葡萄糖生理盐水50～100mL、5%碳酸氢钠注射液10～20mL、肌苷2mL及干扰素，部位于倒数第2～3奶头外侧，必须消毒并在温水中加温至38℃；或5%葡萄糖生理盐水 500mL、5% 碳酸氢钠注射液 10～20mL、地塞米松注射液 10～20mg 以及抗病毒类药，每头牛 50mL 腹腔注射。供给充足清洁的饮水。口服补液盐（病毒性腹泻特别需要），即食盐 2.5g、碳酸氢钠 3.5g、氯化钾 1.5g、20g 葡萄糖，加水至 1 000mL。彻底消毒，将常规消毒药涂于母牛的腹部、乳房、后躯或添加至饮水中。一旦发现患牛腹泻的粪便应立即清除，并用消毒拖把拖洗消毒。针对不同类型的腹泻采取特别措施。一般细菌性腹泻，犊牛一旦发生腹泻，用广谱抗生素（主要针对革兰氏阴性菌）、干扰素 5mL、地塞米松注射液 3mL，注射 2～3mL/头。粪便中带血用治菌磺 5mL、干扰素 5mL、安络血 2mL、地塞米松注射液 3mL，注射 2～3mL/头。一般病毒性腹泻最好使用 5% 葡萄糖进行腹腔注射，抗病毒中草药等与免疫增强剂。球虫病用地克珠利、盐霉素有一定的效果。

五、常见疾病的诊断与治疗

【牛沙门氏菌病】

牛沙门氏菌病病原多为鼠伤寒沙门氏菌或都柏林沙门氏菌，主要发生在 10～30 日龄的犊牛，以下痢为主要症状，又称为牛副伤寒。成年牛的症状多不明显，表现高热、昏迷、食欲废绝、呼吸困难等症状，发病后很快出现下痢。孕牛可发生流产。犊牛表现发热、食欲废绝、呼吸困难、肠炎、腹泻、败血症经过，一般于 5～7d 内死亡。病程延长时可见腕、跗关节肿大。随着犊牛集中大群肥育的盛行，本病发生存在上升趋势。舍饲青年犊牛比成年牛易感，往往呈流行性。

（一）诊断要点

体温 40～41℃，脉快，呼吸困难，食欲废绝，发病 24h 即便血，随之下痢，含有纤维素片、肠黏膜有恶臭。下痢后体温下降，常在 24h 或延至 3～5d 死亡。病程延长即消瘦、脱水、黏膜充血、黄染、流产，实验室检查可检出沙门氏菌。

1. 临床症状

成年牛感染后呈现血痢、败血症及妊娠后期的散发流产。常以

40～41℃高热，昏迷，食欲废绝，脉频数，呼吸困难，体力渐衰。大多数病例在发病后 12～24h，粪便中带血块，恶臭，间有黏液团或黏膜排出。下痢开始后体温降至正常或略高，病牛可在 24h 内死亡，多数在 1～5d 内死亡。病期延长者脱水、消瘦、眼窝下陷、可视黏膜充血和黄染，病牛有腹痛，妊娠母牛发生流产（从流产胎儿检查可发现本菌）。一些病例可以恢复，还有些牛呈隐性经过，仅从粪便排出病菌，但数天后停止排菌。主要病变为出血性肠炎及肺炎。

犊牛随着感染菌型不同，病情也不同，3 周龄左右多发。经 2d 或数天潜伏期后，呈现食欲不振、食欲废绝、发热、卧地不起、脱水、消瘦、迅速衰竭。急性病例常于 2～3d 内死亡，尸检无特殊变化，但从血液和内脏器官可分离出沙门氏菌。多数犊牛在出生后 10～14d 以后发病，病初体温达 40～41℃，24h 后排出恶臭的水样便，有时混有黏液和血液。有时死亡率可达 50%，有时多数病畜可恢复，病期长的腕关节和跗关节可能肿大，还有支气管炎和肺炎症状。

2. 临床病理学

急性病犊牛主要呈一般败血性变化，如浆膜与黏膜出血，实质器官变性等。但下述器官的病变较为重要。胃肠道呈急性卡他性或出血性炎症，炎症主要位于皱胃和小肠后段。肠系膜淋巴结、肠孤立淋巴滤泡均呈"髓样肿胀"或"髓样变"。脾脏肿大、质软，镜下为淤血和急性脾炎，也可见网状内皮细胞增生与坏死。肝脏表面可见多少不一的灰黄或灰白色细小病灶，镜下见肝细胞坏死灶、渗出灶或增生灶（即副伤寒结节）。肾偶见出血点和灰白色小灶。亚急性或慢性时，主要表现为卡他化脓性支气管肺炎、肝炎和关节炎。肺炎主要位于尖叶、心叶和膈叶前下缘，可见到实变和化脓灶，并常有浆液纤维素性胸膜炎。肝炎基本表现为上述 3 种灶状病变，但增生灶较为明显。关节受损时常表现为浆液纤维素性腕关节炎和跗关节炎。成年牛病变和犊牛相似，但急性肠炎较严重，多呈出血性小肠炎，淋巴滤泡"髓样肿胀"更为明显，甚至局部发生纤维素坏死性肠炎。

3. 流行病学

该病主要通过消化道和交配传播。病原体可能潜伏于消化道、淋巴组织及胆囊内，一旦机体免疫力降低，就可引发感染。从发病情况来看，不同日龄阶段的牛感染牛沙门氏菌病会有不同的流行特点，犊牛表现为传染迅速，呈流行性发作；成年牛多为散发性感染，一个牛群中起先会有 1～2 头病例出现，之后间隔 2～3 周会出现第 2 起病例。

4. 病因

饲养环境恶劣：舍内潮湿寒冷、养殖密度过大、粪便污物堆积；饲养管理不到位：仔牛哺乳不及时、乳汁营养不足、过早断奶；其他疾病的并发症：寄生虫病和传染病等均可引发本病。

（二）防治措施

加强饲养管理，严格执行兽医卫生措施。定期进行免疫接种，如肌内注射牛副伤寒氢氧化铝菌苗，1 岁以下每次 1～2mL，2 岁以上每次 2～5mL。

抗生素常用来治疗沙门氏菌病。由于病原体有抗药性，所以应尽快做体外药敏试验。抗青霉素、链霉素、四环素、氨苄青霉素的抗药性能很广泛的在鼠伤寒沙门氏菌中传播。新霉素和弗氏丝菌素常常有效，并且对氯霉素和庆大霉素抗药性很少见，二甲氧二氨基嘧啶和磺胺二甲嘧啶的联合用药也经常使用。应用抗生素治疗成年牛的沙门氏菌病还有些争议，败血症和流产后的并发症应用抗生素治疗。然而，在整个畜群都发病时，一些动物感染强度不强，可以不需要使用抗生素而自然恢复。抗生素治疗应持续 3～5d。

【牛病毒性腹泻—黏膜病】

牛病毒性腹泻—黏膜病是由黄病毒科、瘟病毒属的牛病毒性腹泻病毒，又称为牛病毒性腹泻—黏膜病病毒引起的传染病，临床上以发热、黏膜糜烂、溃疡、白细胞减少、腹泻、怀孕母牛流产或产畸型胎儿为主要特征。

（一）诊断要点

急性体温 40~42℃，持续 2~3d，能第二次升高。白细胞减少。食欲不振，流浆液性鼻液，鼻镜、口黏膜糜烂，舌面坏死，流涎，恶臭。病初水样腹泻，随病程发展，带黏液和血。常伴有蹄叶炎，趾间皮肤糜烂、坏死。慢性少有明显发热。

1. 临床症状

根据疾病严重程度和病程长短，在临床上该病可分为 MD 和慢性 BVD。MD 是致死性疾病综合征，临床症状为口腔糜烂、严重腹泻、脱水、白细胞减少和高热。慢性 BVD 的特征是发病几周至几月后出现间歇腹泻，口鼻、趾间溃疡和消瘦。急性 BVD 是一种普通类型，发生于正常牛，感染后产生的高效价抗体将病毒从体内消除，临床上为隐性型和温和型经过。此型病牛发病中，血清中病毒的浓度含量及含病毒的白细胞百分比明显低于持续感染牛。BVDV 引起胚胎早期死亡，重新吸收、流产、木乃伊化、先天异常和死胎。无临床症状的持续感染牛，无明显的胃肠道黏膜和淋巴组织的肉眼可见及镜检变化；中性白细胞和淋巴细胞机能在持续感染牛中下降。某些持续感染牛出现早产、生长阻滞、哺乳困难、对疾病抵抗能力降低。

2. 临床病理学

尸体剖检对于黏膜性疾病的诊断是必需的。病变主要存在于消化道，软腭、舌、食道及胃、肠黏膜出现充血、出血糜烂和坏死。腹股沟淋巴结、肠系膜淋巴结水肿、发绀，切面呈红色。肝脏、胆囊肿大。肾包膜易剥离，皮质有出血点。肺充血、肿大，肺门及全身淋巴结肿大或水肿。

3. 流行病学

是属于 20 面体，有囊膜的正链 RNA 病毒，病毒粒子略呈圆形。BVDV 大多数呈隐性感染，持续感染牛可通过鼻涕、唾液、尿液、眼泪和乳汁不断向外界排毒，是 BVDV 传染的主要来源。

（二）防治措施

黏膜性疾病诊断必须结合临床症状和实验室检查。如果 6~18 个月的牛发热、腹泻、口鼻部糜烂、体重减轻，则应重点考虑黏膜性疾病。活体动物，用 EDTA 抗凝的血样和鼻咽部棉拭子在 24h 内进行病原分离和 BVDV 抗体分析。新鲜脾脏、肠系膜淋巴结、胸腺和小肠组织（尤其是集合淋巴结）进行病原分离也是很有帮助的。牛奶的抗体水平也能确定。

目前还没有针对黏膜性疾病的有效治疗方案。如果发生这一疾病就应对症治疗，有效地控制方案还应进一步研究。

免疫策略是生物安全的一个部分，以减少牛群中胎牛感染的风险。活疫苗、修饰活苗能够刺激产生复合蛋白来抵抗胎盘感染。因为这个原因，应用活苗对健康的母牛来进行免疫。

【牛副流感】

见"咳嗽鉴别诊断"中常见疾病的诊断与治疗。

【牛轮状病毒病】

牛轮状病毒又称犊牛腹泻病毒，是由轮状病毒引起的多种幼龄动物的急性胃肠道传染病。一周龄以内的新生犊牛多发，以腹泻和脱水为特征。

（一）诊断要点

1. 临床症状

潜伏期 18～96h，多发生于 7d 以内的犊牛。突然发病，病初，精神沉郁，吃奶减少或废绝，体温正常或略高，厌食，腹泻，排出黄白色或乳白色黏稠粪便，肛门周围有大量黄白色稀便。继之，腹泻明显，病犊排出大量黄白色或灰白色水样稀便，病犊的肛门周围、后肢内侧及尾部常被稀便污染。在病毒的圈舍内也能见到大量的灰白色稀便。有的病犊牛还排出带有黏液和血液的稀便。有的病犊肛门括约肌松弛，排粪失禁，不断有稀便从肛门流出。严重的腹泻，引起犊牛明显脱水，眼球塌陷，严重时皮肤干燥，被毛粗乱，病犊不能站立。最后因心力衰竭和代谢性酸中毒，体温下降到常温以下而死亡。本病的发病率高达90%~100%，病死率可达10%~50%。发病过程中，如遇气温突降及不良环境条件，则常可继发大肠杆菌病、沙门氏杆菌病、肺炎等，使病情更加严重。

2. 临床病理学

病变主要限于消化道，眼观肠壁弛缓、胃内充满凝乳块和乳汁，小肠肠壁变薄、半透明、内含大量的气体、内容物呈液状，灰黄或灰黑色，一般不见出血或充血，但有时在小肠伴发广泛性出血，肠系膜淋巴结肿大。镜检组织学病变随患病犊牛感染后的时间不同而异。小肠前段绒毛上端2/3的上皮细胞首先受感染，随后感染向小肠中、后段上皮发展。腹泻发生数小时后，全部感染细胞脱落，并被绒毛下部移行来的立方或扁平细胞所取代。绒毛粗短、萎缩而不规则，并可出现融合现象。隐窝明显肥大及固有层中常有单核细胞，嗜酸性白细胞或嗜中性白细胞浸润。

3. 流行病学

轮状病毒属呼肠孤病毒科，轮状病毒属，无囊膜，有双层衣壳，形如轮状的圆形病毒，为双股 RNA 病毒。本病主要发生在犊牛，多发在生后 15~90d。春、秋季发病较多。病毒存在于肠道，随粪便排出体外，经消化道感染。轮状病毒有交互感染的作用，可以从人或一种动物传给另一种动物，只要病毒在人或一种动物中持续存在，就有可能造成本病在自然界中长期传播。另外，本病有可能通过胎盘传染给胎儿。

（二）防治措施

本病目前尚无有效药物治疗。采用补液、应用肠道收敛剂等对症治疗，有一定的作用。对犊牛腹泻还可以应用轮状病毒活毒疫苗口服，这种口服苗对人工感染犊牛有保护性，并可减少自然发病率，抗生素可预防继发感染。

【牛冠状病毒病】

见"咳嗽鉴别诊断"中常见疾病的诊断与治疗。

【牛细小病毒病】

牛细小病毒病是由牛细小病毒引起的一种接触性传染病，以犊牛下痢和母牛生殖机能障碍以及流产为特征。

（一）诊断要点

1. 临床症状

本病自然感染病例，妊娠母牛发生流产、死产。犊牛主要表现为腹泻，也有部分犊牛感染初期出现流鼻汁，呼吸困难，咳嗽等呼吸道症状。

2. 临床病理学

本病的病理学尚未见有系统报告，但有人根据实验感染犊牛的病例可见小肠病变极为严重，特别是小肠绒毛的顶部和基底部或肠隐窝的细胞能检出特异性荧光抗原。这可为牛细小病毒易嗜侵害的组织部位的病变提供依据。

3. 流行病学

牛细小病毒为细小病毒科、细小病毒亚科、细小病毒属的单股DNA病毒。病毒颗粒呈圆形或六角形，无囊膜，直径 $18 \sim 28nm$。有32 个微壳体构成，衣壳由八种多肽组成。牛细小病毒的特征之一就是具有凝集红细胞的性能。感染 $18 \sim 24h$ 后细胞染色可见核内包涵体。本病主要经口和空气传播。自然病例因在牛群中对此病毒的抗体保有率很高，尽管牛群感染率很高，但半数以上为隐形感染。

（二）防治措施

目前还没有特异的治疗方法，通过补充电解质等方法缓解下痢等临床症状，也可以使用抗菌药物以控制继发感染。

【牛鹦鹉热衣原体病】

见"咳嗽鉴别诊断"中常见疾病的诊断与治疗。

【巴贝斯虫病】

巴贝斯虫病是由巴贝斯属的双芽巴贝斯虫和牛巴贝斯虫，寄生在牛的红细胞内，由蜱传播，呈急性发作的牛血液原虫病。临床上患牛常出现血红蛋白尿，所以俗称为红尿热。

（一）诊断要点

1. 临床症状

本病潜伏期一般为 8 ~ 15d，甚至更长，发病后第 1 个出现的临床症状是呈稽留热型的体温升高，达 40 ~ 42℃，可持续一周以上，随着体温的升高，脉搏和呼吸加快，精神不振，喜卧地，食欲减退，反刍弛缓或停止，腹泻或便秘不定，但粪便呈黄棕色或黑褐色，怀孕母牛可发生流产，泌乳牛泌乳量减少或停产，随着病情的发展，更明显的症状是由于大量红细胞被破坏所带来的一系列变化，可见贫血、消瘦，黏膜苍白和黄染，并出现血红蛋白尿，尿液颜色从淡红变为棕红色乃至黑色。重症者如不治疗，一周内死亡。

2. 临床病理学

剖检可见贫血样病变，黏膜苍白，血液稀薄，皮下组织、肌间、结缔组织和脂肪均呈黄色冻胶样水肿。脾、肝、肾肿大，胆囊扩张，胆汁浓稠，脾髓软化呈暗红色，白髓肿大呈颗粒状突出于切面，胃、肠黏膜充血、有出血点，膀胱肿大、黏膜出血、内有红色尿液。

3. 流行病学

巴贝斯虫寄生于宿主的红细胞中，虫体长度大于红细胞的半径，是一种大型焦虫，虫体形态多样，有圆形、梨籽形、椭圆形及不规则形，典型的形态是两个梨籽形虫体以其尖端成锐角相联。绝大多数虫体位于红细胞的中部，每个红细胞内虫体寄生的数目多为 1 ~ 2 个，偶尔见 3 个以上，红细胞染虫率为 2% ~ 5%，每个虫体内有一团染色质块。成虫阶段传播，幼虫阶段无传播能力。牛巴贝斯虫的传播者为硬蜱属的一些蜱，也可通过胎盘感染胎儿。

（二）防治措施

治疗要做到早确诊、早给药，并要标本兼治，即除给予特效药外，还要结合病情给予健胃、强心、补液。常用特效药有三氮脒、咪唑苯脒、锥黄素（吖啶黄）、喹啉脒，其中，咪唑苯脒安全性较好。

【肝片吸虫病】

肝片吸虫病又叫肝蛭病，主要是由肝片吸虫和大片吸虫寄生在牛肝脏及胆管中，使牛消化不良、生长发育受阻，引发肝实质炎、胆管炎和肝硬化等病变，并伴发全身性中毒和营养性障碍。

（一）诊断要点

1. 临床症状

肝片吸虫病的临床表现程度，主要取决于感染强度、动物体态、年龄及感染后的饲养管理条件等，初期病牛表现轻度发热，食欲减退，虚弱和精神萎靡，叩诊可发现肝脏浊音区扩大。成年牛病状不明显，只是随着肝片吸虫的生长而出现病状，逐渐消瘦，被毛无光泽，黄疸，腹膜炎，贫血，黏膜苍白，腹泻，反复出现前胃弛缓。眼睑、下颌、胸，腹皮下水肿。严重的导致肝脏损失，肝脏功能障碍而死亡。

2. 临床病理学

急性病例肝肿大、出血，肝实质及表面有许多虫道，内有幼龄肝片吸虫，体腔内充满大量红棕色液体。

3. 流行病学

本病流行于潮湿多水地区，多雨年份流行严重。肝片吸虫呈淡红色或略带灰褐色，虫体扁平，形状似柳树叶。虫卵呈长卵圆形，黄褐色，窄端有不太明显的卵盖，卵内充满卵黄细胞和早期发育的胚细胞，细胞的轮廓比较模糊。肝片吸虫成虫在胆管中产卵，卵随粪便排出体外，在适宜的条件下孵化发育成毛蚴，毛蚴进入宿主椎实螺体内，在经过胞蚴、雷蚴、尾蚴三个阶段的发育，又回到水中附着在植物和其他物体上，形成具有较强抵抗力的囊蚴。当牛吃草和饮水时吞食囊蚴后，就被感染，引发疾病。

（二）防治措施

给驱虫药采取首次减量，如果发生腹泻不止，体况中等，病程初期，可以给予驱虫药后再配给一些健胃的药物。若病程长，病牛体况较差或者极度消瘦，腹泻不止，已经发生脱水等症状的，不能立即给驱虫药，要先补液再给驱虫药，驱虫药若是采用输液的方法使用，可在输最后一瓶时加到液体内静注，适当地灌服止泻药。

【东毕吸虫病】

东毕吸虫病是由分体科东毕属的各种吸虫寄生于黄牛、水牛等家畜的肠系膜静脉和门静脉内引起的疾病。临床上以腹泻、脱水为特征。

（一）诊断要点

1. 临床症状

耕牛严重感染时，往往出现急性腹泻或长期腹泻，进而导致体质极度衰弱，最后因衰竭而死亡。

2. 临床病理学

剖检眼观变化与日本血吸虫病大致相似，主要为肝脏肿大，表面凹凸不平，有灰白或灰黄色虫卵性肉芽肿斑点，肝硬变。胃黏膜充血肿胀，肠管壁增厚，黏膜表面粗糙不平，严重者有溃烂现象。

实验室检查常用虫卵水洗沉淀法和 IHA、ELISA、DIGFA 等方法。

3. 流行病学

东毕吸虫分布较广，其中土耳其斯坦东毕吸虫的分布更广，几乎遍布全国。除家畜外，一些野生动物也是东毕吸虫的终末宿主。呈地方流行，对畜牧业危害十分严重。而且，东毕吸虫的尾蚴可以感染人，引起尾蚴性皮炎，是一种重要的人兽共患吸虫病。

东毕吸虫的流行病学与日本血吸虫相比，除中间宿主不同外，其流行过程中的主要环节基本相似。流行范围遍布全国，流行季节以春末夏初为主。东毕吸虫对耕牛的危害也很严重，感染率在 10% ~ 57% 。病死的耕牛体内可找到成千上万条虫体。

（二）防治措施

治疗　吡喹酮及其复方制剂，对虫体有很强的驱杀作用，同时对妊娠母畜没有致畸和致流等副作用。硝硫氰胺（7505）微粉，敌百虫均可对虫体有驱杀作用。

预防　定期驱虫，根据各地的地理特点，可以在每年的 4 月和 11 月，结合春秋防疫。在多雨年份，可在 8、9 月各驱虫一次。杀灭中间宿主螺类，可结合椎实螺生态学特点，因地制宜，结合农牧业生产，改变螺类的生存环境，进行灭螺。粪便处理，加强粪便管理，将粪便堆积发酵，进行无害化处理。

【球虫病】

球虫病是孢子虫纲、艾美耳科、艾美耳属的多种球虫寄生于动物的肠黏膜上皮细胞中而引起的以出血性肠炎为特征的原虫病，主要发生于犊牛，老龄牛多为带虫者。

（一）诊断要点

1. 临床症状

犊牛的发病多呈急性，病期 1 ~ 2 周。病初精神不振，食欲减退，体温偶尔略为升高，粪便变化较为明显，多变软或拉稀，带有血液，感染严重的犊牛可在发病后 1 ~ 2d 内死亡。

泌乳期母牛发病后产乳量下降。随着病程的延长，病征更加明显，身体消瘦，喜卧，食欲降低甚至废绝，稀粪中混有纤维性薄膜、味恶臭，到后期粪便变为黑色，几乎全为血液，肛门周围及尾部污秽、沾满粪便，体温下降，由于严重贫血和衰弱而死亡。

2. 临床病理学

剖检发现，牛球虫寄生的肠道均出现不同程度的病变，其中以直肠出血性肠炎和溃疡病变最为显著，可见黏膜上散布有点状或索状出血点和大小不同的白点或灰白点，并常有溃疡。直肠内容物呈褐色，有纤维性薄膜和黏膜碎片。直肠黏膜肥厚，有出血性炎症变化。淋巴滤泡肿大，有白色或灰色小溃疡，其表面覆有凝乳样薄膜。直肠内容物呈褐色，恶臭，含有纤维素性假膜和黏膜碎片。

镜检粪便和肠道刮取物，发现卵囊或裂殖体即可确诊。也可用硫酸镁（浓度56%）作粪便漂浮，可在漂浮液表面检查到大量卵囊。

3. 流行病学

已报道的牛球虫超过10种，即邱氏艾美耳球虫、斯密氏艾美耳球虫、拔克朗艾美耳球虫、奥氏艾美耳球虫、椭圆艾美耳球虫、柱状艾美耳球虫、加拿大艾美耳球虫、奥博艾美耳球虫、阿拉巴艾美耳球虫、亚球形艾美耳球虫、巴西艾美耳球虫、艾地艾美耳球虫、怀俄明艾美耳球虫、皮利他艾美耳球虫、牛艾美耳球虫和阿沙卡等孢球虫等，也有学者认为只有前5种艾美耳球虫和阿沙卡等孢球虫是可靠的，其余可能是同物异名。

从牛吃进卵囊到粪便中出现新世代卵囊所需的时间称为潜在期。潜在期的长短取决于球虫种类，柔嫩艾美耳球虫潜在期为6d。潜在期不受动物的品种、性别、年龄和感染程度的影响。因而潜在期是虫种分类的重要根据之一。

牛是通过吞食有感染性卵囊而受感染，受污染的牧草、饮水、哺乳母牛的乳房、垫草等均是传染源。感染少量卵囊，不会发病，相反可产生一定的免疫力。短时间内感染10万个卵囊，可产生明显的症状，感染25万个卵囊，犊牛可出现死亡。

（二）防治措施

多种磺胺药物和抗球虫剂可用于牛球虫病的治疗。如磺胺二甲基嘧啶、磺胺六甲氧嘧啶和氨丙啉、氯苯胍等均有较好的疗效。对有严重临床症状的病例还要对症治疗，如补液、止血、强心、止泻、甚至输血。治疗尽量做到早确诊、早给药。

预防应采取隔离、卫生和治疗的综合防治措施，因成年牛多为带虫者，所以犊牛应与成年牛分开饲养，不使用同一牧地。保持舍内清洁卫生，粪便和垫草要集中进行无害化处理，哺乳母牛的乳房要经常清洗，保持干净，避免突然改变饲料和饲养方式等应激刺激，对高发区，可在饲料中加入氨丙啉、莫能霉素、氯吡醇，尼卡巴嗪等抗球虫剂进行预防。

【胃肠卡他】

指胃肠道黏膜发生的卡他性炎症。主要表现为腹泻，饲料消化不充分，粪便中带有黏液，肠音增强，口腔干、臭，有舌苔，全身变化不明显。

（一）诊断要点

肠卡他时，右侧肠音呈气性流水音，粪便干小或排稀粪水，里急后重。结膜苍白或呈树枝状充血，易出汗。

1. 临床症状

食欲减退，反刍减少，精神沉郁，被毛逆立无光泽。体温一般不高或略降低，严重时口、鼻、耳、四肢末端的体温均较低。心率缓慢，每分钟 60～80 次。眼结膜苍白，舌色青黄，严重时口腔发臭。瘤胃蠕动减弱，肠蠕动呈气性流水音。有时患牛可出现轻度腹痛，常回头顾腹。粪便稀软水样，间有未消化的饲料，肛门、会阴、尾部等常沾有污黄色的粪便。常举尾，欲排粪状，有时粪便较干甚至成球，常被覆黏液，无特殊气味。

2. 病因

引起本病发生的原因有原发性的和继发性两种。

原发性胃肠卡他多由下列因素引起。

（1）饲喂品质不良的草料。长期给予粗硬、发霉、腐败、潮湿、虫蛀或草料内泥沙太多等品质不良饲料都能引起本病。

（2）草料加工不当。如马草剪得过长，豆饼等硬料未泡软，或粒料与粉料搭配不均匀，家畜都易发生消化不良而致本病。

（3）饮喂失宜，如饲喂不定时，饲料突变，饥饱不均，久渴失饮，喂后暴饮，水质不良，饲料过冷过热等都能引起本病。

（4）误食有毒物。误食有毒植物或刺激性的药物，如强酸强碱等化学性毒物和饮水不洁等。

（5）劳逸不均，役饲关系失调，气候骤变，机体受害等，也可促使本病发生。

（6）畜舍卫生不良，使役过重，风吹雨淋，炎暑长途运输，寒夜露宿，治疗方面用药不当或剂量过大等。

继发性胃肠卡他常继发于胃肠道寄生虫、齿病、过劳、某些传染病（牛瘟、流行性感冒等）或其他器官疾病（口腔、咽、心、肺、肝、肾脏等）以及骨软症，维生素缺乏等病。

3. 发病机理

各种致病因素直接刺激胃肠道黏膜上的感受器或通过神经体液机制反射性破坏胃肠的分泌、运动和消化机能，造成功能性消化不良，或进而引起胃肠黏膜炎症反应和消化功能障碍造成器质性消化不良。胃肠因为消化不良，消化不全产物、细菌毒素及炎性产物大量积滞或刺激肠管运动增强而引起泻或被吸收，引起自体中毒。因为腹泻一方面将大量异常内容物排出体外，从而减轻胃肠道所受刺激，缓解自体中毒，另一方面由于大量水、盐类和碱类的丢失，引起水盐代谢紊乱和酸碱平衡失调，而导致脱水或酸中毒，临床上表现患畜迅速消瘦，消化不良。

（二）防治措施

消除病因，改善饲养管理。清理胃肠内容物，制止腐败发酵过程。发现本病及早治疗。

当肠道内容物腐败发酵产生刺激性物质时，可应用缓泻剂，对患牛投服液体石蜡油 50mL 或用芒硝 100g、鱼石脂 20g、酒精 20mL、水 500mL，1 次导管灌服。

调整肠道机能。1）应用 2% 痢菌净 20～30mL，或 2% 环丙沙星 30～40mL，或 10% 穿心莲注射液 20～30mL，后海穴注射。每日 2 次，连用 3～5d。同时使用中药理中汤：党参 30g、干姜 30g、炙甘草 30g、白术 30g、肉豆蔻 20g、诃子 15g 用水煎服，日服 1 次，连用 2～3 剂，具有良好的治疗效果。2）为维持消化系统的机能，于肾蓬

穴注射维生素 B_1 5~10mL，每日 1 次，连用 2~3d。3）当犊牛的食欲减退消瘦时应补液强心，25% 葡萄糖 500mL、复方盐水 500mL、10% 维生素 C 10~20mL、10% 樟脑磺酸钠 5~10mL，静注，每日 1 次，连用 3~5d。

【硒和维生素 E 缺乏症】

见"卧地不起"中常见疾病的诊断与治疗。

【黏液膜性肠炎】

黏液膜性肠炎是肠黏膜表层在变态反应基础上由渗出性纤维蛋白和大量黏液所形成的一种网膜状物而引起的消化障碍。

（一）诊断要点

体温高，排含有腥臭黏液稀粪，特别排有特征性的管状或者索状较长的黏液膜。

1. 临床症状

一般病牛以轻度的腹痛先拉稀，以后腹痛加剧，随着病程的日久腹泻加剧，有的间歇性轻微腹痛，有的阵发性腹痛，表现起卧不安，排出恶臭稀软粪便，频频努责，里急后重，时而排出膜状黏液型或条索状黏膜或液条片，以不断努责后排出有的似绦虫节节片，有的如小肠一样横切肉眼观看有 7~8 层灰白色、黄白色或微黄色膜状物组成的索状物，长达 0.5~1 m 或更长，排出后病牛安静。体温、呼吸、脉搏变化不大，有时体温升高 0.3~0.5 ℃左右，轻微发热，消化障碍，早期食欲变化不大，中后期长期腹泻、脱水、酸中毒、电解质失调、食欲减退，泌乳量下降，有的流产，心力衰竭。出现上述症状外，经过肠道消炎、止泻、助消化、补液等药物治疗无效，原则上应考虑黏液膜性肠炎。

2. 临床病理学

一般在回肠、盲肠、结肠中有稀薄液状或带白色的内容物，并有微黄色乃至棕色的黏液膜状管形，长 0.5~1m，部分附着于肠黏膜上，肠壁肥厚，肠腔狭窄。

3. 病因及发病机理

黏液膜性肠炎的病因和发病机制尚不十分清楚。多认为黏液膜性肠炎是在变态反应的基础上发生，并与副交感神经紧张性增高有关。与这两点有关的常见病因有：饲料过于单纯，质量不良，缺乏维生素 A、维生素 B、维生素 C；肠道机能紊乱，肠道菌群关系变化，产生多量的细菌毒素和发酵、腐败的产物；霉败饲料中的真菌素和霉败饲料变质的异性蛋白质；肠道和肝脏寄生虫及其代谢产物；服用敌百虫、硫双二氯酚、硫酸钠、汞制剂、砷制剂等药物；过劳、车船运输、拥挤、卫生条件差、紧张等应激因素可导致本病的发生。

（二）防治措施

根据病因，应用抗过敏药物，消除变态反应，并及时应用油类泻剂清理胃肠，促进康复。切忌内服抗菌药，必要时还要给予支持疗法。

通常可用抗过敏药物盐酸苯海拉明 50mL×10 片，活性炭 300g，滑石粉 200g，加水 2 000mL，一次灌服。然后配合 10% 葡萄糖 1 000mL，10% 维生素 C 40mL，10% 葡萄糖酸钙 250mL，氢化可的松 0.5g，混合后 1 次静脉注射。清理胃肠用液体石蜡或植物油，用量一般为 500～1 000mL。

用药的同时，要改善饲养管理条件，给予营养全面、搭配合理的日粮，避免致敏因素对机体的刺激，给予清洁的饮水。

中药方剂以清热燥湿、行气化滞、活血化瘀为主。处方 1：当归 30g、莪术 4g、赤芍 30g、郁金 30g、厚朴 40g、香附 30g、陈皮 30g、青皮 30g、苦参 50g、黄柏 40g、生大黄 40g、双花 50g、败酱草 50g 以 100 筛目，共研细连服 3～4 剂，多者 5 剂，即可从粪便中排出肠道积聚的管型或条索状黏液膜，此物排出后病畜腹泻、腹痛临床症状即可很快消失。处方 2：元参 30g、麦冬 30g、生地 45g、二花 25g、连翘 20g、郁金 30g、积实 45g、生大黄 20g、当归 45g、赤芍 30g、青皮 30g、公英 60g、地丁 50g、香附子 45g，煎 2 次合并煎液，加石蜡油或菜籽油 500～1 000mL，食醋 1 000mL 灌服，1 剂/天，连用 3 剂。

（邢厚娟）

主要参考文献

[1] 董彝. 实用牛马病临床类症鉴别［M］. 北京：中国农业出版社，2001.

[2] 王小龙. 兽医内科学［M］. 北京：中国农业出版社，2004.

[3] 张树基，罗明泉. 内科症状鉴别诊断学［M］. 北京：科学出版社，2011.

[4] 赵明华，肖丽娜，冯富. 犊牛肠卡他的诊治［J］. 养殖技术顾问，2005，5：29.

[5] 沈培敏. 中西医结合治疗牛肠炎［J］. 畜牧兽医科技信息，2010，4：46－47.

[6] 林东祥. 中西兽医结合治疗牛肠炎（血痢）［J］. 中兽医学杂志，2005，3：18－19.

[7] 张玲萍. 黄牛黏液膜性肠炎的辨证治疗［J］. 中兽医医学杂点，2013，1：66－67.

[8] 吴云峰. 牛腹泻类疾病的鉴别诊断及防治［J］. 养殖技术顾问，2011，7：159.

[9] 岳秀宝. 牛沙门氏菌病的诊断与防治［J］. 兽医导刊，2012，1：36－37.

[10] 段利雅. 牛沙门氏菌病及其防治措施［J］. 养殖技术顾问，2011，12：152.

[11] 胡志松，梁成山. 一起犊牛硒—维生素 E 缺乏症的诊治［J］. 饲料博览·技术版，2009，12：37.

[12] 尉雅范，肖忠红，王国红. 牛硒缺乏症的诊疗［J］. 中国兽医杂志，1999，25（7）：19.

第七章

皮肤黏膜苍白鉴别诊断

可视黏膜苍白是贫血的指征，临床上恒见于贫血。贫血是指周围血液在单位容积中的红细胞、血红蛋白量低于实测参考值的下限。在临床上是一种最常见的病理状态，主要表现是皮肤和可视黏膜苍白，心率加快，心搏增强，肌肉无力及各器官由于组织缺氧而产生的各种症状。

一、生 理 解 剖 基 础

红细胞的生成，除需要有健全的骨髓造血功能和红细胞生成素的刺激作用而外，还需要有某些营养物质，包括蛋白质、铁、铜、钴、维生素 B_6（吡哆醇）、维生素 B_{12} 和叶酸等作为造血原料或辅助成分。

骨髓内的红细胞，一方面接纳运铁蛋白输送来的铁，一方面利用甘氨酸和琥珀酰辅酶 A 合成原卟啉，然后铁与原卟啉结合为血红素，最后血红素与合成的珠蛋白结合为血红蛋白。在血红蛋白这一合成过程中，不仅需要铁和蛋白质作为原料，而且还需要铜和维生素 B_6 的辅助。铜是铜蓝蛋白的成分。铜蓝蛋白是一种氧化酶，可将 Fe^{2+} 氧化成 Fe^{3+}，使 Fe^{3+} 与运铁蛋白结合，运铁蛋白作为载体将铁运到骨髓的幼红细胞而参与血红蛋白的合成。维生素 B_6，即吡哆醇，与原卟啉合成有关。维生素 B_6 在体内变成具有生物活性的 5-磷酸吡哆醛，作为原卟啉合成第一步，即甘氨酸与琥珀酸结合成 δ-氨基-γ-酮戊酸（6-氨基乙酰丙酸，ALA）过程中所必需的辅酶。

维生素 B_{12} 和叶酸是影响红细胞成熟过程的重要因素。骨髓中幼红细胞的分裂增殖，依赖于脱氧核糖核酸的充分合成。脱氧核糖核酸

· 130 ·

的合成又依赖于 5,10-甲基四氢叶酸的存在，而后者的合成是需要维生素 B_{12} 和叶酸参与的。微量元素钴是维生素 B_{12} 的成分，是消化道微生物合成维生素 B_{12}，所需的原料。

二、苍白的病因

引起贫血的原因主要有血液过度丧失、红细胞过度被破坏、产生无效的红细胞。同时还必须考虑到造血、神经和网状内皮系统的变化，物质代谢的破坏及其他器官的影响和动物的饲养管理条件等。临床上根据病因和发病机理可分为以下 4 种。

1. 出血性贫血

是指血液流出血管外引起的贫血，一般分为外出血和内出血，临床上主要见于外伤、消化道溃疡、肝硬化、蕨中毒、双香豆素类鼠药中毒、捻转血矛线虫病等疾病。

2. 营养性贫血

是指造血物质缺乏引起的贫血，临床上主要见铁缺乏症、铜缺乏症、钴缺乏症、维生素 B_{12} 缺乏症以及蛋白质缺乏等。

3. 溶血性贫血

是指红细胞大量破坏引起的贫血，临床上分为血管内溶血和血管外溶血，多见于中毒性疾病如铜中毒、水中毒、低磷酸盐血症、细菌性血红蛋白尿症、新生犊牛溶血症、焦虫病和附红细胞体病等。

4. 再生障碍性贫血

是骨髓造血机能障碍致发的贫血。

三、鉴别诊断思路

诊断贫血的指标，临床是最常用的是红细胞、血红蛋白、红细胞压积、红细胞象及骨细胞象。前三项是辨别贫血与否的不可缺少的基础指标，任何一项或三项都低于正常值，即可认为是贫血。后两者是用以进一步判断贫血性质和判定贫血程度的指标，视需要和条件，酌情选用。

临床上遇到贫血的病例，通常了解起病情况、可视黏膜颜色、体温高低、病程长短、血液学检查结果和骨髓象，并按照如下思路进行诊断。

突然发病，应先考虑急性出血性疾病和溶血性疾病。伴有黄疸的，考虑急性溶血性黄疸，不伴有黄疸的考虑外出血和内出血，进一步进行临床检查和特殊检查。伴有黄疸的急性贫血，再考虑是否伴有发热，伴有发热的考虑传染性或寄生虫性黄疸，根据病史、临床症状和流行病学，进行相应的病原学诊断；不伴有发热的，主要考虑中毒性疾病和营养代谢病，根据临床症状和流行病学，进行相应的营养素或毒物的检测。

病程较长，可视黏膜逐渐苍白伴有黄染，没有血红蛋白血症的，考虑慢性溶血性贫血和失血性贫血；再考虑是否伴有发热，伴有发热的，考虑感染性疾病；不伴有发热的，考虑慢性出血性贫血和中毒性贫血。

起病隐袭，病程缓慢的，可视黏膜逐渐苍白的病例，考虑慢性失血性贫血和红细胞生成不足性贫血，后者包括再生性贫血和营养性贫血。在这种情况下，病情复杂交错，必须配合各项过筛检验，首先确定其形态学分类和再生反应上的分类位置，以指示诊断方向。

四、症状治疗

应针对不同的病因采取相应防治措施。

治疗除针对原发病外，应根据贫血类型采取止血，恢复血容量，补充造血物质，刺激骨髓造血机能等措施。

1. 迅速止血

外出血常用结扎血管、填充和绷带压迫，也可以在出血部位贴上明胶海绵、止血棉止血，或在出血部位喷洒0.01%~0.1%肾上腺素溶液。对于内出血，可选用以下全身性止血药。安络血，适用于毛细血管损伤或血管通透性增加所致的出血性疾病，牛5~20mL，肌内注射，2~3 次/天。止血敏，适用于手术前后预防出血和止血、内脏出血及因血管脆弱引起的出血的防治，牛 10~20mL，肌内或静脉注射，2~3 次/天，必要时可每隔 2h 注射一次。6-氨基已糖，牛 30~50g，静脉注射。维生素 K，牛 10~20mL，2 次/天，病情严重时可将药液加入 5% 葡萄糖溶液中静脉滴注。内出血时，可静脉注射 10% 氯化钙溶液 100~200mL。

2. 补充血容量

可以立即静脉注射 5% 葡萄糖生理盐水，或使用血液代用品右旋糖酐。有条件时可输注新鲜全血或血浆，输血前必须进行交叉试验，以免产生输血危险。

3. 补充造血物质

可给予铁制剂，常用硫酸亚铁，牛 2~10g，口服，3 次/天，或给予枸橼酸铁铵，牛 5~10g，连用 7d，还可使用右旋糖酐铁、血多素等铁制剂。为补充钴元素，可给予硫酸钴，牛 30~70mg，口服，每周一次，4~6 次为一疗程；氯化钴，牛 30mg，犊牛 20mg，1 次/天，连用 7~10d。

4. 刺激骨髓造血机能

应用氟羟甲睾酮、康力龙、促红细胞生成素。

5. 消除原发病

针对原发病，采取相应的治疗措施。

五、常见疾病的诊断与治疗

【血吸虫病】

血吸虫病是由日本血吸虫又名日本分体吸虫寄生于牛门静脉、肠系膜静脉和（或）盆腔静脉内，造成急性或慢性肠炎、肝硬化，并导致腹泻、消瘦、贫血与营养障碍等疾患的一种人兽共患寄生虫病。

（一）诊断要点

1. 临床症状

幼畜严重感染时，症状明显，往往呈急性经过。主要是里急后重，并能触知肝肿大，往往重度腹泻，腹泻便中常混有虫卵、黏液及血液，有如鱼肠腐败的恶臭。体温升高达40℃以上。患畜黏膜苍白，日渐消瘦，体质衰弱，站立不稳，全身虚脱，很快死亡。

2. 临床病理学

最明显的病变是在肝脏表面或切面上，肉眼可见粟米粒大到高粱米粒大的灰白色或灰黄色的小点，即虫卵结节。感染初期，肝脏可能肿大，日久后肝萎缩、硬化。严重感染时，肠道各段均可找到虫卵的沉淀，尤以直肠部分的病变最为严重。常见有小溃疡、瘢痕及肠黏膜肥厚。肠系膜淋巴结肿大，门静脉血管肥厚，在其内及肠系膜静脉内可找到虫体。

3. 流行病学

日本血吸虫是雌雄异体的吸虫。属吸虫纲，分体科分体属。虫体呈长圆形，外观似线虫样。日本血吸虫的生活史经过虫卵、毛蚴、母胞蚴、子胞蚴、尾蚴、囊蚴、童虫至成虫等发育阶段（没有雷蚴期）。需要有中间宿主钉螺的参与。

本病流行的3个主要条件是虫卵能落入水中并孵出毛蚴，有适宜的钉螺供毛蚴寄生发育，尾蚴能遇上并钻入终末宿主牛的体内发育。日本血吸虫的中间宿主，在我国为湖北钉螺，是一种小型的螺，螺壳呈褐色或淡黄色，螺壳有6~8个螺旋（右旋），一般以7个螺旋为最多。钉螺能适应水、陆两种环境生活，气候温和、土壤肥沃、阴暗潮湿、杂草丛生等地方都是它良好的滋生地，以腐败的植物为其食物。

（二）防治措施

治疗可选用如下药物，吡喹酮，30mg/kg一次内服。硝硫氰胺微粉60mg/kg体重内服。

【附红细胞体病】

附红细胞体病为附红细胞体寄生于人和动物红细胞表面、血浆及骨髓中引起的一种人畜共患的传染病。临床特点以发热、贫血、黄疸、肝脾肿大为主，极易误诊为病毒性肝炎、溶血性贫血、免疫风湿病、败血症、支原体感染等。

（一）诊断要点

流行特点、临床症状、病理变化都可作为此病初诊依据。确诊要结合实验室试验进行，取病患畜血液涂片试验，用吖啶黄染色，可在细胞体见附红体。此外，还可用荧光抗体试验、酶联合免疫吸附试验等，确诊效果也比较显著。此病诊断过程中，各病理变化、临床症状、流行特点等与焦虫病、无浆体病等相类似，应该做好鉴别诊断措施，常用血清学试验效果较好。

1. 临床症状

患牛精神沉郁，食欲不振，病初牛发热 40～41℃，流产、产死胎、厌食、步态不稳、发抖、呼吸困难、拉黄白色稀粪。随后，部分母牛卧地不起，呼吸困难，食欲废绝，耳廓皮肤黑色坏死结痂，眼结膜苍白或黄染，体温升高至 40.5～41.5℃ 及以上，尿呈茶褐色或血红蛋白尿，四肢末梢、耳尖、腹下出现大面积的紫红斑块，部分病例皮肤及可视黏膜苍白、黄疸、严重贫血，持续感染的病例耳朵边缘出现坏死，皮肤燥裂、脱落，最后因衰竭死亡。

2. 临床病理学

主要变化为贫血和黄疸。患牛腹下及四肢内侧多有紫红色出血斑，全身淋巴结肿胀。急性死亡病畜的血液稀薄，不易凝固，黏膜和浆膜黄染，皮下脂肪轻度黄染。腹水增多，肝、脾肿大且质软，肝细胞肿胀，胞浆呈空网状结构，部分肝细胞溶解坏死，呈针尖大小的黄色点状坏死，胆囊膨大，胆汁浓稠。心肌坏死，心外膜上有小出血点，心包积液，心冠脂肪轻度黄染，心肌纤维染色不均匀，肌原纤维断裂，呈粉红色颗粒状。肺间质水肿，肺泡壁因血管充血扩张及淋巴细胞浸润而增厚，肺泡腔内有少量纤维素性浆液渗出。肾脏混浊肿胀、质地脆，皮质和髓质界限不清，肾小球囊腔变窄，有红细胞核纤维素渗出。骨髓液和脑脊液增多，脑血管内皮细胞肿胀，周围间隙增宽，有浆液性及纤维素性渗出，脑软膜充血、出血，有白细胞浸润，少部分脑神经细胞浆溶解，细胞核浓缩。瘤胃黏膜呈现出血现象，真胃黏膜有出血，并有大量的溃疡灶。肠道黏膜有出血点及溃疡。

3. 流行病学

病原属立克次氏体。附红体对干燥和化学药物比较敏感，0.5%石炭酸于37℃经3h可将其杀死，一般常用浓度的消毒药在几分钟内即可使其死亡；但对低温冷冻的抵抗力较强，可存活数年之久。

本病的传播途径尚不完全清楚。报道较多的有接触性传播、血源性传播、垂直传播及媒介昆虫传播等。动物之间，人与动物之间长期或短期接触可发生传播。用被附红体污染的注射器、针头等器具进行人、畜注射，或因打耳标、剪毛、人工授精等可经血液传播。垂直传播主要指母牛经子宫感染犊牛。本病多发生于夏秋或雨水较多季节，此期正是各种吸血昆虫活动频繁的高峰时期，如虱、蚊、蝇等可能是传播本病的重要媒介。

4. 发病机理

附红细胞体的典型临床症状为发热、贫血和黄疸，主要是附红细胞体破坏了大量红细胞。附红细胞体与红细胞之间相互作用，就会使红细胞膜内陷和空洞，改变了红细胞膜的结构和形状。红细胞膜的通透性增加和渗透脆性增高，造成红细胞破裂，从而引发贫血和黄疸的症状。当家畜机体由于各种原因而导致抵抗力下降时，附红细胞体大量增殖。一方面，大量被感染而变形的红细胞在脾脏、淋巴结会被清除，引起贫血；另一方面，由于红细胞膜的改变，使原来被遮蔽的抗原暴露或已有抗原发生变化，被自身免疫系统视为异物，导致机体产生抗体 IgM 型冷凝集素，并攻击被感染的红细胞，导致 II 型过敏反应，引起自身免疫溶血性贫血。

（二）防治措施

1. 对症治疗

常用的治疗药物有四环素、卡那霉素、血虫净、黄色素、新胂凡纳明等。

贝尼尔按每千克体重 3~7mg 用生理盐水配成 5% 溶液深部肌注，每日 1 次，连用 3 次，同时配合维生素 B_{12}、维生素 C，口服丙硫苯咪唑；新砷凡钠明 3~4g 溶于生理盐水或 5% 葡萄糖溶液一次静注；

盐酸四环素按每千克体重5mg加入葡萄糖氯化纳溶液中静注，每天2次，连用4d；根据症状配合使用退热药、止血药等。对于病情严重的酌情补液，补充维生素B和维生素C，常量肌内注射，有并发症的同时应用抗生素；7d后重复用药1次，检查血液中虫体，直至消失为止。

2. 加强预防

为控制继发感染可在饲料中适当添加药物定期进行预防，并补充多种维生素、矿物质元素。定期驱除体内外寄生虫，如伊维菌素。建立和完善各项防疫管理制度及以消毒卫生工作为核心的牛场生物安全体系。将消毒卫生工作贯穿于整个养牛生产环节，夏秋季节做好灭蚊蝇工作，提供牛群不同时期的营养需要，严格控制饲料和饮水质量，降低饲养密度，注意通风，减少各种应激，提高牛群对其他病原微生物的抵抗力，降低继发感染。

【血矛线虫病】

见"卧地不起鉴别诊断"中常见疾病的诊断与治疗。

【巴贝斯虫病】

见"腹泻鉴别诊断"中常见疾病的诊断与治疗。

【铁缺乏症】

铁缺乏症是由于铁摄入不足引起的一种营养代谢病，临床上以贫血为特征，多以犊牛最常见。

（一）诊断要点

1. 临床症状

病牛精神沉郁、不喜运动好卧、食欲不振、甚至拒食。被毛粗糙、逆立、缺乏光泽、犊牛生长发育弛缓、异嗜、尤其喜欢吃炉灰渣和泥土等异物。重症病例可见皮肤干燥，被毛粗糙易脱落，体质衰弱，个别的呕吐或腹泻或者间有腹泻和呕吐。病犊心跳加快，呼吸迫促，渐进性消瘦，贫血症状随时间的延长而逐渐加重，后期极度虚弱，有的有神经症状甚至痉挛死亡。血液稀薄，黏度降低，色淡，血凝缓慢，血红蛋白降低，红细胞大小不均，数量减少，血液与组织中的细胞色素氧化酶、琥珀酸脱氢酶、过氧化氢酶等含铁酶活性降低。

2. 临床病理学

犊牛皮肤黏膜苍白。肌肉水肿，有的肺水肿明显。肌肉色淡，臀肌和心肌尤甚。心脏扩大，心包积液，心室壁薄且松弛无力。血液稀薄，色淡。肝肿大，呈淡黄色，脾稍肿大，肾实质变性。

3. 病因

动物铁缺乏症的直接原因是日粮或饲料中含铁量低于正常的营养需要量。多见于新生犊牛，主要是对铁的需要量大，贮存量低，供应不足等。

完全禁饲，依靠为给牛乳和代乳品的犊牛，乳中铁含量少，不能满足快速生长幼畜对铁的需要。有资料表明，犊牛食物中铁含量低于 19mg/kg，就可以出现贫血。犊牛每天从乳中仅获得 2~4mg 铁，4 月龄内每天需铁约 50mg。

日粮中或机体内缺乏铜时，使机体对铁的吸收减少、利用率低，从而引起铁缺乏。大量吸血性内外寄生虫，如虱子、圆线虫、球虫等侵袭。消化道、泌尿道和呼吸道慢性出血，也可以引起继发性缺铁。另外，饲料中缺铜及蛋白质也可以引起铁利用障碍发生贫血。铜参与铁的运输，铁合成血红蛋白，蛋白质不足则生成血红蛋白的主要原料缺乏。

4. 发病机理

吸收入血的二价铁经铜蓝蛋白氧化成三价铁，与转铁蛋白结合后运送到组织。再与转铁蛋白分离并还原成二价铁，参与形成血红蛋白。多余的铁以铁蛋白及含铁血黄素形式贮存。由于铁摄入的减少或排出的增多，可导致缺铁性贫血。

（二）防治措施

原则是补充铁质，增加机体铁的贮备，并适当补充维生素 B 族和维生素 C。右旋糖酐铁，200~600mg/次，深部肌内注射并配合应用叶酸、维生素 B_{12}、复合维生素 B 等，效果良好，疗效肯定，也可向饲料中添加硫酸亚铁、柠檬酸高铁、枸橼酸铁铵效果良好。

【铜缺乏】

铜缺乏症又称为缺铜病。缺铜症多发生于役牛，尤以犊牛为甚，主要表现为贫血、运动失调、骨与关节变形、被毛褪色等一系列变化。骨质矿化不良，骨骼变形，关节畸形。牛铜缺乏常见眼眶周围毛褪色，黄毛变灰、变白等。缺铜可使牛心力衰竭、牛心肌纤维变性，心衰突然倒地，瞬间死亡。缺铜也可引起牛暂时生殖力下降，如发情迟、流产等。

（一）诊断要点

根据病史、临床主要症状如贫血、运动障碍、骨质异常、毛褪色以及土壤、饲料及肝铜测定可确诊。临床上出现不明原因的拉稀、消瘦、贫血，关节扩大，关节滑液囊增厚，肝、脾、肾内血铁黄蛋白沉着等特征，补铜后疗效显著，可作出初步诊断。确诊依赖于对饲料、血液、肝脏等组织中铜浓度和某些含铜酶活性的测定。如怀疑为继发性缺铜病，还应测定钼和硫等干扰物质的含量。

1. 临床症状

（1）原发性铜缺乏症：病牛食欲减退、异嗜、生长发育缓慢，尤其犊牛更为明显，被毛无光泽、蓬乱、红色变为淡锈红色、以至黄色、黑色变为淡灰色，眼周围被毛由于褪色或脱毛，则为白色或无色，似眼镜样外观，故称"铜眼镜"。伴发消瘦、腹泻、脱水和贫血现象，放牧牛群出现性周期延迟或不发情，或一时性不怀孕，早产等繁殖机能障碍，妊娠母牛泌乳性能降低。病牛两后肢成八字形站立，行走时跗关节屈曲困难，后肢僵硬，蹄尖拖地，后躯摇摆，极易摔倒，急行或转弯时更明显。病情严重时后肢麻痹，卧地不起。骨骼弯曲，关节肿大，触之敏感，行走时出现跛行，四肢易发生骨折。X 线检查，常见长骨的骨端肿大，密度降低，呈不规则状。重型病牛心肌萎缩或纤维化，往往发生心肌衰竭，即使在轻微运动过后也易发病，有的在24 h内突然发病死亡。

（2）继发性铜缺乏症：基本上原发性铜缺乏症相同，不同的是病牛还有轻度贫血，腹泻症状严重并呈持续状态，这是其主要症状。

2. 临床病理学

剖检可见病牛消瘦，贫血，血液稀薄、血凝缓慢。肝、脾、肾内有多量血铁黄蛋白沉着。犊牛原发性缺铜时，腕、跗关节囊纤维增生，骨骺板增宽，骨骺端钙化作用延迟，骨骼疏松。羊还表现急性脑水肿、脑白质病变和空泡生成，但肝脏等器官无血铁黄蛋白沉着。心脏松弛、苍白、肌纤维萎缩，肝、脾肿大，静脉淤血等。

3. 病因

原发性铜缺乏　长期饲喂在低铜土壤上生长的饲草、饲料，是常见的病因。一般认为，饲料含铜量低于3mg/kg，可以引起单纯性铜缺乏病；3～5mg/kg为铜缺乏病临界值，8～11mg/kg为正常值。

继发性铜缺乏　土壤和日粮中含有充足的铜，但存在干扰铜吸收、利用的因素，导致动物对铜的吸收发生障碍。饲料中钼酸盐和含硫化合物是最重要的致动物铜缺乏因素。饲喂硫酸钠、硫酸铵、蛋氨酸、胱氨酸等含硫过多的物质，经过瘤胃微生物作用，转化为硫化物，与铜结合形成难溶解的铜硫钼酸盐复合物（$CuMoS_4$），降低机体对铜的利用。

4. 发病机理

铜是体内许多酶的组成成分，如铜蓝蛋白酶、酪氨酸酶、单胺氧化酶、赖氨酰氧化酶、超氧化物歧化酶和细胞色素氧化酶等。机体缺乏铜时，血浆铜蓝蛋白不足，使Fe^{2+}氧化为Fe^{3+}的能力减退，铁不能与球蛋白结合为铁传递蛋白，不能进入骨髓合成血红蛋白，造成低色素性贫血；铜还可以加速幼稚红细胞的成熟及释放。酪氨酸酶活性下降，造成色素代谢障碍，引起被毛褪色，由于体内二硫键（-S-S-）合成障碍，造成被毛内巯基键（-SH）过多，使毛失去弹性，形成钢丝毛。细胞色素氧化酶活性下降，ATP生成减少，磷脂合成发生障碍，造成神经脱髓鞘作用和神经系统损伤，导致运动失调。赖氨酰氧化酶活性下降，血管壁弹性下降，引起动脉破裂，导致突然死亡。单胺氧化酶活性降低，胶原溶解度增加，完整性破坏，导致骨关节异常、骨质疏松症、易骨折。

继发性缺铜影响最大的是钼酸盐和硫化物。钼酸盐可以与铜形成钼酸铜或与硫化物形成硫化铜沉淀，影响铜的吸收；钼和硫形成硫钼酸盐，特别是三硫钼酸盐和四硫钼酸盐，与瘤胃中可溶性蛋白质和铜形成复合物，降低了铜的可利用率。四硫钼酸盐经过皱胃（pH < 5），可还原为三硫钼酸盐。四硫钼酸盐和三硫钼酸盐在小肠内有封闭铜吸收的部位，增加铜排泄。硫钼酸盐被吸收后，可剥离肝细胞中与金属硫蛋白结合的铜，使血铜浓度暂时升高。铜进入血液后，与血液中白蛋白和硫钼酸盐形成 Cu-Mo-S 蛋白复合物，导致肝铜贮备严重耗竭，肝铜含量降至 15 ~ 5mg/kg 及以下。血铜浓度从高于正常后，继而逐渐降低至 0.5mg/L 以下，并出现临床缺铜症。

（二）防治措施

治疗原则为补铜、除去继发因素和对症治疗。

1. 除去继发因素

降低饲料钼、硫的含量，禁止使用高钼饲料。

2. 补铜

补饲硫酸铜，犊牛从 2 ~ 6 月龄开始，每周补 4g，成年牛每周补 8g，连续 3 ~ 5 周，间隔 3 个月后再重复 1 次，对原发性和继发性铜缺乏症都有较好的效果。也可以用含铜盐砖，供动物舔食。皮下注射甘氨酸铜注射液，成年牛 400mg（含铜 125mg），犊牛 200mg（含铜 60mg），预防作用可以持续 3 ~ 4 个月，也可用作治疗。

3. 根据动物营养需要标准，在饲料中添加铜

4. 对症治疗

止泻、强心、补液。

5. 在低铜草地上，如 pH 值偏低可施用含铜肥料

每公顷 5.6kg 硫酸铜，可提高牛血清肝中铜浓度，防止铜缺乏症的发生。1 次喷洒可保持 3 ~ 4 年。喷洒后需等降雨之后，或 3 周以后才能让牛、羊进入草地。碱性土壤不宜用此法补铜。

【犊牛水中毒】

犊牛水中毒是犊牛一次性大量饮水所致的一种以排出红色尿液为特征的疾病，也称犊牛血尿、犊牛血红蛋白尿。本病多发生于冬春季节，以 6 月龄内的犊牛最易发生。

（一）诊断要点

有一次性暴饮病史，且暴饮大量水后 1 ~ 4h 内发病。有腹痛、血红蛋白尿、流涎、肌肉震颤、眼球直视、排尿失禁、四肢和头颈强直，腹胀、气喘、咳嗽、鼻出血，体温一般正常，心率和呼吸增数等临床特征。

1. 临床症状

体温正常，38 ~ 39℃，呼吸频率增加，50 ~ 60 次/min，心跳次数增多，100 次/min 以上，腹围增大，瘤胃臌胀、叩诊呈鼓音，瘤胃蠕动音消失，腹痛。眼结膜苍白或发绀，呼吸困难，肺部听诊有湿啰音和捻发音，耳鼻末梢发凉，均发生血红蛋白尿，尿色浅红、暗红或紫红、紫褐，频频排尿，但是每次量少，呈淋漓不尽状。有的流涎或口吐白沫，后肢踢腹或起卧，表现腹痛，有水样腹泻。严重时，表现咳、吐，从口中和一侧或两侧鼻孔流出（或喷出）泡沫状血液，起卧、肘头等肌群震颤，呻吟、惊恐不安，头颈强直，甚至角弓反张，眼睛发直，出汗，严重的呼吸困难，最后窒息死亡。

2. 临床病理学

尿液红色深浅不一但都透明，尿蛋白检验阳性。尿沉渣镜检，仅见少数白细胞、肾上皮组织或尿路上皮细胞，有时也可看到极少的红细胞。血液常规检验无明显变化。剖检可见肾暗红色，膀胱里充满红色尿液，气管和肺切面有红色泡沫样液体。

3. 病因

首先是天气炎热、气温过高或驱赶犊牛走路，犊牛出汗多，缺失盐分，饮水次数又少，导致犊牛一次暴饮大量温水或冷水引起。阴雨天气时发病少。其次是我国北方地区，每年的 10 月至次年 4 月为夜长昼短，天寒地冻时期，水冷易结冰，犊牛饮水次数减少或只能饮冷水，常可引起许多犊牛发病。最后为犊牛断奶前后，特别是断奶后，改喂饲料饲草，需要的水分增多，饲养人员又未能及时增多供水次数，或其他原因不能增加供水次数，都可造成犊牛一次暴饮大量水而发病。一般地说，犊牛一次饮水超过10kg，就有可能发生水中毒。

4. 发病机理

犊牛的真胃和瘤胃发育较快，在断奶前后其容积已相当大，口渴时一次能饮大量水。但此阶段犊牛对水盐代谢的调节机制尚不完善，饮入大量不含盐的水后，使胃肠内容物渗透压明显下降，当其明显低于血浆渗透压时，肠内水分就会大量渗入血液。犊牛肾功能弱，不能通过肾迅速将水排出体外，导致血浆渗透压下降。正常情况下，犊牛可通过神经—内分泌系统对肾脏的控制和调节增强利尿反应，从泌尿系统排出过多的体内水分，不发生水中毒。在犊牛严重缺水时，可反射性地引起垂体后叶分泌血管加压素，通过血管加压素的作用，来保护体内水分，这时利尿反应降低，表现为少尿或无尿。血管加压素的作用必须经过6h以上才能解除，如果在这段时间内给予大量饮水，不可能由少尿或无尿转变为多尿，势必造成组织蓄积大量水分。过多的水分使血液中红细胞发生溶解，血红蛋白从尿中排出，形成了血红蛋白尿。过多的水分还能使脑组织细胞更加胀满，从而出现类似大脑水肿的神经症状。

（二）防治措施

治疗原则是强心利尿，抗菌消炎。加强饲养管理，做好犊牛的饮水供应与喂量。轻度中便能自愈；病情较重者，在限制饮水量后，再静注10%的浓盐水200mL、25%葡萄糖液500mL、10%安钠咖5~8mL、40%乌洛托品液50mL，上下午各1次，连用2日，后改每日1次，再用2日。如犊牛呼吸迫促，肺部听诊有捻发音，则每日2次肌注青霉素320万IU和链霉素200万IU，连用3日，以防止肺部感染，其他症状可对症治疗。如果是重度病，可中西并治，在作以上处理的同时，可内服健脾开胃、利尿通淋中药（茯苓30g、车前子40g、木通30g、神曲30g、陈皮20g、生姜15g、甘草5g煎汁调鱼石脂30g）

灌服，每日一剂，连用三剂即可痊愈。

【铅中毒】

铅中毒是由于牛误食和误饮了含铅物质及被铅污染的饲料和饮水引发的中毒性疾病。在临床上以外周神经变性综合征和胃肠炎等为主征。

（一）诊断要点

根据病史、神经症状、胃肠炎、贫血、外周神经麻痹等可作出初步诊断，其中，中毒牛血液、肝脏和胃内容物中铅含量的高低常用来作为确诊的依据。血铅浓度受其他因素的影响波动较小，在铅中毒的临床诊断当中有很重要的意义。正常健康牛的血铅浓度为 0.05～0.25mg/kg，而中毒牛的血铅浓度可达 0.59～2.00mg/kg。对于犊牛，通常认为肾皮质含铅 25mg/kg 以上，肝脏含铅 20mg/kg 以上（按湿重计），即可诊断为铅中毒。

1. 临床症状

（1）急性中毒症状：多见于犊牛，突然出现神经症状，口吐白沫，空嚼磨牙，眼球转动，步态蹒跚。头、颈肌肉明显震颤，吼叫，惊厥。对触摸和声响感觉过敏，瞳孔扩大，两眼失明，角弓反张。有的表现狂躁不安，横冲直撞，爬越围栏，或将头用力抵住固定的物体，步态僵硬，站立不稳。脉搏加快、呼吸促迫、困难，最后多因呼吸衰竭死亡。

（2）亚急性中毒症状：多见于成年牛，出现胃肠炎症状、精神萎靡、饮食欲废绝、流涎、磨牙、眼睑反射减弱或消失、失明。瘤胃蠕动微弱、腹痛、踢腹、起初便秘、随后腹泻、排恶臭稀粪。有的出现感觉过敏和肌肉震颤、间歇性转圈、盲目走动、共济失调。有的出现极端呆滞、长时间呆立不动、或卧地不起、最后死亡。

由于环境污染而长期摄食低水平含铅的饲草料时，只出现亚临床铅中毒症状，表现为病牛生长速度减慢，新生犊牛畸形。

2. 临床病理学

剖检可见皱胃炎性变化较明显，心内外膜出血，脑水肿，肝、肾变性。

3. 病因

牛尤其犊牛的铅中毒，多起因于舔食旧油漆木器上剥落的颜料和咀嚼蓄电池等各种含铅的废弃物。铅矿、炼铅厂排放的废水和烟尘污染附近的田野、牧地、水源，机油、汽油燃烧产生的含铅废气污染公路两旁的草地和沟水，是动物铅中毒的常见原因。

4. 发病机理

铅可透过血脑屏障，引起脑血管扩张，脑脊液压力升高，发生脑水肿和灶性坏死，外周神经纤维发生脱髓鞘现象，此外，尚能引起神经递质含量和酶活性的改变，引起神经机能障碍。铅可引起平滑肌痉挛，胃肠平滑肌痉挛，出现腹痛、腹泻，小血管平滑肌痉挛，组织供血不足，发生变性坏死。肾脏是主要受侵害器官，表现为肾小管变性坏死，出现蛋白尿、血尿，严重时表现为氮质血症、高尿酸血症和肾小球硬化。铅能抑制 δ-氨基乙酰丙酸脱水酶和铁螯合酶，影响血红素合成，同时，能增加红细胞膜的脆性，导致红细胞形成障碍和破坏过多，出现贫血。铅能通过胎盘屏障，引起胎儿畸形、流产。此外，铅还能引起致畸、致癌和致突变等。

（二）防治措施

1. 为了缓解惊厥等神经症状，可应用水合氯醛，剂量为 0.08 ~ 0.12g/（kg·bw），以生理盐水或 5% 葡萄糖液配制成 10% 溶液，1 次静脉注射；或用戊巴比妥钠，剂量为 15 ~ 20mg/（kg·bw），以注射用水配制成 3% ~5% 溶液，1 次静脉注射，均可使病牛镇静。

2. 为促使铅离子形成可溶性铅络合物，促进其排泄出体外，可用乙二胺四乙酸二钠钙 3 ~6g，以 5% 葡萄糖液，配制成 12.5% 溶液，1 次静脉注射。若皮下注射时，则应用 5% 葡萄糖液，配制成 1% ~2% 溶液，剂量为 60 ~ 100mg/（kg·bw）。此两种浓度不同的制剂，2 次/天，连用 4d 后停用。隔数日后根据需要酌情再用或不用。如与二巯基丙醇合用，疗效最好。

3. 二巯基丙醇。剂量：初次 5mg/（kg·bw），以后每隔 4h 再肌内注射一次，剂量减半，随后酌情减量。

4. 硫酸镁 400～500g，用常水配制成 10% 溶液，1 次灌服，或用 1%～2% 硫酸镁液洗胃。

5. 对症疗法。脱水厌食病牛，可补充葡萄糖生理盐水，体温升高的可应用抗生素、磺胺类药物；对贫血病牛，尤其是犊牛，可用健康牛血液进行输血治疗，效果良好。

【奶牛产后血红蛋白尿症】

见"卧地不起鉴别诊断"中常见疾病的诊断与治疗。

（邢厚娟）

主要参考文献

［1］董彝. 实用牛马病临床类症鉴别［M］. 北京：中国农业出版社，2001.

［2］王小龙. 兽医内科学［M］. 北京：中国农业出版社，2004.

［3］张树基，罗明泉. 内科症状鉴别诊断学［M］. 北京：科学出版社，2011.

［4］李义，张乃生. 动物群体病症状鉴别诊断学［M］. 北京：中国农业出版社，2003.

［5］吴文德，刘福怀，黄维义，等. 牛附红细胞体病［J］. 中国兽医杂志，2004，10：51－52.

［6］李绍清，常华荣，张灵芬，等. 牛附红细胞体病的诊断及防治［J］. 甘肃畜牧兽医，2013，2：38－39.

［7］朱贵兵. 牛附红细胞体病的诊治介绍［J］. 农业开发与装备，2014，4：146.

［8］朱华新，庞赵玉，庞木福. 犊牛铅中毒［J］. 中国兽医杂志，1995，21（10）：37.

［9］朱卫生. 犊牛铅中毒的诊治［J］. 河北畜牧兽医，2003，19（12）：42.

［10］黄俊英，赵慧星，张永恒，等. 犊牛水中毒的发生及防治

[J]. 河南农业科学, 2007 (9): 114 – 115.

[11] 蒋作吉, 马忠莲, 吕佩庆. 犊牛水中毒的鉴别诊断及防治 [J]. 新疆畜牧业, 2009 (1): 55 – 56.

[12] 赵慧星, 张永恒, 程彩红. 犊牛水中毒的发生及防治 [J]. 中国奶牛, 2008, 10: 61 – 62.

[13] 刘迎春, 辛守帅, 吕良鹏. 微量元素铜缺乏的诊治 [J]. 中国奶牛, 2006, 2: 32 – 33.

[14] 李红娟. 中西医结合治疗牛铜缺乏症 [J]. 动物科学和动物医学, 2011, 5 (30): 114.

[15] 陆科鹏. 母牛产后血红蛋白尿病的临床诊断及治疗 [J]. 中国畜禽种业, 2011, 1: 44 – 45.

[16] 杨旭升. 奶牛产后血红蛋白尿的诊治 [J]. 中国兽医杂志, 2003, 39 (11): 54.

第八章

皮肤黏膜黄疸鉴别诊断

是常见的症状与体征，其发生是由于胆红素代谢障碍而引起血清内胆红素浓度升高所致。临床上表现为巩膜、黏膜、皮肤以及其他组织被染成黄色。因巩膜含有较多的弹性蛋白，与胆红素有较强的亲和力，故黄疸病畜巩膜黄染先于黏膜、皮肤而首先被察觉。

一、生理解剖基础

胆红素代谢包括胆红素生成、肝细胞摄取、结合和排泌，以及肠肝循环和由粪尿排出几个环节。正常情况下，进入血中的胆红素量和胆红素从血中清除的量处于动态平衡状态。当胆红素代谢的某一个或某几个环节发生障碍时，可因生成过多，清除障碍或反流入血而形成高胆红素血症，以致出现黄疸。

二、黄疸的病因

（1）因红细胞大量破坏，网状内皮系统产生的胆红素过多，超过肝细胞的处理能力，因而引起血中未结合胆红素浓度异常增高，称为溶血性黄疸或肝前性黄疸。

（2）因肝细胞功能障碍，对胆红素的摄取结合及排泌能力下降所引起的高胆红素血症，称为肝细胞性或肝原性黄疸。

（3）因胆红素排泌的通道受阻，使胆小管或乱细胆管压力增加而破裂，胆汁中胆红素返流入血而引起的黄疸，称梗阻性黄疸或肝后性黄疸。

三、黄疸的鉴别诊断思路

临床上遇到显现黄疸体征的病畜时，应首先弄清黄疸的病理类型，确定是溶血性黄疸、肝源性黄疸还是阻塞性黄疸；然后弄清黄疸的具体病因，确定原发病。

1. 确定黄疸的病理类型

黄疸病理类型的确定，主要依据于黄疸病畜各自的临床表现和胆色素过筛检验改变（表8-1）。

表8-1　胆色素代谢过筛检验

项目	溶血性黄疸	肝源性黄疸	阻塞性黄疸
黄疸指数	增高	增高	增高
樊登白试验	间接反应	双相增高	直接反应
血内胆红素	增高	增高	增高
尿内胆红素	无	多	特多
尿内尿胆原	增加	增加	无
粪内尿胆原	增加	不定	无

在临床检查时，应特别注意观察可视黏膜、尿液和粪便的色泽以及腹痛、腹水、肝肿大、脾肿大等溶血体征、肝病体征和胆道阻塞体征。

在临床检验上，应特别注意分析黄疸指数、樊登白氏定性试验、樊登白氏定量试验（血内胆红素测定）、尿内胆红素检验、尿内尿胆元测定、粪内尿胆元测定等胆色素代谢过筛检验结果。

对临床上显现黄疸的病畜，应特别注意观察可视黏膜的色泽，着重肝、胆等脏器的体检，并进行6项胆色素代谢过筛检验。

其可视黏膜苍白并黄染，伴有脾肿大、血红蛋白血症、血红蛋白尿症、红细胞参数（RBC、Hb、PCV）减少、骨髓再生反应活跃等急慢性溶血体征和检验所见的，应考虑是溶血性黄疸。

其可视黏膜黄疸并潮红（黄红），伴有肝肿大、腹水、肝功能改变等肝病体征和检验所见的，应考虑是肝源性黄疸，即实质性黄疸。

其可视黏膜深黄，伴有腹痛、黏土粪、皮肤搔痒、心动徐缓、尿色深黄等胆道阻塞体征和检验所见的，应考虑是阻塞性黄疸。

对以上 3 种病理类型黄疸的确诊，还必须依据樊登白氏定性、定量、尿内胆红素检验、尿和粪内尿胆元等六项胆色素代谢过筛检验结果。

其黄疸指数增高、樊登白氏试验呈间接反应、血内胆红素增高、尿内无胆红素、尿和粪内尿胆元均增加的，可确认为溶血性黄疸（滞留性黄疸）。

其黄疸指数增高、樊登白氏试验呈双相反应、血内胆红素增高、尿内胆红素增多、尿内尿胆元增加而粪内尿胆元不定的，可确认为实质性黄疸（滞留性黄疸并反流性黄疸）。

其黄疸指数增高、樊登白氏试验呈直接反应、血内胆红素显著增高、尿内胆红素特多、尿和粪内无尿胆元的，可确认为阻塞性黄疸（反流性黄疸）。

2. 确定黄疸的病因类型

黄疸病理类型确定以后，应进一步确定各该病理类型黄疸的病因类别。属溶血性黄疸的，应弄清是传染病溶血性黄疸、侵袭病溶血性黄疸、中毒病溶血黄疸、遗传病溶血性黄疸、代谢病溶血性黄疸，还是免疫病溶血性黄疸。属肝源性黄疸的，应进一步弄清是传染病肝性黄疸、侵袭病肝性黄疸、中毒病肝性黄疸，还是遗传病肝性黄疸。属阻塞性黄疸的，应进一步弄清是胆结石、蛔虫等所致的胆管内阻塞，胆管炎、胆管癌、胆管狭窄、先天性胆管闭锁、乏特氏壶腹溃疡、俄狄氏括约肌痉挛等所致的胆管壁阻塞，还是胰头癌、肝癌、慢性胰腺炎、总胆管周围有粘连物等邻近器官疾病所致的胆管外阻塞。

3. 确定黄疸的原发病

黄疸病理类型和病因类别确定之后，应弄清其原发病，依据具体原发病各自的示病症状、证病病变和特殊检验所见进行论证诊断，最后加以确认。

四、症状治疗

溶血性黄疸的治疗应针对溶血的原因采取相应的措施，例如去除某些毒素，治疗引起溶血的一些传染性疾病和寄生虫病，对一些免疫介导性溶血性施以免疫抑制疗法。对某些贫血的动物可能还需要输血。对于因胆道阻塞或者破裂所致的阻塞性黄疸通常采用外科手术疗法，取出阻塞物，甚至施行胆囊摘除。但是，由于胰腺炎所指的胆道阻塞则属于例外情况，实施支持疗法和精心护理，有可能在几周内使胆道阻塞的问题得以缓解。肝性黄疸的治疗效果取决于患牛肝脏病变的性质和程度，某些患牛随着肝病的痊愈黄疸消失，有的则不是。

五、常见疾病的诊断与治疗

【牛肝片吸虫】

见"腹泻鉴别诊断"中常见疾病的诊断与治疗。

【钩端螺旋体病】

牛钩端螺旋体病是由钩端螺旋体（简称钩体）引起的牛败血症、急性溶血性黄疸、流产、腹泻等一系列症状的传染病。

（一）诊断要点

急性高热，黄疸，皮肤干裂、坏死，尿黄色或者血红蛋白尿。亚急性奶牛产奶减少，黄疸。发现病原体才可以确诊该病。另外。通过检测双血清样品中钩端螺旋体抗体滴度的升高也可进行诊断。鉴别诊断应注意与牛流行性流产、牛血梨形虫病的区别。牛流行性流产时，母牛无明显症状，胎儿以淋巴网状系统增生为特征，罕见自溶，易与该病区别。血梨形虫感染牛后，脾脏经常肿大 1.5 ~ 2 倍，而牛钩体病以脾不肿大、皮肤与黏膜坏死以及间质性肾炎为特征，故不难区别。

1. 临床症状

急性亚急性见于犊牛或奶牛。潜伏期 2～20d。初期体温升高到 40～41℃以上，伴有食欲减退，精神沉郁，呼吸、脉搏增加等。奶牛泌乳减少，乳汁黏稠呈黄色，有时带血。以后可视黏膜黄染、贫血、血红蛋白尿，尿深褐色或黄红色，随黄疸的出现病畜体温下降。有的口黏膜和皮肤发生坏死，有的前胃弛缓，有便秘或出现腹泻，病程 3～9d，亚急性的多可痊愈，孕畜流产。

2. 临床病理学

（1）急性钩体病：死于急性钩体病的牛呈败血症性变化，以黄疸、出血、严重贫血为特征。病牛尸僵不全或缺乏。唇、齿龈、舌面、鼻镜、耳颈部、腋下、外生殖器的黏膜或皮肤发生局灶性坏死与溃疡。皮下、肌间、胸腹下、肾周组织发生弥漫性胶样水肿与散在性点状出血。胸腔、腹腔以及心包腔内有过量的黄色或含胆红素性液体。肺脏苍白、水肿，膨大，肺小叶间质增宽。心肌柔软，呈淡红色，心外膜有点状出血，心血不凝固。肝脏体积增大、变脆，呈淡黄褐色，显胆汁着染，被膜下偶见点状出血，切面结构不清，有时可见灰黄色坏死病灶。脾脏不肿大，被膜下见点状出血。肾脏肿大至正常的 3～4 倍，质地柔软，被膜易剥离，肾表面光滑，有不均匀的充血与点状出血。在溶血临界期，肾脏颜色变暗，血红素进入肾脏后，呈出血性外观。切面上肾皮质与髓质界限不清，一般无眼观坏死性病变。膀胱膨胀，充满血性、混浊的尿液。全身淋巴结肿大、柔软、水肿，尤其是内脏器官、肩胛上、股、胴淋巴结最为明显，切面多汁，偶见点状出血。

（2）亚急性钩体病：尸体皮肤常发生大片坏死，有的病例出现干性坏疽与腐离。全身组织轻度黄染，肝脏、肾脏出现明显的散在性或弥漫性灰黄色病灶，乳房与乳房上淋巴结肿大、变硬，脾脏肿大。

（3）慢性钩体病：尸体消瘦，极度贫血，缺乏黄疸。黏膜、皮肤局灶性或片状坏死。全身淋巴结肿大，质地变硬。肝脏肿胀不明显。肾脏变化具有特征性。肾皮质或肾表面出现灰白色、半透明、大小不一的病灶，病灶有时呈灰黄色，表面略低于周围正常的组织，切面坚硬、柔韧，髓质内也有类似的病变。流产胎儿，胎膜经常发生自溶与水肿。胎儿皮下水肿，胸腔、腹腔内有大量的浆液性血性液体，肾脏出现白色斑点。

（4）实验室检查：病牛肾被膜下、皮质、髓质内有淋巴细胞与少量浆细胞、中性粒细胞浸润的局灶性病变。产出死胎的母牛，绒毛尿囊水肿增厚至 2.6cm。胎盘组织学检查，绒毛间腔隙与周围区的母体上皮与胎儿上皮分离，有许多细胞性碎屑，滋养层脱落，50% ~ 70% 的胎儿绒毛上皮细胞坏死，胎盘基部有中性粒细胞浸润。流产母牛子宫腔可见有坏死碎屑。绒毛尿囊族腐烂、排出不全，肉阜表面粗糙、不规则，切面坚实。肉阜镜检有大量中性粒细胞、淋巴细胞及巨噬细胞浸润。

3. 流行病学

钩端螺旋体的动物宿主非常广泛，几乎所有温血动物都可感染。低湿草地、死水塘、水田、淤泥沼等呈中性和微碱性有水地方被带菌的鼠类、家畜的尿污染后成为危险的疫源地。本病主要通过皮肤、黏膜和经消化道食入而传染，也可通过交配、人工授精和在菌血症期间通过吸血昆虫如蜱、虻、蝇等传播。

本病有明显的流行季节，每年以 7 ~ 10 月为流行的高峰期，其他月份常仅为个别散发。饲养管理与本病的发生和流行有密切关系，饥饿、饲养不合理或其他疾病使机体衰弱时，原为隐性感染的动物表现出临诊症状，甚至死亡。管理不善，畜舍、运动场的粪尿、污水不及时清理，常常是造成本病暴发的重要因素。

（二）防治措施

1. 预防

消灭自然疫源地，切断传染源的传播途径和提高动物的免疫力，是控制本病的关键。因此，应做好平时的灭鼠工作，严格控制病畜和带菌家畜，及时治疗；搞好畜舍消毒和粪便发酵处理；保护水源不受污染和污染水的消毒；定期做好人畜自动免疫。

2. 治疗

高免血清早期应用可得到满意结果，牛 80 ~ 120mL，皮下注射，静脉注射减半。青霉素、链霉素、四环素、金霉素、土霉素、庆大霉素均有一定疗效。每日 2 次，轻的连续 2~3d，重的 4~6d。

【附红细胞体病】

同"皮肤黏膜苍白鉴别诊断"中常见疾病的诊断与治疗。

【无浆体病】

由无浆体引起的一种急性或慢性蜱媒性传染病，临床发病以高热、贫血、消瘦、衰弱和黄疸为特征。本病主要分布于热带和亚热带，我国也有该病的流行。

（一）诊断要点

1. 临床症状

潜伏期 17~45d。临床上分为急性和慢性两种病型。急性病例体温突然升高达 40~42℃。病牛鼻镜干燥，食欲减退，反刍减少，皮肤、黏膜苍白黄染，呼吸加快，心跳增数。虽有腹泻，但便秘更为常见，粪便暗黑，常带有血液或黏液，病牛发生顽固性的前胃弛缓，患病后 10~12d，体重减轻 7%。同时可出现肌震颤、流产、发情抑制等。慢性病例呈渐进性消瘦、黄疸、贫血、衰弱、淤斑。

2. 临床病理学

病牛体表有蜱附着。大多数器官的变化都与贫血有关。尸体消瘦，内脏器官脱水、黄染。体腔有少量渗出液。颈部、胸下与腋下部位皮下轻度水肿。肺脏气肿。脾脏肿大，髓质变脆。肝脏显著黄疸，胆囊扩张，充满胆汁，真胃有出血性炎症，大、小肠有卡他性炎症。淋巴结水肿。血液稀薄，骨髓增生呈红色。

3. 流行病学

本病病原为无浆体科、无浆体属的几种无浆体。无浆体主要寄生于红细胞的胞浆中，除中央无浆体常位于红细胞中央外，其余几种无浆体多位于红细胞的边缘。革兰染色阴性，姬姆萨染色呈紫红或蓝色。上述 3 种无浆体有宿主特异性，在补体结合反应中具有抗原交叉性。

幼龄动物易感性低，而 1 岁以上动物发病严重。耐过动物可成为带菌者。传播媒介主要是蜱，多数为机械性传播，少数为生物学传播。本病有明显的季节性和地区性，多在高温季节发生，我国南方于 4～9 月多发，北方在 7～9 月以后发生。

（二）防治措施

常用的药物有四环素、金霉素或土霉素等。同时应用杀虫剂杀灭环境和动物体表的吸血昆虫，防止新的病例继续出现。

【巴贝斯虫病】

见"腹泻鉴别诊断"中常见疾病的诊断与治疗。

【肝片吸虫病】

见"腹泻鉴别诊断"中常见疾病的诊断与治疗。

【肝炎】

是中毒性和传染性因素侵害肝实质所致的一类肝脏疾病，其特征为肝细胞炎症、变性、坏死，发生黄疸、消化机能障碍。

（一）诊断要点

食欲不振或者拒食，粪便干燥或者稀，有异臭，颜色变浅。眼结膜充血或者苍白并黄染，体温原发性 40℃以上，继发性则无变化，触诊肝大，叩诊疼痛。

1. 临床症状

（1）原发性：体温 40℃以上，食欲废绝，精神沉郁。拱腰，右肋区叩诊疼痛。粪便时干时稀，有异臭，粪便颜色变浅。牛在最后肋弓触诊可以感到肝肿大，严重时超过肋弓 2～3cm，按压疼痛。眼结膜充血，黄染。

（2）继发性：多数呈慢性，体温不升高，眼结膜苍白或者树枝状充血并黄染。食欲减退、反刍减少、精神不振、触诊肝肿大、叩诊疼痛。

2. 临床病理学

初期表现肝脏肿大，边缘钝圆，质地脆弱，脂肪变性，血管充血，切面呈红褐色、灰褐色或灰红色。中期肝脏体积缩小，被膜皱缩，边缘变薄，肝组织柔软，切面呈黄褐色或灰黄色。晚期肝体积显著缩小，质地柔软，触摸有波动感。组织学检查可见，肝细胞变性和坏死，并不同程度的纤维组织增生。

3. 病因

中毒性因素　长期饲喂霉变饲料（特别是含黄曲霉菌素），或采食多量有毒植物，如羽扇豆、蕨类植物等，是引起急性实质性肝炎的主要原因；化学性毒物中毒如砷、磷、锑、汞、铜、四氯化碳、六氯乙烷、氯仿、鞣酸、甲酚等化学物质，可直接损伤肝细胞，引起急性实质性肝炎或肝坏死；代谢产物因素，由于机体物质代谢障碍，使大量中间代谢产物蓄积，引起自体中毒，如饲喂尿素过多或者尿素循环障碍；霉菌毒素中毒，如镰刀菌、杂色曲霉菌、红青霉、黑团孢霉等。

传染性因素　细菌、病毒、寄生虫等病原体感染进入肝脏，可破坏肝组织并产生毒性物质，同时其自身在代谢过程中也释放大量毒素，并且还以机械损伤作用使肝脏受到损伤，导致肝细胞变性、坏死。

其他因素　药物因素，如反复投放氯丙嗪、氟烷、氯噻嗪等可引起急性肝炎。此外在大叶性肺炎、坏疽性肺炎、心脏衰弱等疾病，由于循环障碍，肝脏长期淤血，窦状隙内压增高，可导致门静脉性肝炎。

4. 发病机理

在致病因素的作用下，肝组织炎性病变，肝细胞变性、坏死和溶解，引起肝脏的代谢和解毒机能严重障碍，胆汁形成和排泄障碍，大量的胆红素滞留，毛细胆管扩张、破裂，从而进入血液和窦状隙，且血液中的胆红素增多，引起黄疸。

由于胆汁排泄障碍，血液中胆酸盐过多，刺激血管感受器，反射性地引起迷走神经中枢兴奋，心率减慢。并因排泄到肠内的胆汁减少或缺乏，既影响脂肪的消化和吸收，又使肠道弛缓，蠕动缓慢，故在病的初期便秘。继而肠内容物腐败分解过程加剧，脂肪吸收障碍，发生腹泻，粪色灰淡，有强烈臭味。并因肠道中维生素 K 的合成与吸收减少，凝血酶原降低，故形成出血性素质。

肝细胞变性、坏死引起肝脏糖代谢障碍，肝脏即不能充分利用随门静脉运入肝脏的葡萄糖合成糖原，同时糖原的分解也减少，结果使ATP 生成不足，而且使血液中脂类和乳酸含量增多，血糖降低使脑组织因能量供应不足，且肝细胞变性、坏死，引起氨基酸的脱氨基及尿素合成障碍，使血氨含量增高，氨扩散入脑，并与三羧酸循环中的α-酮戊二酸结合产生谷氨酸，继而生成谷氨酰胺，由于α-酮戊二酸减少，三羧酸循环障碍，影响脑细胞的能量供应，而出现肝性昏迷。由于 ATP 生成不足，难以维持机体生命活动的需要，在神经—体液因素的调节下，大量脂肪组织分解，脂肪运至肝脏。由于缺乏肝糖原，草酰乙酸也减少或缺乏，所以脂肪分解形成的乙酰辅酶 A 也难以进入三羧酸循环而彻底氧化。在脂类含量增高的同时，脂肪分解代谢相应加强，产生多量酮体，使机体中酮体和乳酸含量增加，致使机体发生酸中毒。

（二）防治措施

加强饲养管理，停止喂给霉败饲料和有毒的饲草，有寄生虫的进行驱虫。兴奋的家畜使其保持安静，饲喂富含维生素易消化的饲料。

治疗原则是排除病因，加强护理，保肝利胆，清肠止酵，促进消化机能。

（1）保肝利胆：25% 葡萄糖注射液 500～1 000mL、5% 维生素 C 注射液 30mL、10% 安钠咖 30mL 静注，每日 2 次。为保肝解毒，用 20% 肝泰乐 50～100mL 静注。

（2）清肠止酵：可用硫酸钠（或硫酸镁）300g，鱼石脂 20g，酒精 50mL，常水适量，内服。

（3）方剂：茵陈 15g，栀子 5g，白术、郁金、厚朴、橘皮、法半夏各 35g，猪苓、泽泻、滑石各 50g，通草 20g，共为末，煎服，日 2 次。

【胆囊炎】

胆囊炎是由胆道细菌感染、结石阻塞、寄生虫等多种原因引发的胆囊炎症过程，以厌食、黄疸、反复呕吐等为主要临床特征。

（一）诊断要点

恶心，呕吐，可有高热或寒战。可见黄疸，右上腹明显压痛，腹肌紧张，或可触及肿大的胆囊。血白细胞数和中性粒细胞比例增高，核左移或见中毒颗粒。B 超是诊断的主要依据，可显示胆囊肿大程度、积液、积脓、胆囊周围渗出性改变。

1. 临床症状

病畜食欲不振、消化不良、便秘或腹泻、消瘦、贫血、浮肿、腹水等恶寒战栗，轻微黄疸；肝脏部位触诊，病畜有疼痛表现。化脓性胆管炎，可发生恶寒战栗、间歇性高热，白细胞增多，核左移等症状。胆囊穿孔，则出现穿孔性腹膜炎的症状。

特殊诊断技术 B 型超声进行检查可见胆囊肿大、胆囊壁增厚、胆囊内壁有低回声带，胆囊内可见浮游物。慢性胆囊炎的后期，胆囊壁全部石灰化，此时能见到陶器样胆囊。

2. 临床病理学

ALT、ALP、血清胆红素值上升，C-反应蛋白（CRP）上升，白蛋白数增加，核左移。胆管变粗，胆囊肿大、其黏膜充血有出血点，管壁和囊壁增厚，胆汁浓缩混浊或污秽，有时胆道内有虫体。

3. 病因

细菌感染 是本病的主要诱发因素，细菌等可通过十二指肠侵入肝脏，引发胆管和胆囊炎性变化。

胆管阻塞 也是本病的主要致病因素，胆结石，胆汁淤滞，胆道寄生虫的直接刺激和阻塞，可导致本病的发生。

其他因素 十二指肠黏膜炎症的蔓延，钩端螺旋体病、饲料中毒和误食有毒植物，这些疾病过程中往往伴发本病。

4. 发病机理

在解剖学上，胆囊是个盲袋，有细长而弯曲的胆管，并与肝总管汇合与胆总管相通。正由于这样的解剖形态，寄生虫、胆结石等容易引起梗阻并引发急性胆囊炎。由于胆管阻塞引起的大量淤积胆汁，其理化性质发生改变，出现胆汁酸，胆固醇及卵磷脂比例失调，造成胆汁中胆固醇含量过饱和，总胆汁池缩小，形成"致石性"胆汁，中小胆结石可以阻塞胆囊管或下行进入胆总管，造成胆道狭窄或梗阻，引起胆汁淤积，淤积的胆汁若没有及时排除，则大量聚集，高度浓缩。由于高浓度胆盐刺激，可引发化学性胆囊炎。胆固醇代谢障碍同样引起胆囊炎，肝脏排入胆道的胆固醇增加，胆汁中胆固醇的浓度随之增高，易于析出、沉淀，形成结石，阻塞胆管。

细菌感染可引起家畜胆囊炎。大肠杆菌及沙门氏菌是主要的致病菌，这些细菌通过十二指肠侵入肝脏，引起胆管和胆囊炎性变化，炎性渗出物中的脱落上皮、黏液、细菌集落等作为胆石形成的核心，有利于胆固醇、胆盐等沉积并逐渐垒砌成结石，炎性渗出物中的蛋白产物可使胆固醇和胆红质的溶解度降低，使其沉淀形成结石。且胆汁淤积直接引起胆管损伤。急性胆囊炎的发病早期并非细菌感染，而是由于胆囊的缺血、损伤、抵抗力降低，继发细菌感染，感染的细菌多为肠道常在菌群。

（二）防治措施

治疗原则 镇静，解痉止痛，抗菌消炎，防止继发感染。

保持动物安静，饲喂有营养、易消化的饲料。急性炎性过程，病畜疼痛不安时，可用水合氯醛内服或阿托品等肌内注射，解痉止痛。同时，应用青霉素、四环素或磺胺类药物消炎，防止继发感染。

对于胆道阻塞性胆囊炎，手术治疗较好，如果剖腹中未发现阻塞，应立即进行肝脏组织活检，同时对患畜进行对症治疗，使用乌索脱氧胆酸和维生素 E 对治疗有较好的辅助作用。

加强平时的饲养管理，饲喂优质日粮，防治中毒与感染，定期驱虫，当发生肠道疾病时及时治疗，防止继发此病。

【肝硬化】

肝硬化又称慢性间质性肝炎或肝纤维化，是由于各种中毒因素引发的肝细胞变性、坏死、萎缩，间质结缔组织增生和纤维化等广泛性的肝实质损害为基本病理特征的一种进行性慢性肝病。临床上以顽固性消化不良、渐进性消瘦、进行性腹水、黄疸、肝脾肿大以及神经机能紊乱为特征。

（一）诊断要点

根据病史，慢性消化不良、消瘦、黄疸、肝脾肿大、腹腔积液及神经机能扰乱等病症，结合血液和尿液检查结果，可作出诊断。确诊依据肝活体穿刺和病理组织学检查。

1. 临床症状

病的初期多呈现消化不良，便秘与腹泻交替发生，顽固性消化障碍，逐渐出现黄疸。牛呈现慢性前胃弛缓或瘤胃臌胀。随着病程的延长，体质衰弱，精神迟钝，呈现渐进性消瘦，最后陷于恶病质体态。当肝脏血管受到压迫，血液循环障碍时，病情显著恶化，两侧腹部下方膨大，有时甚至呈蛙腹状，腹腔穿刺有大量透明的淡黄色漏出液流出，且在腹腔液体排除后，经过数日，又出现腹水。尿中含有尿胆素、胆酸、胆红质。腹部叩诊，浊音区向后扩大，有时达到脐部。

2. 临床病理学

血清胶体稳定性试验，如硫酸浊度（ZTT）和麝香草酚浊度试验（TTT）等多为阳性反应。血清中肝源性酶活性上升，但其上升的程度低于炎症盛期的酶活性。外周血中的胆红素、氨、胆汁酸浓度上升，白蛋白降低、球蛋白上升。

根据病史，慢性消化不良、消瘦、黄疸、肝脾肿大、腹腔积液及神经机能扰乱等病症，结合血液和尿液检查结果，可作出诊断。确诊依据肝活体穿刺和病理组织学检查。

3. 病因

原发性肝硬化，主要由各种中毒引起。如长期饲喂霉变饲料

（含有黄曲霉素毒素）或含有酒精的酒糟和腐败变质的饲料；饲料中长期缺乏蛋白质与维生素，肝脏营养不良，亦能促进肝硬化的发生和发展；家畜误食含有生物碱之类化学物质有毒植物，可引起肝营养不良，逐渐导致肝硬变；化学物质中毒也可导致肝硬化，如铜、砷、磷、铅、氯仿、四氯化碳、四氯乙烯、沥青等化学物质中毒。

继发性肝硬化，常见于钩端螺旋体病、犊牛副伤寒等传染病；门静脉栓塞、胆管疾病、心脏瓣膜病、充血性心力衰竭等内科病；牛肝片吸虫等寄生虫病；肝脓肿引起的肝营养不良、肝实质变性等都可引起本病的发生。

4. 发病机理

肝硬化的发生和发展，主要由于各种有毒物质，特别是饲草中的有毒植物所含的生物碱等化学物质被消化道吸收后，经门静脉、肝动脉或胆管进入肝脏，引起肝细胞变性、坏死。残留的肝细胞显著再生，坏死部逐渐被增生的结缔组织所代替，因而肝变硬和变形。

营养不良性肝硬化是由长期营养缺乏引起，特别是蛋白质、抗脂肪肝因素和 B 族维生素缺乏，如含胱氨酸的蛋白质、胆碱等，使肝细胞内酶的生成、活性及脂肪代谢等受到影响，肝细胞的抵抗力降低，受各种有害因素的损害而发生变性坏死。寄生虫性肝硬化是虫卵大量沉积引起，未成熟的虫卵仅引起很轻的反应，而成熟虫卵则被淋巴细胞、巨噬细胞、嗜酸性粒细胞、中性粒细胞及浆细胞包围，逐渐生成上皮样细胞，然后成为成纤维细胞，虫卵内毛蚴死亡后渐成假结核结节，最终被吸收，形成纤维性结节，最终发展为纤维化。其他的继发性肝硬化主要是通过引起肝细胞的变性坏死而引起肝硬化。

（二）防治措施

本病目前尚无理想疗法，主要是除去病因，加强饲养管理，保护肝脏，给予富含碳水化合物、维生素、蛋白质、低脂肪及容易消化的饲料，增强肝细胞功能。

药物疗法，用硫酸钠或人工盐灌服，清理胃肠，促进胆汁分泌。为了增强心脏机能，防止肝实质性变性，可以应用葡萄糖溶液静脉注射，尚可应用酵母片、维生素 A、维生素 B_1、复合维生素 B、维生素 B_{12}、维生素 C、维生素 K 等治疗。

出现腹水时，可用强心利尿药，促进腹腔渗出液的吸收，如利尿酸，或醋酸钾，安钠咖，洋地黄叶末。药物治疗无效时，可施行穿腹术放出腹腔积液。除适时穿刺排液外，可适当应用水解蛋白液，静脉注射，以提高血浆胶体渗透压，减轻腹水的发生。

【杂色曲霉毒素中毒】

杂色曲霉毒素中毒是动物采食杂色曲霉毒素污染的饲料引起的一种中毒病。临床上以渐进性消瘦和全身性黄疸为特征，病理学特征为病理变化以肝细胞和肾小管上皮细胞变性、坏死，间质纤维组织增生。

（一）诊断要点

1. 临床症状

奶牛呈慢性经过，产奶量下降，腹泻，皮肤黏膜黄疸，严重者血痢，最后衰竭死亡。

2. 临床病理学

主要表现为肝脏肿大，表面不平，呈黄绿色，呈花斑样色彩。皮下、腹膜、脂肪黄染。肺、脾、膀胱、胃肠道、肾脏广泛性出血。病理组织学变化可见肝细胞严重空泡化和脂肪变性，肝细胞间纤维组织增生。肾小管上皮细胞空泡变性或坏死脱落。大脑部分神经细胞空泡化，呈网织状。特征性的剖检变化是皮肤和内脏器官高度黄染。皮下组织、脂肪、浆膜、黏膜均黄染。肝脏肿大，质脆，胆囊充满胆汁。胃肠道黏膜充血，肾脏肿大、质软、色暗，全身淋巴结水肿。

3. 病因

杂色曲霉毒素又称柄曲霉毒素，主要由杂色曲霉、构巢曲霉和离蠕孢霉 3 种霉菌产生。这 3 种主要产毒霉菌普遍存在于土壤、农作物、食品和水果中，如小麦、大米、玉米、花生、面粉、火腿、干酪和黄油等。

杂色曲霉毒素是一类化学结构相似的化合物，其基本结构为一个双呋喃环和一个氧杂蒽酮。该病主要是牛食入被杂色曲霉素污染的饲草引起。

（二）防治措施

无特效疗法，根据病情给予对症治疗。使役家畜应充分休息，保持环境安静，避免外界刺激。增强肝脏解毒机能，恢复中枢神经机能，防止继发感染。可选用高渗葡萄糖溶液和维生素 B_1 静注，也可口服肝泰乐、肌苷片等。病畜兴奋不安时，可用 10% 安溴注射液，内服水合氯醛。防止继发感染可选用抗生素类药物。

【栎树叶中毒】

栎树叶中毒又称青冈叶中毒、橡树叶中毒、柞树叶中毒等，是指动物采食栎树的枝叶后引起的一种中毒病。临床上以便秘或下痢、水肿、胃肠炎和肾脏损害为主要临床特征。本病对牛类的危害最为严重。

（一）诊断要点

1. 临床症状

自然中毒病例多在采食栎树叶 5～15d 发病。病牛首先表现精神沉郁，食欲、反刍减少，厌食青草，喜食干草。瘤胃蠕动减弱，肠音低沉，很快出现腹痛综合征（磨牙、不安、后退、后坐、回头顾腹以及后肢踢腹等）。排粪迟滞，粪球干燥，色深，外表有大量黏液或纤维性黏稠物，有时混有血液，粪球常串联成念珠状或算盘珠样，严重者排出腥臭的焦黄色或黑红色糊状粪便，鼻镜干燥或龟裂。病初排尿频繁，量多，清亮如水，有的排血尿。随着病情进展，饮欲逐渐减退以致消失，尿量减少，甚至无尿。病的后期，会阴、股内、腹下、胸前、肉垂等部位出现水肿，触诊呈捏粉样。腹腔积水，腹围膨大而均匀下垂，病畜虚弱，卧地不起，出现黄疸、血尿、脱水等症状，最终死亡。体温一般无变化。妊娠牛可见流产或胎儿死亡。

2. 临床病理学

身体下垂部如下颌、肉垂、胸腹下部多积聚有数量不等的淡黄色胶胨样液体，各浆膜腔中都有大量积液。消化道黏膜肿胀、出血、溃疡等。胆囊肿大，肾脏多数肿大、变性、出血点或出血斑，皮质和髓质界限模糊。

3. 病因

栎树又称橡树，俗称青冈树、柞树，是显花植物双子叶门壳斗科（即山毛榉科）栎属植物。本病发生于生长栎树的林带，尤其是乔木被砍伐后，新生长的灌木林带。放牧牛羊可因大量采食栎树叶而中毒。尤其是春季干旱，其他牧草发芽生长较迟，而栎树返青早，栎树叶有一定的适口性，可加重耕牛的采食及中毒机会，可大批发病死亡。

4. 发病机理

栎树叶中的主要有毒成分是高分子栎丹宁，在胃肠内可经生物降解产生毒性更大的低分子多酚类化合物（包括没食子酸、邻苯三酚、间苯二酚、联苯三酚），通过胃肠黏膜吸收进入血液循环并分布于全身器官组织，从而发生毒性作用。

（二）防治措施

治疗 原则为排出毒物，解毒和对症治疗。

为促进胃肠内容物的排出，可用 1% ~ 3% 氯化钠溶液 1 000 ~ 2 000mL，瓣胃注射；或用鸡蛋清 10 ~ 20 个，蜂蜜 250 ~ 500g，混合 1 次灌服；或灌服菜油 250 ~ 500mL。碱化尿液，促进血液中毒物排泄，可用 5% 碳酸氢钠 300 ~ 500mL，1 次静脉注射。

硫代硫酸钠 5 ~ 15g，制成 5% ~ 10% 溶液 1 次静脉注射，每日 1 次，连续 2 ~ 3d，对初中期病例有效。对机体衰弱，体温偏低，呼吸次数减少，心力衰竭及出现肾性水肿者，使用 5% 葡萄糖生理盐水 1 000mL，林格氏液 1 000mL，10% 安钠咖注射液 20mL，1 次静脉注射。

对出现水肿和腹腔积水的病牛，用利尿剂。晚期出现尿毒症的还可采用透析疗法。为控制炎症可内服或注射抗生素和磺胺类药。

预防　根本措施是恢复栎林区的自然生态平衡，改造栎林区的结构，建立新的饲养管理制度。

【铜中毒】

铜中毒是动物因摄入过量铜引起的一种中毒性疾病。根据病程可分为急性铜中毒和慢性铜中毒。根据疾病起始原因，分为原发性铜中毒和继发性铜中毒。临床上以腹痛、腹泻、肝机能异常和溶血危象为特征。

（一）诊断要点

急性铜中毒可根据病史，结合腹痛、腹泻、PCV 下降而作出初步诊断。牛兽饲料中铜浓度 >30mg/kg 有重要诊断意义。慢性铜中毒诊断主要根据肝、肾、血浆铜浓度及酶活性测定而定。当肝铜浓度 >500/kg，肾铜浓度 >80 ~ 100mg/kg（干重），血浆铜浓度（正常值为 0.7 ~ 1.2mg/L）大幅度升高时，有溶血危象先兆，即可诊断。但应与其他引起溶血、黄疸的疾病相鉴别。

1. 临床症状

牛急性铜中毒时，主要表现剧烈腹痛、腹泻、频频排出稀水样粪便，有时排出淡红色尿液。慢性铜中毒，早期表现肝、肾铜含量大幅度增加，体重增长缓慢；中期表现肝功能明显异常，天冬氨酸氨基转移酶、精氨酸酶和山梨醇脱氨酶活性迅速升高，血浆铜浓度也逐渐升高，但精神、食欲变化轻微，此期由于个体差异，可维持 5 ~ 6 周；后期，表现烦渴，呼吸困难，卧地不起，血液呈酱油色，血红蛋白浓度降低，可视黏膜黄染，红细胞形态异常，红细胞内出现 Heinz 小体，PCV 极度下降。

2. 临床病理学

剖检可见急性铜中毒时消化道充血、出血甚至溃疡，牛有的真胃破裂。胸、腹腔内有红色积液。膀胱出血，内有褐红色尿液。慢性铜中毒，肝呈黄色，质脆，有灶状坏死。肝窦扩张，肝小叶中央坏死，胞浆严重空泡化，脱落的枯否氏细胞内有大量含铁血黄素沉着，肝细胞溶解。肾呈黑色、肿胀，切面有金属光泽，肾小管上皮细胞变性、肿胀，肾小球萎缩，脾脏肿大，弥漫性淤血和出血。

3. 病因

急性铜中毒多因一次误食大剂量可溶性铜盐引起，如牛在含铜药物喷洒过不久的草地放牧，或饮用含铜浓度较大的饮水等。慢性铜中毒常因环境污染如矿山周围，铜冶炼厂、电镀厂附近，因含铜灰尘、残渣、废水中的含铜化合物污染了周围的土地，使土壤铜含量升高或由于地球化学因素区域性土壤中铜含量升高，或长期用含铜较多的猪粪、鸡粪施肥的草场，导致牧草、饲料铜含量过高，引起牛铜中毒。饲料调配不当，铜盐添加过多或不均。饲料中钼和硫过少，或吸收不足，也会引起继发性铜中毒。某些植物如三叶草等可促进铜在肝内蓄积，易诱发溶血危象。

4. 发病机理

一次摄入大量铜盐，对胃肠黏膜产生直接刺激，引起胃肠炎症。临床上出现流涎、腹痛、腹泻等症状。肝脏是体内铜贮存的主要器官，吸收入血的大量铜离子积聚在肝细胞核、线粒体及肝浆液中，可损伤这些亚细胞结构，引起肝功能异常。当肝铜浓度过高，在某些诱因作用下，肝铜迅速释放入血，血浆铜浓度大幅度升高，红细胞膜变性、红细胞内海因兹（Heinz）小体形成，发生溶血临床上出现血红蛋白尿、黄疸、PCV 值下降，动物极度虚弱，多在 1～3d 内死亡。肾脏也是铜贮存和排泄的器官之一，出现溶血危象后，产生肾小管坏死和肾功能衰竭。

（二）防治措施

立即中止铜供给。静脉注射三硫钼酸钠，剂量为 0.5mg/kg 体重，稀释成 100～200mL 溶液，缓慢静脉注射，3 小时后视病情可追加等剂量钼盐重复注射，对急性铜中毒羊有保护作用，四硫钼酸钠亦有同等效果。亚临床中毒及经用硫钼酸钠抢救脱险的病畜，可在日粮中补充钼酸铵100mg、硫酸钠1g，拌匀饲喂，连续数周，直至粪便中铜含量接近正常水平后停止。

（加春生）

主要参考文献

［1］董彝．实用牛马病临床类症鉴别［M］．北京：中国农业出版社，2001．

［2］王小龙．兽医内科学［M］．北京：中国农业出版社，2004．

［3］张树基，罗明泉．内科症状鉴别诊断学［M］．北京：科学出版社，2011．

［4］李义，张乃生．动物群体病症状鉴别诊断学［M］．北京：中国农业出版社，2003．

［5］王广华，徐文阁，陈瑛琦，等．牛肝片吸虫病及其防控措施［J］．中国畜牧兽医文摘，2014，30（1）：68．

［6］杨正国．中西医结合治疗牛肝片吸虫病［J］．贵州畜牧兽医，2012，35（2）：38－39．

［7］汪翠．牛肝片吸虫病的诊断与防治［J］．养殖技术顾问，2011，1：81．

［8］丁淑春．牛钩端螺旋体病的病理变化与诊断［J］．养殖技术顾问，2014，2：140．

［9］宋文海．钩端螺旋体病［J］．吉林畜牧兽医，2013，12：62－63．

［10］陈忠贵．慢性胆囊炎的病因与发病机制［J］．中国农村医学，1991，10：12－13．

［11］程治德．中西医结合治疗牛肝炎［J］．中兽医医药杂志，1993，1：32－34．

第九章

不孕症

不孕症是指暂时性或永久性的繁殖障碍，是严重危害养牛业的一种常见症状。临床上主要表现为不发情、乏情、无规律发情、屡配不孕等。

一、生理解剖基础

雌性生殖系统由生殖腺（卵巢）、生殖管（输卵管、子宫）、交配器官和产道（阴道、尿生殖前庭）和阴门组成。

牛的卵巢呈稍扁的椭圆形，长约3.7cm，宽约2.5cm，随着性周期的变化，有成熟的卵泡和黄体突出于卵巢表面，直肠检查可触摸到。未怀孕的母牛，卵巢位于骨盆腔内，耻骨前缘两侧稍后，经产母牛的卵巢位于腹腔内，耻骨前缘的前下方。

输卵管是位于卵巢和子宫之间的一条细管，是输送卵细胞和进行受精的场所，生理情况下，一般触摸不到的牛的子宫位于腹腔右侧，子宫角细长，子宫体很短，子宫体和子宫角的黏膜上，有圆形的特殊隆起，称为子宫阜或子宫子叶，是妊娠时与胎盘结合的部位，约一百余个。

阴道位于盆腔内，前接子宫，后接尿生殖前庭。阴道与尿生殖前庭的黏膜呈粉红色，是交配器官和产道。

在神经内分泌的作用下，性成熟母牛开始正常的性周期，卵巢有规律地出现卵泡和排卵过程，生殖器官伴随着出现一系列形态和生理变化。发情周期奶牛为21～22d，黄牛20～21d；发情期奶牛持续18～19小时，黄牛持续1～2d，奶牛排卵时间为发情结束后10～11

小时。卵子在输卵管内受精并开始发育，约 4d 以桑葚胚进入子宫，继续发育为卵泡并逐渐被埋入子宫内膜而被固定完成种植，开始妊娠。

二、不孕的病因

（一）疾病性不孕

1. 先天性疾病

是由于生殖器官先天畸形引起的不孕。常见疾病有幼稚病、异性孪生、两性畸形，以及阴道、子宫角畸形、子宫颈畸形等。

2. 获得性疾病

是指出生后各种因素引起的不孕。常见于某些传染病、寄生虫病、中毒病、营养代谢病等，如布氏杆菌病、硒缺乏、玉米赤霉烯酮中毒等。

（二）管理性不孕

1. 饲养性不孕

是由于饲料营养不足或过剩而导致的母牛不孕称作饲养性不孕。

2. 管理性不孕

是由于饲养者管理不到位而导致的母牛不孕称作管理性不孕，如环境卫生不良、运动不足、挤奶过度、泌乳期长、防暑降温、防寒保暖设施不完善等。

3. 繁殖技术性不孕

是由于繁殖技术不良而导致的母牛不孕称作繁殖技术性不孕，如发情鉴定不细、输精不及时不熟练、精液品质不良、处理不当、妊检技术不准确等。

三、不孕的鉴别诊断思路

（一）不孕症确认

确认不孕的主要依据，是指母牛超过适龄配种年龄 3 个月以上仍不发情配种和产后经三个发情周期进行配种仍不受孕。

（二）区分母牛不孕是先天性不孕和后天获得性不孕

1. 先天性不孕

若牛只已达到性成熟但从未分娩过，则考虑先天性不孕。

（1）幼稚病：母牛到配种年龄但不发情或发情不孕，阴道检查可见阴门和阴道明显狭窄，直检时子宫角很细小，卵巢小如豌豆。

（2）两性畸形：直肠检查发现奶牛既有雌性生殖器官也有雄性生殖器官。

（3）生殖器官畸形：通过视诊、触诊和直肠检查可以确诊。

（4）异性孪生：有龙凤胎生产史，伴有雌性犊牛生殖器官发育不良，性成熟后不会发情。

2. 后天获得性不孕

若牛只达到性成熟后已经生产过而后表现的不孕，则考虑后天获得性不孕。

（1）饲养性不孕：无疾病史，根据整体检查后的营养状况进行判定。

（2）管理性不孕：无疾病史，营养状况良好，则考虑管理性不孕。

（3）繁殖技术性不孕：生殖系统结构和功能正常，无疾病史，无饲养管理不良表现，则考虑繁殖技术性不孕。

（4）疾病性不孕：通过问诊了解半年内母牛是否患过全身性疾病与母畜有关的传染病及其严重程度，如果有则判断为疾病性不孕。临床上繁殖性疾病子宫性疾病比较多见，可以根据每一种病的典型临床症状进行鉴别诊断，也可同时辅助实验室检查，如细菌学、寄生虫、血清学和粪便检查等。

四、症 状 治 疗

治疗原则是早确诊、早治疗、加强护理、消除病因和对症治疗。

早确诊、早治疗。根据病牛的临床症状，问诊情况，视诊、触诊和直检情况以及实验室检查结果，尽早确定疾病类型、尽早制定疾病的治疗计划并尽早执行。

加强护理。改善饲养管理，针对发病因素，采取针对性措施，营养要全面，保持一定运动量。

对症治疗：手术疗法，激素疗法，抗菌消炎，促进炎性产物的排出和子宫机能的恢复。

五、常见疾病的诊断与治疗

【牛昏睡嗜血杆菌感染】

同"咳嗽鉴别诊断"中常见疾病的诊断与治疗。

【牛生殖道弯曲杆菌病】

牛生殖道弯曲杆菌病是由胎儿弯曲菌引起的一种以不育、流产为主要症状的繁殖障碍性传染病。

（一）诊断要点

1. 临床症状

母牛在交配感染后，病菌一般在 10～14d 侵入子宫和输卵管中，并在其中繁殖，引起发炎。病初阴道呈卡他性炎，黏膜发红，特别是子宫颈部分，黏液分泌增加，有时可持续 3～4 个月。黏液常清澈，偶尔稍混浊。同时还有子宫内膜炎，但临诊上不易确诊。母牛生殖道病变的后果是胚胎早期死亡并被吸收，不少牛发情周期不规则和特别延长。如每次发情都使之交配，不孕的持续时间因牛只而异，有的牛于感染后第二个发情期即可受孕，有的牛即使经过 8～12 个月仍不受孕，但大多数（约占 75% 左右）母牛于感染后 6 个月可以受孕。

有些怀孕母牛的胎儿死亡较迟，则发生流产。流产多发生于怀孕的第 5～6 个月，但其他时期也可发生。流产率约 5%～20%。早期流产，胎膜常随之排出，如发生于怀孕的第 5 个月以后，往往有胎衣滞留现象。

2. 临床病理学

母牛感染胎儿弯曲菌亚种后，可见到子宫内膜炎及淋巴细胞浸润。胎盘的病理变化最常为水肿，胎儿的病变与在布氏杆菌病所见者相似。流产胎牛皮下和体腔内有血样浸润。

3. 流行病学

弯曲菌为革兰氏阴性的细长弯曲杆菌，呈撇形、S形和O形。本病病牛和带菌的公牛及康复的母牛是主要的传染源。胎儿弯曲菌的自然宿主是健康带菌公牛，可带菌数月或更长时间。病原菌主要通过自然交配传播，母牛感染后，1周后可从子宫颈、阴道黏液中分离出病原菌，感染后3周至3个月菌数最多。慢性带菌公牛精液中存在胎儿弯曲菌，经人工授精可造成该疾病扩大蔓延的危险。成年牛大多数有易感性，未成年者稍有抵抗力。

（二）防治措施

牛群暴发本病时，应暂停配种，3个月，同时用抗生素治疗病牛，一般认为局部治疗较全身治疗有效。流产母牛，特别是胎膜滞留的病例，可按子宫炎常规进行处理，向子宫内投入链霉素和四环素族抗生素，连续5d。

【新孢子虫病】

新孢子虫病是由犬新孢子虫引起的一种牛寄生虫病临床上以不孕、流产或死胎，以及新生儿的运动神经障碍为特征。

（一）诊断要点

1. 临床症状

临床上患病奶牛可出现不孕、流产、死胎等症状，即使能产出胎儿，体质也较弱。感染的新生犊牛四肢无力、关节拘谨、后肢麻痹、运动障碍、明显头部震颤、头盖骨变形、眼睑反射迟钝、角膜轻度混浊。

2. 临床病理学

剖检可见小脑发育不全，脑膜脑炎、脊髓炎、脊髓中灰质较少，形成灶性空洞，有原虫性包囊。心肌炎，心肌的单核细胞内含有大量的裂殖子。胎盘绒毛叶的绒毛坏死并有原虫病灶。病变主要集中在流产胎儿的心、脑、肝、肺、肾和骨骼肌。流产胎儿比较典型的病理变化为多灶性非化脓性脑炎和非化脓性心肌炎，同时在肝脏内可能伴有多非化脓性细胞浸润和局灶性坏死。脑部有明显的坏死区和空洞，大脑皮质、脑桥和髓质的灰质和白质均出现神经胶质增生。在坏死和空洞区，大量网织细胞聚集，由于增生、内皮肿胀和血管周围的白细胞浸润，而致毛细血管扩张。还有散在的核碎片、球形体和矿化的细胞碎片，但也有少量的浆细胞和中性粒细胞。由于轴突水肿和变性，引起神经纤维网周围的海绵层细胞间质水肿。肝门静脉周围单核细胞浸润，出现不同程度的坏死灶。骨骼肌有大量坏死和变性的肌细胞，并伴有巨噬细胞和淋巴细胞浸润。一些肌细胞部分矿化。肠系膜淋巴结肿胀、出血和坏死。胎盘绒毛层的绒毛坏死。

间接荧光抗体试验　此法用于测定血清或初乳中抗犬新孢子虫 IgG 抗体效价，以确定患畜是否感染此病。该法对于犊牛先天性感染的诊断很重要。

免疫组织化学法　利用犬新孢子虫血清可以使虫体特异性着染，而弓形虫及其他原虫血清则不能使虫体着染这一特性进行特异性诊断。用兔抗犬新孢子虫血清对福尔马林固定、石蜡包埋的组织切片进行染色，包囊和速殖子均能检出，适用于各种动物的检测。

超微结构检查法　通过透射电镜观察病原体的超微结构，根据棒状体的结构和数量、微丝和电子致密体的数量和位置等予以鉴别。

3. 流行病学

犬新孢子虫属顶复门、孢子虫纲、球虫亚纲、真球虫目、肉孢子虫科、新孢子虫属。犬新孢子虫分 2 种类型，即繁殖病原体（速殖子）和囊性病原体（组织包囊）。

速殖子寄生于室管膜细胞、脊髓液单核细胞、神经细胞、血管或血管周围和其他体细胞中，位于嗜虫空泡内。单个速殖子呈卵圆形、新月形或圆形，含 1~2 个核。其大小为 $(4~7)$ μm × $(1.5~5)$ μm。可被犬新孢子虫血清特异性着染，而不被弓形虫血清着染，适宜于姬姆萨染色。

组织包囊主要寄生于脊髓和大脑中，呈圆形或卵圆形。大小不等，一般为（15~35）μm×（10~27）μm。囊壁厚1~3μm。囊内含有大量细长、PAS染色阳性的缓殖子。大小为（3.4~4.3）μm×（0.9~1.3）μm。

犬和狐狸都是新孢子虫的终末宿主；其他多种动物如牛、羊、马、猪、兔等均可作为中间宿主。

4. 发病机理

犬粪便中排出的卵囊和各种动物体内的包囊和速殖子均可以成为传染源感染其他动物。传染途径分为水平传播和垂直传播。犬作为终末宿主食入含有新孢子虫组织包囊的动物组织，虫体释放出来，进入肠上皮细胞进行球虫型发育，随粪便排出卵囊，卵囊在外界发育为孢子化卵囊；中间宿主吞食含有孢子化卵囊后遭受感染，子孢子随血流进入多种有核细胞寄生，在细胞内繁殖分裂形成速殖子，速殖子再次侵染新的细胞，机体强壮时可有效控制病情，是一部分速殖子转变为缓殖子，进而留在体内形成包囊长期存在；速殖子和活化的缓殖子可通过胎盘传递给胎儿造成流产、死胎或弱胎。

（二）防治措施

本病治疗尚处于探索阶段。在疾病早期可试用甲氧苄胺嘧啶、磺胺嘧啶和乙胺嘧啶等抗弓形虫药物进行治疗。

由于本虫生活史和感染源还不清楚，故尚无预防本病的有效方法，但胎盘感染已被证实，因此，淘汰患畜是消灭该病的唯一措施。

【卵巢囊肿】

卵巢囊肿是指卵巢上有卵泡状结构，其直径超过2.5cm，存在时间达10d以上，同时卵巢上无正常黄体结构的一种病理状态。分为卵泡囊肿和黄体囊肿。本病是引起牛发情异常和不育的重要因素之一。总发病率约占20%~30%。临床上主要表现为慕雄狂和乏情。荐坐韧带松弛和尾根高举是其特征性症状。舍饲奶牛多发，冬季多发，产后期发病率最高。

（一）诊断要点

依据繁殖史和慕雄狂病史、发情周期短，或者不规则发情及乏情，经直检2次，一般可确诊。

1. 临床症状

母牛临床表现为荐坐韧带松弛，尾根高举，同时生殖器官水肿且无张力，阴唇松弛、肿胀。阴门有黏液流出，灰色或黏脓性，子宫颈外口松弛子宫和子宫颈增大，子宫壁增厚、变软。直检，卵巢上有囊状结构，直径大约 5~7cm（大于2.5cm），10d 后再检，无变化。

2. 临床病理学

（1）卵泡囊肿：囊肿的囊壁平滑有光泽，壁薄而透明，囊腔内充满透明或草黄色水样液体，囊壁含有 2~3 层近似正常或已蜕变的粒层细胞。囊肿的外膜细胞和颗粒细胞层都会发生黄体化，从分散的小斑块到稍厚的月牙状。前者在囊肿表面，肉眼可见，后者在囊肿基底、卵巢深部，均呈橙黄色。较大的囊肿，因受压迫而囊壁变薄，仅有一层扁平细胞和透明变性的结缔组织间质。

（2）黄体囊肿：囊肿早期，腔内液体为血性，以后逐渐吸收，剩下透明或淡红色液体。囊壁初期被覆盖两层透明黄色上皮，有的囊壁完全黄体化，以后逐渐变为灰白色。

3. 发病机理

卵巢囊肿的真正发生机理尚不十分清楚。目前普遍认为垂体前叶分泌促黄体生成素不足是囊肿的主要原因。垂体前叶分泌促黄体生成素（LH）的不足不仅受垂体前叶分泌的影响，也受促性腺激素释放激素（GnRH）释放有关。卵泡壁产生前列腺素 F（PGF）是排卵时必需激素。当 LH 分泌减少后，卵泡壁上不产生 PGF，致使排卵受阻而囊肿形成。囊肿卵泡在卵巢上长时间存在，继续不断增大，使雌激素分泌持续，发情延长而频繁，随着囊肿的发展，卵泡上皮细胞变性，合成雌激素能力下降，可表现不发情。

（二）防治措施

本病的治疗原则为越早越好，加强护理，使囊肿黄体化，恢复卵巢机能。

改善饲养管理，适当运动，注意维生素和矿物质的含量。可经直检捏破黄体，但操作不慎，易引起卵巢损伤、出血、粘连。激素疗法常用的药物如 LH、GnRH、氯前列烯醇、孕酮等。此外，也可采用中医的活血、破淤、散结药物进行治疗。

【卵巢机能不全】

卵巢机能不全是由于卵巢机能紊乱所引起的各种异常变化，包括卵巢机能减退、组织萎缩、卵泡萎缩及交替发育等。临床上主要表现为发情期延长或不发情，发情的症状不明显或隐性发情，发情而不排卵等。本病是奶牛常发病，尤其高产奶牛。

（一）诊断要点

依据临床症状和直肠检查一般就可确诊。

（1）不发情或发情微弱牛：在一侧或两侧卵巢中有两个或多个小卵泡发育。

（2）卵巢静止牛：卵巢大小，质地正常，卵巢上无卵泡和黄体，有时一侧卵巢上有黄体遗迹。

（3）卵巢萎缩牛：卵巢缩小，质地较硬，表面光滑，无卵泡和黄体，卵巢有时缩小至小指头大。子宫也常缩小。

1. 临床症状

发情期延长或不发情，发情的症状不明显或隐性发情，发情而不排卵等。直检卵巢小而稍硬，但摸不到卵泡或黄体，有时也可摸到小的卵泡或黄体，子宫体积也会变小。

2. 临床病理学

卵巢上初级卵泡中初级卵母细胞核溶解，卵泡区增厚，卵巢皮质和髓质内有结缔组织增生，并有浆细胞。有时初级、次级和二级卵泡内发生小颗粒细胞变性，皮质内小血管堵塞。有的子宫黏膜上皮破坏，白细胞浸润，子宫腺腔内蓄积白细胞。

3. 发病机理

生殖内分泌失调是造成本病的主要机制，它与母畜衰老、疾病、饲养管理、营养及应激等多种因素变化有密切关系。饲养管理不当：长期舍饲，运动不足；饲料单一，品质低劣，母牛营养不良，消瘦；精料饲喂过多，母牛过肥。内分泌机能紊乱及酶活性降低：促黄体素释放不足，影响卵泡成熟和排卵；促乳素分泌过高（高产牛）抑制卵泡生长发育；前列腺素 E 和 F 不足，影响卵泡排卵；参与排卵的某些酶类活性下降，如胶原酶、水解酶等。应激因素：夏季热应激、运输应激、泌乳应激等均可引起肾上腺皮质分泌功能加强，从而间接干扰排卵机制，使母牛不排卵或排卵延迟。

（二）防治措施

本病的治疗原则为全面分析，找出主要原因，按具体情况采取适当措施进行治疗。

改善饲养管理，营养全面，保持一定运动量。

激素疗法治疗可选用促卵泡素、绒毛膜促性腺激素、孕马血清、促性腺激素释放激素类似物、雌激素、三合激素等。

冲洗子宫、按摩子宫和卵巢也是有效的治疗方法。

也可使用中药催情促孕散等。

此外，激光治疗、电磁波治疗也有一定的疗效。

【输卵管炎】

输卵管是运送卵子、精子和受精卵的通道，如果发生炎症过程，会引起其收缩机能障碍、输卵管狭窄、部分或全部阻塞，使精子或卵子不能通过，引起不孕。输卵管炎是盆腔生殖器官炎症中发生最多的疾病。

（一）诊断要点

1. 临床症状

急性型多具全身症状，如精神沉郁，食欲不振，体温升高（39～40℃），脉搏加快，性周期延长，直肠检查，触诊输卵管肿胀，并有疼痛反应。

慢性输卵管炎无明显的全身症状，性周期消失，长期不孕。直肠检查输卵管变粗变硬，或有一个至数个较坚实的结节，也有形成鸡蛋大囊肿，触之感觉柔软波动。

2. 病理变化

急性输卵管炎眼观变化为输卵管肿大，黏膜充血潮红，有浆液性渗出液或脓液，严重时有出血点，病理组织学变化为黏膜上皮变性，严重的坏死，血管充出血，有炎性细胞浸润。慢性输卵管炎时，输卵管颜色灰白，质地变硬，常与周围组织发生粘连，病理组织学变化为结缔组织增生明显。

3. 病因

多数由于子宫内膜炎、子宫肿瘤、卵巢炎和腹膜炎等炎症扩散或病原菌侵入而感染。不正确的按摩子宫、卵巢和挤压黄体等，容易造成输卵管损伤而导致发炎。

某些传染病如结核病菌可由血液和淋巴循环侵入而引起继发感染。

（二）防治措施

急性病例应用磺胺类药物或抗生素结合用肾上腺皮质激素进行治疗，为促进渗出物排出可应用垂体促性腺激素和雌激素制剂。一侧性输卵管炎治疗后仍有妊娠可能，双侧性输卵管炎无治疗价值，应予淘汰。

平时应加强饲养管理，增加运动。产后子宫处理应及时与彻底。应及时治疗与防止子宫内膜炎、子宫肿瘤、卵巢炎和腹膜炎等炎症扩散或病原菌侵入。

【卵巢炎】

卵巢炎是由于防御机制遭到破坏或抵抗力低下，病原体先侵入输卵管或子宫发病，而后蔓延至卵巢，产生卵巢周围炎、卵巢粘连，重者输卵管和卵巢脓肿。按病程可分为急性和慢性。

（一）诊断要点

1. 临床症状

急性患牛表现精神沉郁，体温升高，食欲减退。直肠检查，患侧卵巢体积急剧增大，呈圆形，表面光滑、柔软有弹性，触摸不到卵泡和黄体。当卵巢组织发生脓肿时，触诊有波动感，此时患牛有疼痛表现。

慢性患牛主要特征是卵巢发生结缔组织增生。直肠检查，在患侧摸不到卵泡和黄体，卵巢体积增大，质地变硬，有时局部硬化出现结节，表面高低不平。触诊痛觉不明显或无反应。久病的卵巢实质萎缩。当卵巢某部分与周围发生粘连时，卵巢不能移动，卵巢硬度更坚实。

两侧性卵巢炎，母牛表现不发情。一侧性有可能正常发情。

2. 病理变化

卵巢体积急剧增大，呈圆形，表面光滑、柔软有弹性，常发生与周围组织粘连情况。

3. 病因

本病的主要原因是感染。多数是由于子宫、输卵管、腹膜和卵巢周围器官炎症的蔓延。由于强力按摩卵巢、挤压黄体或穿刺卵巢脓肿时，损伤卵巢引起感染。在患结核病时，病原菌可通过血液循环侵入卵巢，引起感染。

（二）防治措施

首先应改善母牛营养状况，补充维生素 A、维生素 E。急性可应用青霉素、链霉素或磺胺类药物，以控制感染和消除炎症。氯化钙 5g，无水酒精 25mL，生理盐水 100mL，配制成灭菌溶液，静注，每日 1 次，连用 3~5d。慢性除用抗生素外，还可以每日按摩卵巢一次，每次 10~15min，连续进行数日。

加强饲养管理，合理配置日粮，防止精料及糟渣料在日粮中比例过高。根据生产水平要补充适量的矿物质和维生素饲料，增加放牧和日照时间，提高母牛体质。同时积极防止子宫、输卵管和卵巢周围器官炎症发生。

【子宫内膜炎】

子宫内膜炎是子宫黏膜的炎症，是奶牛产后疾病中最常见的疾病之一。多发病率高达20%~40%，占不孕症的70%左右。根据病程可分为急性和慢性两种。按炎症性质分为卡他性、脓性卡他性、纤维蛋白性、坏死性和坏疽性等。临床上多数为慢性子宫内膜炎。

（一）诊断要点

发生子宫内膜炎时，如果病变轻微，一般很难确诊，特别对于隐性子宫内膜炎。产后子宫内膜炎主要根据临床症状及阴门排出物可作出临床诊断。慢性子宫内膜炎主要根据以下几点进行诊断：

（1）发情分泌物性状的检查：正常发情分泌物量多，清亮透明，可拉成丝状，或量少而黏稠、混浊、灰白色或灰黄色。

（2）阴道检查：子宫颈口有不同程度肿胀和充血，或有分泌物。

（3）直肠检查：子宫角变粗，壁增厚，弹性减弱，收缩反应微弱。

（4）实验室检查。

1. 临床症状

一般临床症状不很明显，大多数发情周期基本正常但屡配不孕，少数也有发情周期延长，发情时可见到排出黏液中有絮状脓液，黏液呈云雾状或乳白状，含大量白细胞，有的平时也见有黏液流出，颜色由混浊的白色到棕黄色，内有絮状物及脓块等，特别是急性型。卧到时排出量多。阴道检查，子宫颈外口略微开张，往往有黏液。直肠检查①子宫角稍变粗，壁变厚或子宫上有高低不平的小块，子宫反应减弱；②子宫壁变薄或萎缩，薄厚不一，软硬不一；③子宫角增粗，有波动性（单侧或双侧）；④如果发生粘连，可摸到粘连或周围形态异常。

2. 临床病理学

（1）急性卡他性子宫内膜炎：子宫弹力不足，柔软。子宫腔内蓄有数量不一的乳白色、灰白色黏液，如蛋清样。子宫黏膜轻度潮红、充血、肿胀，有小出血点，黏膜下轻度水肿，黏膜表面暗红色，无光泽，混浊。

（2）急性化脓性子宫内膜炎：子宫弹性减少，子宫腔内蓄有脓性的、灰黄色粥样的分泌物，黏膜弥散性肿胀充血，并轻度糜烂，黏膜下层炎性肿胀。

（3）慢性子宫内膜炎：子宫肥大，弹性较强，子宫腔内有多量灰白色、粥状分泌物，黏膜灰暗，轻度水肿。

（4）实验室检查：①子宫分泌物涂片：瑞氏染色，观察分泌物细胞成分的变化以及有无白细胞吞噬细菌和子宫黏膜上皮脱落细胞成分的变化，可区分急性和慢性子宫内膜炎；②子宫分泌物细菌分离鉴定：无菌采取子宫内分泌物进行细菌培养和分类；③子宫内膜活检：隐性子宫内膜炎，可用特制的子宫内膜活检器，采取子宫黏膜，10%福尔马林固定，制石蜡切片，HE染色。显微镜下观察子宫内膜的病理组织学变化。

3. 发病机理

目前，奶牛子宫内膜炎的发病机制并不清楚。研究表明，奶牛免疫系统的功能差异可能是最主要的原因。中性粒细胞吞噬作用包括非特异性（如直接吞噬）和特异性（如抗体调理的噬菌作用）吞噬。非特异性的噬菌作用可能是抵抗病原侵害的最初防御屏障。中性粒细胞的效果依赖感染的位置和对病原菌的吞噬能力。当病原菌侵入而引发炎症时，趋化性的抗原吸引中性粒细胞浸润至感染部位，吞噬并消灭病原菌。中性粒细胞的噬菌能力与奶牛易感性和子宫恢复的能力有关。机体对病原菌还有主动免疫，包括体液免疫和细胞免疫，淋巴细胞的分裂能力可作为测定免疫功能的一个指标。正常奶牛外周淋巴细胞在怀孕最后 10~15d 增加，分娩后 7d 内减少。中性粒细胞的吞噬能力在产前增加，分娩时急剧减少，在产后 14d 内逐渐增加。而发生子宫内膜炎的奶牛，产前中性粒细胞数量减少，产后急剧减少。胎衣滞留性子宫炎的噬菌细胞的吞噬能力减弱。中性粒细胞的随机移动（不是趋化性）、吞噬病原的能力、抗体依赖、细胞介导的细胞毒作用在发生子宫炎的奶牛中减少，随机移动和噬菌作用之间有明显相关性。子宫损伤，如难产、胎盘的手工剥离、子宫内灌注，使子宫中淋巴细胞和中性粒细胞的吞噬功能降低。外周血和子宫腔中中性粒细胞的吞噬行动是相似的，子宫腔中的中性粒细胞的吞噬能力差一些，因此用外周血中中性粒细胞的行动可以评估子宫腔中中性粒细胞的功能。总的来说，一些奶牛产犊前外周血中的中性粒细胞的功能可能被伤害，这种损伤使奶牛易患产后子宫内膜炎。

激素水平也影响免疫功能。孕酮浓度增加使机体免疫功能降低，而雌激素浓度增加使免疫功能提高。由于激素水平的变化，奶牛在间情期比发情期更易患子宫感染，在间情期淋巴细胞对子宫内细菌的反应比发情期弱。奶牛在产前 $10 \sim 15d$，17β 雌二醇浓度升高，孕酮在分娩前突然减少，雌二醇在分娩后突然减少。可见奶牛免疫系统的功能影响子宫内膜炎的发生，但详细机制尚不完全明了。

（二）防治措施

治疗原则是抗菌消炎，促进炎性产物的排出和子宫机能的恢复。

子宫冲洗法后，可子宫内给予适量抗生素，如土霉素、四环素、丁胺卡那霉素、喹诺酮类药物等。

激素疗法多数配合应用抗生素。可选用氯前列烯醇、雌激素、催产素等。

此外，也可选用中药治疗、电针、子宫按摩和子加血疗法等。

【持久黄体】

持久黄体又称永久黄体或黄体滞留，是指母牛在分娩后或性周期排卵后，妊娠黄体或发情性周期黄体及其机能长期存在而不消失。临床上主要表现为长期不发情。本病是奶牛常发病，尤其高产奶牛。冬春季多发，和子宫疾病有关（子宫炎、子宫积水、胎衣不下、子宫肿瘤、子宫复旧不全等）。

（一）诊断要点

依据临床症状和直肠检查一般就可确诊。

（1）主要特征是发情周期停止，母牛长期不发情。个别母牛虽有发情和性欲，但不排卵，屡配不孕。

（2）母牛在发情期间不发情，需间隔5～7d进行一次直肠检查，连续2～3次，如有黄体存在即为持久黄体。

在正常情况下，周期黄体功能的维持依靠垂体LH分泌，妊娠黄体功能的维持有赖于孕体分泌的抗黄体溶解素（$PGF2\alpha$）和垂体及殆胎盘分泌的催乳素（PRL）。黄体的退化是由于子宫黏膜能产生$PGF2\alpha$。因此，任何促进LH及PRL分泌和干扰$PGF2\alpha$产生及释放的因素，都可以引起持久黄体的发生。黄体产生的催产素（OT）也能直接作用于黄体组织，量大时溶黄体，量小时促黄体。当卵巢机能减退而产生OT不足时，反而干扰内源性$PGF2\alpha$的产生及释放，导致发生持久黄体。因此，引起持久黄体的机理最终都是干扰了$PGF2\alpha$的产生及释放。

（二）防治措施

治疗原则是加强饲养管理，增加运动，减少挤奶量等。

激素疗法　如氟前列烯醇0.5～1mg，肌内注射。氯前列烯醇500μg肌内注射。以及促卵泡素、雌激素等。

【排卵延迟或不排卵】

排卵延迟是指母牛在发情结束后12h卵泡未能破裂排卵。本病在奶牛发生较多。临床上以发情表现正常，发情时间有所延长，卵泡基本成熟，已经到期但不排卵为特征。临床上注意与卵泡囊肿（大、肿、隔时再检，仍存在囊肿）鉴别诊断。

（一）诊断要点

一个共同特征，即受精后24h仍有卵泡的母牛阴道黏液的电阻值比已排卵的母牛低。直检卵巢无特殊变化。建议进行两次直肠检查，第一次在发情旺盛时，第二次在24～26h后。如在同一卵巢上发现同一卵泡，就可做出诊断。

1. 临床症状

发情表现正常，发情时间有所延长，卵泡基本成熟，已经到期但不排卵。

2. 临床病理学

有的发情奶牛，又成熟的卵泡，波动明显，但未见排卵。有的发情奶牛，卵巢不规则，上面有许多大小不等的结节，但不排卵。

3. 发病机理

排卵是一个复杂的生理过程，它受神经内分泌、生物生理、生物化学、神经肌肉以及神经血管等因素的调节。奶牛的排卵是一个渐进性过程，排卵之前促性腺激素浓度升高，之后作用于垂体，刺激垂体前叶促性腺细胞分泌 FSH、LH，LH 又作用于卵巢，在卵泡的发育成熟、排卵和黄体的形成，以及卵巢类固醇激素的分泌中起调节作用，卵巢分泌的雌激素和孕激素对其上一级中枢起反馈作用。在高水平的促性腺激素刺激下，卵泡主要发生 3 种明显的变化：其一是卵母细胞重新开始减数分裂，使发泡破裂，释放出第一极体；其二是发生黄体化；其三是排出卵母细胞。这一系统的任何一个环节出现障碍都会导致排卵障碍。LH 释放不足或时间不当，导致排卵延迟、不排卵；高产奶牛 PRL 水平过高，可能会降低卵巢对正常水平的 LH 的敏感性，使卵泡的生长发育抑制；PG 不足，排卵过程受到抑制；雌激素含量降低，雄激素在卵泡中的含量升高，使卵泡发生闭锁；酶活性降低，排卵是酶活性溶解的结果，当卵泡液中的蛋白水解酶、胶原酶、淀粉酶、透明酯酸酶及纤维蛋白酶系的活性降低，将会因卵泡的溶解受阻而发生排卵障碍。

在饲养管理方面，饲料单纯，品质低劣，母牛营养不良、消瘦，母牛易表现不排卵，或卵泡发育受阻，然而饲料富裕，精饲料喂量过多，母牛过肥，也易发生排卵障碍；日粮不平衡，蛋白质、碳水化合饲料比例不当，矿物质和微量元素缺乏或不足，特别是维生素 A、维生素 D、维生素 E 缺乏；过度催乳，乳产量过高，机体营养随乳汁排出，生殖系统营养不足，使卵巢机能受到抑制；牛舍狭小，运动场地窄小，母牛运动不足。在应激方面，突然变更饲养环境，奶牛所处的气候环境、饲料和饲养制度不适应，使排卵障碍表现为发育延迟或者不排卵；炎热的夏季高温引起肾上腺分泌机能加强，使血浆 ACTH 及皮质类固醇浓度升高，直接干扰排卵机制，从而阻止排卵，因此夏季奶牛不易发情和不孕率高于其他季节；光照不足，气候潮湿，排卵受阻。

在奶牛自身状况方面，老龄牛、瘦弱母牛，全身营养不良，生殖机能减退，卵巢缩小，机能异常；患有生殖系统疾病的奶牛都能造成奶牛生殖机能降低或丧失，引起排卵障碍；排卵障碍具有遗传性。

（二）防治措施

治疗原则为加强饲养管理，调节内分泌，促进排卵。

在牛有发情症状时就注射 LH200～400U 或 hCG 1 000～3 000IU 或孕酮 100mg。

【锰缺乏症】

锰缺乏症是由于日粮中锰不足或缺乏引起的一种以生长停滞、骨骼畸形、生殖机能障碍，以及新生畜运动失调为特征的营养代谢疾病。本病往往在一个牧场内大群发病，或在一个地区呈地方性流行。

（一）诊断要点

1. 临床症状

动物锰缺乏表现为生长受阻，骨骼短、粗，骨重量正常。腱容易从骨沟内滑脱，形成"滑腱症"；动物缺锰常引起繁殖机能障碍，母畜不发情，不排卵；公畜精子密度下降，精子活力减退。

新生犊牛表现为腿部畸形，球关节着地，跗关节肿大，腿部扭曲，运动失调。缺锰地区犊牛主要表现哞叫，肌肉震颤乃至痉挛性收缩，关节麻痹，运动明显障碍，生长发育受阻，被毛干燥，无光泽。成年牛表现性周期紊乱，发情缓慢或不发情，不易受胎，早期发生原因不明的隐性流产、弱胎或死胎。直肠检查通常有一侧或两侧卵巢发育不良，比正常小。乳量减少，严重的无乳。种公牛性欲减退，严重者失去交配力，同时出现关节周围炎、跛行等。

2. 临床病理学

锰是维持动物正常繁殖机能必需元素。缺锰动物表现卵巢功能障碍、睾丸变小、乳汁分泌不足、习惯性流产以及幼畜死亡率增高。锰缺乏时糖基转移酶类的活性下降，构成软骨组织的主要成分（黏多糖）的合成受损，影响骨骼的正常发育。

（二）防治措施

改善饲养，供给含锰丰富的饲料。

【疯草中毒】

疯草中毒是指动物采食棘豆属和黄芪属中有毒植物引起的一种慢性中毒病。临床上以头部震颤，运动蹒跚和后肢麻痹等神经症状为特征。本病主要发生于草食兽，但从动物种属上看，马、骡最敏感，牛羊次之。

（一）诊断要点

1. 临床症状

疯草中毒通常是一个渐进的过程，牲畜在采食疯草的初期，上膘较快，体重稍有增加。一段时间之后，营养状况开始下降，继而出现精神沉郁、反应迟钝、被毛粗乱、随着病情进展，出现特征性临床症状，目光呆滞、头部震颤、步态不稳、后肢拖地。严重时在颚下、喉等部位出现水肿，后肢麻痹、卧地不起、最后衰竭死亡。孕畜流产、死胎、早产、畸胎等症状，母畜不孕和公畜不育。有的出现便秘或腹泻、失明和脱毛等症状。

2. 临床病理学

病理学特征为神经系统、肝和肾等器官细胞内形成空泡变性。

实验室检查可见贫血，血清 α-甘露糖苷酶活性下降，尿中低聚糖含量增加。

3. 病因

疯草是棘豆属和黄芪属中有毒植物的统称。疯草是全世界危害家畜最为严重的一类有毒植物。棘豆属植物有 300 多种，我国的棘豆属植物有 100 多种，引起家畜中毒的约有 20 多种，主要有黄花棘豆，甘肃棘豆，小花棘豆等，主要分布于西北，华北及西南牧区，对放牧动物危害极大。黄芪属植物约有 2 000 多种，我国约有 300 多种，主要分布在北方高山地带。引起中毒的主要是茎直黄芪和变异黄芪，前者主要分布在西藏，后者主要分布在内蒙古，甘肃及宁夏。

上述两大植物属于多年草本植物，主要生长在海拔 1 100 ~ 3 200m 的草地。二者适口性均很差。在牧草能满足的情况下，当地动物能辨认出，并不采食。如牧草严重不足时，动物才不得以采食以维持生命。然而一旦家畜开始采食疯草，则将很快变得嗜好成瘾，以致仅采食疯草，直至中毒死亡。

（二）治疗措施

疯草中毒目前无特效疗法，一般只进行对症治疗。轻度中毒或发病较短的病例，应立即停止饲喂疯草，加强饲养管理，供给优质牧草并加强补饲，则可逐渐恢复。中毒严重者，采用 10% 硫代硫酸钠等渗葡萄糖溶液，按体重 1mL/kg 静脉注射，有一定疗效。

加强饲养管理，准备充足饲料，避免在有疯草草场放牧，若放牧应采取轮牧。

（加春生）

主要参考文献

[1] 朴范泽. 牛病类症鉴别诊断彩色图谱［M］. 北京：中国农业出版社，2008.

[2] 迟晓东，陈翔鹏，王伟军，等. 子宫内膜炎引起牛不孕症的防治［J］. 黑龙江动物繁殖，2004，13（2）：26 - 27.

[3] 张春波，石国界，姚军. 牛卵巢囊肿的判断和治疗［J］. 当代畜牧，2013，21：21.

[4] 岳春旺，孙茂红，段刚，等. 奶牛子宫内膜炎综述［J］. 中国

草食动物，2004，24（2）：44－46.

［5］徐世文，唐兆新．兽医内科学［M］．北京：科学出版社，2010.

［6］徐世文，郭东华．奶牛疾病防治技术［M］．北京：中国农业出版社，2012.

第十章

痉挛抽搐鉴别诊断

所谓痉挛，也称作抽搐，是神经—肌肉疾病的病理现象，是指突然的、短暂的脑功能障碍，而引发表现出不随意的动作、知觉、自主神经系统或精神方面的症状，这些症状可以单独或合并发生，且常伴随知觉的改变或丧失。根据发病原因抽搐分为中毒性、侵袭性、理化性、外伤性、营养代谢性等。抽搐不是一种特异性疾病，而是许多疾病的严重临床表现或主要征象。抽搐在神经系统疾病及幼畜疾病中较为多见。

一、生理解剖基础

运动的调控机制主要运动中枢和外周神经协调完成。是由运动神经系统调控完成的。运动神经系统主要包括锥体束（上运动神经元）、周围运动神经元（下运动神经元）、锥体外系统和小脑系统。运动功能是依赖于上述各结构联合而协调作用才能完成。抽搐大多由于大脑皮层受刺激，或大脑皮质抑制，脑干或基底神经受损伤所致。

二、痉挛抽搐的病因

1. 脑内性
炎性、外伤、肿瘤、遗传、出血、梗死、营养等因素。
2. 脑外性
药物、毒物中毒、代谢病等因素。

三、痉挛抽搐的鉴别诊断思路

1. 抽搐确认

确认抽搐的主要依据，包括神经—肌肉不自主地强烈收缩。

2. 区分抽搐是中毒性、侵袭性、理化性、外伤性还是营养代谢性

中毒性 常有急性中毒病史，临床上多呈全身性肌肉强直、阵挛性发作，少数可呈局限抽搐，常伴有昏迷及颅内高压症等表现。

侵袭性 常见牛多头蚴病、狂犬病、破伤风、牛海绵状脑病、牛昏睡嗜血杆菌病等，每一种病都有其典型的临床症状，根据其临床症状并可辅助实验室检查进行鉴别诊断。

理化性 主要表现为神经功能障碍、体温升高、大量出汗，同时并伴有循环、呼吸功能衰竭的症状。

外伤性 常见产伤、颅脑外伤、脑震荡等，大多伴有脑局部病灶或弥漫损害的征象，如头痛、呕吐、精神异常、偏瘫、昏迷等，可根据发病史进行鉴别诊断。

营养代谢性 大部分群体发病，根据流行病学调查特点，辅助实验室检查进行鉴别诊断。

四、症状治疗

治疗原则是加强护理，消除病因，防止脑水肿和对症治疗。

改善饲养管理，针对发病因素，采取针对性措施。

中毒性 中毒病的治疗原则是维持生命及避免毒物继续作用于机体。中毒性疾病的治疗包括一般性急救措施、解毒治疗和对症支持疗法。一般性急救措施主要目的是除去毒源、阻止或延缓毒物吸收、一般性排毒（促进毒物排出），以中断毒害过程。解毒治疗是通过特效解毒剂和非特效解毒剂，使已吸收的毒物灭活及时排出的治疗措施。治疗脑水肿应用甘露醇或山梨醇和地塞米松。

侵袭性　病毒性疾病中狂犬病和牛海绵状脑病目前无有效的治疗方法；对于破伤风动物，应对其加强护理、清除伤口内的坏死组织，进行消毒和抗炎处理，同时使用镇静药物；寄生虫疾病中牛多头蚴病主要采取手术疗法和药物疗法；牛昏睡嗜血杆菌病，当出现神经症状后，无有效的治疗方法。

理化性　①加强护理。及时将动物放置于通风、凉爽的环境中，保持安静，补液；②消除病因。是治疗本病的关键措施；③防止脑水肿。静脉输入较凉的液体，使用钙制剂（5%氯化钙注射液100～400mL）减少渗出，使用10%低分子右旋糖苷3 000～6 000mL。④对症治疗。动物兴奋不安时，应用氨溴注射液100～200mL，心功能较差时，应用20%安钠伽10～20mL，当动物出现急性心力衰竭、循环虚脱时可使用0.1%肾上腺素溶液3～5mL，当出现高度呼吸困难时，可使用25%尼可刹米注射液10～20mL以兴奋呼吸，为防止酸中毒，可使用5%碳酸氢钠溶液250～500mL。

外伤性　脑外伤通常包括开放性脑外伤和闭合性脑外伤。开放性脑外伤主要是清创处理、消毒、抗菌消炎，同时对症支持疗法常用巴比妥类制剂，同时配合肌肉松弛剂或安定剂。闭合性脑外伤主要是①加强护理：保持安静，让动物头部抬高，并对颅部进行冷敷，经常翻身，注意维持动物营养；②止血：常用的止血剂有25%卡巴克络溶液10～20mL，或0.4%维生素K_3注射液25～75mL；③防止脑水肿：应用20%甘露醇或25%山梨醇和地塞米松；④预防感染：选择应用能透过血脑屏障的抗菌药物；⑤对症治疗：对兴奋不安的动物进行镇静，氨溴注射液100～200mL或水合氯醛20～30g。

营养代谢性　生产中的代谢性疾病往往发病急促，通过补充所需要的营养可迅速恢复，而营养缺乏在较长时间方能出现临床症状，只有通过补充缺乏的营养物质才可改善。因此，营养代谢病预防的关键是加强饲养管理，保证供给全价日粮，特别是高产动物在不同的生产阶段根据机体的生理需要，及时、准确、合理的调整日粮结构，同时，应定期对畜群进行营养代谢病的监测，做到早期预测、预报，为进一步采取措施提供依据。

五、常见疾病的诊断与治疗

【狂犬病】

狂犬病是由狂犬病病毒引起的一种急性接触性传染病，以侵害中枢神经系统，表现神经症状为特征。人、家畜和野生动物均易感。本病多呈散发，无明显的季节性，但春夏比秋冬较多发。

（一）诊断要点

依据流行病学特点，临床表现体温升高，继而不安，前肢刨地，阵发性兴奋，很少攻击人畜，随后出现麻痹等症状，可做出初步诊断。最后根据实验室结果做出最终诊断。

1. 临床症状

体温40℃左右，有的可达41℃，初精神不振，反刍和食欲减少，不久废绝。继而表现不安，前肢刨地，阵发性兴奋，表现冲撞墙壁、跃槽、磨牙、性欲亢进、流涎。很少攻击人畜，随后出现麻痹，如吞咽麻痹、伸颈、臌气。最后倒地不起，衰竭而死。

2. 临床病理学

无明显的肉眼病变。脑及脑膜肿胀、充血和出血。大脑、小脑、延髓的神经细胞胞浆内出现本病特征性的内基氏小体，检出率一般为66%~93%。

将被检脑组织或唾液腺的印压片或冰冻切片用狂犬病荧光抗体染色后，在荧光显微镜下能见到胞浆内黄绿色颗粒，即可判为阳性。或切取海马回，制成触片后，用塞勒（Scller）氏法或曼（Man）氏染色后，当在细胞胞浆内见到内基氏（Negri氏）小体时，即可确诊。还可用已知狂犬病荧光抗体做荧光抗体试验鉴定病毒。

3. 流行病学

狼、狐、貉、臭鼬和吸血蝙蝠等野生动物是狂犬病病毒的主要自然宿主。病犬、猫是使人和家畜感染的主要传染源。被患病动物咬伤而感染，是本病的主要传播方式，伤口被含有狂犬病病毒的唾液污染也可导致感染。另外，人和动物都有经呼吸道、消化道和胎盘感染的病例。人、家畜和野生动物均易感。本病多呈散发，无明显的季节性，但春夏比秋冬较多发。

（二）防治措施

本病无有效的治疗方法，早期注射抗血清具有一定的疗效。

【牛海绵状脑病】

牛海绵状脑病俗称疯牛病，是一种由朊病毒引起的慢性、消耗性、致死性传染病，以神经症状、大脑呈海绵状病变为特征。

（一）诊断要点

根据行为异常、恐惧和过敏等为主的神经症状，可做出初步诊断。最后根据实验室病原学检测结果做出最终诊断。

1. 临床症状

临床症状各种各样，病程多为数月至一年，最终死亡。

（1）行为异常：表现为不安、恐惧、异常震惊或沉郁；不自主运动，如磨牙、震颤；不愿接触水泥地面或进人畜栏等。

（2）感觉或反应过敏：表现为触、视、听三觉过敏。对颈部触摸、光线的明暗变化以及外部声响过度敏感。

（3）运动异常：病牛步态呈"鹅步"状，共济失调，四肢伸展过度，有时倒地，难以站立。

（4）体重和体况下降，最后消耗衰竭而死。

2. 临床病理学

以病理组织学检查为主。其特征是牛大脑灰质神经基质的海绵状病变和大脑神经元细胞空泡病变。其空泡样变的神经元一般呈双侧对称分布，这种病变主要分布于延髓和脑干。

目前，尚无朊病毒体外分离培养的方法。对病理组织学诊断为阳性的，可用免疫组织化学试验来检测感染牛中枢神经系统的 PrP^{sc} 积聚（病原体）也是一种特异性病原学诊断方法。

3. 流行病学

被含痒病样因子的肉骨粉污染的饲料是主要的传染源。本病潜伏期为 2.5 ~ 8 年，可水平或垂直传播。发病牛龄为 3 ~ 11 岁，但多为 4 ~ 6 岁青壮年牛。病死率很高，可达 100%。该病与气温、季节、牛的性别、品系、遗传因素、泌乳期、妊娠期和管理等因素无关。

（二）防治措施

目前，无有效的治疗方法。

【牛散发性脑脊髓炎】

牛散发性脑脊髓炎是由鹦鹉热亲衣原体和沙眼衣原体引起的传染病，以脑炎、纤维蛋白性胸膜炎和腹膜炎为特征。

（一）诊断要点

根据流行病学特点，临床表现体温升高，眼、鼻有分泌物，有轻度腹泻，病牛消瘦，全身主要关节水肿并有压痛感，共济失调，角弓反张，麻痹等症状，可做出初步诊断。最后根据实验室病原学检测结果做出最终诊断。

1. 临床症状

自然感染潜伏期约为 4 ~ 27d。患牛重度精神沉郁，发病早期就出现体温升高（40 ~ 41℃），直至康复或死亡。表现无意识、虚弱、消瘦、疲劳等症状。眼、鼻常流出清亮的黏液性分泌物。有时出现轻度腹泻。随着病程的延长，病牛消瘦，全身主要关节水肿并有压痛感。共济失调，有的病牛绕圈行走、角弓反张，之后出现麻痹、倒地，经 3 ~ 5 周死亡，病牛死亡率为 40% ~ 60%。

2. 临床病理学

剖检未见特征性病变，一般可见脱水，腹腔液和胸腔液增多，慢性病例伴有浆液性纤维素性腹膜炎、胸膜炎或心包炎，脾脏肿大。大脑通常无明显病变，但镜检可见脑和脊髓的神经元变性，脑血管周围有淋巴细胞和单核巨噬细胞形成的细胞套，脑膜可见中性粒细胞和单核细胞构成的炎症病灶。

取病肺组织接种于支原体培养基，进行分离培养，并对纯培养物做生化试验进行鉴定。

3. 流行病学

病畜和隐性感染者是本病的主要传染源。本病的传播途径仍不完全清楚。不同品种、性别和年龄均可感染发病，但 3 岁以内的牛最易感。本病传播缓慢，发病率低，呈散发性。

（二）防治措施

多数抗生素均有治疗效果，结合对症疗法。

【破伤风】

破伤风又名强直症、锁口风，是由破伤风梭菌经伤口感染后产生外毒素，侵害神经组织所引起的一种急性、中毒性人畜共患传染病。该病的主要特征为全身骨骼肌持续性或阵发性痉挛以及对外界刺激反射兴奋性增高。

（一）诊断要点

根据流行病学特点，临床表现双耳竖立、鼻孔开大、瞬膜外露、头颈伸直、牙关紧闭、流涎、腹部紧缩、尾根翘起、四肢强直等神经症状，可做出初步诊断。最后根据实验室病原学检测结果做出最终诊断。

1. 临床症状

潜伏期一般 7～14d，最短 1d，最长可达数周。患病动物主要表现为双耳竖立、鼻孔开大、瞬膜外露、头颈伸直、牙关紧闭、流涎、腹部紧缩、尾根翘起、四肢强直、状如木马等典型的肌肉痉挛、强直症状。患牛还常发生瘤胃臌气或子宫积液和积气，体温一般正常，仅在临死前体温上升达 42℃以上。病程长短不一，通常 14～28d。

2. 临床病理学

该病的病理变化不明显，仅在黏膜、浆膜及脊髓等处可见有小出血点、肺脏充血、水肿、骨骼肌变性或具有坏死灶以及肌间结缔组织水肿等非特异变化。

找到破伤风梭菌的感染部位，采取病料通过革兰氏染色镜检和细菌培养证明该菌的存在。

3. 流行病学

各种动物均有易感性，其中以奇蹄兽最易感，牛、羊和猪次之，鹿、犬和猫仅在例外情况下发生，鸟类和家禽有抵抗力；试验动物中以豚鼠最易感，其次为小鼠，家兔有抵抗力；人对破伤风易感性也很高，易感动物不分年龄、品种和性别均可感染发病。由于破伤风梭菌广泛存在于自然界中，可以通过各种创伤，如断脐、断尾、阉割、剪毛、断角、去势、钉伤及产后等感染；有些病例见不到伤口，可能是伤口已愈合或经子宫、消化道黏膜损伤而感染。因此，该病在现代规模化、集约化养殖过程中具有一定的危害性。本病无季节性，常零星散发。

（二）防治措施

发现患病动物时应对其加强护理，将患病动物置于光线较暗的安静处并给予易消化的饲料和充足的饮水，彻底消除伤口内的坏死组织，然后用3%双氧水、1%高锰酸钾或5%～10%碘酊进行消毒处理，同时在创伤周围注射青霉素；尽早注射破伤风抗毒素，首次注射的剂量应加倍，同时使用镇静解痉药物进行对症治疗。

【牛昏睡嗜血杆菌感染】

见"咳嗽鉴别诊断"中常见疾病的诊断与治疗。

【牛多头蚴病】

牛多头蚴病是由带科带属的多头绦虫的幼虫——脑多头蚴寄生于牛脑内而引起的一种绦虫蚴病，俗称脑包虫病。有时亦能在延脑或脊髓内发现，是对牛危害严重的寄生虫病之一，常呈地方性流行。

（一）诊断要点

根据流行病学特点和临床症状，可做出初步诊断。最后根据实验室病原学检测结果做出最终诊断。

1. 临床症状

在感染初期，当六钩蚴钻入血管移行到达脑部时，可损伤脑组织，引起脑炎的症状。表现体温升高，呼吸、脉搏加速，强烈的兴奋或沉郁，有前冲、后退和躺卧等神经症状，于数日内死亡。若耐过之后则转入慢性，病牛表现精神沉郁，逐渐消瘦，食欲不振，反刍减弱。数月后，若虫体发育并压迫一侧的大脑半球，则会影响全身，可出现向有虫体的一侧做转圈运动，因此，称之为"回旋病"。严重者对侧或双侧眼睛失明；若虫体寄生在脑前部，则有可能头向后仰，直向前奔和前肢蹬空等表现；若虫体寄生在小脑，则病牛会出现四肢痉挛、敏感等症状；若虫体寄生在脑组织表面。则局部的颅骨可能萎缩并变薄，手触时局部有隆起或凹陷。多头蚴有时也可寄生于脊髓，寄生于脊髓时，因囊体的逐渐增大使脊髓内压力增加，可出现后躯麻痹。有时可见膀胱括约肌麻痹，尿失禁。

2. 临床病理学

当牛采食了大量多头绦虫的虫卵时，可急性致死。剖检时可见到脑膜炎及脑炎病变，还可见到六钩蚴移行时留下的弯曲痕迹。有时在肌肉可检出大量移行致此而不能发育的脑多头蚴。慢性时，在脑内可检出鸡蛋大小不等的脑多头蚴。与囊体接触的头骨骨质变软甚至穿孔，表面皮肤隆起。

生前无法进行病原学诊断，死后剖检可在脑或脊髓内检出脑多头蚴。

3. 流行病学

本病呈世界性分布，亚洲、非洲、欧洲和美洲均有，多呈地方性流行，我国以西北牧区和内蒙古自治区最为严重。成虫寄生于犬、狼等终末宿主的小肠内，脱落的孕节随粪便排出体外，虫卵逸出污染饲料或饮水。中间宿主牛因吞食此虫卵而感染，六钩蚴钻入肠壁血管，随血流到达脑和脊髓中，幼虫生长缓慢，约 2~3 个月发育为感染性的脑多头蚴。被血流带到其他部位的六钩蚴，不能继续发育而迅速死亡。犬、狼等食肉动物吞食含脑多头蚴的脑、脊髓而感染，原头蚴吸附于肠壁上而发育为成虫，在犬体内正常发育期为 41~73d。犬是牛多头蚴病的主要传播来源，成熟绦虫可以在犬的小肠内生存数年之久，因此在一年的任何季节均可散布病原。虫卵对外界环境的抵抗力很强，在20℃以下，可忍耐干燥15d。

（二）防治措施

1. 手术疗法

脑多头蚴位于头部前方表层时可施外科手术摘除，在脑深部和后部寄生的情况下手术疗法难以摘除。手术时重要的是确定虫体寄生部位，晚期寄生于浅表的用手摸即可确定，较深的或早期时可借助X线或超声波诊断来确实寄生部位，然后切开皮肤，用圆锯在头骨上开一圆口，用注射器吸出囊中所有囊液后，用止血钳夹住虫体包囊缓慢旋转将包囊取出，用青霉素生理盐水冲洗伤口后缝合皮肤。

2. 药物疗法

吡喹酮按每千克体重80～100mg的总剂量，分3次口服，1次/1d或隔天1次用药。

【脑膜炎】

脑膜炎是软脑膜发生的炎症，伴有严重脑机能障碍的疾病。临床上以高热、脑膜刺激症状、一般脑症状和局部脑症状为特征。根据病因分为原发性和继发性。管理好的牧场该病呈散发，而管理差的牧场犊牛会呈流行发生，成牛多为散发。

（一）诊断要点

在临床上凡遇到有神经症状的病牛，可结合病史、临床症状、病理变化等综合分析建立诊断。

1. 临床症状

（1）新生犊牛：当仅发脑膜炎时，表现高热、抑郁、低头、癫痫、失明等典型症状。还有痛苦状，眼睑半闭，步态僵硬，头部强直、伸展等症状。当脑膜炎与其他器官感染如眼色素层炎、脓毒性关节炎和脐静脉炎并发时，很难区分脑膜炎的特异性症状。当严重的败血症时，表现低血容量性休克和虚脱，可导致犊牛迅速衰竭而休克，掩盖了脑膜炎的临床症状。

（2）成牛：通常表现高热、精神高度抑郁、步态僵硬和"头痛"现象，但癫痫症状较犊牛少见。视觉失明，但瞳孔功能正常。

2. 临床病理学

硬脑膜充血、出血，内膜混浊，有纤维蛋白或者脓汁附着，硬脑膜常呈肉样外观。有的脑脊髓液略增加，脑膜仅轻度充血，软脑膜肿胀，呈点状或线状出血，蛛网膜下腔和硬脑膜下腔内潴留微量混浊的黄色浆液。有的在脑穹隆部潴留多量的脓汁。

3. 发病机理

（1）原发性脑膜炎：多认为是由感染或中毒所致，其中，病毒感染是主要的病因，如牛恶性卡他热病毒。其次是细菌感染，如葡萄球菌、链球菌、肺炎球菌、巴氏杆菌、化脓杆菌、坏死杆菌、变形杆菌等，而革兰氏阴性菌如大肠杆菌、克雷伯氏菌和沙门氏菌是感染新生犊牛的主要微生物，并且以大肠杆菌最为常见。虽然任何一种条件微生物都可感染无被动获得适量免疫球蛋白的犊牛，但在获得适量免疫球蛋白的犊牛中，只有高致病力的微生物才能引起脑膜炎。另外，中毒因素，主要见于食盐中毒、铅中毒及各种原因引起的严重自体中毒。

（2）继发性脑膜脑炎：多见于脑部及邻近器官炎症的蔓延，如颅骨外伤、角坏死、额窦炎、中耳炎、脊髓炎等。成牛可见于乳腺、子宫的急性感染、慢性创伤性网胃腹膜炎、脓肿，引起细菌败血性扩散而致。或慢性垂体脓肿和慢性额窦炎的直接蔓延也可导致脑膜炎。而霉菌性脑炎是霉菌性乳房炎和霉菌性瘤胃炎继发栓塞性败血症的后遗症。此外，一些寄生虫病，如脑包虫病、普通圆线虫病等也可引起本病。

病原微生物或有毒物质，经外伤或邻近病变组织的蔓延，或沿血管、神经干，或通过淋巴途径侵入脑膜及脑实质，引起软脑膜及大脑皮层表面血管充血、渗出，蛛网膜下腔炎性渗出物积聚，由于蛛网膜下腔渗出物积聚、脑水肿及脑室积水，颅内压升高，脑血液循环障碍，致使脑细胞缺血、缺氧及能量代谢障碍，而发生脑机能紊乱。

（二）防治措施

治疗原则为加强护理，降低颅内压，保护大脑，消炎和对症治疗。

1. 加强护理

将病牛放置在宽敞、通风、安静的畜舍中，多铺褥草，墙壁应平滑，防止兴奋发作冲撞墙壁造成损伤。

2. 降低颅内压

颈静脉放血 $1\,000 \sim 3\,000$ mL，随后静脉注射等量的 5% 葡萄糖生理盐水，加入 25% ~40% 乌洛托品液 100mL。配合选用脱水剂 25% 山梨醇、20% 甘露醇等快速静脉注射，效果更好。

3. 消炎

应选择能透过血脑屏障的抗菌药物，如磺胺类、青霉素类和头孢菌素类。磺胺嘧啶钠每千克体重 $0.07 \sim 0.1$ g，或三甲氧苄氨嘧啶每千克体重 20mg，静脉或深部肌内注射，2 次/天。或阿莫西林每千克体重 10 ~40mg，口服、静脉或肌内注射，1 次/天。或青霉素每千克体重 4 万 IU，肌内或静脉注，2 次/天。或头孢唑啉钠每千克体重 10 ~25mg，肌内或静脉注射，2 次/天。庆大霉素每千克体重 2 ~4mg，静脉注射，4 次/天。

4. 对症治疗

对狂躁不安的，可使用甲溴化钠、水合氯醛等镇静剂。心机能不全的，可用安钠咖氧化樟脑等强心剂。

【日射病及热射病】

日射病或热射病，又称中暑，是因暑日暴晒，潮湿闷热，体热放散困难所引起的一种急性病。临床上以体温显著升高，循环衰竭和一定的神经症状为特征。

（一）诊断要点

1. 临床症状

病牛张口伸舌呼吸，由鼻孔流出泡沫样浆液性分泌物。运步躯体摇晃，步样蹒跚，突然停步于树荫道旁，鞭挞不走，后期卧地不起，体温升高达 41.7～42℃，心跳快而弱，早期垂皮有湿而腻的汗液，以后皮肤干燥，灼热。精神多沉郁，偶有兴奋的，眼结膜潮红，后转蓝紫色，早期瞳孔散大，后期则缩小。

2. 病因

酷暑盛夏，日光直射头部，或气温高，湿度大，风速小，散热困难，是中暑发生的外因；驮载过重，骑乘过快，肌肉活动剧烈，代谢旺盛，产热增多，是中暑发生的内因；缺乏耐热锻炼，饮水不足，体质肥胖，皮肤卫生不良，是中暑发生的诱因。

3. 发病机理

健康动物在下丘脑体温调节中枢的控制下，产热和散热处于动态平衡，维持正常体温。劳役时，体内代谢过程加速，产热增加，则皮肤血管扩张、加速血流，增加汗腺分泌和加强呼吸等将体内产生的热量送达体表，通过辐射、传导、对流和蒸发等方式散热，以保持体温在正常范围内。当气温超过皮肤温度时，则使辐射、传导和对流散热困难，此时只能通过汗液蒸发进行散热。但如空气中湿度过高，通风不良，汗液蒸发散热减少，特别是饮水和喂盐不足，心功能不全，皮肤卫生不良，更易使热在体内蓄积而引起中暑。

由于受强烈日光辐射，尤其头盖部受红外线的过度照射，常引起脑及脑膜充血，甚至引起脑组织内部的广泛出血。这主要是由于体温显著升高，小血管内皮细胞受到损伤，使血小板发生凝聚，释放出血小板因子，在钙离子的参与下，形成凝血酶原激活剂，产生血管内凝血，继而发生纤维蛋白溶解；以致引起脑组织内的出血。由于脑及脑膜充血及广泛性的细小出血点，随着脑组织缺血、缺氧和代谢活动的改变，而产生一系列中枢神经系统机能紊乱的症状，包括痉挛、昏迷、意识丧失，直到血管运动中枢和呼吸中枢的麻痹等。

（二）防治措施

本病的治疗原则是加强护理，促进降温，缓解心肺机能障碍，纠正酸中毒和治疗脑水肿。

在护理上，对役畜应立即停止使役，并将病畜移在荫凉树下或宽敞、荫凉、通风处，对在室外或野外已倒地的大家畜，可临时搭荫棚，避免日光直射，多给清凉饮水。

预防　役用家畜夏季应在早、晚干活，中午休息，使役时亦应多休息勤饮水，在烈日作业，应有遮蔽设施。要加强暑热季节对牲畜的饲养管理，增加食盐喂量，经常刷拭水浴，保持皮肤清洁卫生和畜舍通风良好，畜舍周围应植树遮蔽，运动场内搭遮蔽棚。

【大脑皮质坏死症】

大脑皮质坏死症是一种非传染性的神经系统疾病。临床上以视力丧失、食欲减退、平衡失调等神经症状为特征。表现卧地，强直性、间歇性的痉挛等，短期内死亡。多发于育肥牛或6月龄至2岁的育成牛，特别是6~9个月龄的育成牛，也偶见于放牧牛。

（一）诊断要点

根据本病大多呈急性经过，结合本病的临床症状和病理变化可建立诊断。

1. 临床症状

病初，突然发病，下痢、精神沉郁、食欲减退。随病情发展，表现步态强拘，不愿运动，强迫运动呈现无目的徘徊，共济失调。严重时表现眼睛失明，肌肉、眼睑、耳朵及鼻翼震颤，对外界刺激过敏，角弓反张，强直运动，失神，不能起立，横卧等神经症状。大多呈急性经过。

2. 临床病理学

髓膜血管充盈，大脑回明显肿大、变黄，大脑皮质中有软化病灶，大脑剖面变色，有层状坏死部，波长365mm紫外线照射病变部，发生荧光现象。

因昏睡嗜血杆菌抵抗力较弱，应在发病早期采取新鲜病料，如产生病变的脑组织、脑脊髓液和血液等接种于巧克力培养基培养，取纯培养的分离菌，做生化试验鉴定。

3. 发病机理

一般认为由于瘤胃内微生物的作用，易合成维生素 B_1，牛体内

很少缺乏维生素 B_1。但是以精饲料为主体的快速育肥方式，在粗纤维明显减少的饲养管理条件下，瘤胃内微生物群的种类和数量发生了变化，维生素 B_1 的合成明显降低，甚至完全不能合成。这样既妨碍了维生素 B_1 的吸收，又抑制了维生素 B_1 在体内的转换。维生素 B_1 作为碳水化合物的必需辅酶，一旦缺乏，中间代谢产物丙酮酸会增加，同时大脑皮质形成坏死病灶，出现神经症状。

（二）防治措施

1. 维生素 B_1 有特效，轻症每千克体重 2~4mg，重症每千克体重 4~8mg，按半量 2 次/天，静脉注射，4~6h 后症状明显好转。

2. 配合肌内注射地塞米松每千克体重 0.1~0.2mg，效果更好。

3. 连续 2 次注射维生素 B_1 未好转时，无治疗价值，应予以淘汰。

【青草搐搦】

牧草搐搦症又称为泌乳搐搦或麦类牧草中毒是反刍动物的一种高度致死性疾病。泌乳牛的发病率最高。以血镁浓度下降、常伴血钙下降为特点。临床上以强直性和阵发性肌肉痉挛、惊厥、呼吸困难和急性死亡为特征。通常出现在早春放牧开始后的前 2 周内，也见于晚秋季节。

（一）诊断要点

在临床上凡遇到有突然发病、兴奋不安、运动不协调、敏感等神经症状的病牛，可结合病史做出诊断。

1. 临床症状

根据病程可分为最急性型、急性型、亚急性型和慢性型。

（1）最急性型：常无明显的临床表现而突然死亡。

（2）急性型：病畜呈现明显的神经症状，兴奋不安，颈、背及四肢震颤，针刺敏感。牙关紧闭或磨牙，唇边有泡沫。眼球震颤，耳竖立。尾肌和后肢呈强直性痉挛，进而发展为全身阵发性痉挛。严重者狂奔乱跑，不久倒地，如抢救不及时，很快死亡。

（3）亚急性型：病牛食欲减退或废绝，常保持站立姿势，频频眨眼，对响声敏感。行走时步样强拘或高跨步，肌肉震颤，后肢和尾轻度僵直。当受到强烈刺激时，可引起惊厥。病程约 3 ~ 5d。

（4）慢性型：病牛呆滞，反应迟钝，食欲减退，瘤胃蠕动减弱。经数周后，病牛出现步态踉跄，上唇、腹部及四肢肌肉震颤，感觉过敏。后期感觉消失，瘫痪。

2. 临床病理学

无特征性变化。仅见皮下、肌肉、心内外膜、胸膜、腹膜及肠黏膜下出血，肝脂肪变性及坏死，肾脂肪变性，骨骼肌和心肌变性。

3. 发病机理

本病发生与血镁浓度降低有直接关系，而血镁浓度降低又与牧草中的镁含量低或存在干扰镁吸收的因素有关。

动物机体的镁约 70% 沉积在骨骼，29% 在软组织中，1% 存在于细胞外液。由于骨骼中的镁是以磷酸镁和碳酸镁的形式存在，很难进入血液，组织中仅有 4% 镁可以交换，体内镁的恒定就依赖于镁的需要量与肠道吸收之间的动态平衡。当肠道吸收的镁低于需要量后，这种动态平衡即被破坏。牛血清镁浓度低于 0.33mmol/L 时，将出现低血镁搐搦的临床症状。

镁是许多酶的辅助因子及激活剂。Mg^{2+} 与二磷酸腺苷（ADP）、三磷酸腺苷（ATP）螯合是许多酶促反应所必需。当镁缺乏时，酶的催化作用减弱，使糖酵解受到影响。在三羧酸循环过程，参加反应的酶如异柠檬酸脱氢酶、α-酮戊二酸脱氢酶、琥珀酸硫激酶等需要镁作为激活剂。当缺镁时，这些酶的催化作用减弱，使糖的有氧氧化受到影响。因此，这些都会严重地影响细胞的能量代谢过程和能量的供给，进而将会引起一系列新陈代谢紊乱。严重时危及动物的生命。脑脊髓液中镁含量的降低是启动搐搦的重要因素。哺乳动物神经和肌肉的兴奋性与细胞外液中 Na^+ 与 K^+ 之和成正比，而与 Ca^{2+}、Mg^{2+} 与 H^+ 之和成反比。当血清镁和钙浓度降低，特别是脑脊髓液镁含量降低时，神经兴奋性增加，表现感觉过敏、兴奋、肌肉痉挛。

（二）防治措施

1. 首选药物，镁制剂和钙制剂

5%硫酸镁100～200mL，连日或隔日，3次/天，皮下注射，配合葡萄糖酸钙剂200mL。或3.3%乳酸镁，15%葡萄糖酸钙，静脉注射，效果良好。

2. 对症治疗

缓解惊厥，可肌内注射镇静剂。保护肝脏，可输注葡萄糖。体温升高，应用抗生素。发病牛群，要施1次5%硫酸镁100～150mL的皮下注射。对于同群的其他未出现临床症状的动物，应尽快补给氧化镁或硫酸镁，50～100g/天，持续1～2周。

【霉玉米秆中毒】

霉玉米秆中毒是将牛放牧到干旱和早霜的发育不良的或未成熟的玉米地而发生的中毒性疾病。国外报道从秋到冬一直都发生。发病率可达50%，死亡率达100%。

（一）诊断要点

在临床上凡遇到有步样跟跄、视力消失、胃肠蠕动消失、全身间歇性痉挛等症状的病牛，可结合病史、病理变化等综合分析建立诊断。

1. 临床症状

在玉米地放牧7～10d后发病。主要表现突然精神沉郁，步样跟跄，起立困难，耳、胸、腹部震颤。可视黏膜充血，视力消失。体温、心跳和呼吸均无异常变化。胃肠蠕动消失。末期，全身间歇性痉挛，陷入虚脱状态，通常5～6h内死亡。

2. 临床病理学

皮下组织、心内外膜、膀胱黏膜、胸腺等点状出血。肝脏肿大和变性，囊状坏死。胆囊浮肿。肾脏肿大、实质变性和出血。除大肠末端的黏膜线状出血之外，其他肠段黏膜轻度充血。

3. 发病机理

病因不明，曾被怀疑过硝酸盐中毒、氢氰酸中毒，但都被否认了，饲料霉菌和病原细菌也没分离出来。

（二）防治措施

尚无合适的治疗方法。通常静脉注射 5% ~20% 葡萄糖溶液，有一时的效果，但会复发。或静脉注射 20% 硫代硫酸钠液 20~40mL/kg，也有一些效果，但也可复发。

【有机磷农药中毒】

有机磷农药中毒是由于动物接触、吸入或误食某种有机磷农药所致的中毒性疾病。临床上以神经症状和胆碱能神经兴奋症状为特征。病理学基础是体内胆碱酯酶钝化和乙酰胆碱蓄积。

（一）诊断要点

根据接触有机磷农药的病史和临床症状可建立初步诊断。必要时进行有机磷农药检验。紧急时可作阿托品治疗性诊断，方法是皮下或肌肉注射常用剂量的阿托品，如系有机磷中毒，则在注射后 30min 内心率不加快，原心率快者反而减慢，毒蕈碱样症状也有所减轻。否则很快出现口干，瞳孔散大，心率加快等现象。

轻症病例，只表现流涎，肠音增强，局部出汗以及肌肉震颤，经数小时即自愈。重症病例，多继发肺水肿或呼吸衰竭，而于起病当天死亡；耐过 24h 以上的，多有痊愈希望，完全康复常需数日之久。

1. 临床症状

病畜初期表现回顾腹部，肠音亢进，腹泻，流涎，流泪，食欲废绝；中后期肌肉震颤，心跳加快；严重者表现昏迷，抽搐，体温升高，粪尿失禁，全身震颤，甚至死亡。

2. 病因

食入性中毒是最常见的，一般多是由于管理不善，牛误食喷洒过有机磷农药的野草、蔬菜、瓜果、农作物秸秆等，或误食拌过有机磷农药的种子等，或误饮被有机磷农药污染过的饮水等均可引起不同程度中毒。

3. 发病机理

有机磷化合物吸收后，能与胆碱酯酶结合，形成比较稳定的磷酰化胆碱酯酶而失去分解乙酰胆碱的能力，乙酰胆碱大量蓄积，胆碱能神经兴奋，出现毒蕈碱样、烟碱样以及中枢神经系统症状，如虹膜括约肌收缩使瞳孔缩小，支气管平滑肌收缩和支气管腺体分泌增多，导致呼吸困难，甚至发生肺水肿；胃肠平滑肌兴奋，表现腹痛不安，肠音强盛，不断腹泻；膀胱平滑肌收缩，造成尿失禁；汗腺和唾液腺分泌增加，引起大出汗和流涎；骨骼肌兴奋，发生肌肉痉挛，最后陷于麻痹；中枢神经系统，则是先兴奋后抑制，甚至发生昏迷。

（二）防治措施

治疗原则阻止毒物吸收，使用特效解毒剂和对症治疗。

实施特效解毒，应使用胆碱酯酶复活剂和乙酰胆碱对抗剂。解磷定和氯磷定剂量为 20～50mg/kg 体重，以生理盐水配成 2.5%～5% 溶液，缓慢静脉注射，以后每隔 2～3h 注射 1 次，剂量减半，直至症状缓解。双解磷和双复磷的剂量为解磷定的一半，用法相同。乙酰胆碱对抗剂常用的是硫酸阿托品，剂量为 0.25mg/kg 体重，皮下或肌内注射。重度中毒，以其 1/3 量混于葡萄糖盐水内缓慢静注，另 2/3 量作皮下注射或肌内注射。经 1～2h 症状未见减轻的，可减量重复应用。

【呋喃丹中毒】

呋喃丹在农业上常用来拌种，以防虫害。由于其属高毒类农药，所含的有效成分是胆碱脂酶的不可逆抑制剂，如果进入牛体内，能抑制胆碱脂酶的活性，使其失去了水解乙酰胆碱的能力，引起乙酰胆碱蓄积，从而引起中毒。

（一）诊断要点

1. 临床症状

急性中毒的症状与有机磷农药中毒相似，经呼吸道和皮肤中毒者，2～6小时发病，经消化道中毒发病较快，10～30min即可出现症状。主要表现为流涎，呕吐，腹痛，腹泻，胃肠音高朗，蠕动次数增多，多汗，呼吸困难，黏膜发绀，瞳孔缩小，肌肉震颤。严重者发生强直痉挛，共济失调，后期肌肉无力，麻痹。气管平滑肌痉挛导致缺氧，窒息而死亡。

2. 临床病理学

剖检可见肺充血水肿，肝脏质脆出血，肾肿大发炎，胃黏膜点状出血。组织学检查小脑、脑干和上部脊髓中的有鞘神经发生水肿，并伴有空泡变性。肌肉局部贫血、变性。

3. 病因

食入性中毒是最常见的，一般多是由于管理不善，临床常见牛误食拌有呋喃丹的种子或毒饵中毒。

4. 发病机理

呋喃丹是一种甲基氨甲酸酯类高效广谱杀虫剂。它进入肌体后不经过代谢，直接抑制胆碱酯酶的活性，使乙酰胆酯酶活性中心上的丝氨酸的羟基氨基甲酰化，从而失去对乙酰胆碱的酶解能力，使血液中的胆碱酯酶活力降低。所以，呋喃丹中毒与有机磷农药中毒有相似的临诊症状。

（二）防治措施

在治疗上，洗胃必须反复进行。洗胃的药物最好选用3%碳酸氢钠，因呋喃丹属于酸性物质遇碱后即失去毒性。药物治疗以1%阿托品为好，中毒症状轻的病例用小剂量，重症病例用阿托品则要达到"阿托品化"为原则。严重病例还要静脉注射5%碳酸氢钠和对症治疗。

预防上生产和使用农药应严格执行各种操作规程，严禁动物接触当天喷洒农药的田地、牧草和涂抹农药的墙壁，以免误食中毒。用氨基甲酸酯类农药治疗畜禽外寄生虫时，谨防过量和被动物舔食中毒。

【疯草中毒】

疯草中毒是指动物采食棘豆属和黄芪属中有毒植物引起的一种慢

性中毒病。临床上以头部震颤，运动蹒跚和后肢麻痹等神经症状为特征。

（一）诊断要点

1. 临床症状

疯草中毒通常是一个渐进的过程，牲畜在采食疯草的初期，上膘较快，体重稍有增加。一段时间之后，营养状况开始下降，继而出现精神沉郁，反应迟钝，被毛粗乱，随着病情进展，出现特征性临床症状，目光呆滞，头部震颤，步态不稳，后肢拖地。严重时在颚下、喉等部位出现水肿，后肢麻痹，卧地不起，最后衰竭死亡。孕畜流产、死胎、早产、畸胎等症状，母畜不孕和公畜不育。有的出现便秘或腹泻，失明和脱毛等症状。

2. 临床病理学

病理学特征为神经系统、肝和肾等器官细胞内形成空泡变性。实验室检查可见贫血，血清 α-甘露糖苷酶活性下降，尿中低聚糖含量增加。

3. 病因

牧草严重不足时，动物才不得以采食以维持生命。然而一旦家畜开始采食疯草，则将很快变得嗜好成瘾，以致仅采食疯草，直至中毒死亡。此外，从外地引进的动物，由于对疯草无识别力，也易中毒。

4. 发病机理

疯草的主要有毒成分是苦马豆素类生物碱。苦马豆素与甘露糖的空间结构类似，与 α-甘露糖苷酶具有高度亲和性，是一种很强的 α-甘露糖苷酶抑制剂。甘露糖苷酶的活性低下使甘露糖不能水解，在溶酶体中大量积聚，导致细胞空泡变性。从而造成器官组织损害和功能障碍，其中，以神经系统和生殖系统最为敏感，特别是小脑蒲肯野氏细胞，而且外周神经系统的神经细胞也普遍发生空泡变形，髓神经纤维脱髓鞘现象，中毒动物出现以运动失调为主的神经症状。由于生殖系统细胞的广泛空泡变性，可造成母畜不孕、流产，公畜不育，胎儿死亡和发育畸形。

（二）防治措施

疯草中毒目前无特效疗法，一般只进行对症治疗。

预防主要是加强饲养管理，准备充足饲料，避免在有疯草草场放牧，若放牧应采取轮牧。

【铅中毒】

见"皮肤黏膜苍白鉴别诊断"中常见疾病的诊断与治疗。

（加春生）

主要参考文献

［1］朴范泽．牛病类症鉴别诊断彩色图谱［M］．北京：中国农业出版社，2008.

［2］徐世文，唐兆新．兽医内科学［M］．北京：科学出版社，2010.

［3］宋彦，郭忠．牛破伤风的诊断及防治措施［J］．养殖技术顾问，2011，5：123.

［4］赵红英．牛脑膜炎的症状与防治［J］．养殖技术顾问，2014，4：196.

［5］李文卉，付宝权．脑多头蚴病研究进展［J］．动物医学进展，2010，31（10）：87-91.

［6］李雪平．牛海绵状脑病的研究进展［J］．畜牧与饲料科学，2012，33（3）：77-78.

第十一章

脱毛鉴别诊断

脱毛泛指家畜局部或全身的被毛缺损，常见于各种皮肤损伤和创伤。患脱毛症的动物的皮肤没有特殊的病变，只是一种自然的皮毛脱落状态。脱毛可能是局灶性的，也可能是全身性的；既可是弥漫性的，也可呈斑片状。犊牛时有发生。

一、生理解剖基础

皮肤由表皮和真皮组成，皮下组织与深层组织相连。

表皮位于皮肤的表层，由复层扁平上皮构成。凡是长期受摩擦的部位，表皮较厚，角化也较显著。表皮内无血管和淋巴管，但有丰富的末梢神经。皮肤的表皮由外向内依次为角化层、颗粒层和生发层。

角化层：是表皮的最表层，由数层已角化的扁平细胞构成，细胞内充满角质蛋白。老化的角质层不断脱落，形成皮屑。

颗粒层：由数层已开始角化的梭形细胞构成，细胞界限不清，胞质内含有嗜碱性的透明角质颗粒。

生发层：由数层形态不同的细胞组成。其中最深层（基层）细胞呈立方形，能不断分裂，产生新的细胞，以补充表层脱落的细胞。生发层深部细胞间有星状的色素细胞，含有色素。色素决定皮肤的颜色，并能防止日光中的紫外线损伤深部组织。

真皮由致密结缔组织构成，坚韧而富有弹性，是皮肤最厚的一层。真皮分布有汗腺、皮脂腺、毛囊及丰富的血管、淋巴管和神经等。

乳头层紧靠表皮，由纤细的胶原纤维和弹性纤维交织而成，形成许多圆锥状乳头伸入表层的生发层内。乳头的高低与皮肤的厚薄有关，无毛或少毛的皮肤，乳头高而细；反之，乳头则小或没有。该层有丰富的毛细血管、淋巴管和感觉神经末梢，具有营养表皮和感受外界刺激的作用。

网状层：位于乳头层的深面，较厚，由粗大的胶原纤维束和弹性纤维交织而成。内含有较大的血管、神经、淋巴管，并分布有汗腺、皮脂腺和毛囊。

皮下组织位于真皮下，由疏松结缔组织构成。皮肤借皮下组织与深部的肌肉、筋膜、腱膜相连接。皮下组织结构疏松而有弹性，利于皮肤作有限度的往返滑动。

二、脱毛的病因

先天性脱毛症是由牛的遗传性皮肤缺陷所致，如先天性稀毛症、对称性脱毛、无毛犊牛和腺垂体发育不全等毛囊不能生长纤维，还可由碘缺乏所致的甲状腺机能减弱所致。母畜在妊娠过程中碘需要量增多，以供胎儿所需，由于饲料中碘含量不足或缺乏，碘缺乏母牛产生的犊牛将发生先天性甲状腺肿，表现稀毛或无毛。

后天性脱毛症是指已形成的被毛受到各种不良因子的作用，使毛损伤而脱掉。原因包括病原微生物，如牛感染疣状毛癣菌、刚果嗜皮菌所致的皮炎。营养缺乏，由于营养失调而引起的代谢性脱毛，如饲喂犊牛的代乳品含鲸油、棕榈油或豆油含量过高；维生素 C 及微量元素碘、锌缺乏。创伤性，如各种皮肤外伤或因痒觉而于硬物体上摩擦引起皮肤损伤，由于皮肤深在性损伤，瘢痕形成而破坏毛囊，此称为瘢痕性脱毛；由于神经损伤而引起的脱毛，称神经性脱毛。中毒性，如当铊中毒和银合欢中毒时，可引起中毒性脱毛。疾病继发，因肺炎、败血症和严重腹泻并伴有高热的病牛，偶见颈部、躯干和四肢等处发生大面积脱毛，此因毛生长再生部损伤，又称再生期脱毛。

三、鉴别诊断思路

临诊上遇见脱毛的病例，首先要确定脱毛的病理类型，是单纯性脱毛还是皮损性脱毛。对伴有皮肤痒感的，主要考虑真菌性、寄生虫性、变态反应性和理化性脱毛等。对于伴有全身症状的，不应局限于表被系统疾病进行判断，应将脱毛作为全身性疾病的一个分症，结合病史和特殊检查检验结果进行确诊。

寄生虫性脱毛，可根据痒感、皮损和寄生虫虫体或虫卵的检查进行确诊。

传染性脱毛，一般均具有群发性和传播性，除单纯性真菌病外，一般均伴有原发病的全身症状，可结合疾病的特征性症状、病史、流行病学和病原学检查进行确诊。真菌性皮炎，可直接通过显微镜观察皮屑或被毛的真菌，即可确诊。

理化性脱毛，一般通过病史调查，根据是否有烫伤、冻伤、强酸强碱腐蚀的病史，可直接进行确诊。

营养性和中毒性脱毛，一般不伴有痒感，多呈群发性、渐进性，可根据病史、临床特征，并结合流行病学与实验室检验结果进行疾病的确诊。

内分泌性脱毛，临床上牛比较少见，多表现出对称性脱毛，伴有轻微皮损或不伴皮损，根据全身症状，并结合激素水平的测试结果可以进行确诊。

四、症状治疗

遗传性脱毛。研究显示毛发生长与锌的代谢密切相关，补锌（氧化锌，口服）有较好治疗效果。但停止治疗后易复发，用药剂量应随体重增加而增加。此外，还有发生于荷斯坦牛的致死性稀毛症（通常生后数小时死亡），发生于娟姗牛、荷斯坦牛的非致死性稀毛症等（表现出生时即被毛稀少，为先天性遗传因素所致，尚无有效治疗方法）。

由腹泻、败血症等疾病继发的脱毛，治疗首先用温热的肥皂水清洗患部，使患部保持干燥，勤换垫草并使垫草保持清洁干爽，皮肤裸露区域可外用氧化锌软膏，并同时注意治疗原发性疾病，如原发性疾病治愈，局部脱毛可逐步完全恢复。

由外寄生虫病引起的脱毛，除有局部脱毛症状外，有原发性疾病的特征性症状。对此类脱毛的治疗，应针对病因，重点治疗原发病。

由真菌引起的脱毛，要重点杀灭真菌。可使用酮康唑软膏和达克宁等进行治疗。

五、常见疾病的诊断与治疗

【牛贝诺孢子虫病】

牛贝诺孢子虫病曾被称为球孢子虫病，是由贝氏贝诺孢子虫寄生于黄牛、奶牛、水牛的皮肤、皮下结缔组织等处而引起的一种原虫病，临床上以皮毛脱落、皮肤增厚和破裂为特征，又称之为厚皮病。

（一）诊断要点

根据临床特征病初发热，首先于阴囊及后肢内侧皮肤增厚而有皱褶，无明显境界；继而胸下、腹下、四肢、颈侧、口鼻周围、眼眶周围的皮肤也逐渐增厚。最后全身各部皮肤呈现不同程度的变厚、缺乏弹性、脱毛，蓄积多量灰白色皮屑，外观似螨病，但痒觉不明显。关节屈面皮肤皲裂，流出浆液血性渗出液。常与地面摩擦的皮肤发生坏死，逐渐硬厚。病牛步样强拘，不愿运动。体表淋巴结肿大。眼羞明、流泪、角膜混浊、巩膜充血，巩膜上可见白色针尖大的结节状的包囊。轻症感染，临床症状不明显，仔细检查，有些病例眼巩膜可发现包囊；有些病例四肢水肿，不愿行动，可做出初步诊断。最后根据实验室压片镜检结果做出最终诊断。

1. 临床症状

人工感染时的潜伏期为 4～10d。在热反应出现后 6～28d，可在皮肤上发现包囊。临诊可分为 3 期，即发热期、脱毛期和干性皮脂溢出期。①发热期：病初体温可升高至 40℃ 以上；流涎，病牛畏光，常躲在阴暗处。被毛失去光泽，腹下、四肢水肿，有时甚至全身发生水肿，奶牛乳房红肿，步态僵硬。呼吸、脉搏增数，反刍缓慢或停止，有时下痢，常引起流产。肩前和髂下淋巴结肿大。流泪，巩膜充血，上布满白色隆起的虫体包囊。鼻黏膜鲜红，上有许多包囊；有鼻漏，初为浆液性，后变浓稠，带有血液，呈脓样。咽、喉受侵害时发生咳嗽。约经 5～10d 后转入脱毛期。②脱毛期：主要表现为皮肤显著增厚，失去弹性，被毛脱落，有皲裂，流出浆液性血样液体。病畜长期躺卧时，与地面接触的皮肤发生坏死。晚期，在肘、颈和肩部发生硬痂，水肿消退。此时，可能发生死亡；如不发生死亡，这一病期可持续半个月至一个月，转入干性皮脂溢出期。③干性皮脂溢出期：在发生过水肿的部位，被毛大都脱落，皮肤上生成一层厚痂，有如象皮和患疥癣的样子，皮肤龟裂，其上覆有大量皮屑，外观似大象皮肤，故称之为象皮症。淋巴结肿大，其间含有虫体包囊。病畜乏力无神，牛体极度消瘦。如饲养管理不当常发生死亡。奶牛除上述症状外，乳房皮肤病变明显，变硬增厚似废胶皮样；乳头肿胀发炎，乳管堵塞，引起严重的乳房炎，从而导致产奶量下降以至停产而蒙受经济损失。怀孕母牛可能发生流产。种公牛睾丸肿大，后期睾丸萎缩，从而导致终身不育。

2. 临床病理学

由于生理解剖部位不同，病理解剖学变化也不一样，薄皮增厚程度轻，呈现细皱褶；厚皮增厚程度重，呈现粗皱褶；特别厚的皮肤增厚程度非常明显，硬固，不形成皱褶；突起部的皮肤或皮肤黏膜在增厚的基础上易形成皲裂和破溃。病理组织学检查发现，真皮和皮下结缔组织内有大量孢囊型虫体寄生；真皮结缔组织增生，嗜酸性白细胞及淋巴细胞浸润；皮肤衍生物呈现萎缩；表皮细胞呈现水泡变性和渐进性坏死变化；体表淋巴结呈现炎症反应。

实验室检查 可在病变部剪取皮肤表面酚乳突状的小结节，剪碎压片镜检，发现虫体包囊或慢殖子即可确诊。轻症病例，可详细检查眼巩膜上是否有针尖大白色结节状的包囊。为了确诊，可将病牛头部固定好，用止血钳夹住巩膜结节处黏膜，用眼科剪剪下结节，压片镜检。

3. 流行病学

病牛是贝诺孢子虫的重要传染源，吸血昆虫为主要机械性传播媒介。本病通过发生于夏、秋昆虫活跃季节，冬、春季节症状加剧。虫体除寄生于皮肤外，还可寄生于睾丸、鼻腔、喉头、气管黏膜、眼巩膜、血管内膜、子宫等部位形成包囊。其中，以皮肤和皮下结缔组织中的包囊最为常见。在血液、淋巴结内偶尔可见到贝诺孢子虫的速殖子。贝诺孢子虫分布无一定地区性，目前世界已有日本、韩国等30多个国家发现此病，我国也有关于该病的报道。

（二）防治措施

目前尚无有效的治疗药物。有人报道1%锑制剂有一定的疗效；氢化可的松对急性病例有缓解作用；长效土霉素、丙硫咪唑和氯苯胍也有一定效果。

【螨虫病】

螨虫病又叫疥螨、癞病。由疥螨和痒螨引起。以剧痒、湿疹性皮炎、脱毛和具有高度传染性为特征。

（一）诊断要点

1. 发病症状

初期多在头、颈部发生不规则丘疹样病变。病牛剧痒，使劲磨蹭患部，使患部落屑、脱毛，皮肤增厚，失去弹性。鳞屑、污物、被毛和渗出物黏结在一起，形成痂垢。病变逐渐扩大，严重时可蔓延至全身。病牛由于发痒而经常啃咬、摩擦，影响正常采食和休息，消化吸收机能降低，逐渐消瘦，严重时死亡。

2. 实验室检查

在病牛皮肤患部边缘与健康皮肤交界处刮取皮屑，刮到皮肤发红为止，将刮取物收容起来，按以下方法检查。

直接检查 将刮取物摊在黑纸上，放在阳光下照晒或用其他方法加温，直接或用放大镜观察有无螨在爬动。

分离检查 将刮取物放在盛有40℃温水漏斗上的铜筛中，经0.5～1h，螨可爬出，沉于管底，而后取沉淀物进行镜检。

检查死螨 将刮取物放在5%～10%氢氧化钾溶液中浸泡2h，或加热至沸，而后静置20min或离心，取沉淀物镜检。

3. 流行病学

螨病多发生于秋、冬季节，在此季节，因阳光照射不足，牛体绒毛增生，皮肤表面湿度增高，最适合螨的发育，繁殖。夏季，牛体换毛，阳光照射充足，皮温增高，经常保持干燥状态，以致大部分虫体死亡，少数隐藏在阳光照射不到的皮肤褶皱处，成为带虫动物，入秋后常复发，并成为传染源。疥螨病通常开始发生与毛短而皮肤柔软的部分；痒螨开始发生于毛密及毛长部位，而后蔓延开来，甚至波及全身。牛的疥螨和痒螨大多呈混合感染。

（二）防治措施

为使药品与虫体充分接触，必须先对患部做剪毛、清洗后再用药物反复涂擦，以求彻底治愈。由于多数治疗螨病的药品杀不死虫卵，因此必须隔5～7d，待卵内幼虫孵出后再涂第2次药，才能彻底治疗。常用药物如敌百虫液，其成分是来苏儿5份，溶于100份温水中，再加入敌百虫5份即成，涂擦患部。辛硫磷乳剂，用水配成1:1 000的浓度，涂擦患部。亚胺硫磷用水配成1:1 000的浓度，涂于患部。阿维菌素或伊维菌素，肌内注射，间隔7d一次，连用3次。

【牛副丝虫病】

副丝虫病是由丝虫科的牛副丝虫引起的，其为一种季节性疾病。本病对耕牛的危害较大，严重感染时会影响牛的休息和采食，造成生长滞缓，逐渐消瘦，使役能力减退，严重的可因继发感染而死亡。

（一）诊断要点

1. 发病症状

发病时牛的颈、肩、肋部等处常形成一个个半圆形小结节，皮破流血，形成一条凝血带，反复出现，到天冷为止。

2. 实验室检查

可取流出的新鲜血液加 10 倍蒸馏水稀释，镜检可见丝状的幼虫或有活动蚴的虫卵。

3. 流行病学

牛副丝虫病，俗称血汗病。本病是由副丝虫寄生于皮下结缔组织内而引起的 1 种寄生虫病。雄虫长 2～3cm，雌虫长 4～5cm。虫体生活史不详，可能与马副丝虫相似。成熟雌虫在皮下组织内用头端穿破皮肤，并损伤微血管造成出血。随后交配排卵于血液中，并孵出幼虫（微丝蚴）；吸血蝇叮吮牛只时，随血吞下幼虫，发育为感染性幼虫；感染性幼虫在吸血蝇叮刺健牛皮肤及皮下组织后，经 1 年左右虫体发育为成虫。

以 4 岁以上的牛多见，牛犊很少发病。

（二）防治措施

注意牛舍清洁卫生和杀灭吸血蝇。对患牛采取如下方法：

在出血的肿胀周围，用 2% 敌百虫液分点注射，每点 0.5～1mL，或用敌敌畏涂擦（不宜大面积使用，以防中毒）。用 6% 硫代苹果酸锂锑溶液 30mL 肌肉注射，间隔 48h 注射 1 次，共注射 5 次。用锑波芬钾皮下注射 50mL，4d 后重复一次，连用 3 次。伊维菌素或阿维菌素及吡喹酮有一定疗效，可试用。

【牛皮蝇】

牛皮蝇由皮蝇科、皮蝇属的纹皮蝇和牛皮蝇幼虫寄生于牛背部皮下组织引起。临床上以皮肤局灶性隆起、脱毛、破溃等为特征。

（一）诊断要点

1. 临床症状

雌蝇产卵时可引起牛只强烈不安，表现踢蹶、狂跑（跑蜂）等，严重影响牛采食、休息，甚至可引起摔伤、流产等。

幼虫初钻入牛皮肤，引起牛皮肤痛痒，精神不安。在牛体内移行时造成移行部位组织损伤。特别是第 3 期幼虫在牛背部皮下时，引起局部结缔组织增生和皮下蜂窝组织炎，有时继发细菌感染可化脓形成瘘管。患畜表现消瘦，生长缓慢，肉质降低，泌乳量下降。牛背部皮肤被幼虫寄生以后，留有瘢痕和小孔，影响皮革质量。

2. 病理变化

幼虫出现于牛背部皮下时易于诊断，可触诊到隆起，上有小孔，内含幼虫，用力挤压，可挤出虫体，即可确诊。

3. 流行病学

成蝇较大，体表被有长绒毛，有足 3 对及翅 1 对，外形似蜂，牛皮蝇成熟第 3 期幼虫长可达 28mm，最后两节腹面无刺，气门板呈漏斗状。皮蝇广泛分布于世界各地，成蝇出现的季节，随各地气候条件和皮蝇种类的不同而有差异。

（二）防治措施

治疗 伊维菌素或阿维菌素，0.2mg/kg 体重皮下注射。倍硫磷浇泼剂，每 100 千克体重 10mL，沿牛背中线由前向后浇泼。蝇毒磷，10mg/kg 体重，臀部肌内注射。敌百虫，2% 敌百虫水溶液，取 300mL 在牛背部或只在牛皮肤上的小孔处涂擦 2~3min，经 24h 后，大部分幼虫即软化死亡，其杀虫率可达 90%~96%。

预防 定期进行预防性驱虫。

【皮肤真菌病】

牛皮肤真菌病，俗称为钱癣。又称为白癣病或小孢子菌病。本病属非致死性疾病，但其传染快、蔓延广，尤其对犊牛、病牛或营养不良老龄牛，以及冬季密集舍饲牛群，易使全牛群感染发病。特征为在皮肤上形成圆形或不规则圆形的脱毛，并覆盖有鳞状皮屑或痂皮。患病牛多数以局部剧烈炎症，病程持久和难以治愈为主要临床特征。本病在世界各国、各地区都有发生。

（一）诊断要点

一般犊牛易感性较高，常在头部、颈部、躯干部和四肢皮肤表面有圆形红斑出现，糜烂并伴有脱毛。可以采集感染被毛，用20%的氢氧化钾溶液加热溶解，直接镜检，观察到真菌及其基本要素。也可用真菌培养基进行分离培养和鉴定。皮肤真菌缺乏特异性抗原，但有共同的皮肤反应原性。也可应用 PCR 法检测特异性基因片段来诊断本病。

1. 发病症状

潜伏期一般为 1~4 周。发病早期和晚期都有巨痒和触痛，患畜不安、摩擦、减食、贫血以致死亡。常发部位为头部（眼眶、口角、面部）、颈部和肛门。病初发病皮肤表面出现圆形红斑并伴有脱毛，病斑逐渐扩大，痂癣逐渐形成隆起的圆斑，形成灰白色石棉状痂块），痂上残留少数无光泽断毛，痂块小者如铜钱，大者如核桃或更大，严重的在牛体全身融合成大片。有的皮肤糜烂、出血和化脓，越湿润越难以治愈。病程末期，在皮肤形成痂皮和硬结。

根据病牛所处环境、气候和个体状态等情况，病势可分轻型和重型两大类型，前者历时月余，后者可长达几个月以上，病灶局部平坦、痂皮剥落后，生出新的被毛则康复。痊愈的病牛，不再感染发病。

2. 临床病理学

感染灶分布于角质层、被毛、爪、羽毛等皮肤角质化部位，因此见不到炎性变化。在病灶中可见到节孢子和菌丝等真菌基本要素。真菌要素是指由生殖细胞孢子、营养细胞菌丝以及从菌丝分化的厚膜孢子、菌核，加之具有皮肤真菌形态特征的菌丝和结节等组成的细胞或组织。

3. 流行病学

皮肤真菌病是由一群形态、生理、抗原性密切相关的真菌引起，有毛癣菌属、小孢子菌属和表皮癣菌属的成员，其中约 20 余个种能够感染人和动物。皮肤真菌对外界的抵抗力很强。

季节气候、年龄、性成熟及营养状况等因素对犬皮肤真菌的流行和发病率影响较大。炎热潮湿气候发病率比寒冷干燥季节高。皮肤真菌主要是通过接触传染。易感动物直接或间接接触被感染动物或毛发而感染发病。石膏样小孢子菌主要存在土壤中，在野外活动时间较长的动物较为易感，并且病变主要见于与土壤接触多的部位。

4. 发病机理

主要病原菌为疣状毛癣菌，感染牛等家畜。皮肤真菌对外界具有极强的抵抗力，耐干燥，100℃干热 1h 方可致死。但对湿热抵抗力不太强。对一般消毒药耐受性很强，1% 醋酸需 1h，1% 氢氧化钠 2h，2% 福尔马林半小时。对一般抗生素及磺胺类药均不敏感。灰黄霉素等抗生素对本菌有抑制作用。自然情况下牛最易感，一般犊牛易感。

本菌可依附于动植物体上，停留在环境或生存于土壤之中，在一定条件下，感染奶牛等家畜。常见于病畜和健康畜接触，或使用污染的刷拭用具滞留于污染的环境之中，通过瘙痒、摩擦或蚊蝇叮咬，从损伤的皮肤发生感染。

（二）防治措施

本病采用局部治疗，先用温消毒药水洗去痂皮，后涂擦 10% 碘酊或 10% 水杨酸钠溶液、5%～10% 硫酸铜溶液。初期每日 1 次，以后 2～3d 1 次，直至痊愈。

【硒中毒】

硒是有机体必需的微量元素，摄入过多可发生急性、亚急性或慢性中毒，甚至死亡。硒中毒以高硒地区放牧的牛较多见。本病临诊特征是腹痛、胃肠胀气、呼吸困难、运动失调、脱毛、蹄壳变形等。

（一）诊断要点

根据高硒地区放牧或采食高硒饲料的病史，结合视力下降，运动障碍，脱毛及蹄变形等症状即可做出初步诊断。饲草料及血液、被毛和组织硒含量分析是诊断本病的主要依据。

1. 发病症状

牛慢性硒中毒的表现，由所摄入的硒化合物的不同而不同，可分为三种情况。"蹒跚型"慢性中毒。其表现为转圈行动、食欲下降、视觉障碍，四肢及全身肌肉麻痹、呼吸困难、剧烈腹痛、视觉严重减退，最后由于呼吸衰竭突然死亡。这种"蹒跚病"主要是由于牛长期食用含有水溶性有机硒化合物的饲料引起的。

"碱毒病"。其特点是脱毛、换蹄时新旧蹄壳连接成靴状、贫血、关节僵硬等。该病是由牛食用含有硒—有机硒化合物的牧草和谷物引起的。

牛摄入了无机硒化合物（如亚硒酸钠）而引起的慢性中毒。这种病与"碱毒病"相似，主要表现为食欲减退，脱毛、蹄损伤等。

2. 临床病理学

肝充血、出血，质地变脆，呈棕褐色或土黄色，在表面和切面有黄白色坏死灶。胆囊常充盈。肾肿大，包膜易剥离，呈淡灰白色或棕褐色，表面有大量红色斑点，切面湿润，流出大量血液。心包积液，心房和心室扩张，有大量血凝块，心肌柔软，颜色变淡，心内外膜均有点状或斑状出血。肺充血、出血、水肿，切面湿润，有红色液体流出。从鼻孔到气管、支气管、纲支气管都充满大量白色泡沫状液体，喉头有点状出血。胃肠黏膜增厚、潮红，有不同程度的出血。大脑充血，脑回变平。脾稍肿大，表面有多量红色斑点。肠系膜淋巴结明显肿大，切面有大量红色斑点，边缘外翻。

3. 病因

家畜硒中毒的病因，主要是采食的草料含硒量过高。其次是防治硒缺乏症时，硒的使用超量。

草料中的硒含量，取决于土壤中的硒含量、存在形式和植物的种类。高（可溶性）硒土壤生长的植物，含硒量一般要高于非高硒土壤生长的植物。此外，在高硒地区，如我国湖北省恩施、陕西省紫阳等局部地区和美国怀俄明州为高硒土壤，生长的植物和粮食含硒量高。

饲料中硒含量超过 5mg/kg 即能引起明显的硒中毒症状，动物对硒的最大耐受量与硒元素的化学形式、摄入的持续时间和日粮的成分密切相关，高蛋白日粮可降低硒的毒性，亚麻籽饼对硒的毒性有颉颃作用，饲料中砷、银、汞、铜和镉的水平对硒的毒性影响很大。

4. 发病机理

小肠吸收后，硒分布于全身，主要分布于肝、肾及脾脏，慢性中毒时可大量分布于动物的毛与蹄内。硒可通过胎盘屏障造成胎儿畸形。此外，硒还可通过损伤的皮肤及呼吸道吸收。

硒进入机体后与硫竞争，取代正常代谢中的硫，抑制许多含硫氨基酸酶使机体氧化过程失调。硒酸盐进入体内后，可转化为亚硒酸盐，并能与辅酶 A 等作用形成硫硒化合物，失活辅酶 A。硒还可以与游离的氨基酸以及含巯基蛋白结合而影响蛋白质的合成。此外硒可影响维生素 C、维生素 K 的代谢，而造成血管内皮损害。

（二）防治措施

立即停喂含硒的饲料，同时应用苯胺砷酸解毒剂，剂量按 0.01% 的比例拌入饲料中饲喂，可减少硒的吸收，促进硒的排出。适当添加硫化物等硒颉颃物，增加日粮中蛋白质、亚麻籽油等的含量。并配合高糖及维生素 C 溶液饮水。

【砷中毒】

砷中毒是一定量的砷或砷化物进入动物体内而引起的全身性中毒性疾病。疾病的特点是由于砷的腐蚀作用和对神经的侵害，而发生严重的消化系统炎性变化和神经机能障碍等症状。

（一）诊断要点

根据病因病史，结合患病动物出现严重的胃肠炎症状，口吐臭水样液体，排稀水样粪便、带血且有蒜臭味，口腔黏膜红肿，尸体多不易腐败等临诊病理特征，即可作出诊断。

1. 临床症状

（1）急性中毒食后不久突然发病，主要呈现剧烈的胃肠炎和腹膜炎症状，同时有神经症状，心跳急速、脉搏细弱，呼吸急促，最后死亡。

（2）慢性中毒精神沉郁，食欲减退，反刍减少，泌乳量下降，被毛粗乱、脱落，流涎有蒜臭味，腹痛，持续下痢，感觉神经麻痹。

2. 病因

误食含砷鼠药、含砷农药处理过的种子、喷洒过的青草，或为驱除体外寄生虫而以砷剂作药浴时，药液过浓、喷射过急、浸泡过久、皮肤有破损和药浴后舐吮等，都可引起急性砷中毒。有机砷制剂如胂苯胺酸和胂苯胺酸钠如用量过大或长期使用，亦可造成砷中毒。

工业污染如洗含砷矿时的废水、冶炼时的烟尘污染周围的牧地或水源，引起慢性砷中毒。地方性高砷也是砷中毒的病因之一。

3. 发病机理

牛误食了含砷农药、用砷农药处理过的的种子、青草、蔬菜、农作物、毒饵，或者应用砷制剂治疗疾病方法不当、剂量过大等，均可引起中毒。位于生产含砷农药工厂及金属冶炼场附近的牧场，由于废气和废水的污染，也有发生砷中毒。

（二）防治措施

应用特效解毒剂二巯基丙醇或二巯基苯磺酸钠，肌内注射。

及时排出胃肠内毒物，用温水、生理盐水等反复冲洗胃及口腔，灌服牛奶、鸡蛋清等，稍后再服用缓泻剂。酌情进行补液、强心、保肝利尿等对症治疗。

严格毒物保管制度，防止含砷农药污染饲料和饮水，并避免畜禽误食。应用砷剂治疗，要严格控制剂量，外用时注意防止病畜舐吮。

【碘缺乏症】

牛碘缺乏病是由于生存环境中缺少机体必需的微量元素碘而引起的甲状腺激素合成障碍，并导致以甲状腺结缔组织增生、腺体体积增大为主要特征的慢性病，又称地方性甲状腺肿。

（一）诊断要点

通常以临床出现甲状腺肿大和生长发育缓慢等症状为本病诊断基础，结合检测碘和甲状腺素含量等，有助于疾病的最终诊断。甲状腺素含量反应血清中蛋白结合碘含量指标。

1. 发病特征

碘缺乏的母牛，除胎儿生长发育受到影响、早死胎儿吸收和偶发早产（流产）外，往往使妊娠期延长和产出的犊牛体质虚弱不能站立。被毛生长发育不全、稀毛或无毛，皮肤呈厚纸浆状，多数窒息死亡，少数幸存者，发育受阻，成侏儒牛。青年牛性器官成熟延缓，性周期不规律，受胎率降低，泌乳性能下降，以及产后胎衣停滞。公牛性欲减退，精子品质低劣，精液量也减少。

2. 临床病理学特征

奶牛长期碘缺乏时、可能导致甲状腺肿大，根据病理变化可分为弥漫增生性甲状腺肿大、弥漫性胶样甲状腺肿大、结节性甲状腺肿大。

3. 病因

原发性碘缺乏　饲料和饮水中碘含量低，动物碘摄入量不足引起。饲料与饮水中的碘含量与土壤含碘量密切相关。每千克饲料中碘含量低于 0.3mg/kg，牛就可以发生本病。

继发性碘缺乏　饲料中存在影响碘吸收和利用的拮抗因素引起。有些饲料，如包菜、白菜、甘蓝、油菜、菜籽饼（粕）、花生饼（粕）、花生粉、黄豆及其副产品、芝麻饼、豌豆及白三叶草等，均含有干扰碘吸收和利用的拮抗物质，如硫氰酸盐、葡萄糖异硫氰酸盐、糖苷—花生二十四烯苷、氰糖苷、甲硫脲、甲硫咪唑等，这些物质被称为致甲状腺肿原食物，它们能阻止或降低甲状腺的聚碘作用，或干扰酪氨酸的碘化过程。此外，氨基水杨酸类、硫脲类、磺胺类、保泰松等药物也有致甲状腺肿原作用，均可干扰碘在动物体内的吸收和利用，容易引起碘缺乏症。多年生的草地被翻耕以后，腐殖质所结合的碘会大量流失、降解，使本来已处于临界缺碘的现象显得更加突出；用石灰改造酸性土壤的地区，大量施钾肥的地区，植物对碘的吸收受到干扰，动物易发生碘缺乏症。

4. 发病机理

碘是动物体必需的微量元素，体内的碘 70% ~ 80% 集中在甲状腺中，主要是用于合成甲状腺激素，是具有活性的碘化酪氨酸，甲状腺激素合成的原料有碘和甲状腺球蛋白，在甲状腺球蛋白的酪织酸残基上发生碘化，合成中状腺激素。

甲状腺激素的排放是复杂的生物学过程，受下丘脑分泌的促甲状腺素释放激素和腺垂体分泌的促甲状腺素的控制。在轻度缺碘时，由于甲状腺激素合成不足，造成甲状腺功能减弱，导致甲状腺增生，目的在于加速甲状腺对碘的摄取，促进甲状腺激素的合成和排放。但缺碘较严重时，甲状腺泡即使增生，仍不能满足动物体的需要，久之不仅造成甲状腺滤泡持续性增生，而且使合成的甲状腺球蛋白不能充分被碘化，滤泡上皮细胞不能将其吸收、利用，从而聚积在滤泡内，使甲状腺滤泡增生不断处于恶性循环，从而更加重了甲状腺肿的发生。

某些致甲状腺肿物质，如硫氰酸盐，过氧酸盐等能与碘竞争转运机制，抑制甲状腺的聚碘作用；某些硫氧药物，对碘化物、过氧化酶、脱碘酶有抑制作用，可干扰碘的代谢，最终均可导致甲状腺肿。

（二）防治措施

应用有机碘化合物 40% 溶解油剂，肌肉注射，疗效明显。

治疗还可用中药：海带、海藻各 50g，连翘、双花、花粉、生芪各 25g，马齿苋、侧柏叶、苍术、蒲公英各 20g，陈皮、川朴、甲珠各 15g，分早晚两次开水冲灌，每次加黄酒 100 ~ 150mL 为引，连用 5 ~ 7 剂。

【锌缺乏】

锌缺乏是动物机体锌营养不足而引起的以生长停滞、饲料利用率降低、皮肤角化不全、骨骼发育异常及繁殖机能障碍为特征的营养代谢性疾病。病畜皮肤角化不全是最明显的表现，牛主要发生在头部、鼻孔周围、阴囊和大腿内侧，由于脱毛，皮肤变厚、起皱、发红。

（一）诊断要点

本病根据特征性临床症状，如皮屑增多、脱毛、皮肤开裂，经久不愈，骨短粗等而作出初步诊断。补锌后经 1～3 周，临床异常迅速好转。

1. 发病特征

锌缺乏可出现食欲减退，生长发育缓慢，生产性能减退，生殖机能下降，骨骼发育障碍，骨短、粗，长骨弯曲。关节僵硬，皮肤角化不全，皮肤增厚、皮屑增多、掉毛、擦痒，被毛异常，免疫功能缺陷及胚胎畸形等。

2. 临床病理学

病牛口腔和胃黏膜肥厚，真胃角化机能亢进。胆囊充满胆汁、膨大。皮肤组织学检查可知角质层增生肥厚，颗粒层也增生，呈现角化不全等病变。其特征性病变为表皮上突出的棘皮症。

3. 病因

原发性缺乏　土壤缺锌造成植物含锌过低，饲料中锌含量不足，引起动物原发性锌缺乏，又称为绝对性锌缺乏。一般土壤含锌 30～100mg/kg，土壤含锌低于 30mg/kg，饲料锌低于 20mg/kg 时，动物易发生锌缺乏症。

日粮中锌含量为 40mg/kg 时，可以满足动物的一般需要；60～80mg/kg 时可以满足生长期幼畜和种公畜的需要。动物对锌的需要量受年龄、生长阶段和饲料组成，尤其是日粮中干扰锌吸收利用因素的影响，所以实际日粮的锌水平要高于正常需要量。

日粮中含锌量低于 10～14mg/kg 时，就难以维持正常血浆锌的浓度。日粮中含锌量低于 8～9mg/kg 时，不能满足牛犊的生长需要。

继发性缺乏　主要是由于饲料中存在干扰锌吸收利用的因素，又称为相对性锌缺乏。钙、镉、铜、铁、铬、锰、钼、磷、碘等元素均可干扰饲料中锌的吸收。钙能直接竞争性拮抗锌的吸收，增加粪尿中锌的排泄量，减少锌在体内的沉积。

4. 发病机理

原发性缺乏：主要是饲料中锌含量不足，多因地区性缺锌所引起。

继发性缺乏：主要是饲料中存在干扰锌吸收利用的因素。已知钙、磷、铜、铁、镉、碘及钼等元素干扰锌的吸收。

消化机能障碍，腹泻等也可能影响由胰腺分泌的"锌结合因子"在肠腔内的停留，导致锌摄入不足。

（二）防治措施

除经口投服硫酸锌每日 2g，或肌内注射硫酸锌注射液（剂量为每周 1g）等以外，对犊牛锌缺乏症可连续经口投服硫酸锌，剂量为100mg/（kg·bw），连用 3 周后可痊愈。

【维生素 B_2 缺乏】

维生素 B_2，又称核黄素，是生物体内黄酶的辅酶，黄酶广泛分布于酵母、干草、麦类、大豆和青饲料中。动物消化道内的细菌可以合成维生素 B_2，特别是反刍动物无须额外补给，也不容易发生缺乏。但青饲料不足或者单独饲喂谷物饲料时，就有可能发生缺乏。另外，当饲料变质、腐败的时候，可能造成饲料中维生素 B_2 的破坏。

（一）诊断要点

根据饲养管理情况以及临床症状可以做出初步诊断；测定血液和尿液中的维生素 B_2 有助于本病的诊断。

1. 发病症状

病牛出现食欲减退、贫血、流泪，腹泻、流涎、脱毛的症状。

犊牛发病时呈现生长缓慢，食欲减退，腹泻，流泪和流涎，被毛脱落，口唇边缘及脐周皮肤充血。

2. 临床病理学

尸体剖检无特征性的病理变化，主要为皮肤增厚、坚实、切割困难。组织学变化为皮肤过度角化或角化不全，真皮和血管周围的结缔组织细胞侵润，消化道上皮细胞角化。

3. 病因

核黄素广泛分布于酵母、干草、麦类、大豆和青饲料中，动物消化道内的细菌可以合成维生素 B_2。自然条件下，维生素 B_2 缺乏症并不多见。动物长期饲喂维生素 B_2 缺乏的日粮，或动物患有胃肠、肝、胰疾病时，维生素的吸收、转化、利用发生障碍，或长期使用抗生素或其他抑菌药物，阻碍维生素 B_2 的生物合成等因素，可导致维生素 B_2 缺乏。

4. 发病机理

饲喂高脂肪、低蛋白饲料时维生素 B_2 的需要量增加，配合饲料中维生素 B_2 缺乏等。维生素 B_2 在组织中以磷酸酯的形式结合形成辅酶，当维生素 B_2 缺乏时，相关辅酶含量下降，导致体内氧化和能量供应等代谢发生障碍。

（二）防治措施

调整日粮组成，增加全乳、肉粉、鱼粉、苜蓿等富含维生素 B_2 的饲料或维生素 B_2 类添加剂。对妊娠期和哺乳期母牛，由于其对维生素 B_2 的需求量较多，饲料内还要提高维生素 B_2 含量，以满足动物体的需要。

预防保证日粮中含有足够的锌，并适当限制钙的水平，使 Ca：Zn 保持在 100：1。在低锌地区，可施锌肥，每公顷施用硫酸锌 4～5kg。牛可自由舔食含锌食盐，每千克食盐含锌 2.5～5.0g。对于放牧的牛，可以投服锌铁丸或含锌的添加量。

【银合欢中毒】

银合欢中毒是动物大量或长期采食银合欢所致的以脱毛、流涎、口腔溃烂、甲状腺肿大等为特征的中毒性疾病。

（一）诊断要点

根据过量或长期采食银合欢的病史，结合脱毛、流涎、口腔溃烂、甲状腺肿大等特征症状，即可诊断。

1. 发病症状

急性中毒一般于采食后 1～2 周内即可表现中毒症状。表现颈部、尾部或全身大面积脱毛，食欲降低，流涎，口腔糜烂。精神沉郁，反应迟钝，呼吸不畅。中毒严重者，因衰竭或继发感染而死亡。

慢性中毒须1个月以后才能明显表现出来。主要表现消瘦，体重下降，甲状腺肿大，生长发育停滞，皮肤脱毛，跛行。

2. 临床病理学

剖检可见全身淤血，口腔糜烂，食管充血、水肿。肾脏和肝脏充血、出血，肺间质水肿、气肿。甲状腺肿大、出血。组织学变化为食管黏膜上皮增生，局灶性脱落。肾小球血管充血，肾小管上皮样细胞颗粒样变性，局灶性坏死，管腔内有蛋白管型和上皮样细胞管型。肝细胞变性、坏死，肝胆管明显增生。甲状腺腺泡局灶性萎缩、变性、上皮脱落。

3. 病因

银合欢是一种多年生、耐干旱、枝叶繁茂、四季常绿的灌木或乔木，含有的含羞草素对动物有致毒作用。试验表明，日粮中银合欢的比例达50%～100%，可引起肉牛中毒。

4. 发病机理

银合欢是豆科含羞草亚科银合欢属植物，是一种多年生、耐干旱、枝叶繁茂、四季常绿的灌木或乔木，广泛分布于全球热带和亚热带海拔1 000m以下的地区。银合欢生长快、产量高，且含有丰富的蛋白质，被认为是牛的高蛋白饲料植物。但银合欢茎叶中3%～5%的含羞草素，牛长期采食可引起中毒。

（二）防治措施

控制饲喂量。日粮配方中银合欢含量不高于30%，一般不会引起中毒。在牧地上将银合欢与其他牧草混种，也可防止过量采食而中毒。

去毒处理：加热法将银合欢干粉煮沸或蒸煮2h；清水浸泡浸泡24h，换水2～3次；金属螯合法，含羞草素容易与金属离子螯合，如Fe^{2+}、Cu^{2+}等。

【铊中毒】

很多地方用醋酸铊、硫酸铊和硫酸亚铊用作毒鼠药。有的把醋酸铊作为脱发剂，但它们能引起家畜中毒和死亡。醋酸铊每千克体重中毒量：牛 16mg，犊牛 12mg。硫酸铊的毒性比醋酸铊稍低，各种动物的最小致死量每千克体重约 15～20mg。幼龄动物通常比成年动物敏感。铊中毒以脱毛、消化道症状、神经损伤为主，严重中毒者最终导致多器官损伤，死亡。

（一）诊断要点

1. 发病症状

病牛出现厌食，口鼻常有流出物，瘤胃麻痹和便秘，舌溃疡。精神沉郁，脉搏细数，躺卧，斜颈。随病情发展可出现脱毛症状。

2. 临床病理学

病牛皱胃溃疡严重，出血性胃肠炎和溃疡，肝脏肿大，脂肪变性，脾脏、肾脏充血，实质性肾炎，脑充血。

3. 病因

动物因误食毒饵中毒，或者有毒鼠尸乱抛被动物食入而引起二次中毒。

4. 发病机理

铊盐可使哺乳动物的血清巯基含量降低。铊与蛋白分子上的巯基结合，干扰其生物活性。一方面，线粒体的氧化呼吸链中含巯基酶的巯基与铊结合后，可导致氧化磷酸化脱偶联；另一方面，铊在无离子渗入情况下刺激琥珀酸氧化酶，也可引起氧化磷酸化脱偶联，干扰能量产生，使神经系统首先受到影响。铊与半胱氨酸上的巯基结合则影响半胱氨酸参与角质蛋白的合成，导致毛发脱落。

（二）防治措施

早期应用碘化纳、二巯基丙醇等治疗。并用糖盐水、抗生素和维生素等辅助治疗。

（毕明玉，曹嫦妤）

主要参考文献

[1] 李国华. 牛脱毛症的病因，症状与防治 [J]. 养殖技术顾问，

2012，10：135.

[2] 刘宗平．兽医临床症状鉴别诊断学 ［M］．北京：中国农业出版社，2008.

[3] 陈怀涛．兽医病理学 ［M］．北京：中国农业出版社，2005.

[4] 施启顺．家畜遗传病学 ［M］．北京：中国农业出版社，1995.

[5] 高丰，贺文琦．动物疾病病理诊断学 ［M］．北京：科学出版社，2010.

[6] 崔治中，金宁一．动物疫病诊断与防控彩色图谱 ［M］．北京：中国农业出版社，2013.

[7] 王仲兵，岳文斌．现代牛场兽医手册 ［M］．北京：中国农业出版社，2009.

[8] 李玉冰．畜禽常见病防治 ［M］．北京：中国农业大学出版社，2009.

[9] 陶大勇，王选东，任有才．畜禽常见病诊断及防治实用技术 ［M］．咸阳：西北农林科技大学出版社，2006.

[10] 赵双正，倪秉玉．动物中毒病防治手册 ［M］．成都：四川科学技术出版社，2011.

第十二章

浮肿鉴别诊断

水肿俗称浮肿，是指过多的体液积聚在动物血管外的组织间隙，造成组织肿胀。根据发生部位分为全身性水肿和局部性水肿，根据发病原因分为心源性水肿、肾源性水肿、肝性水肿、营养不良性水肿、激素性水肿和药物性水肿。其临床特征为触诊无热痛反应、捏粉样、指压留痕。本症状常见于一些动物心脏病、肝病、肾病、内分泌疾病及某些营养不良性等疾病的信号；但有些浮肿并非疾病的表现，而是一种生理反应，例如特发性浮肿、反应性浮肿、体位性浮肿以及药物性浮肿等，要注意区别。

一、病理解剖基础

正常情况下，血管与组织间的液体保持动态平衡。动脉端所产生的滤过压可使血管内的液体透出毛细血管壁而进入组织间隙；此外，静脉端的毛细血管压小于血浆胶体渗透压，组织间隙的液体可重新吸入毛细血管内。组织活动时，组织间隙的液体偏多，多余的液体可通过淋巴管汇入血液而保持这种平衡状态。

二、病　因

1. 心性水肿
心脏疾病发展至心力衰竭阶段所表现的全身性水肿。
2. 肾性水肿
由于肾小管滤过机能减低后造成的水钠潴留。

3. 肝性水肿

主要由于肝功能障碍，血浆白蛋白合成减少，蛋白质大量流失。

4. 营养性水肿

营养物摄入不足、吸收障碍或耗损过多所造成的全身性水肿，该水肿的病理学基础是血浆蛋白尤其白蛋白减少和血液胶体渗透压降低。

5. 激素性水肿

调节水盐代谢的激素所引发的全身性水肿。

6. 药物性水肿

在药物治疗过程中，由于药物性因素而引起的全身性水肿，有些药物具有直接肾脏毒性作用，摄入后可引起肾脏损害而影响水钠排泄；有些药物可直接影响水钠代谢；有些具有抗原或半抗原的药物，可使机体产生类血清病样反应而导致变态反应性水肿。

三、鉴别诊断思路

1. 水肿的确认

确认水肿的主要依据，包括触诊无热痛反应、捏粉样、指压留痕、无需试验性穿刺。

2. 区分全身性水肿是心性、肾性、肝性、营养性还是激素性

心性：心脏病症突出并显现心力衰竭；

肾性：肾脏病症突出并显现肾功衰竭；

肝性：肝脏病症突出并显现腹水；

营养性：衰竭体征突出并显现低蛋白血症；

激素性：表现为肾上腺皮质功能亢进。

3. 区分继发性水肿的原发病是单个系统疾病还是群体病

凡单个零散发生，其主要表现某个脏器病征的，应考虑各种单个系统疾病，可进一步依据单个系统疾病各自的病征和病变特点，分别逐步加以鉴别和论证。

凡群体发生的，要着重考虑各类群发病，包括各种传染病、遗传

性疾病、侵袭性疾病、中毒病和营养代谢病，可依据水平传播有无传染性、有无垂直传播、有无相关虫体大量寄生、有无相关毒物接触史以及有无衰竭恶病质体质，按类、分层、逐步加以鉴别和论证。

四、症状治疗

治疗原则是加强护理，消除病因，治疗原发病和对症治疗。

改善饲养管理，针对发病因素，采取针对性措施，消除致病因素。病初绝食 1~2d 后，饲喂适量富有营养，易消化的优质干草或青草，增进消化机能。

五、常见疾病的诊断与治疗

【牛贝诺孢子虫病】

同"脱毛鉴别诊断"中常见疾病的诊断与治疗。

【弓形虫病】

弓形虫病又称弓形体病及弓浆虫病，是一种由弓形虫在细胞内寄生所引起的人畜共患原虫病。本病分布很广，临床上可引起牛的发热、呼吸困难、咳嗽及神经症状，严重者甚至死亡。孕牛可发生流产。剖检以实质器官的灶性坏死，间质性肺炎及脑膜脑炎为特征。

（一）诊断要点

由于动物在感染弓形虫而发病时，在临床、剖检及流行病学等方面均没有典型的特征性病状和变化，所以，不能单靠某一现象做出肯定性的诊断，故只有在实验室诊断中查到病原性虫体和检出特异性抗体后才能做出正确的结论。

1. 发病症状

突然发病，最急性者约经 36h 死亡。病牛食欲废绝，反刍停止；粪便干、黑，外附黏液和血液；流涎；结膜炎、流泪；体温升高至

40～41.5℃，呈稽留热；脉搏增数，每分钟达80次以上，气喘，腹式呼吸，咳嗽；肌肉震颤，腰和四肢僵硬，步态不稳，共济失调。严重者，后肢麻痹，卧地不起；腹下、四肢内侧出现紫色斑块，体躯下部水肿；神经症状或兴奋或昏睡；孕牛流产。

2. 临床病理学特征

死于弓形虫病的动物，在尸体剖检时，全身脏器和组织均可看到病理变化。全身淋巴结肿大、充血、出血；肝脏有点状出血，并可见到有灰白色或灰黄色的坏死灶；脾脏有丘状出血点；肺脏出血，肺间质出现水肿；肾脏有出血点和坏死灶；胃底部出血并有溃疡；大肠小肠均有点状出血；胸腔、腹腔及心包有积水；病畜体表出现紫斑。对上述脏器和组织病变进行病理组织学检查时，主要表现为局灶性坏死性肝炎和淋巴结炎、非化脓性脑炎及脑膜炎、肺水肿和间质性肺炎等。在肝坏死灶周围的肝细胞浆内、肺泡上和单核细胞的胞浆内、淋巴结窦内皮细胞和单细胞的胞浆内，常可见有单个的，成双的或3～6个不等数造的弓形虫，虫体的形状多呈圆形、卵圆形、弓形或新月形等不同形状，这一点在对弓形虫病病原体检查定性上有重要的参考价值。

实验室检查

（1）直接病原体检查法：对疑似为弓形虫病畜的活体组织或体液（或是对尸检的病料组织和体液）制作涂片、压片或切片，镜检有无弓形虫的存在。

（2）用动物接种法检查病原虫体法：可以采用小白鼠、天竺鼠或家兔等实验动物做动物接种。因为这些动物对弓形虫有高度的敏感性，将可疑动物的病料接种给实验动物，然后用实验动物的组织和体液做涂片、压片或切片检查，则很容易检查出弓形虫的有无，即可作出定性诊断。

（3）血清学免疫诊断法：可以应用 IHA、ELISA 等方法检查。但在目前情况下，兽医临床实践上尚无推广应用。

（4）PCR 法：应用较少。

3. 流行病学

弓形虫属于孢子虫纲、球虫亚纲、真球虫目、肉孢子科、弓形虫属。虫体寄生于动物的细胞内，因其发育阶段的不同，分为以下5个类型：速殖子、包囊、裂殖体、配子体和卵囊。滋养体和包囊出现在中间宿主体内；裂殖体、配子体和卵囊则只出现在终宿主体内。终宿主为猫和其他一些野生动物，其他的动物是弓形虫的中间宿主。

4. 发病机理

由于弓形虫在宿主动物的细胞内寄生与增殖，尤其是在有核细胞中生殖，使细胞被破坏，子孢子再侵入新的细胞，如此反复循环破坏，即引起组织的炎性反应，则出现水肿，单核细胞和少数多核细胞的浸润。在医学上对弓形虫的致病作用有过较深的研究，因虫体经血流散布可侵犯多种器官和组织。但当宿主产生了免疫力，虫体的繁殖就受到抑制并形成包囊，成为慢性感染。如果包囊在脑部则能逐渐被胶质细胞所代替而形成病灶，当这种病灶很多时，宿主就会出现慢性脑炎的症状。有时视网膜细胞被子孢子大量破坏，并形成许多包囊，因而引起视网膜炎，甚至失明。

（二）防治措施

在发病早期应用药物进行治疗，可以达到满意的效果，但在病的后期用药则效果不良，有时虽能使病畜的临床症状消失，但往往不能抑制虫体在组织内形成包囊，使病畜成为带虫者。兽医临床上对病畜常用的药物为磺胺嘧啶70mg/（kg·bw）口服；磺胺-5-甲氧嘧啶2mg/（kg·bw）肌注；磺胺-6-甲氧嘧啶60～100mg/（kg·bw）口服等。

【伊氏锥虫病】

伊氏锥虫病是由锥体科锥虫属的伊氏锥虫寄生于牛和骆驼等家畜的血浆和造血器官内所引起的一种常见疾病。本病以进行性消瘦、贫血、黄疸、高热和心力衰竭等为特征。牛及骆驼大多为慢性经过，甚至呈带虫状态。

（一）诊断要点

1. 发病症状

牛患本病多呈慢性经过或带虫而不发病，但如果饲养管理条件较差、牛只抵抗力减弱，则发病率和死亡率均升高。发病时体温升到40～41.8℃，持续1～2d后下降，以后又上升，呈间歇热。发热时鼻镜干燥，有时有结膜炎，眼睑浮肿。经过数次发热后，病牛精神委顿，日渐消瘦，被毛粗乱，干焦，皮肤皲裂，脱毛，出现无毛皮肤；腹下、四肢、胸前、生殖器等发生浮肿。耳、尾常干枯坏死，部分脱落或只剩下耳根和尾根。孕牛常常发生流产。急性型多发生于春耕和夏收期间的肥壮牛，发病后体温升高，精神不振，贫血，黄疸，出现跛行，运步强拘；有的眼球突出，口吐白沫，拉稀，卧地不起，呼吸急促。

2. 临床病理学特征

剖检见尸体消瘦，皮下胶样浸润，浆液腔中有漏出液。浆膜、黏膜、肾脏和膀胱可能有出血点。脾脏有时急性肿胀，有时慢性肿胀，脾髓常呈锈棕色。淋巴结髓样肿胀。肝脏肿大、淤血、脆弱，切面呈淡红色或灰褐色，肉豆蔻状，小叶明显。

3. 流行病学

伊氏锥虫病在我国南方各地普遍流行。传染来源主要为各种带虫动物，很多野生动物也可作为保虫宿主。本病主要由吸血昆虫机械性传播。此外，兽医人员如不注意注射器械的消毒，在给病牛使用后，再用于健畜，也可造成机械地传播。肉食兽吃了病肉时可以通过消化道的伤口感染。实验证明伊氏锥虫还可以经胎盘感染。

发病季节一般和吸血昆虫的活动季节相一致。在华南一带虻蝇活动高峰期为5～10月份，故为本病的发病季节。此外，由于营养条件差、气温低、抵抗力减弱等影响，牛只随时有可能由带虫状态而转入发病状态。

本病流行于热带、亚热带地区，主要是亚洲和非洲各国。在我国的分布主要在南方及西北各省（自治区），华北一带也有少量发现。

（二）防治措施

萘磺苯酰脲（苏拉明）以生理盐水配成 10% 溶液静脉注射，牛用量为 10~15mg/kg 体重。甲基硫酸喹嘧胺，5mg/kg 体重溶于注射用水内皮下或肌内注射。三氮脒（贝尼尔、血虫净），以注射用水配成 7% 溶液，3.5mg/kg 体重深部肌内注射，每日一次，连用 2~3d。

对锥虫病的治疗，一般以两种以上药物配合使用疗效好，且不易产生抗药性。配合使用时，先用 1 种药治疗一次，过 5~7d 再用另一种药治疗一次，或轮换用药，轮换用药可以避免锥虫产生抗药性。

【创伤性网胃心包炎】

同"前胃弛缓鉴别诊断"中常见疾病的诊断与治疗。

【孕畜浮肿】

孕畜浮肿是指妊娠末期孕畜腹下及后肢发生的水肿，妊娠末期轻度的浮肿，是正常的生理现象，如果发展为大面积的严重水肿，则为病理状态。临床上以肿胀的部位（乳房、腹下）无热、无痛，按压有凹陷为特征。浮肿一般在产前 1 个月开始出现，产前 10d 左右特别显著，分娩后 2 周左右多能自行消失。临床上最常见是乳房浮肿，分为急性生理型和慢性病理型两类，前者出现于分娩时，后者是指在泌乳期间发生的水肿。

（一）诊断要点

根据病史、临床上一般无全身症状，仅见腹部和乳房浮肿，触诊如面团状，指压留痕等症状以及病理变化可做出初步诊断，确诊需做临床实验室检查。

1. 发病症状

常见症状浮肿。常从腹下及乳房开始出现，继续向前胸及阴门部蔓延，有时波及后肢的关节。浮肿一般呈扁平状，左右对称。触诊如面团状，指压留痕。皮温稍低，被毛稀疏或无毛部位的皮肤紧张而有光泽。

乳房浮肿是一个最明显的突出症状。典型的乳房浮肿是4个乳区全部被侵害。但有的只侵害半侧乳房或1个乳区。病初，乳房皮肤充血，乳房极度扩张，膨胀。随后水肿的乳房指压留痕，压痕持续数分钟不消退，乳房皮肤增厚，触诊坚实，有的乳房皮肤上有数条裂缝。乳头短粗，挤奶极其困难，乳量少，乳汁无肉眼变化。乳房下垂，水肿部因结缔组织增生，皮肤增厚，失去弹性，乳房有硬块，奶产量下降。

全身症状一般无或轻。但严重的浮肿可出现食欲减退，后肢张开，步态强拘等。

2. 临床病理学特征

腹部皮下、乳房间质严重水肿，皮下有均质的淡黄色，带有光泽的液体流出，乳房淋巴结水肿，肌纤维间、乳房实质和淋巴结中出现空隙。

实验室检查

调查饲料组成、食盐和饮水的供应情况，测定饲料中钾和钠的水平，必要时测定血浆总蛋白及白蛋白及心、肝和肾等器官功能及有无原发病的存在，为诊断提供依据。

3. 病因

胎儿增大，腹内压增高；乳房增大，运动减少；血浆蛋白少，组织水分进入血液；机体纳增加，体内水潴留；心肾负担加重，易发水肿。

4. 发病机理

确切原因尚不明了，已证实临产前的乳房浮肿与腹部表层静脉（乳静脉）血压显著升高，乳房血流量减少有关。本病与产奶量呈显著正相关。并且血浆雌激素与孕酮含量，摄入过量的钾，低镁血症等，也与本病有关。而产前限制饮水和食盐可降低初产牛的发病率，但对成年牛无影响。

母畜妊娠期血液总量增加，使血浆蛋白浓度降低，出现生理性稀血现象。如果日粮蛋白不足，则血浆蛋白更为减少，造成血液的渗透压降低，使水分积留于组织中。妊娠末期，子宫容积增大，腹内压增高。乳房增大，加上孕畜运动减少，使腹下及后躯静脉血液回流缓慢，引起淤血及毛细血管壁的渗透性增高，血液中水分渗出，引起浮肿。妊娠期间水肿的发生可能还与钠离子的排出障碍有关。妊娠母畜体内抗利尿素、肾上腺皮质醛固酮和雌激素水平升高，使肾小管远端对钠的吸收作用增强，加上饲料中钠、钾摄入过多，使得水和钠潴留于组织中。如果机体衰弱，运动不足，心、肾机能不正常，则更易发生水肿。

（二）防治措施

通常不需要任何治疗，多数病牛都能在产后逐渐消肿而痊愈。为促使肿胀消退，对病牛应加强护理，减少精料和多汁饲料、限制饮水、增加运动和挤奶次数，多喂优良干草等。具体治疗措施如下：

1. 促进血液循环

涂布轻刺激剂，常用有 20% ~50% 酒精鱼石脂软膏、樟脑软膏、松节油、碘软膏等。于患区乳房上涂布，1 次/天，连续数日。或樟脑粉 5g，姜酊 100mL，薄荷油 5mL（或冰片 1g），60 度白酒 400 ~500mL，充分混合，用棉花拭子将药液涂于水肿部，反复涂擦，5 ~8min 次，3 次/天。

2. 增强心脏功能，降低血管渗透压，减少渗出

静脉注射 3% ~5% 氯化钙 600mL。或强心剂，内服苯甲酸钠咖啡因 5 ~10g，或皮下注射 20% 苯甲酸钠咖啡因 20mL，连用 3d。

3. 应用利尿剂

①氢氯噻嗪 250mg，1 次/天，肌肉注射，或口服 0.5 ~1.0g，如为慢性水肿，除肌内注射外，配合静脉注射 100 ~200mg，效果更好。

②乙酰唑胺 1g，一次肌内注射，隔两天后用 1.5g，灌服。

③速尿 500mg，一次肌内注射，1 次/天。

4. 激素药物

①保泰松 1 份，异比林 2 份，混合，取其 25 ~30mL，一次肌内注射。

②氯地孕酮 1 g，一次灌服，连服 3d。或用其 40 ~300mg，肌内

注射，也有良效。

5. 激素与利尿药合用

三氯甲噻嗪 200 mg，地塞米松 5 mg，一次内服。

6. 手术法

可选用浮肿最低位置，避开皮下静脉，用静脉注射针头于皮肤穿刺 2～3 个针眼，或做 1～2 个相对小切口，让液体由孔内排出。

【真胃变位】

同"前胃弛缓鉴别诊断"中常见疾病的诊断与治疗。

【淀粉样变性】

淀粉样变性是全身内脏器官、组织及其血管周围广泛发生的淀粉样蛋白浸润，引起内脏器官功能异常的一种综合征。本病多为慢性病程，临床上以消瘦、生产性能下降、肝功能异常、浮肿和蛋白尿等为特征。

（一）诊断要点

1. 发病症状

主要表现食欲不振，排泥样乃至水样下痢便，不含血液。接着颌下部、胸垂部至胸前、下腹部呈现浮肿，越来越明显。体温、脉搏和呼吸均正常。按胃肠炎治疗无效，腹泻不止。病牛陷入脱水状态，消瘦。若大量的淀粉样蛋白沉积在肠壁，可发生顽固性腹泻，于皮肤薄处有时可触摸到淀粉样变性的凝聚物。若大量的淀粉样蛋白沉积在乳房，可引起乳头管阻塞。

2. 临床病理学特征

剖检时，常常可见发生病变的器官似蜡样。淀粉样蛋白沉积在脾脏常常是局限性的。而沉积在肝脏、肾脏时，常常是弥漫性的。若用碘的水溶液染色，肉眼可见淀粉样蛋白沉积。而组织切片用刚果红染色。

3. 病因

最常见的病因继发于长期化脓性炎症，如慢性乳腺炎、子宫炎和肝脏疾病。典型特点为：患牛血液里球蛋白含量非常高；从发病经过来看，本病是抗原抗体反应的异常现象，且与糖蛋白代谢有关。产生大量的淀粉样蛋白沉积在脾脏、肝脏、肾脏等器官，引起这些器官的肿大及严重的机能障碍。肾脏主要表现出肾病综合征，发生重症蛋白尿及低蛋白血症。通过直肠检查，可触摸到肿大的左肾。最后可引起尿毒症，导致昏迷，死亡。

4. 发病机理

本病是抗原抗体反应的异常现象，且与糖蛋白代谢有关。产生大量的淀粉样蛋白沉积在脾脏、肝脏、肾脏等器官，引起这些器官的肿大及严重的机能障碍。肾脏主要表现出肾病综合征，发生重症蛋白尿及低蛋白血症。通过直肠检查，可触摸到肿大的左肾。最后可引起尿毒症，导致昏迷，死亡。

（二）防治措施

无治疗价值。多治疗原发病如慢性化脓性炎症，消除病原体的刺激，促进机体逐渐康复，消除抗原抗体的免疫反应所产生的淀粉样蛋白。

【棉籽饼粕中毒】

棉籽饼粕中毒是动物长期或大量摄入榨油后的棉籽饼粕引起的一种中毒性疾病。临床上以出血性胃肠炎、全身水肿、血红蛋白尿和实质器官变性为特征。

（一）诊断要点

1. 发病症状

棉酚中毒可分 3 种形式，即急性致死的循环衰竭、亚急性致死的继发性肺水肿和慢性致死的恶病质。毒性反应随动物种类和食物成分而各有差别，主要与吸收量有关。共同症状是食欲下降，体重减轻和虚弱，呼吸困难和心功能异常，还包括代谢失调引起的尿石症和维生素 A 缺乏症等。

犊牛食欲差，精神萎靡，行动缓慢无力，体弱消瘦，腹泻，呼吸促迫，鼻液多，听诊肺部有明显的湿啰音。视力减弱或目盲，瞳孔散大。成年牛食欲减退，反刍减少或停止，逐渐虚弱，四肢浮肿，间或有腹痛表现，粪便中混有血液。心搏加快，呼吸困难，鼻液多泡沫，咳嗽，孕畜多流产。部分牛出现血红蛋白尿或血尿，公牛易患磷酸盐尿结石。

2. 临床病理学特征

剖检可见胸腹腔与心包腔有不同程度的积液，心脏柔软扩张，心内外膜有出血点，心肌颜色变淡。肝淤血质韧，脾萎缩，胃肠黏膜充血、出血和水肿。肺充血、水肿，间质增宽，切面可见有大小不等的空腔，有多量泡沫样液体溢出。镜检肝小叶间质增生，肝细胞呈现退行性变化和坏死。多见混浊肿胀和颗粒变性，线粒体肿胀。心肌纤维排列紊乱，部分空泡变性或萎缩。肾充血，肾小管上皮细胞肿胀、颗粒变性。视神经萎缩。睾丸多数曲精小管上皮排列稀疏，胞核模糊或自溶，精子数减少，结构被破坏，线粒体肿胀。

3. 病因

棉籽和棉籽饼粕中含有 15 种以上的棉酚类色素，其中，主要是棉酚，其他色素均为棉酚的衍生物，如棉紫酚、棉绿酚、棉蓝酚、二氨基棉酚、棉黄素等。

棉酚及其衍生物的含量因棉花的栽培环境条件、棉籽贮存期、含油量、蛋白质含量、棉花纤维品质、制油工艺过程等多种因素的变化而不同。棉酚的毒性虽然不是最强，但因其含量远比其他几种色素高，所以棉籽及棉籽饼粕的毒性强弱主要取决于棉酚的含量。

此外，妊娠母畜和幼畜特别敏感。饲料中钙、铁、蛋白质和维生素 A 缺乏时，或青绿饲料不足、过度劳役时亦增加动物的敏感性。

4. 发病机理

棉籽中含有对动物有害的棉酚及环丙烯脂肪酸，尤其是棉酚的危害很大。棉酚主要存在于棉仁色素腺体内，是一种不溶于水而溶于有机溶剂的黄褐色聚酚色素。犊牛对棉籽饼的毒性敏感，成年反刍动物抵抗力较强。

（二）防治措施

应采取综合措施，因不单纯是棉酚中毒，而且还伴有钙、磷代谢紊乱和维生素 A 缺乏。畜群中一旦发现病例，全群应立即停止喂棉籽饼或继续在棉地放牧，并补充青饲料或优质干草。为加速排除胃肠内容物，并使残存棉酚灭活，牛可用 1∶3 000 高锰酸钾溶液或 5% 碳酸氢钠液洗胃，或使用硫酸钠缓泻。

解毒可服用铁盐（硫酸亚铁、枸橼酸铁铵等）、钙盐（乳酸钙、碳酸钙、葡萄糖酸钙），或静脉注射 10% 葡萄糖酸钙溶液与复方氯化钠溶液。高蛋白饲料对缓解毒性有益。补充钙剂还可以同时调整钙磷代谢失调。注射维生素 A、C 有助于康复。

预防 应限制棉籽饼的饲喂量。各种动物都不能单纯大量饲喂棉籽饼，仅可作为蛋白质补充剂在日粮中适当加入。日粮中应注意补充足量的矿物质和维生素。硫酸亚铁与棉籽饼中棉酚按 1∶1 配合，能有效地解除毒性。同时补充足量钙盐。种公畜不宜饲喂棉籽饼。

（毕明玉，曹嫦好）

主要参考文献

［1］朴范泽. 牛病类症鉴别诊断彩色图谱［M］. 北京：中国农业出版社，2008.

［2］徐世文，唐兆新. 兽医内科学［M］. 北京：科学出版社，2010.

［3］曾春琳，张珊珊. 中西结合治疗牛水肿病［J］. 中兽医学杂志，2001，1：15－16.

［4］李志强. 孕畜浮肿草药医［J］. 北方牧业，2007，3：27.

［5］江霞. 动物贝诺孢子虫病的研究进展［J］. 当代畜牧，2013，8：45.

［6］王艳华，李学瑞，张德林，等. 弓形虫病诊断方法研究进展［J］. 中国兽医寄生虫病，2008，16（1）：28－33.

第十三章

跛行鉴别诊断

跛行是一种常见的临床综合征，即由于四肢及邻近器官的疼痛、机能性障碍、神经及肌肉的损伤或由于麻痹等因素，致使畜体运动机能障碍或异常称为跛行。奶牛常发。跛行会使产奶量下降，饲料报酬降低，给奶牛生产造成严重的经济损失。

一、生 理 解 剖 基 础

牛四肢的功能与其四肢的解剖生理以及骨骼的空腔、关节、骨的突起等力学有关，从物理学的观点来看，前肢承担了整个体重的65%，主要以斜方肌、菱形肌、背阔肌、臂头肌、下锯肌、胸肌与躯干相连，躯干不是以关节和两前肢相连，而是借这些肌肉悬吊于两前肢之间。

二、病 因

1. 外伤

外伤引起的关节挫伤和扭伤、韧带肌腱损伤、肌肉挫伤、骨折、削蹄装蹄不当等均可引起跛行。

2. 炎症

骨骼、肌肉、关节，蹄的炎症可以引起跛行。

3. 神经损伤

四肢神经损伤或脊椎疾病压迫脊髓神经可引起运动失调而出现跛行。

4. 日粮因素

矿物质（钙、磷、铜、锌、锰等）不足或比例失调，维生素（维生素 A、维生素 C、维生素 B_1 等）缺乏引起跛行。

5. 遗传或发育不良

6. 肿瘤

如骨肉瘤、软骨肉瘤等。

7. 其他

如牛黏膜病、口蹄疫、蓝舌病等。

三、鉴别诊断思路

临床遇见跛行的动物，首先要确定症状表现类型，是支跛、悬跛，还是混合跛行。然后进行发病部位的确定，是骨骼疾病、关节疾病、肌内疾病，还是神经系统疾病等，应充分应用特殊检查和实验室检查等辅助诊断方法，对确定跛行发生的准确部位、病因、病情的分析、疗效及预后判断等均具有重要意义。如局部麻醉、X 线检查、超声检查、关节内腔镜检查、感应电刺激法、肌电图检查法、计算机步态图像分析、关节滑液检查等，根据类症鉴别的原则进行病因（病原）学诊断。

常见伴有跛行症状的疾病鉴别诊断见表 13 - 1。

表 13 - 1 跛行鉴别诊断

疾病	临床症状
白线病	早期较难诊断，需仔细削切，才能看到黑色污渍。进一步检查可发现较深处的泥沙和渗出物的混合物。一旦形成脓肿，跛行剧烈，特别向深部组织侵害时候，可见蹄部发热，球部肿胀。此时，牛体重明显下降，泌乳量明显下降
蹄底溃疡	主要是蹄底真皮破损，损伤角质，多见于后肢外趾和前肢内指；严重时可见真皮血管破裂；有的形成大而突出的肉芽
蹄踵和蹄尖溃疡	蹄踵溃疡发生在蹄中部，表现出黑色或红色的溃疡面，常与蹄底溃疡同时出现，蹄尖溃疡发生时可见有较大面积的出血

（续表）

疾病	临床症状
蹄底异物刺伤	铁丝、石子、玻璃等异物刺伤引起真皮感染和脓肿，有的继发趾间肿胀、坏死及腐败性蹄叶炎
蹄冠带脓肿	可能是白线感染的蔓延，蹄冠周围肿胀，严重者脓肿深部蹄冠和蹄壁角质分离
蹄踵糜烂	主要是牛蹄长时间站立在潮湿环境中，表现蹄踵角质糜烂
蹄裂	主要包括纵向蹄裂、横向蹄裂和轴侧蹄裂，裂隙宽而深时可暴露真皮，甚至有少量脓汁或出血的肉芽组织突出
腐蹄病	主要是趾间坏死杆菌感染造成，蹄踵球部两侧对称性肿胀，常使两趾分开，皮肤出现小裂口，可有难闻的干酪样渗出物，皮肤及皮下组织大面积坏死。不及时护理治疗可能导致死亡
蹄骨骨折	主要发生在前肢，可能与摔倒在硬地面有关，表现两前肢交叉站立，突然出现严重跛行
蹄皮炎	表皮的细菌（主要是密螺旋体）感染所致，以蹄球上方、趾间隙附近多发；初期表现干燥、上皮角化形成灰白色硬壳，随后表现浆液渗出的区域，除去表面的坏死组织即暴露出圆形的表皮炎症区，炎症可向周围蔓延；慢性感染使蹄踵后方的皮肤呈簇状增生（毛疣）
泥浆热	病牛多处于湿冷、泥泞的环境中，患肢轻微肿胀，常伴有皮肤增厚坚硬、干燥及剥落，有的被毛脱落甚至皮肤破裂而出血
蹄叶炎	急性期病牛表现弓背弯站立，前肢外展，后肢收于腹下，运步小心，严重时有明显的全身症状；慢性期则出现蹄底真皮层变厚，角质异常生长，形成变形蹄
腓肠肌损伤	跗关节损伤，肌肉肿胀，患肢不能完全负重，严重时不能站立
闭孔神经麻痹	两侧性麻痹时，两后肢外展，不能站立。一侧性麻痹时，患肢仍可保持正常位置，并可负重，但运步时患肢外展，划外弧
腓神经麻痹	站立时，跗关节过度伸张，轻度时可见突球，严重时候甚至以球节背侧面触地。运步时可见肢抽动，甚至呈鹅步，趾部和蹄壳沿地拖行
桡神经麻痹	支配的肘关节、膝关节和指关节的伸展肌都失去作用。快速运步时，侧望患肢在垂直负重的瞬间，肩关节震颤，臂骨倾向前方
坐骨神经麻痹	站立时膝关节稍屈曲，运动时肌肉震颤，以蹄尖接地前进。新生犊牛发生此病可能由于接产时过度牵引所致
股神经麻痹	运步时，患肢向前运动及其缓慢，且向外划弧，着地负重瞬间，膝关节及跗关节当即屈曲。两侧股神经同时麻痹时，病畜很难站立

（续表）

疾病	临床症状
髋关节脱位	后肢混合跛行，前肢短步，左后肢髋关节活动不够，在髋关节下方有凹陷，举步缓慢无力，后退困难，站立时以蹄尖着地
球节脱位	病牛病肢不敢负重，呈三肢跳跃前进。不全脱位时显著支跛，系关节变形，随后出现明显肿胀，触诊可摸到关节骨端畸形，活动受限
股骨骨折	发病突然，疼痛剧烈。骨折部位肿胀明显，肿胀与疼痛使骨折部相对安静。肿胀严重时不易摸到骨折断端。肿胀部出现炎症后，肿胀变得更严重。肢体发生变形，肢远侧端出现异常活动，有骨摩擦音
胫骨骨折	常见于犊牛。骨折处软组织肿胀，站立姿势异常
脊椎骨折	常见于犊牛。由于生产时过度牵引，其他原因引起的脊椎骨折压迫脊髓，表现为骨折处局限性隆突，后躯瘫痪
脓毒性关节炎	关节囊肿胀，局部温热，触诊或伸展、屈曲关节时有疼痛反应

四、症状治疗

牛跛行的发生，与不合理的饲养管理有密切关系。调节饲料中某些常量元素和微量元素的比例、保证骨和蹄角质的代谢平衡，积极治疗原发病。

五、常见疾病的诊断与治疗

【茨城病】

茨城病又名牛类蓝舌病，是由茨城病病毒引起牛的一种急性、热性传染病。该病的临床特征是突发高热、结膜水肿、口腔黏膜坏死及溃疡、咽喉部麻痹以及关节肿胀、蹄部溃疡。

（一）诊断要点

1. 发病症状

人工接种牛的潜伏期为 3～5d，病牛体温升高到 40℃以上，白细胞总数减少，精神沉郁，厌食，反刍停止；结膜充血、水肿，严重病例出现结膜外翻，眼睛流出浆液性或脓性分泌物；口腔黏膜、齿龈、鼻镜、鼻黏膜和唇部皮肤充血、出血、糜烂或溃疡，口腔流出泡沫状口涎。部分病例腿部关节疼痛性肿胀。出现上述症状后 7 ~ 10d，由于食道麻痹病牛表现吞咽困难，进入食道的内容物及液体常自口、鼻流出。有时可见腹部、乳房和外阴等处皮肤出现坏死或溃疡，蹄冠部皮肤肿胀、溃烂，病牛出现跛行。最后多由于吸入性肺炎和吞咽困难而导致死亡，或者因无治愈希望而扑杀。

2. 临床病理学特征

剖检可见黏膜充血、糜烂等病变，第四胃和食道黏膜有充血、出血、水肿、胃壁增厚。组织学检查可见上皮细胞变性、坏死；死于吞咽困难时可见食道、咽喉和舌间有特征性变化，即横纹肌的变性和坏死，并伴有出血；上述病变亦可见于胸部及四肢的横纹肌。

3. 流行病学

病原为茨城病毒，属于呼肠弧病毒科，环状病毒属，鹿流行性出血病病毒群成员。病毒粒子呈球形或圆形，无囊膜，内含双股 RNA，分 10 个节段。病毒可在牛、绵羊、仓鼠肾的原代细胞和传代细胞及鸡胚卵黄囊内繁殖。

该病只感染牛，1 岁以内犊牛也较少发病，病愈牛可获至少 1 年的免疫力。自然状况下本病主要通过吸血昆虫传播，其中，库蠓是本病主要的传染媒介，并且病毒在库蠓体内能够繁殖。本病流行具有明显的季节性和地区性，多发于热带地区的 6 ~ 8 月份，这与节肢动物的分布与活动密切相关。

（二）防治措施

本病无特效治疗方法。由于我国目前尚未有发生该病的报道，因此发现该病应采取以扑杀为主的控制措施。

【牛流行热】

见"呼吸困难鉴别诊断"中常见疾病的诊断与治疗。

【白线病】

白线病是连接蹄底和蹄壁的软角质发生分离，常由一些尖锐的异物刺伤导致，刺伤后导致真皮感染而形成脓肿。壁小叶比底小叶受感染更明显，也更容易。结果可在蹄冠处形成脓肿，并破溃形成窦道。通常远轴侧白线易遭损伤，公牛蹄尖部白线发病较多。

（一）诊断要点

1. 发病症状

后肢外趾发病，白线分离后异物易进入，堵塞了裂开的间隙，使白线扩开，进而引发感染。两后肢同时发病时，跛行不明显，因发病部位小，容易被忽略，必须仔细检查。可发现较深处的泥沙和渗出物混合的污物，一旦深部组织化脓感染，跛行剧烈。

2. 临床病理学特征

感染向蹄冠深部蔓延，可引起蹄冠部以及深部组织发生化脓、脓肿。

3. 病因

正常运动时，远轴侧白线常承受最大的牵张，特别是硬地上运步或爬跨时，更加重对白线的牵张。变形蹄，如卷蹄、延蹄、芜蹄，白线处易遭受刺伤，特别是牛舍和运动场潮湿、角质变软时，更易发病。

4. 发病机理

正常情况下，蹄远轴侧白线常承受较大的张力，特别是在硬地上运步时，更加重对白线的牵张。牛舍和运动场潮湿、角质变软，也易引发此病。

（二）防治措施

用蹄刀从负面将蹄割开，扩大裂口，清除碎屑杂物，尽可能排尽深部脓汁，然后灌注碘酊并用麻丝浸松馏油填塞。蹄冠有窦道开口时，需打通、冲洗、包扎。深部感染时，应采取相应措施，扩大伤口并进行治疗。全身应用抗生素辅助治疗。

【牛局限性蹄皮炎】

牛局限性蹄皮炎是牛蹄底后 1/3 处的非化脓性坏死，该部位恰是蹄底和蹄球的结合部。牛局限性蹄皮炎最常侵害后肢的外侧趾，后肢内侧趾和前蹄内侧趾也可偶发。

（一）诊断要点

1. 发病症状

病牛可表现出不同程度的跛行。后肢外侧趾受侵害时，病牛驻立或运步时患肢稍外展，以内侧健趾负重。病牛可能试图以趾前部负重以减轻疼痛。

2. 临床病理学特征

病牛出现毛细血管高渗透和小动脉扩张。

3. 病因

本病的确切原因尚不清楚。固有趾动脉终支和外或内趾动脉之间的吻合支的血栓，引起局部缺血性坏死，易形成蹄底溃疡。长期站立在水泥地面，或在铺炉灰渣的运动场运动、护蹄不良、牛舍或运动场过度潮湿、运动场内有石子、砖瓦、玻璃碎片等异物、冬天运动场有冻土块和冰块，以及冻牛粪等都易造成本病发生。远端趾节骨近端受到某种压力，使深屈腱牵张，易引起蹄底溃疡。X 状姿势、直腿、小蹄、卷蹄、大外侧趾、延蹄、芜蹄都能增加本病的发生。

4. 发病机理

多认为该病为小叶层非感染性坏死所致。其原因是病变部角质正常生长过度，引起负重加大而引起。球—底结合部局限性负重增大和角质过度生长导致深部组织挫伤、出血，最终引起该部小叶坏死。此病主要见于饲养在水泥或其他硬地面的牛群。

（二）防治措施

以消炎防腐、局部外科疗法与全身抗生素疗法为原则。

【蹄叶炎】

奶牛蹄叶炎是危害奶牛生产的重要疾病之一，是牛蹄真皮与角小叶的急性、亚急性和慢性弥散性炎症。其临床特征是蹄角质软化，疼痛和不同程度的跛行。一旦得病，奶牛就会站立不稳，行走困难，病蹄不能负重；随着病情发展，奶牛就会卧地不起，且采食量明显降低，产奶量也开始下降，甚至停产；严重的可出现卧地不起。

（一）诊断要点

观察病牛的姿势和步态，触诊蹄部温度及指（趾）动脉，削蹄，检查蹄尖及蹄底前部对检蹄器压迫的敏感性可对急性蹄叶炎做出诊断。一般病肢都有一个以上，在典型病例里，两前肢或四肢均有发病。

急性蹄叶炎时，早期可见病牛肌肉震颤，大量出汗，体温升高，脉搏加快，血压略有降低，局部静脉扩张，蹄冠处皮肤发红，蹄底增温，泌乳量下降。表皮有变性变化，生发层细胞变大而无方向性，生角质物质全部消失。

慢性蹄叶炎表现典型的姿势、步态，有慢性或间歇性跛行病史，病牛消瘦，长久躺卧。蹄变长，蹄角度变小，蹄轮明显，蹄温升高，两指（趾）对检蹄器的压迫敏感。X线对诊断也有一定帮助，蹄骨转位较明显，见蹄壁背侧部空气密度增加。

1. 发病症状

蹄叶炎可同时侵害几个指（趾），前肢内侧指和后肢外侧趾多发。可引起局部和全身症状。

急性蹄叶炎时，病牛运步困难，弓背站立，四肢收于腹下，或者两前肢交叉前伸，而后肢置于腹下，病牛大多躺卧。避免病指负重，沿硬地面运步常小心翼翼。急性早期可见病牛肌肉震颤和大量出汗，体温升高，脉搏加快，血压有略降低，指动脉搏动亢进，局部静脉扩张，蹄冠皮肤发红，蹄底增温，采食量减少，泌乳牛产奶量下降。急性蹄叶炎的特征变化是真皮充血、蹄壁和蹄底出血，跛行明显。

亚急性蹄叶炎常不表现明显症状，难以被注意到。

慢性蹄叶炎一般由急性转变而来，病牛站立时以球部负重，蹄底负重不实，蹄延长，蹄型异常，蹄骨下沉，蹄底变平，蹄部肥大，蹄壁上出现不规则的嵴与沟。长期患病的动物可见体重减轻，骨质疏松等。慢性蹄叶炎真皮可见小动脉硬化，有陈旧性血栓和单核细胞积聚，慢性肉芽组织增殖与明显的毛细血管增生和纤维化，真皮小叶血管数增多，表皮有角化或过分角化。

2. 临床病理学特征

乳头和蹄叶充满红细胞。血管层、乳头或蹄叶高度水肿。因此，皮肤蹄叶似乎比正常宽阔、疏松，沿大血管或血管丛的结蹄组织及外周神经内的神经中也有水肿。动脉和静脉内发现最近的血栓病变。

3. 病因

广蹄、低蹄、倾蹄等在蹄的构造上有缺陷，躯体过大使蹄部负担过重，均为发生蹄叶炎的因素。

饲养管理不当如蹄底或蹄叉过削、削蹄不均、延迟改装期、蹄铁面过狭、铁蹄过高等，以及饲喂高能饲料等均能诱发蹄叶炎。

传染性胸膜肺炎、流行性感冒、肺炎、疝痛、运输应激等常可继发蹄叶炎。

4. 发病机理

长期以来，人们认为蹄叶炎是全身代谢紊乱的局部表现，确切的原因还不是很清楚，它似乎是很多因素引起的。包括分娩期和泌乳期过多的碳水化合物、运动不足、遗传和季节因素等。引起奶牛蹄叶炎的因素很多，可归纳为以下几个方面。

（1）微生物因素：包括产黑色素类杆菌、坏死杆菌、螺旋体、费弯曲杆菌、梭杆菌、不同的球菌和酵母菌。

（2）季节和气候：发病率和降雨量有很大的关系。在降雨季节，蹄叶炎的发生率明显增加。

（3）环境因素：如果牛舍条件恶劣，如传统的水泥建筑、年久失修、粗糙不堪的地面，均可导致蹄角质层过度的磨损，从而引起蹄底的挫伤、感染和化脓。阴暗潮湿，通风不良的卫生条件也可以促使本病的发生。一般来说，简陋的牛舍对蹄叶炎的发生有重要的影响。饲养在坚硬的或光滑地面的牛也容易发生蹄叶炎。

（4）饲养管理：为了追求过高的产奶量，片面给予过高比例的精饲料，造成慢性瘤胃酸中毒，致使蹄冠充血发炎，也可能诱发蹄叶炎等蹄病的发生。不良的管理水平对蹄叶炎的发病率也有明显的影响。

（5）营养状况：奶牛的重要营养成分包括维生素、钙、磷、铜、锌等，一旦这些营养成分缺乏就可能导致蹄叶炎的发生，营养物质主要包括蛋白质、碳水化合物和其他的营养因素，蛋白质中的组氨酸是组织胺的重要来源。高蛋白、高能量日粮与蹄叶炎的高发病率有关。

（6）年龄因素：年龄越大，慢性蹄叶炎的发病率越高，而对急性蹄叶炎的影响不大。

（二）防治措施

蹄叶炎应看作是紧急症，须及时治疗。首先去除病因。因饲喂精料过高所致，故应改变日粮结构，减少精料，增加优质干草喂量。如果因乳房炎、子宫炎，酮病等引起，应加强这些疾病的治疗。

急性蹄叶炎及时应用抗组织胺疗法，效果显著。也可用镇痛及抗炎药物治疗。

慢性蹄叶炎应该注意护蹄，保护蹄底的角质，多削蹄尖角质，维持蹄型，防止蹄底穿孔。

【腐蹄病】

牛腐蹄病又称为指（趾）间蜂窝织炎，是由坏死梭杆菌和节瘤拟杆菌引起的以蹄部角质腐败、趾间皮肤及组织腐败和化脓为主要特征的局部化脓性、坏死性急性或亚急性炎症。

本病可发生于所有类型的牛，发病率较高，约占引起跛行蹄病的40%～60%。炎热潮湿季节比冬春干旱季节发病多；后肢发病多于前肢；成年且高产的母牛易发。

（一）诊断要点

1. 发病症状

病牛有不同程度的跛行，多发生于一肢，且后肢较多；患肢蹄冠、踵红肿，知觉敏感，频频举肢；患肢蹄温升高，有压痛感；蹄部角质较软，有大小不等的溃疡面，严重病牛还会流出带恶臭味的脓汁。又根据蹄病发生部位及临床表现，分为蹄叉腐烂和腐蹄。

（1）蹄叉腐烂：蹄叉腐烂为奶牛蹄叉表皮部或真皮部的化脓或增生性炎症。蹄叉部皮肤充血、发红、肿胀，溃烂，有的在蹄叉部可见肉芽增生，呈暗红色，突于蹄叉沟内，质地坚硬，极易出血，蹄冠部肿胀，呈红色。病牛跛行，以蹄尖着地，站立时，患蹄负重不实，有的用患蹄频频打地或踢腹。犊牛、育成牛、成年奶牛都有发生，以成年奶牛多见。

（2）腐蹄：腐蹄为奶牛蹄的真皮、角质部发生腐败性化脓。四蹄皆可发病，后蹄多见，以 7~9 月份发病最多。病蹄站立时不愿完全着地，患肢球关节以下屈曲，频频换蹄、打地或踢腹。如前蹄患病，患蹄向前伸出，运步时明显的后方短步，患蹄站立时间缩短。检查蹄部，蹄变形，蹄底磨灭不正，角质部呈黑色。如外部角质尚未变化，修蹄后见有污灰色或污黑色腐臭脓汁流出，也由于角质溶解，病蹄真皮部过度增生，肉芽突出于蹄底之外，大小有黄豆大到蚕豆大，呈暗褐色。

炎症蔓延到蹄冠、球节时，关节肿胀，皮肤增厚，失去弹性，疼痛明显，步行呈"三脚跳"，当化脓时，关节处破溃，流出奶酪样脓汁，病牛全身症状加剧，体温升高，食欲减退，常卧地不起，消瘦，产奶量下降。

2. 临床病理学特征

坏死杆菌在患牛趾间皮肤入侵处繁殖，发生炎症，其白细胞毒素使组织发生凝固性坏死。病变组织继发其他细菌，如化脓菌、腐败菌等感染时，则往往出现湿性坏疽或气性坏疽，在病变组织和健康组织交界处，可见到放射状排列的菌体。在组织发生坏死过程的同时，嗜中性粒细胞、巨噬细胞及浆细胞进入坏死组织及其周围，进而形成肉芽组织，坏死组织被排出或被结缔组织包围，机化或钙化，坏死组织周围皆被上皮样细胞所包围。

3. 病因及发病机理

饲养管理方面，主要是草料中钙、磷不平衡，致角质蹄疏松，蹄变形和不正；牛舍不清洁、潮湿，运动场泥泞，蹄部经常为粪尿、泥浆浸泡，使局部组织软化；石子、铁屑坚硬的草木、玻璃碴等，刺伤软组织而引起蹄部发炎。

由病原菌节瘤拟杆菌引起的。节瘤拟杆菌又称 K 微生物。本菌引起的炎性损害作用很小，但它能产生强烈的蛋白酶，消化角质，使蹄的表面及基层易受侵害。因此，只有在坏死梭杆菌等菌的协同作用下，才能产生明显的腐蹄病损害。

（二）防治措施

蹄叉腐烂　以 10% 硫酸铜溶液或 1% 来苏儿溶液洗净患蹄，再用 3% 双氧水溶液消毒，涂以 10% 碘酊，用松馏油（鱼石脂也可）涂布于蹄叉部，打蹄绷带，如蹄叉有增生物，用外科手术除去，或以硫酸铜粉、高锰酸钾粉撒于或涂于增生物上。打蹄绷带，隔 2 ~ 3d 换药 1 次，常用 2 ~ 3 次后即可治愈。

腐蹄　先将患蹄修理平整，找出角质部腐烂的黑斑，用小刀由腐烂的角质部向内深挖，直到挖出黑色腐败的腐臭组织，使脓汁流出为止。用 10% 硫酸铜溶液冲洗患蹄，创口涂 10% 碘酊，填入松馏油棉球，或放入高锰酸钾粉、硫酸铜粉，打蹄绷带。

如蹄叶炎伴有冠关节炎、球关节炎时，局部用 10% 酒精鱼石脂绷带包裹。全身用抗生素、磺胺治疗。如食欲减退，为促进炎症消退，可用 5% 葡萄糖溶液，5% 碳酸氢钠溶液及 40% 的乌洛托品溶液，静脉注射。

病牛需置于干净、干燥地方，单独饲喂，给予好的干草，促使机体康复。

【佝偻病】

佝偻病是生长发育快的幼龄动物由于维生素 D 缺乏及钙、磷代谢障碍所致的一种骨营养不良性疾病。病理学特征是成骨细胞钙化作用不足，持久性软骨肥大及骨骺增大。临床上以生长发育弛缓，消化机能紊乱，异嗜癖，骨骼变形及运动障碍为特征，犊牛易发。

（一）诊断要点

1. 发病症状

患病动物病初精神不佳，发育弛缓，食欲减退，消化不良，继而表现异嗜（舔食土墙、煤块、砖头、石子、粪便等）喜卧，不愿站立或运动。强行站立或运动时表现紧张，肢体交叉或向外叉开。常有胃肠炎和一定的神经症状。出牙期延长，齿形不规则，齿面不整。体温、脉搏、呼吸一般无变化，偶见心跳加快，呼吸困难。

佝偻病最特征的症状是骨骼变形。犊牛低头，拱背，前肢腕关节向前向外侧突起，长骨弯曲而呈内弧形（O 状），或呈外弧（X 状）。后肢跗关节内收而呈"八"字形叉开。头骨、鼻骨肿胀。脊柱弯曲、变形。肋软骨结合部肿胀明显呈"串珠样"肿。

2. 临床病理学特征

典型佝偻病，长骨的骨骺和肋骨与肋软骨的结合部肿大，长骨变短、弯曲，短骨变粗，骨干的皮质层呈孔隙状，骨软，可用刀切断。

X 线检查，骨基质密度降低，长骨末端呈现"毛刷状"或"蛾蚀状"外观，骨骺线模糊不清。

3. 病因

本病形成的主要原因是维生素 D 缺乏，钙缺乏，磷缺乏或二者比例失衡所致，分原发性和继发性两种。

原发性主要是维生素 D 摄入量不足，日粮中钙、磷的绝对缺乏，或因缺乏运动和日光照射而致维生素 D 合成、利用受阻。

继发性主要见于动物胃肠吸收功能障碍，当幼畜伴有消化机能紊乱时，能影响机体对维生素 D 的吸收作用；或见于钙、磷的生物利用率降低，如某些慢性胃肠道疾病、肝脏疾病等。如果日粮中蛋白质缺乏，草酸及植酸过剩，其他矿物质（镁、铝等）及微量元素（铁、铜、锌、钼、铍、锶等）过剩，可干扰或拮抗钙、磷的生物利用作用，引起钙、磷的相对缺乏。

4. 发病机理

维生素 D 缺乏时，肠道钙、磷吸收减少，血钙、磷浓度降低，低血钙刺激甲状旁腺激素分泌增多，促进骨盐溶解，骨质脱钙及肠道对钙的吸收而使血钙接近正常。同时尿磷排出增加，血磷降低，使血液中钙、磷乘积（指每百毫升血液中所含钙、磷的毫克数相乘）降低，骨样组织钙化障碍，成骨细胞代偿性增生，形成骨样组织堆积在骨骺端，碱性磷酸酶分泌增多，临床表现一系列骨骼症状和血液生化改变。

（二）防治措施

治疗的原则是补充维生素 D，调节日粮钙磷比例。治疗应用维生素 D 制剂，如内服鱼肝油、浓缩维生素 D 油、鱼粉等。应用维生素 D_2 果糖酸钙注射液。维生素 A、D 注射液，维生素 D3 注射液，注射前后补充钙制剂，严重者可静脉注射氯化钙或葡萄糖酸钙注射液。

【骨软病】

骨软病是成年动物由于钙磷比例不当或缺乏导致的一种骨质疾病，临床上以跛行、骨骼变形为特征。

（一）诊断要点

1. 发病症状

骨软病的早期病畜表现慢性消化机能障碍和异嗜现象。食欲减退，咀嚼无力，消化不良，病牛常舔吃墙土，舔铁器，舔食垫草、粪便及石子等。可继发造成食道阻塞、创伤性网胃炎、中毒等。

随着病情的发展，动物逐渐消瘦，骨骼肿胀变形，四肢关节肿大，出现运动障碍，运步不灵活，走路后躯摇摆或跛行。病牛拱背或腰椎下陷，某些母牛发生腐蹄病。

症状明显以后，由于支柱的骨骼都伴有严重脱钙，因而脊柱、肋弓和四肢关节疼痛，外形异常。肋骨与肋软骨接合部肿胀，骨盆变形易致难产。

2. 临床病理学特征

X线检查，骨密度降低，皮质变薄，骨小梁结构紊乱，骨关节变形。

3. 病因

骨软病的形成的主要原因是日粮中磷缺乏，钙不足或因维生素D缺乏，日粮中钙磷比例不平衡是骨软病发生的根本原因。牛的骨软症通常由于饲料、饮水中磷绝对缺乏或日粮中钙过量而致相对缺乏时，导致钙、磷比例不平衡而发生。不同动物对日粮中钙磷比例的要求不尽一致。日粮中合理的钙磷比：黄牛为2.5∶1；泌乳牛为0.8∶0.7。日粮中的磷除与土壤有关以外，还和气候因素与植物含磷量有一定关系，在干旱年份，植物对钙、钾、钠吸收增多，磷吸收明显减少。日粮中钙、锰、铁含量过高，可降低磷的利用率。

4. 发病机理

由于钙、磷代谢紊乱和调节障碍，动物为满足妊娠、泌乳及内源性代谢对钙磷的需要，动员骨骼中的钙或磷，骨质内的磷酸钙溶解并转入血液，以维持血钙平衡，满足机体的需要，由此而发生骨组织的进行性脱钙，脱钙后的骨组织被过度形成的未钙化的骨样基质所代替，导致骨骼组织中呈现多孔，呈海绵状，硬度降低，脆性增强以及局灶性增大和腱剥脱，在这个阶段如果骨骼受到重压，易引起骨变形或病理性骨折。随着时间的延长，骨组织内由未钙化的基质代替或由大量结缔组织增生填充其间，以致扁平骨增厚，管骨端变粗而使关节肿大。关节面常发生炎症，肌腱附着处由于骨质疏松而易撕裂，故患病动物出现运动障碍。

（二）防治措施

高磷低钙性骨软病的治疗，以补钙为主，辅用维生素D。用10%的氯化钙或10%的葡萄糖酸钙静脉注射。配合内服乳酸钙、骨粉和维生素D等。

低磷性骨软病的治疗，以补磷为主，辅以维生素 D_3 或钙制剂。可内服骨粉、磷酸二氢钠等，也可用20%磷酸二氢钠溶液静脉注射；或用3%次磷酸钙溶液静脉注射。

　　本病主要在调整草料内磷、钙含量和磷钙比例，对日粮成分做预防性监测，粗饲料中以花生秧、豆秸为佳。麸皮、米糠、豆饼中含磷量比较高。在长期饲喂干旱年代的植物饲料时，应考虑与外地饲料的调换。日粮中补充骨粉、磷酸盐等均有很好的预防作用。

【低磷酸盐血症】

　　同"可视黏膜苍白鉴别诊断"中常见疾病的诊断与治疗。

【锰缺乏症】

　　同"不孕症鉴别诊断"中常见疾病的诊断与治疗。

【风湿病】

　　风湿病是反复发作的急慢性非化脓性炎症，特征是胶原结缔组织发生纤维蛋白性以及骨骼肌心肌和关节囊中的结缔组织出现非化脓性局限性炎症，其主要症状是发病的肌群、关节及蹄的疼痛和机能障碍。

（一）诊断要点

1. 发病症状

　　全身性急性风湿病。病牛突然发病，全身大片肌肉疼痛与功能障碍，不愿走动或卧地不起，体温升高至40.0～41.5℃，呼吸增数，血沉比较快，食欲减退。依据侵害组织不同，会出现前后肢某些关节肿胀、疼痛，肌肉敏感，触痛或僵硬，蹄部增温，趾动脉亢进。四肢风湿时，跛行常交替发生，患肢僵硬肿胀，举步困难，运步缓慢，步幅短缩。常随运动或晴天而好转，遇阴冷空气又患；颈部风湿时，病牛脖子发硬疼痛，若一侧疼发病，则歪向疼痛一侧，俗称歪脖子。若两侧发病，则头颈伸张、僵直、低头困难；背腰风湿时，背腰弓起，凹腰反射减弱或消失，运步时后躯强拘，步幅短缩，转弯不灵活，卧地后起来困难；侵害关节时，关节肿胀，增温、疼痛，关节囊积液，触之有波动，穿刺液为纤维蛋白絮状混浊液，运动时呈肢跛为主的混合跛行。

急性风湿病的特点是突然发病。疼痛具有游走性，容易复发，跛行可以随着运动量的增加而症状减轻或消失。

慢性风湿病的症状不明显，但病程较长，出现肌肉萎缩，病畜易疲劳，关节畸形、僵硬，活动限制，运动时可听到关节内摩擦音。

2. 实验室检查

水杨酸钠皮内反应试验 用新配制的 0.1% 水杨酸钠 10mL，多点注入颈部皮内。注射前和注射后 30min、60min 分别检查白细胞总数。其中白细胞总数有一次比注射前减少五分之一，即可判定为风湿病阳性。

血常规检查 风湿病病牛血红蛋白含量增多，淋巴细胞减少，嗜酸性白细胞减少（病初），单核白细胞增多，血沉加快。

3. 病因

风湿病的发病原因迄今尚未完全阐明。近年来研究表明，风湿病是一种变态反应性疾病，并与溶血性链球菌感染有关风湿病发作时，通过病例的鼻咽部拭子培养，可获得 A 型溶血性链球菌。

此外，经临床实践证明，风、寒、潮湿、过劳等因素在风湿病的发生上起着重要的作用。如畜舍潮湿、阴冷，大汗后受冷雨浇淋，受贼风特别是穿堂风的侵袭，夜卧于寒湿之地或露宿于风雪之中，以及管理使役不当等都是易发风湿病的诱因。

4. 发病机理

神经末梢炎症与周遭毛细血管堵塞、坏死交替或并发出现，引发的关节、肌肉、脏器等神经末梢集中处持续疼痛和僵硬甚至组织坏死。

（二）防治措施

加强护理，避免受风、寒、湿侵袭。

全身疗法，常用 10% 水杨酸钠注射液，5% 葡萄糖酸钙注射液，或 0.5% 氢化可的松注射液，分别静脉注射。体温高者，可加用青霉素和维生素 C 注射液等。

局部疗法，对慢性风湿病，可用酒糟热敷，方法是将酒糟炒热后装入麻袋，敷于患部；也可用醋炒麸皮热敷。热敷时，需将牛拴在温暖厩舍内，使之发汗。

中药、针灸疗法，可用通经活络散或独活寄生汤加减，如配合电针或火针，效果更好。

（姚海东，吴琼）

主要参考文献

[1] 严作廷，王东升，张世栋．奶牛肢蹄病综合防治技术［J］．兽医导刊，2013，1：35－37．

[2] 李晓波．奶牛蹄病的发生与诊治［J］．中国畜牧兽医文摘，2012，5：35．

[3] 俞浩．牛跛行诊断［J］．云南畜牧兽医，2005，2：30－31．

[4] 刘石贤．牛跛行的诊断技术［J］．中国畜牧兽医文摘，2014，5（3）：35．

[5] 王德琴．牛跛行病的诊断与防治［J］．吉林畜牧兽医，2010，11：29．

[6] 陈玉芳，高宏宝．种公牛蹄病的综合防治措施［J］．上海畜牧兽医通讯，2000，6：26－27．

[7] 贺加双，马卫明，邓立新，等．牛蹄叶炎的研究进展［J］．中国牛业科学，2009，35（4）：48－50．

[8] 陆桦．治牛蹄叶炎"五步疗法"［J］．农村新技术，2011，10：26．

[9] 朱立军，宗占伟，江定伟，等．种牛场牛腐蹄病的防治研究［J］．湖北畜牧兽医，2006，5：28－31．

[10] 戴静东．奶牛腐蹄病的防治要点［J］．畜牧兽医科技信息，2013，6：70．

第十四章

水疱鉴别诊断

水疱为高出皮肤表面，含有液体的小疱。水疱的产生，主要是由于炎症引起皮肤乳头层充血，浆液渗出侵入表皮，先形成水肿。过度水肿使细胞棘折断，棘细胞退化而形成水疱。水疱多发生于病毒感染的早期，或刺激物、热的作用及自身免疫性皮肤病，如牛口蹄疫、恶性卡他热、传染性水疱口炎、牛痘、湿疹等。摩擦、过敏症、烧伤或其他多种疾病也可形成水疱。

一、生理解剖基础

被皮系统是由皮肤和皮肤衍生物构成。皮肤衍生物是在动物机体的某些部位，由皮肤演变而成的形态特殊的器官，如家畜的毛、皮肤腺、蹄、角等都属于皮肤的衍生物。

二、鉴别诊断思路

应根据流行病学、症状和病理变化可做出初步鉴别诊断，确诊需做病原分离和鉴定，进行实验室诊断。

三、症状治疗

治疗原则主要是寻找原发病，及时治疗。

四、常见疾病的诊断与治疗

【口蹄疫】

见"卧地不起鉴别诊断"中常见疾病的诊断与治疗。

【茨城病】

见"跛行鉴别诊断"中常见疾病的诊断与治疗。

【恶性卡他热】

牛恶性卡他热又称恶性头卡他或坏死性鼻卡他，是由恶性卡他热病毒引起的牛的一种致死性、淋巴增生性、急性、热性传染病。其特征为发热、呼吸道、消化道黏膜的黏膜性、坏死性炎症。角膜混浊，全眼球炎，并有脑炎症状，以及消化道、呼吸道、泌尿生殖道黏膜的炎症和神经症状为特征。该病发病率低，但病死率很高。病原体为疱疹病毒科的牛疱疹病毒3型，该病毒在体外存活时间很短，不耐冰冻，常用消毒药就能迅速将其杀灭。

（一）诊断要点

牛恶性卡他热一年四季均可发生，发病率较低，但死亡率高，呈散发。病牛有与绵羊密切接触史。病牛除眼结膜角膜炎症状外，还有口腔黏膜溃疡、流涎、水疱、体表淋巴结肿大、高热稽留等明显的全身症状，有的病畜还有神经症状，初步鉴别诊断较容易。

确诊需要进行实验室检查，可进行病毒分离培养鉴定，用间接免疫吸附试验等血清学方法予以确诊。

1. 发病症状

本病自然感染潜伏期平均为3~8周。

病初高热，达40℃以上，精神沉郁，于第1天末或第2天，眼、口及鼻黏膜发生病变。临床上分头眼型、肠型、皮肤型和混合型4种。

头眼型：眼结膜发炎，羞明流泪，角膜混浊，眼球萎缩、溃疡及失明。鼻腔、喉头、气管、支气管及颌窦卡他性及伪膜性炎症，呼吸困难，炎症可蔓延到鼻窦、额窦、角窦，角根发热，严重者两角脱落。鼻镜及鼻黏膜先充血，后坏死、糜烂、结痂。口腔黏膜潮红肿胀，出现灰白色丘疹或糜烂。病死率较高。

肠型：以纤维素坏死性肠炎为主，并高烧不退，腹泻，粪便如水，恶臭，并混有黏液块、伪膜和血液，病程末期大便失禁。

皮肤型：在颈部、肩胛部、背部、乳房、阴囊等处皮肤出现丘疹、血疹和水疱，结痂后脱落，有时形成脓肿。

混合型：此型多见。病牛同时有头眼症状、胃肠炎症状及皮肤水疱等，一般经 5 ~ 14d 死亡。病死率达 60%。

2. 临床病理学特征

口、鼻黏膜与眼结膜急性卡他性炎，全身坏死性血管炎，血管周单核细胞、淋巴细胞浸润，多器官充血，淋巴组织坏死，淋巴窦巨噬细胞积聚，非化脓性脑膜脑炎（小脑更为明显）。

3. 流行病学

病原为牛恶性卡他热病毒，为疱疹病毒科、疱疹病毒丙亚科、猴病毒属成员。病毒粒子由核芯、衣壳和囊膜组成，核芯由双股线状 DNA 与蛋白质缠绕而成。本病病毒保存十分困难，在低温冷冻和冻干条件下，存活期不超过数天；5℃柠檬酸盐抗凝血液中病毒可存活数天。

本病四季均可发生，但多见于冬季和早春，呈散发或地方流行性，本病主要发生于 4 岁以下黄牛和水牛，发病率较低，而病死率高。

4. 发病机理

各种牛均易感，但以 2 ~ 4 岁左右的牛最易感，常呈隐性感染。季节性不强，传播途径多为呼吸道，饲养管理不当及气候改变、运输等应激，可促使本病的发生。此外，节肢动物在该病的传播中可能起到一定的作用。

病毒侵入机体后，随血流到达各组织器官，在皮肤、中枢神经系统和血管壁引起以变性、坏死、炎症和单核细胞浸润为特征的病变。这些变化的发生与病毒在细胞内复制以及病毒抗原所致的变态反应有关。

（二）防治措施

为了清除渗出物和治疗溃疡，用2%硼酸溶液冲洗眼角膜、鼻腔和口腔，冲掉脓性分泌物。鼻腔和鼻镜的溃疡面涂擦10%合霉素搽剂，每日处置2次，直到渗出物、水疱和溃疡消失为止。

【牛传染性水疱口炎】

牛传染性水疱口炎是由水疱性口炎病毒引起的一种急性的传染病。自然感染潜伏期3～5d。病初牛体温升高达40℃，精神沉郁，食欲减退，反刍减少，大量饮水，黏膜及鼻镜干燥，耳根发热，在口腔黏膜、舌、唇、鼻盘、蹄部和乳头出现米粒大的小水疱，常由小水疱融合成大水疱，内含透明黄色液体。

（一）诊断要点

根据该病发病率和死亡率都很低，以及病畜的舌面和唇膜上发生溃疡及流涎的特征症状，可初步诊断为牛传染性水疱口炎。

1. 发病症状

本病的潜伏期一般为3～4d。牛患病初期，表现精神不好，食欲减少，反刍次数减少，喜饮水、口腔黏膜及鼻镜干燥，耳根发热，体温升至40℃左右，病牛大量流涎，采食困难。

发病1～2d后，水疱破裂，水疱皮脱落后则遗留浅而边缘不齐的鲜红色烂斑，严重者发生皮肤穿孔。与此同时，病牛流出清亮的呈引牵缕状的黏稠唾液，并发生咂舌音，采食困难。有时病毒在乳头及蹄部也可能发生水疱。

2. 临床病理学特征

皮肤开始表现为表皮鳞状上皮发生空泡变性、坏死和形成小水疱。小水疱进一步融合成大水疱。棘细胞层的细胞排列松散，细胞间桥比正常清晰，细胞相互分离，并发生浓缩和坏死。真皮乳头层小血管充血、出血、水肿和血管周围有淋巴细胞、单核细胞、浆细胞及少数嗜酸性粒细胞浸润，炎症逐渐向表皮层发展。表皮层的水疱内也充满同样炎性渗出物及少量红细胞，上皮细胞坏死、消失。以后水疱破裂形成浅溃疡，表面棘细胞及颗粒细胞发生凝固性坏死，变成均质无结构物质，附在溃疡表面，溃疡底部有炎症反应。

3. 流行病学

水疱性口炎病毒分类上属于弹状病毒科、水疱病毒属。核酸类型为单股 RNA，病毒粒子呈子弹状或圆柱状，具有囊膜。病毒可在 7 ~ 13 日龄鸡胚中增殖，并使鸡胚死亡；病毒也可于猪和豚鼠肾细胞、鸡胚上皮细胞、牛舌、猪胎、羔羊睾丸细胞中增殖，引起细胞病变。病毒在 50% 甘油磷酸盐缓冲液内可存活 4 个月，低温状态下可存活数月至一年。

（二）防治措施

圈舍、用具等用 5% 烧碱水进行消毒，对于病畜，均采取对症疗法，口腔烂斑用碘甘油（碘 7g、碘化钾 5g、酒精 100mL，溶解后加入甘油 10mL）涂擦，或撒布冰硼散（冰片 15g、硼砂 150g、芒硝 18g）。

【牛痘】

牛痘是牛的一种接触性传染病。主要侵害奶牛，以在乳房乳头上呈现局部痘疹，并具有典型的病程（丘疹-水疱-脓疱-结痂）为其临床特征。痂皮脱落后形成白色凹陷的疱痕。有的水疱融合，常在挤奶时破裂，并残留鲜红色的创面，在无继发感染时常无全身症状。牛痘病毒一旦传入挤奶牛群，迅速传播，痊愈后可获得长达几年的免疫性。

（一）诊断要点

1. 发病症状

牛的潜伏期 3 ~ 8d。病初体温可能略高，食欲降低。挤乳时乳头和乳房比较敏感，局部温度稍有增高。不久在乳头和邻近的乳房皮肤上出现几个至 10 多个红色丘疹，1～2d 后变为豌豆大的水疱，内含黄棕色或红色的淋巴液。此后几天，水疱中心塌陷，边缘隆起呈脐状，并迅速化脓，最后结痂，整个病程约 3 周，痂皮脱落后，形成凹陷的疱痕。水疱可能融合，并常在挤乳时破裂，残留鲜红色的创面。病变发生在乳头上，挤奶时病牛疼痛、踢人，造成挤奶困难，使发生乳房炎的发病率增加。病牛一般不出现明显的全身症状。

2. 临床病理学特征

皮肤表皮内见多房水疱形成，水疱内见多量淋巴细胞及嗜酸性粒细胞浸润，部分淋巴细胞有异型。真皮层及皮下脂肪组织内可见异型淋巴细胞及血管呈小叶状分布，部分瘤细胞围绕血管壁呈放射状排列，侵犯并穿透血管壁，沿血管内膜浸润性生长；部分小血管壁增厚，管壁纤维素样坏死、管腔闭塞，呈血管炎样改变。瘤细胞中等大小，细胞界限不清，胞质丰富空亮，核形不规则，染色质丰富，核浆比增加，核仁不明显，核分裂象偶见。异型淋巴细胞中穿插分布少量嗜酸性粒细胞及组织细胞，并见组织细胞吞噬细胞核碎屑。

3. 流行病学

痘苗病毒和牛痘病毒，两者均属痘两毒科的正痘病毒属，两者具有交叉免疫性；但它们的抗原构造、宿主范围、培养特性等方面不尽相同。痘苗病毒可用毛囊感染法使鸡皮肤产生典型的痘疹，而真正的牛痘病毒在鸡皮肤上无反应。

牛痘是由痘苗病毒或牛痘病毒感染的牛或者近期接种痘苗的人传入健康牛群，而主要通过挤乳、挤乳人的手在牛群中散布。有人认为，牛痘病毒还能通过呼吸道黏膜传染，从而造成流行的扩散。

（二）防治措施

局部病灶可用无刺激的消毒药（加 0.1% 高锰酸钾溶液）洗涤，擦干后涂抹消炎软膏。也可用碘酊或 1% 龙胆紫涂擦，以促进愈合，防止继发细菌性感染。

平时对牛加强饲养管理，注意环境卫生。一旦发生本病，须采取隔离消毒措施，畜舍地面、用具等用 1%～2% 氢氧化钠或 10% 石灰乳消毒。

【伪牛痘】

伪牛痘又叫副牛痘，在人称挤奶者结疖，是由副牛痘病毒引起的传染病。本病的特征是在乳房和乳头皮肤上出现丘疹、水疱和痂皮下破损区。

（一）诊断要点

1. 发病症状

发病牛的乳房和乳头上出现红色的丘疹，由小豆到大豆大小，病变直径可达 1.0~2.5cm，呈圆形或马蹄形，后变成水疱，最后覆盖痂皮，经 2~3 周后，在干痂下愈合。增生隆起，痂皮脱落。病变发生于乳头上，挤奶疼痛，病牛躲避，或踢挤工人，致使挤奶困难。由于继发细菌感染，乳房炎的发病率大大提高。此病本身对牛影响轻微，几乎无全身性症状。犊牛因吸吮感染发病母牛的乳头，会产生与丘疹性口炎相似的病变。

2. 临床病理学特征

病变部位有棘细胞增生和空泡变性，且细胞质内可见包涵体。

3. 流行病学

副牛痘病毒为痘病毒科、脊椎动物痘病毒亚科、副痘病毒属成员。形态为两端圆形的纺锤形，病毒属 DNA，对乙醚敏感，氯仿在 10min 内可使病毒灭活。伪牛痘在世界各地流行，为奶牛常见病。本病一旦发生，极易引起全场流行。主要传染来源是病牛或带毒牛。挤奶时消毒卫生不严，常常通过挤奶者的手，挤奶机的污染、洗乳房的水、擦乳房的毛巾等传染给其他牛只。干奶牛、不泌乳的小母牛和公牛很少被侵害。

（二）防治措施

本病尚无特殊治疗方法。对病牛应隔离饲养，单独挤奶。加强挤奶卫生，病区应消炎、防腐、促进愈合。洗乳房时，可用 0.3% 洗必泰，3% 过氧乙酸，或次氯酸钠洗净乳区，做到一头一巾，避免相互感染。乳头涂布防腐剂或消炎抗菌药膏以缓解挤奶时乳头患部的疼痛。加强挤奶者的手指消毒，防止感染，必要时，可带上外科手套。

【湿疹】

牛湿疹是上皮细胞对过敏物质刺激的一种炎症反应，所谓湿疹，其实是一种反复发作对称性、多形性、以瘙痒为特征的皮肤病。西医称之为特殊性皮炎。该病有急慢之分，干湿之别，它能发生在家畜身体的任何一个部位。故中兽医学根据湿疹发病部位及其症状特点而又给予不同的命名。有少数牛在夏秋雨季时有发生，发病后在治疗上比较棘手。无论何种皮肤湿疹的发生都是由于外感风热毒邪。内有血热淤滞，热毒凝于肌肤之间而成。

（一）诊断要点

可根据有与病牛接触史和临床特点，在皮肤上出现多个脐窝状水疱和脓疱、伴全身症状即可诊断。

1. 发病症状

牛湿疹大多发生在前额、乳房、颈部、尾根，甚至背腰部和后肢系凹部，严重者遍发全身。急性型最早的变化可见是大片的红斑，随后出现小水泡，小水泡破裂表面渗出液体，结痂。皮肤的损害可能是分散的或是大片弥漫性的，有些病例可为对称性。急性过后可能变为慢性湿疹，或由于轻度刺激的长期作用，开始就是慢性湿疹，由于瘙痒和摩擦，发生脱毛，形成鳞屑，但皮肤是完整的。大多数病牛伴有色素沉着、擦痒剧烈、食欲差、精神不振和消瘦等症状，如久治不愈，病牛会因消瘦虚弱而死亡。

2. 临床病理学特征

主要病理改变表现为表皮角化过度、角化不全，棘层增生肥厚，海绵形成，炎性细胞移入表皮，真皮浅层血管周围有淋巴细胞、组织细胞浸润。

3. 病因

当皮肤细胞与过敏物质接触时发生湿疹，如果过敏物直接接触皮肤的称为外源性过敏原，而由血液带到皮肤的则称为内源性过敏原。

后者是通过肠道吸收进入血液循环的。可疑的外源性过敏原包括外寄生虫、肥皂、某些抗菌清洗剂，内源性过敏原可能有食入的蛋白质或在肠道内形成的物质，如因过食和便秘，或因内寄生虫被消化造成的自体中毒。

有一些环境因素可造成，如经常的潮湿，持续的出汗，环境不洁，皮肤积累污垢，由于存在外寄生虫而引起经常搔痒也使动物容易发病。

4. 发病机理

发病机理可能为在复杂的体内因素和外界因素的基础上所致的迟发性变态反应。但有些湿疹则与变态反应无关。患畜反应性的改变，常涉及多方面的因素，有些还不清楚，尚有待今后研究。

（二）防治措施

在治疗原则上以疏风清热，凉血解毒，兼以化湿祛淤为主，常能收到较好的疗效。

1. 红斑性、丘疹性湿疹，为避刺激，宜用等量混合的胡麻油和石灰水涂于患部；疱性、脓疱性、糜烂性湿疹，先剪除患部被毛，用0.3%高锰酸钾溶液、3%来苏儿、3%双氧水、2%明矾水洗涤患部，然后涂布3%～5%龙胆紫、5%美兰溶液或2%硝酸银溶液、5%碘酊、3%紫药水或3%硼酸软膏等。也可撒布氧化锌、滑石粉（1∶1）或碘仿、鞣酸（1∶9）等以防腐、收敛、制止渗出。随着渗出液的减少，可涂布氧化锌软膏或水杨酸氧化性软膏。

2. 炎症呈慢性经过时，涂上考的松软膏或碘仿鞣酸软膏（碘仿10g、鞣酸5g、凡士林100g）。

3. 脱敏时多用苯海拉明0.1～0.5g或异丙嗪0.25～0.5g肌内注射，每日一次。患牛出现剧痒不安时，可用1%～2%酒精液涂擦患部。

【马铃薯中毒】

马铃薯中毒是因牛采食发芽的富含龙葵素的马铃薯而引起的一种

中毒性疾病。

（一）诊断要点

根据病史调查（有采食出芽、腐烂的马铃薯或其青绿茎叶的病史），结合神经系统、消化系统和皮肤的典型症状及病理剖检变化，即可初步诊断。剩余饲料、胃内容物等样品糖苷生物碱的定量分析，为确诊提供依据。

1. 发病症状

轻度中毒时，病牛食欲减退或废绝，口腔黏膜肿胀，流涎，呕吐，便秘，有的则出现腹泻，并且带有血液。体温升高，怀孕的奶牛会出现流产。在口唇周围、肛门、阴道、乳房、四肢等，会出现湿疹或水疱性皮炎，伴有溃疡型口膜炎和结膜炎，皮疹严重时可能发展为皮肤坏疽，称为马铃薯斑疹。

重度中毒，病牛兴奋不安，向前冲撞，然后出现沉郁，后驱无力，步态不稳，甚至四肢麻痹，黏膜发绀，呼吸无力，瞳孔散大，衰竭死亡。

2. 临床病理学特征

马铃薯中毒时，牛尸体剖检，黏膜苍白，呈卡他性或出血性胃肠炎，表现为胃肠黏膜充血、潮红、出血和上皮细胞脱落。实质器官常见有出血，心内、外膜出血，心脏积有凝固不全的暗棕色血液。肝脏、脾脏肿大、淤血。肾炎以及皮肤疹性病变。

3. 病因

中毒主要是由于摄入马铃薯茎叶、发青的马铃薯皮或霉烂的马铃薯等造成的。

4. 发病机理

马铃薯俗称土豆或洋山芋，属茄科。马铃薯内含龙葵素，是一种弱碱性糖苷。成熟的马铃薯不被太阳晒成青紫，一般牛食用安全。而未成熟或在储存过程中接触阳光，引起马铃薯表皮变青紫或发芽时，则马铃薯表皮、幼芽和芽眼部分中，龙葵素的含量升高，牛食用后易引起中毒。

（二）防治措施

首先应停喂可疑饲料中的马铃薯，并更换其他可疑饲料，采取饥饿疗法。排除胃肠内容物：应用 0.5% 高锰酸钾溶液或 0.5% 鞣酸溶液洗胃；也可用盐类或油类泻剂。

对发生湿疹、皮炎的患畜可静脉注射 10% 氯化钙溶液 40～100mL，并在局部涂擦硫磺水杨酸软膏。

预防　注意马铃薯的储存，应存放在干燥、凉爽，无阳光照射的地方，防止发芽变绿。如已发芽变绿，喂前应注意除去嫩芽及发绿部分，挖去芽及芽眼周围部分，通过蒸煮降低毒性再饲喂。

【斑蝥素中毒】

斑蝥是寄生于豆科及茄科植物上的一种昆虫。斑蝥可以作为皮肤刺激药和生发药。斑蝥的主要毒性物质是斑蝥素，接触皮肤有较强的刺激作用，易侵入组织，使皮肤疼痛、发红，黏膜炎症等。内服吸收后可引起内脏器官炎症和血管通透性增加。多发生与牛等放牧的草食动物。

（一）诊断要点

本病可根据病畜有皮肤接触斑蝥或是被斑蝥咬伤，或是治病时候斑蝥用量过大，动物采食了寄生斑蝥的植物等病史及出现上述症状或病理变化，即可以做出诊断。

1. 发病症状

皮肤接触斑蝥素或被斑蝥咬伤，极易引起局部皮肤红肿、疼痛，甚至发生水疱。内服或吞食了斑蝥后，立即刺激口腔、咽喉部，出现流涎，口腔黏膜潮红、肿胀、疼痛，甚至出现水疱或溃疡，吞咽困难。斑蝥中毒也能引发胃肠炎。母畜引起子宫炎、子宫收缩或出血，妊娠母畜可发生早产或流产。

2. 临床病理学特征

剖检可见被斑蝥咬伤的部位皮肤发生肿胀，水疱，溃疡。吞食斑蝥引起的中毒，消化道黏膜呈出血性炎症，心肌出血，肺脏水肿，肝脏、肾脏、脾脏肿大，膀胱黏膜有出血点。

3. 发病机理

斑蝥咬伤皮肤时，由于斑蝥素的亲脂性强而很快进入组织，侵害深部，引起皮肤炎症，甚至发生水疱及化脓。斑蝥随饲草进入消化道，可刺激黏膜血管扩张，血管壁通透性增加，而引起口炎、咽炎和胃肠炎。斑蝥素吸收后，可造成实质器官变性、出血和坏死，斑蝥素经肾随尿排泄，也可引起肾炎和尿路的炎症。

（二）防治措施

发现皮肤接触斑蝥或被斑蝥咬伤中毒的奶牛，立即用温热的稀碱水进行冲洗，伤口处用氧化锌涂擦，或用太乙紫金锭研末水调外敷。食入或内服斑蝥中毒的可灌服豆浆、蛋清或牛奶保护胃肠黏膜。内服活性炭或盐类泻剂，可减轻毒素的吸收，促进毒素的排出。

（姚海东，吴琼）

主要参考文献

[1] 宣华. 牛病防治手册［M］. 北京：金盾出版社，2004.

[2] 郭安国. 肉牛标准化养殖技术［M］. 武汉：湖北科学技术出版社，2010.

[3] 赵洪丽. 牛口蹄疫的诊断方法和防治措施［J］. 当代畜禽养殖业，2013，12：20-21.

[4] 李伟. 口蹄疫流行病学，病理变及防控措施［J］. 甘肃科技，2009，25（2）：152-154.

[5] 张文龙，吴东来，王君伟. 牛茨城病的诊断与防治［J］. 黑龙江畜牧兽医，2009（1）：75-76.

[6] 朴范泽. 牛病类症鉴别诊断彩色图谱［M］. 北京：中国农业出版社，2008.

[7] 孙晓辉. 牛恶性卡他热的诊断与防控措施［J］. 当代畜禽养殖业，2014，1：15-16.

[8] 姚树国，唐大为，张宝良. 牛恶性卡他热的诊断与防控［J］.

畜牧与饲料科学，2010，31（3）：162 – 163.

［9］孙志强．牛湿疹的防治［J］．云南畜牧兽医，1999，2：35.

［10］简随德．牛病防治问答［M］．西安：陕西科学技术出版社，1992.

［11］李建基，王亨主．牛羊病速诊快治技术［M］．北京：化学工业出版社，2012.

［12］朴范泽．牛病［M］．北京：中国农业出版社，2009.

第十五章

流涎鉴别诊断

流涎是由于动物唾液分泌异常亢进或吞咽困难，使口腔中的分泌物流出口外的一种病理状态。牛流涎主要是唾液腺受到各种因素刺激的结果。引起牛流涎的主要疾病有口腔和唾液腺疾病、直接或间接引起口腔炎症或口腔肌痉挛或麻痹的传染病、咽和食道疾病、胃肠道疾病和中毒性疾病。

一、生理解剖基础

唾液腺亦称唾腺。哺乳动物口腔腺分泌属于消化液的唾液，而称为唾液腺。按腺体大小不同可分为大唾液腺和小唾液腺。牛的唾液腺（图15-1）由颌下腺、舌下腺和腮腺等部分组成。颌下腺与舌下腺由浆液性腺细胞和黏液性腺细胞构成，其排出管的上皮由圆柱状细胞构成。腺体可分泌淀粉酶、葡糖苷酶，在排出管途中分泌氯化钠、活化淀粉酶。

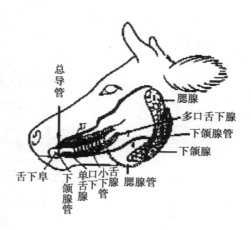

图15-1 牛的唾液腺

二、病　因

1. **感染性流涎**

由于局部或全身性感染引起的流涎，多见于单纯性的口腔、咽部炎症和特定传染性疾病过程中，如口蹄疫、黏膜病、丘疹性口炎、牛瘟、牛恶性卡他热等。

2. **中毒性流涎**

多见于能够引起副交感神经兴奋的毒物中毒，如有机磷农药中毒、氨基甲酸酯类农药中毒等疾病。

3. **理化性流涎**

多见于刺激性和腐蚀性化学物质造成的口腔损伤，如强酸、碱的腐蚀。也见于口腔的外伤性疾病。

4. **药物性流涎**

拟胆碱类药物能够引起唾液腺分泌增多，临床上使用时常常出现流涎症状，常见的药物如比赛可灵、毛果芸香碱、毒扁豆碱和新斯的明等药物。

三、鉴别诊断思路

1. **流涎确认**

通过牛唾液量分泌观察并结合其他临床症状即可确认流涎的发生。

2. **区分原发性还是继发性**

若仅表现流涎症状，而全身状态相对良好，体温、脉搏、呼吸等生命指标无大改变，且在改善饲养管理或给予治疗即趋向康复的，为原发性流涎。

除基本症状外，体温、脉搏、呼吸等生命指标亦有明显改变，且在改善饲养管理并给予一般处置后，数日病情仍继续恶化的，为继发性流涎。

3. 区分是否为群体病

要注重流涎性疾病与可导致流涎症状的群发病的鉴别诊断。

凡群体发生的，要着重考虑各类群发病，包括各种传染病、侵袭性疾病、中毒病和营养代谢病，可依据有无传染性、有无相关毒物接触史以及酮体、血钙、血钾等相关病原学和病理学检验结果，按类、分层、逐步加以鉴别和论证。

四、症状治疗

由于流涎可有多种疾病导致，应以消除病因为总体治疗原则。

五、常见疾病的诊断与治疗

【放线菌病】

放线菌病又称大颌病，是由放线菌引起的非接触性传染病，以头、颈、颌下和舌的放线菌性肉芽肿为主要特征。

（一）诊断要点

1. 临床症状

常见上、下颌骨肿大，有硬的结块，咀嚼、吞咽困难。硬结破溃流脓，形成瘘管。舌组织感染时，活动不灵，称"木舌"，病牛流涎，咀嚼困难。乳房患病时，出现硬块或整个乳房肿大、变形，排出黏稠、混有脓的乳汁。

2. 实验室检查

在玻片上沾取少许脓汁，经革兰氏染色，可见外观似硫黄颗粒，如针头大小的、呈灰黄色的菌体。

3. 流行病学

本病的病原有牛放线菌、伊氏放线菌和林氏放线杆菌。牛放线菌和伊氏放线菌是牛的骨骼放线菌病的主要病原。两者均为不运动、不形成芽孢的革兰氏阳性杆菌。林氏放线杆菌为不运动、不形成芽孢和荚膜的革兰氏阴性杆菌，是皮肤和器官放线菌病的主要病原。

牛放线菌病广泛分布于自然界，在动物体表和消化道寄生，也是口腔内的常在菌，从损伤的口腔黏膜和齿龈的骨膜内源性感染而发病。以 2 ~ 5 岁牛最易感。本病呈散发性。

（二）防治措施

病牛的硬结较大时，可用外科手术切除硬结，并于创口内撒布等量混合的碘仿和磺胺粉，然后缝合，在创围注射 10% 碘仿醚或 2% 鲁戈氏液，同时内服碘化钾，成年牛每天 5 ~ 10g，犊牛 2 ~ 4g，连用 2 ~ 4 周。重症者可静脉注射 10% 碘化钠，每天 50 ~ 100mL，隔日 1 次，共 3 ~ 5 次之后，暂停用药 5 ~ 6d。硬结小者可直接在硬结周围注射青霉素或链霉素，同时应用碘化钾进行全身治疗，效果显著。

为了防治本病的发生，应避免在低温草地放牧。舍饲时，喂前将干草、谷糠等浸软，防止刺伤口腔黏膜。平时应注意防止皮肤、黏膜发生损伤，有伤口要及时处理、治疗。

【口炎】

口炎是口腔黏膜炎症的统称，包括舌炎、腭炎和齿龈炎。按炎症性质分为卡他性、水泡性、纤维素性和蜂窝织性口炎等类型。临床上以采食障碍、口腔黏膜潮红肿胀、流涎为特征。

（一）诊断要点

原发性口炎，根据病史及口腔黏膜炎症变化，可做出诊断。继发性口炎应根据流行病学、病史、症候群以及特殊检查结果进行确诊。

1. 临床症状

病牛流涎，口角附着白色泡沫；采食、咀嚼障碍，采食柔软饲料，而拒食粗硬饲料；口黏膜潮红、肿胀、疼痛，口温增高。齿龈部分肿胀，呈暗红色，疼痛，出血。1 ~ 2d 后，病变部变为淡黄色或黄绿色糜烂性坏死，流涎，混有血丝带恶臭。炎症常蔓延至口腔其他部位，导致溃疡、坏死甚至颌骨外露，散发出腐败臭味，通常体温升高。

2. 病因及发病机理

理化性因素 物理性病因包括外伤，如粗硬的饲料、粗暴的管理、锐齿、齿结石等刺激引起、过热或过冷食物烫伤、药物的错误投食等。化学性病因包括刺激性物质，特别是酸性和碱性物质，刺激性药物应用不当，如外用药物涂布体表动物舔食引起。

生物性因素 溃疡性口炎见于牛恶性卡他热、牛黏膜病、牛流行热、蓝舌病等真菌性是大多数病例由念珠菌属的真菌和采食霉变饲料引起。

其他因素 邻近器官的炎症，如咽、食道、唾液腺等；消化器官疾病的经过中，如急性胃卡他等。

（二）防治措施

治疗原则 消除病因，加强饲养管理，净化口腔，收敛与消炎和对症治疗。

消除原因，主要是鉴别口炎发生的原因，消除和处理原发性的病因，尤其是饲养管理所导致的口炎。

加强饲养管理，病畜饲养在卫生良好的厩舍内，给予柔软而易消化的饲料，以维持其营养。给予营养丰富的青绿饲料，优质的青干草和麸皮粥。及时补糖输液，或者经胃管投给流质食物，及时补充维生素 B、维生素 A 和维生素 C 等。

净化口腔、消炎、收敛 可用1%食盐或2%硼酸溶液、0.1%高锰酸钾溶液洗涤口腔；不断流涎、口腔恶臭时，可选用1%明矾溶液或1%鞣酸溶液、1%过氧化氢液、0.1%黄色素溶液、氯己定（0.2%洗必泰）、聚烯吡酮碘（1∶10）冲洗口腔。溃疡性口炎，病变部可涂擦10%硝酸银溶液后，用灭菌生理盐水充分洗涤，再涂擦碘甘油（5%碘酊1份、甘油9份）或2%硼酸甘油，1%磺胺甘油于患部，肌内注射维生素 B_2 和维生素 C。

病情严重时，除口腔的局部处理外，要及时选用抗菌药物、抗病毒药物和抗真菌药物进行全身治疗和营养支持疗法。对传染性口炎，重点是治疗原发病，并及时隔离，严格检疫。

【唾液腺炎】

唾液腺炎是腮腺、颌下腺和舌下腺炎症的统称。包括腮腺炎、颌下腺炎和舌下腺炎，其中以腮腺炎较多见，其次是颌下腺炎。临床上以唾液腺肿胀、流涎和采食障碍为特征。

（一）诊断要点

根据唾液腺，特别是腮腺的解剖部位和临床特征，结合病史调查和病因分析进行鉴别诊断。

1. 临床症状

病牛流涎，头颈伸展（两侧性）或歪斜（一侧性），采食、咀嚼困难，腺体局部红、肿、热、痛等，继发咽炎时，则吞咽困难。急性腮腺炎腮腺（单侧或双侧）肿大、增温、疼痛。如已化脓，则肿胀部触诊有波动感，并有脓液从腮腺管流出，口腔有恶臭气味；颌下腺炎时下颌间隙肿胀，触压舌尖旁侧、口腔底壁的颌下腺管，有脓液流出或发现有鹅卵大波动性肿块（炎性舌下囊肿）。

2. 病因及发病机理

原发性病因主要是饲料芒刺或尖锐异物损伤腮腺管或颌下腺管，或继而污染化脓菌而发生。继发性唾液腺炎，常因邻近器官炎症的蔓延而发生，如口炎、咽炎、喉炎等。

（二）防治措施

治疗原则为消除炎症和对症治疗。

轻症的腮腺炎，可用 50% 乙醇热敷，或涂擦凡士林碘软膏（碘：碘化钾：凡士林为 1：5：15），促进炎症消散和渗出物吸收。对化脓性唾液腺炎，当脓肿成熟时，多采用手术切开引流排脓，用 3% 过氧化氢或 0.1% 高锰酸钾溶液冲洗脓腔，急性炎症伴有体温升高时，可酌用抗生素如磺胺制剂。继发性唾液腺炎，应着重治疗原发病。

此外应注意护理，畜圈要清洁、通风；给予易消化而富有营养的饲料，役畜停止使役。

【咽炎】

见"咳嗽鉴别诊断"中常见疾病的诊断与治疗。

【咽麻痹】

软腭瘫痪是咽部瘫痪中比较常见的一种，发生原因可分为中枢性和外周性两种，可以单独或合并其他神经瘫痪出现；咽缩肌瘫痪极少单独出现，常与食管入口、食管和其他肌群瘫痪同时出现。

（一）诊断要点

1. 临床症状

主要表现饥饿，饮食贪婪，又不见吞咽动作，食物与饮水立即从口腔和鼻腔逆出；不断流涎；从外部触压咽部无疼痛反应，不出现吞咽动作，咽内触诊其肌肉不紧缩，吞咽反射完全丧失；继发性咽麻痹有明显的原发病症状，原发性的一般无全身反应，但随着病程延长，因机体脱水或营养缺乏而迅速消瘦。

2. 病因

分为中枢性或周围性。前者见于各种原因引起的延髓病变，如肿瘤、出血或血栓形成、多发性硬化、延髓性麻痹、脊髓空洞症、脑炎等。周围性麻痹则以多发性神经炎较多见，其他如中毒性神经炎，颅底病变（外伤、肿瘤）压迫等Ⅸ、Ⅹ、Ⅺ脑神经也可引起本病。

（二）防治措施

针对病因治疗。对周围性麻痹患牛可用抗胆碱酯酶剂（氢溴酸加兰他敏）或神经兴奋剂（士的宁），以及维生素 B_1 治疗。咽肌麻痹进食困难者，宜插鼻饲管，以维持营养和防止吸入性肺炎的发生。

【食道阻塞】

食道阻塞是由于吞咽的食物或异物过于粗大和/或咽下机能障碍，导致吞咽功能障碍的一种疾病。按阻塞程度，分为完全阻塞和不完全阻塞；按其部位，分为咽部食道阻塞、颈部食道阻塞和胸部食道阻塞。临床上以突然发病，惊恐不安，流涎，腹围迅速膨胀为特征。

（一）诊断要点

根据病史和临床特征，结合胃管探诊和影像学检查，可作出确诊。

1. 临床症状

食道完全阻塞时，患牛立即停止采食，神情紧张，头颈伸展，疼痛不安，伴有吞咽和咳嗽动作；阻塞物在食道的上部时，患牛从口腔流出大量的泡沫状涎液，垂涎不停；阻塞物在食道的中下部时，患牛头颈不断伸直，左颈沟出现食道的逆蠕动波，口鼻同时流出大量的水样黏液。随着病程的发展，患牛心跳呼吸加快，结膜发绀，因不能嗳气，很快引起瘤胃臌气，呼吸困难，张口伸舌，颈静脉怒张，站立不稳，直至倒地死亡。食道不全阻塞时，初期能咽下饲料和饮水，但采食时能吐出大而多的草团，随着时间的延长，患牛开始不吃草，不反刍，大量流涎，饮欲增加，饮水常从鼻腔流出，无瘤胃臌气的表现，呼吸、心跳加快，鼻镜干燥，口干舌燥，结膜发绀，四肢无力，运动失调，最终引起死亡。

2. 病因

引起本病的堵塞物，常见的有甘薯、马铃薯、甜菜、萝卜等块根块茎饲料，棉籽饼、豆饼、花生饼块，谷秆、稻草、干花生秧、甘薯藤等粗硬饲料；软骨及骨头、木块、棉线团、布块等异物。原发性阻塞，多发生在饥饿、抢食，采食时受惊等应激状态下，因匆忙吞咽而阻塞于食道。继发性阻塞，常伴发于异嗜癖、脑部肿瘤以及食管的炎症、狭窄、扩张、痉挛、麻痹、憩室等疾病。亦有因全身麻醉，食管神经功能尚未完全恢复即采食，从而导致阻塞。

3. 发病机理

异物可以阻塞在任何部位，当发生完全阻塞时，由于食物、饮水、分泌的唾液不能通过阻塞部位，出现流涎，胃内产生的气体不能通过嗳气排出，因而迅速发生瘤胃臌胀，腹内压升高，出现呼吸困难和循环障碍。因阻塞部位食管肌肉受到机械性刺激，发生痉挛性收缩，病畜表现精神烦闷，紧张，不断做出吞咽动作，显示出疼痛不安的状态。

（二）防治措施

治疗原则为解除阻塞，消除炎症，加强护理和预防并发症的发生。

首先应作瘤胃穿刺排气，缓解呼吸困难，控制病情，然后再行治疗。为镇痛与缓解食道痉挛，用水合氯醛，10～25g/次，配成1％～5％浓度灌肠，然后用0.5％～1％普鲁卡因液，混合少许植物油或液石蜡灌入食道。在缓解痉挛、润滑管腔的基础上，利用推压法或挤出法排除异物；上述方法无效时，手术切开食道取出堵塞物。

加强护理，预防并发症。暂停饲喂饲料和饮水，以免误咽而引起异物性肺炎。病程较长者，应注意消炎、强心等。

【青霉毒素中毒】

青霉毒素是指由青霉属和曲霉属某些菌株所产生的有毒代谢产物的总称。对牛危害最大的主要为红青霉毒素和青霉震颤毒素。红青霉毒素中毒是由红青霉毒素引起的一种中毒性疾病。临床上以中毒性肝炎和脏器出血为特征。青霉震颤毒素中毒又称震颤素中毒，是由动物采食被震颤毒素污染饲料引起的一种中毒性疾病。临床上以持续性纤维震颤、虚脱和惊厥等为特征。

（一）诊断要点

根据病因、临床症状及病理解剖学变化可建立初步诊断。确诊需要对霉败饲料进行产毒霉菌的分离、培养和鉴定，进行毒素的薄层层析检验。必要时可用产毒霉菌培养物进行人工复制试验。鉴别诊断应与黄曲霉毒素中毒相区别。

1. 临床症状

红青霉毒素中毒时，病牛表现精神沉郁，食欲减退或废绝，流涎，可视黏膜黄染，腹痛，腹泻，粪便带血。尿液中混有血液。震颤毒素主要危害犊牛，犊牛中毒早期症状为震颤，当病畜受到惊恐或强迫运动时，病情明显加重。四肢无力，多取叉开姿势战立。运动时步态强拘，共济失调，易摔倒。卧地时四肢呈游泳样划动。严重者，角弓反张，抽搐，眼球震颤，凸出，多突然死亡。有时多尿，瞳孔散大，流泪，流涎，腹泻和呼吸迫促等症状。

2. 临床病理学特征

红青霉毒素中毒时，剖检可见急性肝炎、胃肠炎和全身广泛性出血。震颤毒素中毒主要表现为神经系统损害，血液学检验，血清丙酮酸含量下降，乳酸和血糖含量明显升高。血清肌酸磷酸激酶活性升高。急性病例，在病初血钙、血镁含量升高。

3. 病因

家畜采食被这些产毒霉菌污染的谷物、玉米、青贮等饲料、饲草，就会引起中毒。

4. 发病机理

红青霉毒素 B 是一种双酐化合物，主要损害肝脏和肾脏，毒性作用与黄曲霉毒素相似，不同的是该毒素没有致癌作用。震颤毒素属于神经毒，进入动物机体后，主要侵害中枢神经系统，确切的毒理机制尚不清楚。有人认为该毒素能使某种神经介质受到破坏，导致中枢某些特定区域产生兴奋或抑制现象。

（二）防治措施

发现中毒后，立即停止饲喂霉败饲料，即使已表现虚脱的病畜，通常也能在一周内恢复。药物治疗多施行对症疗法，为了解除肌肉强直性痉挛可应用氯丙嗪。增强肝脏的解毒功能，可静脉注射高渗葡萄糖溶液、维生素 C、维生素 B 族制剂，并配合使用肌苷和三磷酸腺苷，促进肾脏排毒，可使用强心剂和乌洛托品。除此之外应加强饲养和护理，给予富含维生素的青绿饲料和优质干草，供给清洁饮水，保持病畜安静。

【有机磷农药中毒】

见"痉挛抽搐鉴别诊断"中常见疾病的诊断与治疗。

【铅中毒】

见"黏膜苍白鉴别诊断"中常见疾病的诊断与治疗。

【硒中毒】

见"脱毛鉴别诊断"中常见疾病的诊断与治疗。

【血虫净中毒】

血虫净中毒是由于过量三氮脒进入动物体内引起的一种中毒性疾病。临床上以神经功能紊乱为特征。

（一）诊断要点

根据使用血虫净的病史，结合临床症状和剖检变化，即可初步诊断。必要时检测组织和血液中血虫净的含量。

1. 临床症状

轻度中毒表现不安，前肢刨地，频频排尿，心跳、呼吸加快，流涎，盲目转圈，肌肉轻微震颤，1~2h后逐渐恢复。

严重中毒表现食欲废绝，精神沉郁，呆立，黏膜发绀，反刍减少，瘤胃臌气，肠音废绝，粪便干燥。眼球、肌肉震颤，步态不稳，共济失调，转圈或盲目前冲，后期卧地不起。

2. 临床病理学特征

腹腔有大量黄色液体，肠系膜淋巴结发灰、肿大，切面多汁，肝呈淡黄色、质脆，心肌呈黄色、松弛，心冠脂肪变性，并有散在出血点，心内膜有出血斑。

3. 病因

血虫净又称三氮脒、贝尼尔（Berenil），是传统使用的广谱抗血液原虫药，对锥虫、犁形虫和边虫（无形体）均有治疗作用。本品毒性大，安全范围小，中毒主要是使用不当，如剂量过大或连续使用时间过长。

4. 发病机理

血虫净刺激性强，毒性反应大，有时治疗剂量即可引起起卧不安、频频排尿、肌肉震颤等不良反应。

（二）防治措施

本病尚无特效解毒药，主要采取对症和支持治疗及促进药物排泄的措施。可用阿托品解毒，并强心、补液，配合维生素 C、ATP 等，以提高疗效。

严格遵守推荐治疗剂量，重复用药应间隔24d 以上。本品临用前配成5%～7%无菌溶液深部肌内注射。对敏感动物使用后应注意观察反应，发现中毒应及时治疗。

【尿素中毒】

尿素中毒是动物摄入尿素或双缩脲及其他铵盐引起的一种急性中毒性疾病。临床上以流涎、呼吸迫促和痉挛为特征。

（一）诊断要点

根据采食尿素的病史，结合强直性痉挛和呼吸困难等临床症状，即可初步诊断。测定血氨浓度对诊断和预后均具有重要意义。本病应与有机磷中毒、有机氯中毒、氰化物中毒、脑膜炎、瘤胃酸中毒等进行鉴别。

1. 临床症状

牛在摄入过量尿素后约30～60min 出现症状。表现不安、呻吟，呼吸困难，心跳加快。口、鼻流出泡沫状的液体，反刍停止，瘤胃臌气。肌肉痉挛，眼球颤动，共济失调，步态不稳。继而角弓反张反复发作。后期则出汗，瞳孔散大，肛门松弛，窒息死亡。急性中毒病例，可在 1～2 小时内因窒息死亡。如延长至 1d 左右者，则可发生后躯不全麻痹。

2. 临床病理学特征

剖检可见血凝固不全，口黏膜充血，胃肠道粘膜充血、出血、水肿、糜烂，胃内容物黄褐色有刺鼻的氨味，呈急性卡他性胃肠炎病变。肺呈支气管炎病变，支气管周围及肺泡充血、出血、水肿。鼻、咽、喉、气管充满白色泡沫。肾肝瘀血，肿大，呈紫黑色。胆囊壁水肿，黏膜瘀血，胆汁稀薄。心外膜、心包膜有弥散性出血。中枢神经系统有出血和退行性病变。肠系膜、肝门淋巴结肿大，呈灰白色。

3. 病因

反刍兽能够利用非蛋白氮，在饲料中加入尿素补饲时，如果没有一个逐渐增量的过程，初次就突然按规定量饲喂，极易引起中毒。另外，在饲喂尿素过程中，不按规定控制用量，或添加的尿素与饲料混合不匀，或将尿素溶于水而大量饲喂，均可引起中毒。

4. 发病机理

瘤胃微生物通过脲酶将尿素水解为二氧化碳和氨（尿素→氨甲酰胺→碳酰胺→氨），氨被微生物利用转化为菌体蛋白，进入肠道被动物消化吸收。氨的释放率依赖于摄入非蛋白氮的量、脲酶的活性和瘤胃 pH 值。当瘤胃 pH 值低于 6.2 时，尿素释放的氨与质子形成了带正电荷的氨离子（NH_4^+），水溶性高，吸收率低；pH 值大于 8.0 时，尿素能迅速生成大量氨，通过瘤胃壁被机体吸收。吸收的氨主要在肝脏代谢，如果进入肝脏的氨超过了肝脏的解毒能力，则进入外周血液中。当外周血液中氨超过一定量时，出现中毒症状。中毒的严重程度同血氨浓度密切相关，达 20mg/L，即出现明显的中毒症状，达到 50mg/L 或以上时，可引起动物死亡。

（二）防治措施

本病尚无特效疗法。应立即停喂尿素，并采用下列综合措施治疗。灌服大量食醋或稀醋酸等弱酸类溶液，以抑制瘤胃中脲酶的活力，并中和尿素的分解产物氨，减少氨的吸收，成年牛可用食醋或 1% 醋酸加水灌服，一般用量为 1L 左右。对症治疗包括瘤胃臌气时穿刺放气、缓解痉挛、纠正脱水和促进氨排出等。

【奶牛酮病】

见"卧地不起鉴别诊断"中常见疾病的诊断与治疗。

【维生素 B$_2$ 缺乏】

见"脱毛鉴别诊断"中常见疾病的诊断与治疗。

【亚硝酸盐中毒】

见"呼吸困难鉴别诊断"中常见疾病的诊断与治疗。

【马铃薯中毒】

见"水疱鉴别诊断"中常见疾病的诊断与治疗。

（盛鹏飞）

主要参考文献

[1] 刁彩霞，师庆伟. 以相伴症状对引起牛流涎的疾病的鉴别诊断 [J]. 养殖技术顾问，2014，5：157.

[2] 范雪兵. 牛消化系统疾病的诊治 [J]. 当代畜牧，2012，11：33 – 35.

[3] 雷金虎. 牛流涎性疾病的鉴别诊断 [J]. 中国畜牧兽医文摘，2013，4：117 – 118.

[4] 何国安，但堂军，谭明万，等. 牛口蹄疫等流涎性疾病的临床鉴别诊断 [J]. 中国畜禽种业，2012，06：99 – 100.

[5] 郑镇恶. 哺乳动物唾液腺的结构及其细胞染色性质的初步观察 Ⅰ. 腮腺的观察 [J]. 解剖学报，1958，03：167 – 176.

[6] 纪银鹏. 中西医结合治疗牛有机磷中毒 [J]. 中兽医学杂志，2014，02：34.

[7] 滕传孝. 牛氟中毒的诊断及防治 [J]. 现代农业科技，2011，08：325 – 328.

[8] 薛泽云. 新生犊牛的急性硒中毒 [J]. 动物医学进展，1983，1：12 – 14.

[9] 柳光明. 牛食道阻塞的诊治 [J]. 中国畜牧兽医文摘，2014，

2：129－130.

[10] 王元强，李宝泽，马文涛．牛食道阻塞的诊治［J］．中国畜牧兽医文摘，2013，4：121.

[11] 安国伟．牛食道阻塞的诊治与预防［J］．农村科技，2007，08：89.

[12] 党晓鹏，曹光荣．牛铅中毒［J］．国外兽医学．畜禽疾病，1988，5：1－3.

[13] 李俊军．牛尿素中毒的治疗体会［J］．吉林畜牧兽医，2014，2：54.

[14] 张建国．牛尿素中毒的治疗体会［J］．甘肃畜牧兽医，2005，4：27.

[15] 卢群，李晓辉．针对牛患酮病的临床诊断及防治技术［J］．畜牧兽医科技信息，2008，5：60－61.

[16] 杨德忠．中西医结合治疗牛马铃薯中毒［J］．畜禽业，2013，8：97.

[17] 武夒．中西医结合治疗牛马铃薯中毒［J］．畜牧兽医杂志，2012，2：129.

[18] 李有文．牛菜籽饼中毒的防治［J］．上海畜牧兽医通讯，2005，4：58.

[19] 陈红．牛亚硝酸盐中毒的诊治［J］．畜牧兽医杂志，2011，3：122.

[20] 何媛．牛亚硝酸盐中毒的诊治［J］．畜禽业，2009，4：83.

第十六章

便秘鉴别诊断

便秘是临床常见的复杂症状，而不是一种疾病，主要是指排便次数减少、粪便量减少、粪便干结、排便费力等。牛大便秘结不通，排便困难或排便间隔时间延长，以及有便意而排出困难者，称为便秘。必须结合粪便的性状、排便习惯和排便有无困难作出有无便秘的判断。

一、生 理 解 剖 基 础

粪便形成后，由于结肠蠕动使各部结肠收缩，将粪便推向远段结肠，这种蠕动常由肝曲开始，每日 2~3 次，以每分钟 1~2cm 的速度向前推进到左半结肠，到乙状结肠潴留。但在进食后或早晨起床后由于胃结肠反射或体位反射而引起结肠总蠕动，以每小时 10cm 的速度推进，如乙状结肠内存有粪便可使粪便进入直肠内，蓄积足够数量时对肠壁产生一定压力时则引起排便反射。

排便反射是一个复杂的综合动作，它包括不随意的低级反射和随意的高级反射活动。通常直肠是空虚的。当粪便充满直肠刺激肠壁感受器，发出冲动传入腰骶部脊髓内的低级排便中枢，同时上传至大脑皮层而产生便意。如环境许可，大脑皮层即发出冲动使排便中枢兴奋增强，产生排便反射，使乙状结肠和直肠收缩，肛门括约肌舒张，同时隔肌下降、腹肌收缩，增加腹内压力，促进粪便排出体外。

二、病　因

1. **饲料和饮水因素**

日粮中不仅需要碳水化合物、蛋白质、脂肪、矿物质和维生素，而且需要半纤维素、木质素等粗纤维。这些粗纤维不会被消化而使粪便体积增加，成为对肠道运动的有效机械性刺激。长期饲喂单纯的粉状饲料就会引起便秘。

2. **胃肠道疾病**

急性卡他或慢性卡他时，由于消化液分泌减少、胃肠蠕动减慢，排便迟滞，粪球干小，表面附有黏液。慢性肠卡他时，当肠机能处于兴奋性减弱状态，也会发生便秘。胃扩张、小肠积食、大肠阻塞、瓣胃阻塞、真胃阻塞、结肠阻塞以及肠变位等，病变前部的胃肠内容物不能后送，胃肠蠕动减弱，出现排粪减少，粪便干硬等现象。

3. **药物及毒物的作用**

含鞣质的物质（鞣酸、鞣酸蛋白）、铋制剂（次硝酸铋等），青杠树叶中毒、阿托品类药物中毒这些具有收敛作用和能阻断节后胆碱能神经所支配的效应器中乙酰胆碱受体的物质，均可引起肠蠕动弛缓而发生便秘。

4. **排粪动力缺乏和支配排粪的神经受损**

排粪动力主要依靠腹肌、膈肌、盆底肌肉、提肛肌及肠平滑肌。如果各有关肌肉衰弱而使排粪动力不足或缺乏，便可引起便秘。

腰荐受损如腰荐椎挫伤引起的后躯麻痹，常可造成顽固性的直肠便秘。

5. **肠黏膜反应性降低及其他因素**

肠黏膜的病变。低血钾症引起肌肉张力缺乏，反刍动物慢性铅、锌中毒使肠道肌肉麻痹或痉挛。

三、鉴别诊断思路

1. 便秘确认

发病奶牛大便干燥或秘结不通；排便间隔比正常延长，经 2 ~ 3d 或 5 ~ 6d 才排一次；或者排便间隔时间正常，但大便坚硬排出困难。一般便秘初期饮食减少，舌淡红，舌津不足，舌面少苔，肠音减弱，有些病畜肠音虽强，但涩滞，腹痛起卧，滚转，气促喘粗，回头观腹，刨地打尾，停止排粪，或有肚胀等。临诊时对于那些耳鼻较凉，排少量稀粪，舌质淡，状似冷痛的病畜，若见有舌津不足，肠音虽强但涩滞，或发病已达数小时不愈；或按冷痛治疗无效者，均应进一步通过直肠检查，确定是否为结症，以免误诊。

2. 区分原发性便秘还是继发性便秘

原发性便秘，给予胃肠兴奋剂（如皮下注射少量毛果芸香碱等），排粪情况即可改善，如系胃肠阻塞，则用药后腹痛加剧，病情不一定减轻。

总之，具有便秘症状的疾病较多，诊断时主要依据问诊与临床检查，特别是观察排粪及粪便情况，即可进行类症鉴别。

四、症状治疗

治疗原则为疏通肠管、解痉止痛、补液和加强护理。

有饮食欲的病例，可饲喂少量多汁的饲料，同时饮用大量的温水。

疏通肠管是治疗本病的措施，常采用同服泻药的方法，如用胃管投服液体石蜡（或植物油）500 ~ 1 000mL，鱼石脂 20g，酒精 100mL，常水适量胃管投服；也可将油类泻剂换成硫酸钠（或硫酸镁）500g，用法同前，小肠便秘禁用盐类泻剂。直肠便秘时可肥皂水作深部灌肠。

治疗牛便秘还可用破结法，用适当的手法，通过直肠壁，将秘结部的结粪弄软和弄碎，达到疏通的目的；生物学软化法，内服醋曲，发面等，一次内服 300～500g，加适量水。中药疗法，以温通开秘为主。应用加减桂附理中汤：①肉桂、甘草、附子，川椒各 50g、党参、白术、干姜、厚朴、当归，草决明（冲细）各 150g。②半硫丸：制半夏、硫黄各 300g，生姜 250g、梧桐子 100g。③苁蓉润肠丸加减：苁蓉 100g、麻仁 100g、干姜 100g、当归 120g、党参 120g，沉香 15g，制附片 50g、大黄 60g、牵牛 60g、甘草 50g、厚朴 50g。水煎取汁加入芒硝 10%，花生油或芝麻油 250g 灌服。牛结肠便秘还可采用温肥皂水 15～30L 做深部灌肠。对顽固性便秘，可试用瓣胃注入石蜡油 1 000～1 500mL。

腹痛剧烈时，可使用解痉止痛药，主要目的是为了阻断疼痛刺激穿向中枢，借以恢复大脑皮层对全身机能的调节，并为诊疗工作提供方便。临床上常用的药物有水合氯醛（常于泻剂同用），普鲁卡因，20% 硫酸镁溶液或 5% 水合氯醛酒精溶液静脉注射，30% 安乃近溶液 20～40mL 静脉或肌内注射，或应用 2.5% 盐酸氯丙嗪 8～16mL 肌内注射等。

补液目的在于维护心血管功能，缓解脱水过程，纠正机体酸中毒，提高机体抗病力，提高疗效。根据机体脱水和心功能状况，可采取多次注射，效果良好，常用的处方为：复方氯化钠溶液，5% 葡萄糖溶液，或 5% 葡萄糖氯化钠溶液等，纠正酸中毒可用 5% 碳酸氢钠溶液，或应用 11.2% 醋酸钠溶液。

出现胃扩张或肠臌气时，应及时进行导胃或穿刺减压，疼痛剧烈时应加强护理，防止剧烈运动。

如药物治疗无效时，应迅速进行手术治疗。

五、常见疾病的诊断与治疗

【前胃弛缓】

见"前胃弛缓鉴别诊断"中常见疾病的诊断与治疗。

【真胃炎】

真胃炎又称皱胃炎，是指各种病因所致的真胃黏膜及黏膜下层的炎症。根据病程分为急性和慢性真胃炎，根据病因分为原发性真胃炎和继发性真胃炎。临床上以严重的消化机能紊乱为主要特征。皱胃炎多见于老龄牛和体质衰弱的牛，在犊牛和成年牛也有发生。

（一）诊断要点

本病主要表现为消化机能障碍，缺乏特异性临床症状，诊断较为困难。根据病牛消化不良、皱胃区触诊有疼痛表现和可视黏膜黄染现象进行初步诊断。

1. 临床症状

急性或慢性真胃炎，都呈现消化障碍，但各有特点。

急性真胃炎时，病畜精神沉郁，鼻镜干燥，皮温不整，结膜潮红、黄染，体温一般无明显变化。食欲减退或废绝，反刍无力或停止，有时出现空嚼、磨牙。瘤胃轻度臌气，收缩力减弱。触诊右腹部真胃区，病牛疼痛不安。便秘，粪便呈球状，表面覆盖多量黏液，间或出现腹泻。有的病牛还表现腹痛不安。病的末期，病情急剧恶化，往往伴发肠炎，全身衰弱，脉率增快，脉搏细弱，精神极度沉郁甚至昏迷。

慢性真胃炎，病畜长期消化不良，异嗜。口腔黏膜苍白或黄染，唾液黏稠，有舌苔，瘤胃收缩力量减弱；便秘，粪便干硬。病的后期，病畜衰弱，贫血，腹泻。

2. 临床病理学特征

急性真胃炎，胃黏膜充血、肿胀、混浊，附着一层黏液或黏液脓性分泌物。黏膜皱襞和幽门区呈现弥漫性或局限性血色浸润，有红色斑点，胆囊有出血点。慢性真胃炎，黏膜呈灰青色、灰黄色或灰褐色，甚至大理石色，有出血斑或溃疡，黏膜组织有萎缩性或肥厚性炎症表现。

3. 病因及发病机理

原发性真胃炎多因饲喂的饲料过于粗硬、冰冻、发霉变质或长期饲喂糟粕、粉渣等。当饲喂不定时，时饱时饥，突然变换饲料或劳役过度，经常调换饲养员，或者因长途运输，过度紧张，引起应激反应，因而影响到消化机能，而导致真胃炎的发生。

继发性真胃炎常见于前胃疾病、营养代谢疾病、口腔疾病、肠道疾病、肝脏疾病、寄生虫病（如血矛线虫病）和某些传染病（如牛病毒性腹泻、牛沙门氏菌病等）等的疾病的过程中。

（二）防治措施

治疗原则为清理胃肠，消炎止痛和对症治疗。

清理胃肠。在发病初期，用足量的 1% 温盐水反复的洗胃与导胃，直到导出的内容物无酸臭味以及瘤胃较空虚为止，然后再向胃内注入一定量的 1% 盐水，这可防止瘤胃的酸败内容物及其毒素对真胃黏膜的继续刺激。根据病情，如排干粪球者，可投给中等剂量的人工盐或者植物油 500～1 000mL，连用 2d。对排粥样粪便的，可投给中等剂量的健胃药。

消炎和防止感染。病初可静脉注射黄连素，也可内服磺胺脒或土霉素，每天 2 次。根据病牛脱水及酸中毒情况，一般情况每天总补液量可在 4 000mL 左右。应用的药物为 10% 安钠咖、维生素 C 注射液、等渗糖盐水、5% 碳酸氢钠注射液等。如有腹痛症状时，可用镇静剂，如肌肉注射安乃近。病情缓解后，可以内服助消化药，如麦芽粉、乳酸菌素片、酵母片和陈皮末等。

康复期间，应加强护理，保持安静，尽量避免各种不良因素的刺激和影响；应给予优质干草，加喂富有营养、易消化的饲料，并注意适当运动。

【胃肠炎】

胃肠炎是胃肠黏膜表层和深层组织的重剧性炎症。在动物临床上由于胃炎和肠炎往往相伴发生，故合称为胃肠炎。临床上胃肠炎以严重的胃肠机能紊乱、脱水、自体中毒或毒血症为特征。

（一）诊断要点

1. 临床症状

患病动物精神沉郁，食欲明显减退或废绝，初期饮欲增强，严重病例后期拒绝饮水。口腔干臭，舌苔厚腻。可视黏膜初期充血发红，后期发绀，部分病例出现黄染现象。牛出现反刍减少或停止。

腹泻，粪便稀软甚至呈现粥样、水样，腥臭，粪便中混有黏液和血液，有的混有脓液。病至后期，肛门松弛，排粪呈现失禁自痢。当炎症波及到直肠时，排粪呈现里急后重的表现。若炎症仅局限于胃和十二指肠，则出现排粪迟缓、粪量减少，粪球干、小，颜色加深，表面覆盖多量的黏液。

患病动物出现不同程度的腹痛表现，肌肉震颤，肚腹蜷缩，回头顾腹。

听诊腹部，初期肠音增强，随后逐渐减弱甚至消失；冲击式触诊腹部可呈现振水音。

病畜体温升高，心率增快，呼吸加快，眼结膜暗红或发绀，眼窝凹陷，皮肤弹性减退，血液浓稠，尿量减少。随着病情恶化，病畜体温降至正常温度以下，四肢厥冷，出冷汗，脉搏微弱甚至脉不感于手，体表静脉萎陷，精神高度沉郁甚至昏睡或昏迷。

慢性胃肠炎，病畜精神不振，衰弱，食欲不定，时好时坏，挑食；异嗜，往往喜爱舔食沙土、墙壁和粪尿。便秘，或者便秘与腹泻交替，并有轻微腹痛，肠音不整。体温、脉搏、呼吸常无明显改变。

2. 病因

原发性因素主要是饲养管理不当。采食霉变饲料或不洁饮水；采食了有毒植物，如蓖麻、巴豆、刺槐和针叶植物的皮及叶等；误食（饮）有强烈刺激或腐蚀的化学物质，如酸、碱、砷、汞、铅、磷以及氯化钡等；动物厩舍阴暗潮湿、卫生条件差、气候骤变、车船运输、过劳、过度紧张、动物机体处于应激状态，动物受寒感冒，机体防卫能力降低，胃肠道内条件性致病菌大量繁殖，引起感染所致；抗生素特别是广谱抗生素的滥用，造成肠道的菌群失调引起二重感染，导致胃肠炎的发生，如幼龄动物在使用广谱抗生素治疗肺炎后不久，由于胃肠道菌群失调而发生霉菌性肠炎、大肠杆菌性肠炎、坏死杆菌性肠炎等；不适当地使用健胃剂，或使用对胃黏膜有明显刺激作用的药物，如高锰酸钾、吐酒石、水合氯醛等，引起胃肠黏膜的损伤而发生胃肠炎。

继发性因素主要包括一些传染性因素，如传染性因素、寄生虫性因素、中毒性因素，也见于一些普通病，腹痛病如肠套叠等、微量元素缺乏如硒缺乏等、心脏病、肾脏病以及产科病等。

3. 发病机理

各种致病因素的刺激，使牛胃肠道发生不同程度的病理变化。首先，胃肠道黏膜在致病因素和炎性产物等的刺激下，增加黏液分泌，加强肠管蠕动；胃肠黏膜发生充血、渗出、肿胀等炎性反应，严重影响胃肠道内食物的被消化和吸收，于是引起以胃或以肠或者以胃肠机能同时障碍的程度不一的胃肠炎，同时出现不同程度的腹痛症状。

胃肠炎进一步发展，可波及到黏膜下层、肌肉层、浆膜层。胃肠中的食糜也在加剧腐败和发酵，给肠道内微生物（病原菌），如大肠杆菌、腐败梭菌以及沙门氏杆菌等的发育繁殖，提供了良好的环境，使肠道内的菌体，特别是大肠杆菌迅速地发育繁殖。菌体崩解，释放出大量内毒素，加之胃肠道的消化不全产物等，直接刺激胃肠黏膜，加剧炎症变化，促使胃肠活动和分泌物机能增强。再者，由于液体在大肠内的吸收作用降低或丧失，从而导致腹泻。

消化道内的内容物异常分解，如蛋白质腐败，糖类发酵产物，进一步刺激肠壁，并使粪便恶臭。同时，部分有毒产物被吸收到一定量时，不仅引起严重的全身反应（体温升高、呼吸、脉搏加快，精神沉郁），而且自体中毒过程不断发生，进而导致心脏和体液循环功能异常。

若炎症主要侵害胃和小肠，由于副交感神经受到抑制，肠的蠕动机能减弱，排便迟缓，粪稠或稍干。因为大肠仍具有吸收水分的作用，所以不显腹泻症状或到病的末期才腹泻。但是，胃肠道内的有毒物质更易被吸收，从而引起中毒。腹泻最易使体内的水分、电解质和氯化物丧失，导致机体脱水。有毒物质的吸收和细菌毒素的作用，使消化道表层黏膜被破坏，加重体液和血液的丧失。伴随脱水、失盐而发生酸中毒等，势必使血液浓缩、外周循环阻力增大，加重心脏的负担。在丧失心脏代偿作用后，迅速发生心力衰竭，陷于休克。肠黏膜的破坏和坏死，使机体丧失屏障机能，细菌和毒素大量进入血液，导致败血症。由于肠黏膜的组织坏死，使粪便内附有大量血液、黏液、脱落的上皮和坏死组织等。

（二）防治措施

消炎、强心补液和缓泻为本病的总体治疗原则。

消炎。可采用盐酸黄连素片 2 ~ 5g，穿心莲片 60 ~ 120g，维生素 B_1 0.1 ~ 0.5g，进行灌服，每天两次，连续 3d。也可用 6 ~ 12 头大蒜，捣成蒜泥，加水 1 000 ~ 1 500mL，1 次内服，一天 1 次，连续 3d。盐酸黄连素片 2 ~ 5g，穿心莲片 60 ~ 120g，恩诺沙星 10 ~ 40mg/kg，维生素 B_1 0.1 ~ 0.5g，维生素 C 3 ~ 5g 进行灌服，每天两次，连续 3d。

缓泻是排除有毒物质，制止胃内容物腐败发酵，减轻炎症性刺激，缓解自体中毒的重要措施。当肠音弱，粪干色暗，排粪迟滞，个别病畜排粥样恶臭粪便情况下，应采取缓泻措施，常用药物有硫酸钠 400 ~ 800g/天。凡粪便稀并混有大量黏液及消化物不全产物，气味腥臭，不宜止泻。当粪稀似水，频泻不止，腥臭气味不大，不带或少带黏液，应立即止泻，宜用磺胺脒 20g，木碳末 200g，碳酸氢钠 40g，1 次内服。

胃肠炎所引起的脱水是混合性脱水，即水、盐、糖同时丧失，故应用复方氯化钠注射液或生理盐水，5% 葡萄糖生理盐水。如失血多可适量配合应用低分子右旋糖酐注射液 500 ~ 1 500mL进行输液，补充血溶量，效果较好。补液速度宁慢勿快，对心脏衰弱，病重的牛更应放慢输液速度或进行缓慢滴注；补液量应视病牛脱水程度而定。输液时，如需维护心脏机能，可单独或配合其他相关组液同时于 0.9% 生理盐水中加入安钠咖（苯甲酸钠咖啡因）2 ~ 5g 以兴奋呼吸和血管运动中枢。

搞好饲养管理工作，不要饲喂霉败饲料。避免动物采食有毒物质和有刺激、腐蚀的化学物质；防止各种应激因素；做好畜禽的定期预防接种和驱虫工作。

【肠阻塞】

肠阻塞是由于肠管运动机能和分泌机能紊乱，内容物滞留不能后移，致使某段或某几段肠管发生完全或不完全阻塞的一种腹痛性疾病。临床上以食欲减少或废绝，排粪减少或停止，并伴随不同程度的腹痛为主要临床特征。牛多发生于黄牛和水牛，乳牛较少见，病变部位多见于十二指肠、小肠和盲肠。

（一）诊断要点

根据排粪迟滞，腹痛，饮食欲减损或废绝，直肠检查或腹部触诊一般即可诊断。

1. 临床症状

一般情况，病牛食欲、反刍迅速消失（水牛反刍消失较晚）；尚能少量饮水，排粪多很快停止；前胃弛缓，瘤胃轻度臌胀；病初体温、脉搏、呼吸多无显著变化。结肠阻塞时，患牛虽常做排粪姿势，但无粪便排出，有时排出多量冻结胶样黏液。腹痛一般比较明显，站立时表现不安，有时后肢踢腹，或两后肢频频交替踏地，或起卧不安；伏卧时，常后肢爬动，有时横卧。视诊腹围增大，右肷部多有局限性增高。右腹部冲击式触诊，有明显振水音。叩诊，于盲肠及结肠襻等处肠段，可出现鼓音区，并常呈矿性音。小肠阻塞时，排粪也多很快消失，有时仅于病初排少量恶臭并混有黏液的粪便，或少量干粪。腹痛多较结肠阻塞为轻。视诊，腹围增大明显，但右肷部无局限性增高。右腹部冲击触诊，有振水音。如靠近幽门部的十二指肠发生阻塞时，则右腹部无振水音，也无鼓音区出现。此外，小肠阻塞时，有的出现鼻流粪水，特别是十二指肠阻塞时发生较多。阻塞后期，患畜精神沉郁，脉搏快而弱；结膜灰暗无光，眼球下陷，卧地不起，头颈弯向一侧。若后期治疗不及时，多预后不良。

2. 病因

饲料因素，饲草单一、质量低劣、粗纤维含量较高，特别是受潮霉败是饲草变得坚韧而难于咀嚼，不易消化，是引起肠阻塞的主要因素。

饲养管理不良，饲喂不定时、饥饱无常、饱后重役、饲养方式的突然改变等，常引起肠管运动功能和分泌功能的紊乱，易于发生肠阻塞。

饮水不足，饮水不足可引起机体脱水，导致肠道与机体间水分的交换障碍，肠道内容物中的水分被过度吸收，内容物逐渐干涸和停滞而发生肠道阻塞。

食盐摄入不足，食盐是维持肠道运动功能和分泌功能的重要因素，食盐摄入不足引起肠道的运动功能和分泌功能降低，引发肠道阻塞。

天气骤变，天气的突然变化可引起的应激反应，导致交感神经兴奋，而维持肠道运动和分泌功能的副交感神经抑制，从而导致肠阻塞的发生。

其他因素如长期休闲运动不足、牙齿不良、慢性胃肠道炎症等均可影响到肠道的运动和分泌功能而发生肠阻塞。

3. 发病机理

在致病因素均可直接或间接影响到大脑皮层、皮质下中枢、自主神经（干、节、丛）以至肠壁内神经丛的神经兴奋性及其传导，而使交感神经与副交感神经的协调控制失去平衡。这些变化可导致肠运动、分泌功能紊乱，及肠蠕动减弱，消化液分泌减少，饲料消化不全，粪便停滞而阻塞肠道，同时肠道内的内环境发生改变，如大肠内的酸碱度和含水量的改变使肠内容物干燥、变硬而促进肠阻塞的发生。肠便秘过程中，会由于肠运动异常和肠黏膜受压迫，出现腹痛；饮食欲废绝、出汗和肠内异常分泌引起脱水和循环障碍；肠内容物异常发酵腐败，产生大量有毒物质被机体吸收，引发自体中毒等一系列的病理变化。有的会继发胃扩张、肠臌气及心力衰竭和腹膜炎等病症，从而加重病情，导致死亡。

（二）防治措施

治疗原则为疏通肠管、解痉止痛、补液和加强护理。如药物治疗无效时，应迅速进行手术治疗。

预防本病应给予营养全面、搭配合理的日粮；保证充足的饮水和适当运动。

【肠套叠】

肠套叠是肠管异常蠕动致使一段肠管套入其临近的肠管内，引起胃肠内容物不能后送的一种急性腹痛病。临床上以顽固性呕吐（杂食兽和肉食兽）、腹痛和排血样粪便为特征。

（一）诊断要点

本病突发剧烈腹痛。用常规剂量止痛药无效，即使达麻醉量、使牛昏睡，卧地不起。当麻醉期过后，仍然腹痛或呈现隐痛。

1. 临床症状

牛表现为后肢踢腹或后肢交替踏地，举尾，有时频频起卧，站立时背腰下沉呈凹腰表现；食欲废绝，反刍消失。饮水次数增多，但饮水量减少。口腔干燥，随病程延长，口腔出现臭味。病初频频出现排粪动作，但排粪量减少，粪便中带有黏液和血液，或排出少量煤焦油样粪便。后期排粪停止。腹围增大。直检时直肠内有少量的黏粪或黏液，隔直肠壁向腹内探查，有时可触及手臂粗而且光滑的富有弹性肉样感的套叠肠段，压迫套叠部位动物疼痛敏感。

腹腔穿刺液明显增多，初期为淡黄红色，以后逐渐变为红色腹水。

病初全身体况无明显变化，但虽病程发展，全身症状逐渐加重而明显，机体脱水，心跳加快，呼吸促迫，结膜发绀，神情呆滞，反应迟钝，皮温降低，耳鼻及四肢发凉。当继发腹膜炎、肠炎时体温升高。

2. 诊断

根据病史和临床特征一般可做出初步诊断，确诊需要进行钡透或超声诊断，剖腹探查即是一种有效确诊方法。但需与肠变位、肠梗阻等疾病急性鉴别。

3. 病因

动物在极度饥饿、突然受凉、饮入冷水等因素影响下，肠管受到异常刺激而发生个别肠段的痉挛性收缩，从而发生肠套叠；饲喂品质低劣或变质的饲料时，能引起胃肠道运动失调而发生肠套叠；由于肠道存在炎症、肿瘤、寄生虫等刺激物，或者由于腹腔手术引起某段肠管与腹膜粘连时，也易发生肠套叠。

4. 发病机理

由于各种不良因素的影响，使肠道平滑肌的自动运动性发生改变，即某段肠管蠕动增强或痉挛性收缩，而与其相邻的另一段肠管蠕动正常或迟缓、麻痹，加之肠内容物稀薄或空虚的情况下，从而一段肠管套入另一段肠管中。一旦发生肠套叠，套叠肠管就会出现血液循环障碍，出现充血、淤血和水肿等病理变化，严重是出现肠管的坏死现象，导致起初的功能性障碍转变为以后的器质性改变。因肠套叠导致肠管的闭塞，可继发胃扩张、肠臌气等病症，发病时间较长后导致机体脱水、自体中毒、心力衰竭以及腹膜炎等，从而加重病情而导致死亡。

（二）防治措施

单纯的药物治疗对于本病治疗意义不大。应尽快施行手术整复或做肠吻合术，配合中西药物治疗，才可能取得成功。

在切除坏死套叠肠管做肠管吻合术时，应将断端前段肠管内积粪排出一部分，同时灌入液体石蜡300～500mL、氯霉素20mL（2.5g）。术后灌服"生地蜂蜜汤"（生地250g，蜂蜜250g，用时先将生地加水5 000mL煮沸3小时后过滤，冲蜂蜜候温灌服），根据病情一天一剂或隔天一剂，可预防感染及便秘、干粪堵塞吻合部，促进肠管愈合。此外，还需要配合对症治疗，强心补液维护心脏功能和机体代谢机能，防止脱水和内中毒，补液可选择葡萄糖生理盐水、低分子右旋糖酐，并加入维生素C及碳酸氢钠等。消炎抑菌药物手术后应连续应用，并在术后第1～2天采取腹腔封闭等必要的止痛措施。

预防本病应采取科学的饲养和管理，饲喂要定时定量，注意饮食饮水温度，饲料饮水要清洁，要注意卫生，防止误食泥沙和污物。在运动时要防止剧烈奔跑和摔倒。避免过度刺激，禁止粗暴追赶、捕捉、按压，勿使动物剧烈挣扎等。

【肠变位】

肠变位又称机械性肠阻塞和变位疝，是由于肠管的自然位置发生改变，致使肠系膜或肠间膜受到挤压或缠绞，肠腔发生机械性闭塞和肠壁局部发生循环障碍的一组重剧性腹痛病。其临床特征是腹痛由剧烈狂暴转为沉重稳静，全身症状渐进增重，腹腔穿刺液量多，红色混浊，病程短急，直检时变位肠段有特征改变。

（一）诊断要点

根据临床症状结合腹部检查、直肠检查和腹腔穿刺进行诊断。在经上述检查尚不能确诊者，可及时进行剖腹探查，以便采取适宜措施进行治疗。

1. 临床症状

肠变位发病突然，一旦发生即刻表现出临床症状。

牛呈现持续性严重腹痛症状，出现许多非自然姿势，如摇尾、踢腹、起卧、犬坐、后肢弯曲或前肢下跪，有时两肢屈曲而横卧。即使用大剂量的镇痛药，腹痛症状也常无明显减轻或仅起到短暂的止痛作用。在疾病后期，腹痛变得持续而沉重。

食欲废绝，口腔干燥，反刍停止。直检时直肠空虚，有多量黏液；可摸到某段肠管的位置、性状和走向发生改变即变位点，施以牵拉或触压疼痛加重；变位部位前方肠管积气积液，变位部位后方肠管细软空虚。

结膜潮红或发绀，呼吸急促，脉搏弱而快。四肢及耳鼻发凉，微血管再充盈时间显著延长。如并发肠炎及肠炎坏死时，体温可升高。

腹腔穿刺可见大量红色腹水。

2. 临床病理学

病理变化，可见扭转、箝闭、缠结和套叠的肠段，病变肠段淤血呈暗红至黑紫色，水肿、出血或坏死。腹腔内均积有多量混血、混浊、含纤维蛋白碎片的渗漏液。肾上腺皮质和胰腺的出血、变性乃至坏死，实系内毒素休克和弥漫性血管内凝血的结果。

3. 病因

导致肠管功能改变的因素　如突然受凉、饮水和饲料冰冷，肠卡他、肠炎，肠内容物形状的改变（如肠内积沙、酸碱度降低等引起肠弛缓，消化不良过程引起的肠分泌、吸收和蠕动功能变化等），肠道寄生虫，全身麻醉，以及肠痉挛、肠臌气、肠便秘、肠系膜动脉血栓和栓塞等腹痛病等，这些因素均可引起肠管运动功能的改变。肠管运动功能紊乱，有的肠段张力和运动性增强乃至痉挛性收缩，有的肠段张力和运动性减弱乃至弛缓性麻痹，致使肠管失去固有的协调性运动。例如肠绞窄和肠缠结多在肠蠕动功能异常增强的情况下发生。当肠管充盈，肠蠕动功能增强，甚至呈持续性痉挛收缩，使肠管相互挤压，往往成为肠扭转的起因。

机械性因素　在跳跃、奔跑、难产、交配等腹内压急剧增大的情况下，小肠和小结肠有时被挤入某空穴而发生箝闭。起卧滚转，体位急促变化的情况下（如肠痉挛时的起卧滚转），促使各段肠管的相对位置发生改变。如小肠或小结肠沿其系膜根的纵轴扭转。

4. 发病机理

变位的肠管及肠系膜受到绞压，肠壁发生淤血、水肿、出血乃至坏死，大量血液成分向腹腔和肠腔内渗出，加上消化液的大量分泌，使血液浓缩，循环血量减少，导致低血容量性休克。肠变位发生后，变位部位前方肠管积气积液，内容物腐败发酵以及变位部位肠壁组织坏死分解产生有毒物质，继发腹膜炎引起炎症渗出，有毒物质和炎症产物吸收进入机体，导致自体中毒的发生。

严重的脱水和自体中毒可迅速导致心力衰竭，出现死亡，这是肠变位病程短促、病情严重的主要机制。

（二）防治措施

同肠套叠。

【酒糟中毒】

酒糟中毒是指由于采食过量或变质的酒糟引起一种中毒病。临床上以胃肠炎和皮炎为特征。

（一）诊断要点

根据病史、临床症状、病理解剖变化和实验室检验，可做出诊断。

1. 临床症状

急性中毒时，病畜开始呈现兴奋不安，心动亢进，呼吸急促，随后呈现腹痛、腹泻等胃肠炎症状。步态不稳，四肢麻痹，卧地不起，最后体温降低，可由于呼吸中枢麻痹而死亡。

慢性中毒，表现为长期消化紊乱，便秘或腹泻，并有黄疸，有的出现血尿，结膜发炎，视力减退甚至可致失明，皮疹和皮炎。生长期动物出现佝偻病，成年动物出现骨软病。母畜不孕，孕畜流产。牛中毒时则发生顽固性前胃弛缓，有时出现支气管炎，下痢和后肢湿疹（称酒糟性皮炎）。

2. 临床病理学特征

病理变化有胃肠黏膜充血、出血，小结肠纤维素性炎症，直肠出血、水肿，肠系膜淋巴结充血，心内膜出血，肺充血、水肿，肝、肾肿胀，质地脆弱。

3. 病因

酒糟贮存过久或贮存方法不当，饲喂量过大或长期单一饲喂，都可能引起酒糟中毒。

酒糟中的有毒成分非常复杂，取决于酿酒原料、工艺过程、堆积贮存条件和污染变质情况等，应具体分析并加以测定。新鲜酒糟中可能存在的有毒成分包括残存的酒精、龙葵素、麦角毒素，以及多种真菌毒素，谷类酒糟尚包括麦角胺，甘薯酒糟的翁家酮等。贮存酒糟中可能存在的有毒成分除包括新鲜酒糟原来存在的残存酒精等有毒成分外，还包括酒糟酸败形成的醋酸、乳酸等游离的有机酸；酒糟变质形成的正丙醇、异丁醇、异戊醇等杂醇油；酒糟发霉产生的各种真菌毒素等。

4. 发病机理

醇醛类有毒物质主要危害中枢神经系统，首先使大脑皮层兴奋性增强，进而表现步态蹒跚，共济失调，最后使延髓血管运动中枢和呼吸中枢受到抑制，甚至视神经和视网膜，出现呼吸障碍、视力障碍和虚脱，重者因呼吸中枢麻痹而死亡。慢性中毒时，除引起肝及胃肠损害外，还可引起心肌病变，造血功能障碍和多发性神经炎等。醛类毒物比醇类毒物毒性强，是原生质毒。

有机酸类毒物大量进入胃肠道，具有强烈刺激性，引起胃肠炎症，出现腹泻、腹痛症状。胃肠道酸度过大，可促进钙的排泄，导致骨骼营养不良。

此外，由于酿酒原料的不同和导致变质的原因不同，酒糟内的毒物也会发生明显变化，如谷类原料的酒糟中常含有麦角生物碱，马铃薯酒糟中含有茄碱，霉败原料酿酒的酒糟中含有多种霉菌毒素等，因此对酒糟中毒，应根据具体病因，阐明中毒机理。

（二）防治措施

立即停喂有毒酒糟，以 1% 碳酸氢钠液内服或静脉注射 5% 碳酸氢钠注射液，便秘时应用盐类泻剂，肠炎时可给予止泻药和消炎药，出现神经症状，可给予镇静剂如硫酸镁注射液、水合氯醛注射液等，同时注意补液如静脉注射 5% 葡萄糖、生理盐水等，也可根据具体症状，给予 10% 氯化钙溶液，维生素 C 注射液、20% 安钠咖注射液等，同时加强对症治疗，有良好的疗效。对皮疹或皮炎的治疗，用 2% 明矾水或 1% 高锰酸钾液冲洗，如剧痒时可用 3% 石炭酸酒精液涂擦。

预防此病妥善贮存酒糟，尽量饲喂新酒糟，应与其他饲料搭配饲喂，喂量不宜过多，以不超过日粮的 1/3 为宜。

【急性实质性肝炎】

见"皮肤黏膜黄疸鉴别诊断"中常见疾病的诊断与治疗。

【肝硬化】

见"皮肤黏膜黄疸鉴别诊断"中常见疾病的诊断与治疗。

【胆囊炎】

见"皮肤黏膜黄疸鉴别诊断"中常见疾病的诊断与治疗。

【创伤性网胃腹膜炎】

见"前胃弛缓鉴别诊断"中常见疾病的诊断与治疗。

【生产瘫痪】

见"卧地不起鉴别诊断"中常见疾病的诊断与治疗。

【马铃薯中毒】

见"水疱鉴别诊断"中常见疾病的诊断与治疗。

【栎树叶中毒】

见"皮肤黏膜黄疸鉴别诊断"中常见疾病的诊断与治疗。

【铅中毒】

见"皮肤黏膜苍白鉴别诊断"中常见疾病的诊断与治疗。

(盛鹏飞)

主要参考文献

［1］刘子权. 牛便秘的辨证治疗［J］. 农家顾问，2009，12：38.

［2］余大有. 牛便秘辨证论治［J］. 畜牧兽医杂志，2011，2：119－120.

［3］冉茂志．牛便秘辨证论治［J］．四川畜牧兽医，1988，2：42－44．

［4］陶得和．奶牛便秘的治疗方法［J］．农家科技，2011，2：33．

［5］徐景波．28例奶牛真胃炎的诊治［J］．养殖技术顾问，2013，2：111．

［6］史兴山，付云超，丁玉玲．奶牛真胃炎的病因及治疗［J］．中国畜牧兽医文摘，2013，5：131．

［7］陈生锦．中西医结合治疗奶牛真胃炎［J］．中兽医学杂志，2009，1：23－24．

［8］徐庭文．牛胃肠炎的病因分析及综合防治［J］．养殖技术顾问，2010．，2：72－74．

［9］王灶英．牛胃肠炎的病因分析及综合防治［J］．畜牧兽医科技信息，2010，12：18－19．

［10］顾丽，杭国东，冷雪秋．牛胃肠炎的诊治［J］．养殖技术顾问，2013，11：118．

［11］张建国．牛胃肠炎临床诊治要点及体会［J］．中国畜牧兽医文摘，2013，7：107．

［12］赵林兴．牛真胃炎与真胃溃疡的诊治［J］．中兽医医药杂志，1987，2：23．

［13］刘燕平．中西兽医结合治疗牛胃肠炎［J］．福建畜牧兽医，2013，3：63－64．

［14］王海军，张善芳，芮艺，等．一例由肝片吸虫感染引起的奶牛实质性肝炎［J］．甘肃畜牧兽医，2006，4：32－33．

［15］魏成孝，刘得元．牛胆囊炎引起的前胃弛缓的诊治［J］．中国畜牧兽医．2008，8：110．

［16］孟凡生．172例牛肠阻塞的临床诊断与治疗［J］．中国畜牧兽医，2004，11：36－37．

［17］牛肠阻塞41例的诊断和治疗［J］．山东农业科学，1966，2：55－57．

［18］徐慧，徐发文．牛肠阻塞的诊断与治疗［J］．山东畜牧兽医，

2005，2：37.

［19］牛肠阻塞的诊断与治疗小结［J］．山东农业科学，1977，1：47－50.

［20］陶志彦．牛肠阻塞的诊疗体会［J］．中国兽医杂志，2002，1：51－52.

［21］徐水立，赵海岭．中西兽医结合对11例牛肠套叠的诊疗报告［J］．中国兽医杂志，1988，11：38－39.

［22］徐水立，赵海岭．中西兽医结合诊疗牛肠套叠［J］．河南职技师院学报，1988，3：36－37.

第十七章

流产鉴别诊断

流产是指由于胎儿或母体异常而使妊娠的生理过程发生扰乱，或它们之间的正常关系受到破坏而导致的妊娠中断。流产在妊娠早期多见。

一、生理解剖基础

子宫是胚胎和胎儿发育和供给胎儿营养的器官。位于直肠下方，膀胱上方，骨盆腔前部和腹腔内。由子宫角，子宫体，子宫颈三部分组成。子宫角位于骨盆腔内。角基部之间的纵隔让有一纵沟叫角间沟。子宫黏膜上有许多扁平突起叫子宫阜，约有 70～120 个。怀孕时子宫阜发育为母体胎盘。经产牛固多次分娩，不能完全恢复原状及大小，呈不规则的绵羊角状，并且进入腹腔内。两角在未妊娠时同样粗，但经产牛的右子宫角较左子宫角稍粗，故妊检时应注意。卵子在输卵管内受精后，移行到子宫角内嵌植发育。

输卵管是卵子进入子宫的必经通道，是连接卵巢及子宫的弯曲细胞。左右各一条，每条长约 20～25cm。管的前 1/3 段较粗，叫着壶腹部，是卵子受精的地方。其余较粗的叫峡部。开口于腹腔，边缘呈不规则的突起和皱褶，称为伞部，负责接纳卵子，并运送卵子，由卵巢排出的卵子被伞伞接受，借助纤毛的活动将卵子运送到漏斗部，送入壶腹部。输卵管以蠕动及逆蠕动，黏膜及输卵管系膜的收缩，以及纤毛活动，引起的液流运送卵子。精子完成获能，精卵结合，以及卵裂，均在输卵管内进行。母牛发情时，输卵管分泌增多，其分泌主要是黏蛋白及黏多糖，它是精、卵的运载工具，也是精、卵和早期胚胎的培养液。所以分泌物的生理生化状况，对精、卵的正常运行和合子的正常发育都是十分重要的。

卵巢是母牛最重要的生殖器官，是制造卵子的工厂，也是内分泌腺，产生雌激素卵泡素，即动情素及助孕素（孕酮）。卵巢通常在子宫角尖端的两旁。经产牛往往在耻骨前缘的前下方的腹腔内卵巢的形状，因发情周期的批段而有所改变。

二、病因及发病机制

造成母牛流产的原因很多，一般可分传染性流产、寄生虫性流产和普通性流产。普通性流产，由下列几种因素造成：

1. 营养性流产

饲养管理粗放，饲料单纯，营养不平衡，造成母牛体弱消瘦，抵抗力下降，使胎儿得不到足够的营养；饲料中缺乏维生素 A、维生素 E、维生素 D 和某些微量元素钙、磷、铁、锰、钴等，不仅造成胎儿难以发育，而且会直接或间接地造成生殖器官病变或生殖激素紊乱而引起流产。

2. 机械性流产

损伤性及管理性流产，是造成散发性流产的重要原因。

3. 应激性流产

母牛在气温超过 35℃ 后，食欲减少，呼吸次数增加，不适当地放牧易产生热应激反应而中暑。据报道，母牛流产比较集中在第 2、第 3 季度，而突出的是在 5～7 月，占全年流产总数的 40% 以上。夏季流产，如南方地区高温多湿，进入雨季，相对湿度常在 90% 以上，最适宜细菌的生长繁殖，各类青贮料最易腐败霉变，饲喂后，必然会导致奶牛代谢紊乱引起流产。

4. 激素紊乱性流产

整个妊娠期不会消失，在孕酮与一定比例的雌激素共同作用下使子宫增殖，胚胎才有可能附殖并发育。孕酮还能使子宫颈分泌黏液，形成子宫塞，防止流产，如果一旦妊娠黄体萎缩，孕酮分泌减少，就会造成流产。

5. 自发性流产

一种是由于胎儿绒毛或绒毛膜发育不全，使胎儿得不到足够的营养，造成妊娠中断；另一种由于子宫内膜的某一部位发生炎症，当胎儿增大时，绒毛膜上的绒毛不能同炎症的子宫内膜结合，使胎儿与母体之间的营养交换受到破坏，造成胎儿早期死亡而被排出体外。

6. 药物性流产

由于忽视了妊娠这一特征因素而误用了一些腹泻药、皮质激素药，子宫收缩药、麻醉药等，都会造成流产。

三、流产的鉴别诊断

由于临床上以传染性疾病和寄生虫病导致的流产居多，这类流产症状复杂，不易判断。因此，在进行流产的鉴别诊断时，应遵循以下原则：首先，应判断是自发性流产还是症状性流产；其次，应注意是否有群发性特征。

四、对症治疗

先兆性流产的处理。当临床上出现孕畜腹痛，起卧不安，呼吸脉搏加快等现象，可能预示着流产的发生。处理的原则是安胎，禁行阴道检查，限制直检。肌肉注射黄体酮，同时给予镇静剂，如安溴氯丙嗪。先兆性流产经以上处理，病情未稳定下来，阴道排出物增多，起卧加剧，阴道检查子宫颈口已开张，胎囊已入产道，或已破水，应尽量促进子宫内容物排出，宫颈口张开不充分时，手不易撑开，可用前列腺素、地塞米松或雌激素等药物后用手撑或反复灌入温热水试行撑开子宫颈，如宫颈已自然开张，可将胎儿拉出，当胎儿姿势位置异常时，应将其矫正后拉出，矫正困难的可行截胎术。

对胎儿已完全浸溶的患牛，应尽量取尽胎骨，分离胎骨有困难时，应根据情况将大块骨破坏后取出，如治疗早胎儿处于气肿阶段，可将胎儿腹部抠破，缩小体积后牵引出来。取出胎儿后，必须用消毒液或生理盐水等冲洗子宫，并用子宫收缩剂排出子宫内液体，为防止子宫炎及全身变化，必须在子宫内投入抗菌素，如有体温升高等全身症状，还需进行全身治疗。

对于传染病和寄生虫病导致的流产，应以预防为主，同时出现流产后，应尽早治疗，防止疾病的扩散和蔓延。

五、常见疾病的诊断与治疗

【布氏杆菌病】

布氏杆菌病是由布氏杆菌引起的人、畜共患的慢性传染病，主要侵害生殖系统。牛感染后，以母牛发生流产和公牛发生睾丸炎为特征。本病分布很广，不仅感染各种家畜，而且易传染给人。

（一）诊断要点

1. 临床症状

潜伏期 2 周至 6 个月。母牛最显著的症状是流产。实验感染虽见有弛张热，但在自然感染时临诊上常被忽略。流产可以发生在妊娠的任何时期，最常发生在第 6 至第 8 个月，已经流产过的母牛如果再流产，一般比第一次流产时间要迟。流产时除在数日前表现分娩预兆象征，如阴唇、乳房肿大，荐部与肋部下陷，以及乳汁呈初乳性质等外，还有生殖道的发炎症状，即阴道黏膜发生粟粒大红色结节，由阴道流出灰白色或灰色黏性分泌液。流产时，胎水多清朗，但有时混浊含有脓样絮片。常见胎衣滞留，特别是妊娠晚期流产者。流产后常继续排出污灰色或棕红色分泌液，有时恶臭，分泌液迟至 1 ~ 2 周后消失。早期流产的胎儿，通常在产前已经死亡。发育比较完全的胎儿，产出时可能存活但衰弱，不久死亡。

如流产胎衣不滞留，则病牛迅速康复，又能受孕，但以后可能再度流产。如胎衣未能及时排出，则可能发生慢性子宫炎，引起长期不育。但大多数流产牛经两个月后可以再次受孕。

在新感染的牛群中，大多数母牛都将流产一次。如在牛群中不断加入新牛，则疫情可能长期持续，如果牛群不更新，由于流产过 1～2 次的母牛可以正产，疫情似是静止，再加以饲养管理得到改善，病牛也可能有半数自愈。但这种牛群绝非健康牛群，一旦新易感牛只增多，还可引起大批流产。

2. 临床病理学

胎衣呈黄色胶冻样浸润，有些部位覆有纤维蛋白絮片和脓液，有的增厚而杂有出血点。绒毛叶部分或全部贫血呈苍黄色，或覆有灰色或黄绿色纤维蛋白或脓液絮片或覆有脂肪状渗出物。胎儿胃特别是第四胃中有淡黄色或白色黏液絮状物，肠胃和膀胱的浆膜下可能见有点状或线状出血。浆膜腔有微红色液体，腔壁上可能覆有纤维蛋白凝块。皮下呈出血性浆液性浸润。淋巴结、脾脏和肝脏有程度不等的肿胀，有的散有炎性坏死灶。脐带常呈浆液性浸润、肥厚。胎儿和新生犊可能见有肺炎病灶。

3. 流行病学

（1）易感动物：本病的易感动物范围很广，如羊、牛、猪、水牛、野牛、牦牛、羚羊、鹿、骆驼、野猪、马、狗、猫、狐、狼、野兔、猴、鸡、鸭以及一些啮齿动物等，但主要是羊、牛、猪。流产布鲁氏菌主要宿主是牛，而羊、猴、豚鼠有一定易感性，马耳他布鲁氏菌，主要宿主是山羊和绵羊，可以由羊传入牛群，也可由牛传播于牛，而其他动物对它的易感性则与流产布鲁氏菌相同。

（2）传染源：本病的传染源是病畜及带菌者（包括野生动物）。最危险的是受感染的妊娠母畜，它们在流产或分娩时将大量布鲁氏菌随着胎儿、胎水和胎衣排出。流产后的阴道分泌物以及乳汁中都含有布鲁氏菌。

（3）传播途径：本病的主要传播途径是消化道，但经皮肤感染也有一定重要性，曾有实验证明，通过无创伤的皮肤，使牛感染成功，如果皮肤有创伤，则更易为病原菌侵入。其他如通过结膜、交媾，也可感染。吸血昆虫可以传播本病。实验证明，布鲁氏菌在蜱体内存活时间较长，且保持对哺乳动物的致病力，通过蜱的叮咬，可以传播此病。

动物的易感性似是随性成熟年龄接近而增高，如犊牛在配种年龄前比较不易感染。疫区内大多数处女牛在第一胎流产后则多不再流产，但也有连续几胎流产者。性别对易感性并无显著差别，但公牛似有一些抵抗力。

4. 发病机理

布鲁氏菌侵入牛体后，在几日内到达侵入门户附近的淋巴结内，由此再进入血液中发生菌血症，菌血症引起体温升高，其时间长短不等，菌血症消失，经过长短不等的间歇后，可再发生菌血症。侵入血液中的布鲁氏菌散布至各器官中，可在停留器官中引起病理变化同时可能有细菌由粪、尿中排出。但是到达各器官的布鲁氏菌也有的不引起任何病理变化，常在48h内死亡，以后只能在淋巴结中找到。布鲁氏菌在胎盘、胎儿和胎衣组织中特别适宜生存繁殖，其次是乳腺组织、淋巴结（特别是乳腺组织相应的淋巴结）、骨骼、关节、腱鞘和滑液囊，以及睾丸、附睾、精囊等。

布鲁氏菌进入绒毛膜上皮细胞内增殖，产生胎盘炎，并在绒毛膜与子宫黏膜之间扩散，产生子宫内膜炎。在绒毛膜上皮细胞内增殖时，使绒毛发生渐进性坏死，同时产生一层纤维素性脓性分泌物，逐渐使胎儿胎盘与母体胎盘松离。布鲁氏菌还可进入胎衣中，并随羊水进入胎儿引起病变。由于胎儿胎盘与母体胎盘之间松离，及由此引起胎儿营养障碍和胎儿病变，使母畜可能发生流产。流产胎儿的消化道及肺组织内可以找到布鲁氏菌，其他组织通常则无菌。一般认为细菌进入胎儿是通过胎儿吞咽羊水而可能不是通过血流。

病程缓慢的母牛由于病变胎盘中增生的结缔组织使胎儿胎盘与母体胎盘固着粘连，致使胎衣滞留。胎衣滞留可引起子宫炎，甚至败血性全身传染。愈后的子宫再妊娠时，乳腺组织或淋巴结中的布鲁氏菌可再经血管侵入子宫，可能引起再流产。但由于染病后获得程度不等的免疫力，再流产已属少见，而多次流产更是仅有现象。流产时间主要决定于感染程度、感染时间与母牛抵抗力。母牛抵抗力低而早期大量感染时，流产则发生于妊娠早期，反之，则常见晚期流产甚至正常分娩，伴有胎衣滞留。

（二）防治措施

应当着重体现"预防为主"的原则。最好的办法是自繁自养，必须引进种畜或补充畜群时，要严格执行检疫。即将牲畜隔离饲养两个月，同时进行布鲁氏菌病的检查，全群两次免疫生物学检查阴性者，才可以与原有牲畜接触。清净的畜群，还应定期检疫（至少一年一次），一经发现，即应淘汰。

畜群中如果发现流产，除隔离流产畜和消毒环境及流产胎儿、胎衣外，应尽快做出诊断。均应采取措施，将其消灭。消灭布鲁氏菌病的措施是检疫、隔离、控制传染源、切断传播途径、培养健康畜群及主动免疫接种。

通过免疫生物学检查方法在畜群中反复进行检查淘汰（屠宰），可以清净畜群。也可将查出的阳性畜隔离饲养，继续利用，阴性者做为假定健康畜继续观察检疫，经1年以上无阳性者出现（初期1个月检查1次，2~3次后，可6个月检查1次），且已正常分娩，即可认为是无病牛群。

培养健康畜群由幼畜着手，成功机会较多。由犊牛培育健康牛群，已有很多成功经验。这种工作还可以与培养无结核病牛群结合进行。即病牛所产犊牛立刻隔离，用母牛初乳人工饲喂5～10d，以后喂以健康牛乳或巴氏灭菌乳。在第5个月及第9个月各进行1次免疫生物学检查，全部阴性时即可认为健康犊牛。

疫苗接种是控制本病的有效措施。已经证实，布鲁氏菌病的免疫机理是细胞免疫。在保护宿主抵抗流产布鲁氏菌的细胞免疫作用是，特异的T细胞与流产布鲁氏菌抗原反应，产生淋巴因子，此淋巴因子提高巨噬细胞活性战胜其细胞内细菌。因而在没有严格隔离条件的畜群，可以接种疫苗以预防本病的传入；也可以用疫苗接种作为控制本病的方法之一。

【口蹄疫】

见"卧地不起鉴别诊断"中常见疾病的诊断与治疗。

【衣原体病】

是由衣原体所引起的传染病，使多种动物和禽类发病，人也有易感性。以表现流产、肺炎、肠炎、结膜炎、多发性关节炎、脑炎等多种临诊症状为特征。

（一）诊断要点

1. 临床症状

易感母牛感染后，有一短暂的发热阶段。初次怀孕的青年牛感染后易于引起流产，流产常发生于怀孕后期，一般不发生胎衣滞留。流产率高达60%。

2. 临床病理学

胎膜常水肿，胎儿苍白，贫血，皮肤和黏膜有小点出血，皮下水肿，肝有时肿胀。组织学检查，所有器官有弥漫性和局灶性网状内皮细胞增生变化。在猪身上可见流产胎儿皮肤上布有瘀血斑，皮下水肿，胸腔和腹腔内积有多量淡红色渗出液，肝肿大呈红黄色，心内膜有出血点，脾肿大。

3. 流行病学

衣原体具有广泛的宿主，家畜中以羊、牛、猪较为易感，禽类中以鹦鹉、鸽子较为易感。畜禽不分年龄均可感染，但不同年龄的畜禽其症状表现不一。病畜和带菌者是本病的主要传染源。它们可由粪便、尿、乳汁以及流产的胎儿、胎衣和羊水排出病原菌，污染水源和饲料等，经消化道感染健畜，亦可由污染的尘埃和散布于空气中的液滴，经呼吸道或眼结膜感染。病畜与健畜交配或用病公畜的精液人工授精可发生感染，子宫内感染也有可能。有人认为厩蝇、蜱可传播本病。

本病的季节性不明显，但犊牛肺肠炎病例冬季多于夏季，羔羊关节炎和结膜炎常见于夏秋。本病的流行形式多种多样，怀孕牛、羊、猪流产常呈地方流行性，羔羊、仔猪发生结膜炎或关节炎时多呈流行性，而牛发生脑脊髓炎时则为散发性。

过分密集的饲养、运输途中拥挤、营养扰乱等应激因素可促进本病的发生和发展。

（二）防治措施

防治本病必须认真采取综合性的措施，确实建立密闭的饲养系统；建立疫情监测制度；在本病流行区，应制订疫苗免疫计划，定期进行预防接种。

在动物疫苗方面，以羊流产疫苗研究得较为成功。羊流产苗早期的研究系用卵黄囊、胎膜制成福尔马林水悬液苗，在配种前进行接种，证明有良好的保护作用，但由于需要大量制苗材料，因而大批使用受到了限制。后来，开展了用佐剂来提高疫苗抗原性的研究，证明易感母羊在配种前接种佐剂苗一次，可使绵羊获得保护力至少达三个怀孕期。最近，许多研究者用通过卵黄囊致弱的方法研究了活的弱毒苗，证明其中某些致弱菌株能产生保护性抗体，但不产生补体结合抗体。

发生本病时，可用四环素抗生素进行治疗，也可将四环素族抗生素混于饲料中，连用 1~2 周。

【棒状杆菌病】

由棒状杆菌属的细菌引起的各种动物的一些疾病的总称。牛的棒状杆菌病是由不同种类的细菌所引起，临床症状也不完全相同。但一般以某些组织和器官发生化脓性或干酪性的病理变化为特征。

（一）诊断要点

1. 临床症状

经伤口感染，往往先出现伤口化脓、破溃，流出绿色浓稠的脓汁，溃疡灶边缘不整齐，底部呈灰白色或黄色。化脓棒状杆菌感染后，可引起化脓性肺炎、多发性淋巴结炎、子宫内膜炎等，发生子宫内膜炎后最容易引起流产。流产后也伴有胎衣滞留，甚至出现严重的子宫内膜炎、乳房炎和嗜睡症状，直肠检查可见输卵管发炎或粘连。肾棒状杆菌病主要侵害肾脏，临床特征为血尿。排血尿之前多有发热、食欲减退、频频排尿、尿液混浊等症状。后期病牛呈现贫血、消瘦，最终因衰弱致死。

2. 流行病学

棒状杆菌为一类多形态细菌。由球状至杆状，较长的菌体一端或两端膨大呈棒状。单在或成栅状或成丛状排列。用奈氏法或美蓝染色，多有异染颗粒，似短球菌。革兰氏染色阳性，无鞭毛，不产生芽孢。致病的棒状杆菌大都为需氧兼性厌氧，生长最适温度为 37℃，在有血液或血清的培养基上生长良好，有的能产生毒力强大的外毒素。苍蝇多的时候发病率高，但并非是唯一的传播媒介。发病率 0.7%～30%，平均为 6%～7%，以处女牛发病较多。处理不当的病牛，死亡率可达 50%，在我国进口的奶牛中也发现本病存在，危害很大。

（二）防治措施

牛群中发现本病后，应检出病牛隔离治疗。青霉素疗效较好，病初肌肉注射，隔天一次，连用 4～6 周，可以治愈。治愈的病牛，须继续隔离观察一年以上，如不复发才可认为痊愈。

预防应注意皮肤清洁卫生，防止皮肤、黏膜受伤，受伤后应及时治疗。

【蓝舌病毒病】

蓝舌病是由蓝舌病病毒（BTV）引起的一种严重侵害反刍动物的传染病，世界动物卫生组织（OIE）将其列为 A 类传染病，我国将其列为一类动物传染病。BTV 主要感染绵羊和山羊，牛为隐性带毒，临床症状表现并不明显。

（一）诊断要点

1. 临床症状

病牛体温升高至 40.5～41.5℃，口腔、舌黏膜发绀、充血，有的呈蓝紫色鼻镜，淤血，口角糜烂唇肿胀，呕吐、下痢，常继发感染肺炎或因咽喉吞咽困难而引起外物性肺炎导致死亡。病初表现蹄冠皮肤发绀、充血、淤血及跛行、脱落蹄冠壳，皮肤无毛处有许多出血点。

2. 临床病理学

口腔、舌黏膜发绀、充血、出血、糜烂、溃疡，硬腭黏膜充血、出血，咽喉周围肌肉水肿，脂肪胶样浸润、充血、出血。肺水肿淤血，心外膜下有出血点，内膜房室孔周围有出血斑，心肌色泽不匀，横纹肌灶状出血，胃浆膜下有散状出血点，瘤胃黏膜乳头出血，小肠黏膜脱落出血，网胃黏膜出血，前胃黏膜易于脱落充血、出血，皮肤有针尖大小的出血点等。

3. 流行病学

国际上公认库蠓是 BTDV 的虫媒介，是否为唯一媒介物，有待证实。病畜和带毒动物是该病的主要传染源。病毒主要在感染动物的淋巴组织中增殖并迅速诱发体液反应，扩散到其他器官。病毒释放到循环系统，很快与细胞结合，病毒滴度与各种血细胞呈正相关。但在感染后期，病毒只与红细胞吸附。库蠓是该病的主要传播媒介。当雌库蠓吸吮患畜的带毒血液后，其生活史长达 70d，每 3～4d 吸血一次。病毒在感染的库蠓唾液腺和血腔细胞内增殖。在外环境中孵化 7～10d，病毒就能在唾液腺中分泌，能叮咬感染易感动物。

4. 发病机理

蓝舌病病毒可经胎盘感染胎儿，病毒在牛体存在的时间更长，但仅当公牛发生病毒血症时，能从公牛精液中分离到病毒，并经交配传播给母牛和犊牛。

（二）防治措施

蓝舌病毒病通过蚊、库蠓叮咬在牛羊中传播流行，及时准确地检测并进行驱虫、捕杀，控制传染源，切断流行环节，对控制此病的流行具有重要作用。

【疙瘩皮肤病】

疙瘩皮肤病又称结节性皮炎或块状皮肤病，是由牛疙瘩皮肤病病毒引起的以患牛发热，皮肤、黏膜、器官表面广泛性结节，淋巴结肿大，皮肤水肿为特征的传染病。该病又称结节性皮炎或块状皮肤病，能引起感染动物消瘦，产乳量大幅度降低，严重时导致死亡。

（一）诊断要点

1. 临床症状

该病临床表现从隐形感染到发病死亡不一，死亡率变化也较大。表现有临床症状的通常呈急性经过，初期发热达41℃，持续1周左右。鼻内膜炎，结膜炎，在头、颈、乳房、会阴处产生直径约2～5cm的结节，深达真皮，2周后浆液性坏死，结痂。由于蚊虫的叮咬和摩擦，结痂脱落，形成空洞。眼角膜、口腔黏膜、鼻黏膜、气管、消化道、直肠黏膜、乳房、外生殖器发生溃疡，尤其是皱胃和肺脏，导致原发性和继发性肺炎。再次感染的患畜四肢因患滑膜炎和腱鞘炎而引起跛行。乳牛产乳量急骤下降，约四分之一的乳牛失去泌乳能力。患病母牛流产，流产胎儿被结节性小瘤包裹，并发子宫内膜炎。

2. 临床病理学

结节处的皮肤、皮下组织及临近的肌肉组织充血、出血、水肿、坏死及血管内膜炎。淋巴结增生性肿大并充血或出血。口腔、鼻腔黏膜溃疡，溃疡也可见于咽喉、会厌部及呼吸道。肺小叶臌胀、舒张不全。重症者胸膜炎。滑膜炎和腱鞘炎者可见关节液内有纤维蛋白渗出物。睾丸和膀胱也可能有病理损伤。

3. 流行病学

疙瘩皮肤病病毒为痘病毒科、脊椎动物痘病毒亚科、山羊痘病毒属成员。病毒易在鸡胚和鸡胚尿囊膜上增殖，并形成痘斑。

宿主为牛和水牛，主要通过蚊子和刺蝇机械传播。

（二）防治措施

对于无此疫病的国家，平时应做好预防措施。严格检验家畜、病尸、皮张和精液。一旦发生疫病，应及时隔离患畜和可疑病牛，疫区严格封锁，一切用具和环境必须消毒。禁止有关的动物贸易，控制传播媒介。目前无特异性疗法，用抗生素治疗可以避免并发或继发感染。药物预防：用同源弱毒苗进行免疫接种，一般皮内注射，免疫力能持续 3 年。目前还没有绵羊和山羊种间传播的报道。

【爱野病毒病】

爱野病毒病由爱野病毒感染胎儿引起的传染性疾病。本病以流产、早产、死产以及胎儿先天性关节屈伸不展、颅腔积水、无脑畸形、小脑发育不全为特征。

（一）诊断要点

1. 临床症状

感染牛虽发生病毒血症，但感染牛多数无症状而耐过。流产常发生于妊娠后期，也有死产的病例。分娩先天性畸形犊牛常比预产期提前 10～30d，常表现死胎、四肢关节屈曲、斜颈、脊柱弯曲等体型异常。即使是存活，也都会表现为体型异常、不能站立和吮乳。

先天性畸形胎儿中枢神经系统和躯干肌肉的病理变化尤为显著，表现为无脑、颅腔积液、大脑皮质或髓质形成空洞。小脑形成不全的发生率也很高，这一点与赤羽病明显不同。

2. 临床病理学

本病的病理组织学变化与赤羽病大致相同，也可看见脊髓腹角神经细胞数量减少或完全消失。屈曲不展的关节部位附着的肌肉变短变小，甚至变性。

3. 流行病学

本病毒为负链 RNA 病毒。本病毒的核蛋白 N 与赤羽病病毒等具有共同抗原，用补体结合试验和琼脂扩散试验以及荧光抗体法检测时，可以观察到交叉反应。

本病毒可感染牛、水牛、绵羊和山羊。也能从马或猪体内监测到抗体。病毒广泛分布于亚洲和澳大利亚。爱野病可呈散发或大面积流行。可经牛库蠓媒介传播。

（二）防治措施

预防本病的商品化疫苗有爱野病、赤羽病和中山病的三联灭活疫苗。在本病流行前进行免疫接种。

在积极治疗原发病的基础上，加强对症治疗，即加强护理，消炎补液。常用药物有维生素 A、维生素 E、黄体酮等。

先天性畸形犊牛尚无有效的治疗方法。除母牛难产外，一般不予以治疗。

【中山病毒病】

中山病又称为牛异常分娩病，是由中山病病毒引起的牛异常分娩的病毒性传染病。妊娠母牛受到感染后，产出积水性无脑和脑发育不良的犊牛。

（一）诊断要点

1. 临床症状

成年牛呈隐性感染，不表现任何临诊症状。妊娠母牛感染后，可出现异常产，主要表现为流产、早产、死产或畸形产。异常分娩的犊牛少数病例出现头顶部稍微突起，但体形和关节不见异常，多数表现为哺乳能力丧失（人工帮助也能吸乳）、失明和神经症状。有些病例可见视力减弱、眼球白浊、听力丧失、痉挛、旋转运动或不能站立等症状。

2. 临床病理学

中山病病毒主要侵害犊牛的中枢神经系统。剖检可见脑室扩张积水，大脑和小脑缺损或发育不全，脊髓内形成空洞等中枢神经系统病变。

组织学变化为大脑中出现神经细胞和具有边毛的室管膜细胞残存，在脊髓膜中可见吞噬了含铁血黄素的巨噬细胞。在残存的大、中、小脑中可见神经纤维分裂崩解和在细胞及血管中出现石灰样沉淀。多数病例可见小脑中固有结构消失，蒲金野氏细胞或颗粒细胞崩解或消失，并伴有小脑发育不全。病犊中有的大脑皮质变成薄膜状，脑室内膜中残留有脑髓液，并出现圆形细胞浸润，神经胶质细胞增生，出现非化脓性脑炎。小脑的固有结构消失，小脑发育不全。脑外组织未见病理变化。由于病犊中枢神经系统的变化，说明中山病病毒具有嗜神经性。此病毒在神经组织增殖力强，而在其他组织中增殖力较弱。

3. 流行病学

中山病毒为呼肠孤病毒科、环状病毒属、帕尔雅莫病毒血清成员。为双链 RNA 病毒，病毒粒子直径 50nm。病毒对酸敏感，pH 值在 3.0 以下时其敏感性丧失，对有机溶剂具有抗性，特别是乙醚和氯仿。能够凝集高浓度盐溶液稀释的牛、绵羊、山羊和鹅的红细胞，对牛红细胞凝集型最强。

该病的易感动物主要是牛，以肉用牛多发，奶牛及其他品种牛的易感性较低。病牛和带毒牛是该病的主要传染源，其传播媒介为尖喙库蠓，也可通过胎盘传染胎儿或通过脑内接种感染。因此，该病的流行具有明显季节性。多流行于 8 月上旬至 9 月上旬，异常分娩发生的高峰在 1 月下旬至 2 月上旬；用中山病病毒给妊娠母牛静脉接种，接种后无发热等症状，但一周左右出现白细胞，特别是淋巴细胞明显减少，红细胞中病毒的感染价较高，而血浆中病毒的感染价较低。本病毒能通过胎盘传染给胎儿。用病毒培养液给 1 日龄未哺乳的犊牛静脉接种，症状与妊娠母牛相似，病毒在红细胞中明显增殖，并于接种后 14d 开始出现中和抗体。病毒经脑内接种，犊牛在接种后的第一天开始发热，体温可达 40.9℃，第 4 天开始出现弛张热，于第 6 天左右体温明显降低，吸乳量从第 4 天开始明显减少，至第 6 天不能站立，呈角弓反张等神经症状。

（二）防治措施

目前我国尚未发现该病，应加强国境检疫，防止带毒动物或传播媒介的传入，发现该病应立即进行扑杀销毁。疫区应杀灭吸血昆虫并消除其滋生地，加强对动物的保护措施以防止昆虫的叮咬，特别要强调妊娠动物的保护。妊娠动物可通过疫苗免疫接种防止该病的发生。

本病尚无治疗方法。

【沙门氏菌病】

见"腹泻鉴别诊断"中常见疾病的诊断与治疗。

【李氏杆菌病】

见"昏迷鉴别诊断"中常见疾病的诊断与治疗。

【结核病】

见"咳嗽鉴别诊断"中常见疾病的诊断与治疗。

【牛疱疹病毒病】

见"咳嗽、水疱鉴别诊断"中常见疾病的诊断与治疗。

【牛昏睡嗜血杆菌病】

见"咳嗽鉴别诊断"中常见疾病的诊断与治疗。

【牛副流感】

见"咳嗽鉴别诊断"中常见疾病的诊断与治疗。

【牛细小病毒病】

见"呼吸困难鉴别诊断"中常见疾病的诊断与治疗。

【无浆体病】

见"皮肤黏膜黄疸鉴别诊断"中常见疾病的诊断与治疗。

【新孢子虫病】

见"不孕症鉴别诊断"中常见疾病的诊断与治疗。

【牛生殖道弯曲杆菌病】

见"不孕症鉴别诊断"中常见疾病的诊断与治疗。

【枯氏住肉孢子虫病】

由枯氏住肉孢子虫寄生于牛心肌及骨骼肌（形成包囊）引起。临床表现发热，呼吸困难，厌食，消瘦，贫血，水肿，淋巴结肿胀等。

（一）诊断要点

1. 临床症状

母牛摄食孢子囊后，常在 5~11 周内出现临床症状，症状以轻度到严重，前者仅有唾液分泌过多和昏睡，重者有周期性厌食、腹泻、周期性体温升高、破行、流鼻涕、出血阴道炎和死亡，唾液分泌过多的母牛舌和口腔前庭有溃烂。慢性病例表现消瘦、枯膜苍白或黄染、下颌水肿、泌乳停止、尾部毛发脱落，死于感染的母牛几种组织中有肉眼和显微病变，血管病变与感染有关，流产母牛的胎盘中有裂殖体和病变，有或没有裂殖体均可观察到胎儿的脑炎、心肌炎和肝炎。

2. 临床病理学

剖检可见呈囊状的住肉孢子虫主要寄生于肌肉组织，如心肌、舌肌、咬肌、膈肌，也可寄生于食管外膜甚至脑组织。如虫体死亡、钙化，则呈灰白色斑点硬结，或为不明显的斑纹。组织上住肉孢子虫多寄生于肌肉纤维中，也可见于浦金野氏纤维中，包囊一般完整，周围肌纤维除压迫萎缩外，无其他变化。但如包囊破裂崩解，虫体死亡，则会引起局部单核细胞、嗜酸性粒细胞反应和结缔组织增生，肌纤维也可发生变性、坏死及其进一步发生钙化。此外，血管内皮细胞内有不同发育阶段的裂殖体；肝呈现非化脓性肝炎病变，肾小球及肾间质有单核细胞浸润；真胃和肠黏膜水肿、散径性糜烂和溃疡，少数裂殖体游离于血管内皮表面或镶嵌于内皮细胞间；淋巴组织可见多发性坏死灶或融合性坏死灶，并伴有血管闭合或栓塞以及血栓形成，髓索扩大，由淋巴细胞和浆细胞占据，髓窦内充满大量巨噬细胞。

3. 流行病学

住肉孢子虫病流行很广，我国广州、湖南、湖北、西安、甘肃、新疆、青海等地有水牛、牦牛、绵羊和猪住肉孢子虫的报道。被带虫粪便污染的饲草（料）和饮水等都是本病的传染源。饮食是主要传播方式。该病的感染率较高，世界各地屠宰的家畜中，牛的总感染率为29%～100%。

4. 发病机理

枯氏住肉孢子虫是通过犬、郊狼、红孤、狼和浣熊粪便中孢子囊而传播，牛则采食受粪便中孢子囊污染的饲料和饮水而感染，在牛血管中经裂殖生殖进行二次无性分裂后于肌肉中形成包囊，第一代裂殖体在小动脉内，第二代裂殖体位于各种器官的毛细血管中，流产和其他临床症状直接或间接地与第二代裂殖体破裂引起血管病变有关，最后一代裂殖体产生的裂殖子进入纹状的肌细胞中发育成包囊，包囊是由形成感染性级殖子的专化裂殖子产生的，适宜的终宿主吞食包囊后，在其小肠中完成生活史的有性阶段，缓殖子发育成雄性或雌性配子，然后形成合子，在固有层中卵囊孢子化，孢子化的枯氏住肉孢子虫孢子囊随粪便排出。

（二）防治措施

目前，还没有枯氏住肉孢子虫引起的流产预防物、虫苗和治疗方法。防止家犬和野生犬科动物含有孢子囊的粪便污染牛的饲料和饮水可预防枯氏住肉孢子虫引起流产，曾发生流产的牛可能会产生免疫力，可作种用，死亡的牛应焚烧以防止感染家畜和野生终宿主。

【胎儿三毛滴虫病】

牛三毛滴虫病是由有鞭毛的胎儿三毛滴虫所引起的一种性病，临床特征是患病母牛自然配种后出现不孕、早期胚胎死亡、流产和子宫积脓，公牛为无症状带虫者。

（一）诊断要点

1. 临床症状

患病母牛在感染后 1 ~ 2d 发生阴道炎、子宫颈炎及子宫内膜炎等，如果与化脓菌混合感染，则发生化脓性子宫内膜炎。其症状表现为：初期阴道黏膜红肿，之后从阴道内流出灰白色混有絮状物的黏性分泌物，阴道黏膜出现小丘疹，然后变为粟粒大结节。患病母牛出现不发情、不妊娠或妊娠 1 ~ 3 个月发生死胎或流产。

2. 临床病理学

流产胎儿可轻度或重度自溶，胎盘上无肉眼病变，三个月龄以上胎儿的胎盘有显微病变，病变为基质水肿、绒毛膜基质上有轻度、弥漫性、混合性炎性细胞浸润和绒毛膜上皮细胞轻度到中度灶性坏死，多数病例的绒毛膜基质上发现滋养体，在腹水和腹隐窝切片上有滋养体。用暗视野或相差显微镜检查腹水中滋养体优于常规光镜，某些胎儿可能有与滋养体有关的支气管肺炎。

3. 流行病学

该病的病原寄生虫是牛胎毛滴虫，形状呈西瓜籽形或卵圆形，有3 根前鞭毛和 1 根后鞭毛，波动膜有 3 ~ 6 个弯曲。胎毛滴虫寄生于公牛的包皮、阴茎黏膜、精液内以及母牛的阴道、胎儿、胎液和胎膜中。

4. 发病机理

牛胎儿三毛滴虫滋养体位于细胞外及公牛的阴囊和内包皮上皮内，因为成年公牛上皮囊较深，可能比年轻公牛更易成为永久带虫者，公牛极少产生免疫力。滋养体存在于配种后不久的母牛卵巢、子宫和阴道中，子宫颈口可能是其发育的部位，在动情周期中，子宫须—阴道黏膜中滋养体数目不断波动，动情周期出现前几天，其数量最多，卵巢、子宫有轻度炎性反应，子宫颈和阴道也可能有，配种后几周会有轻度的阴道和子宫排泄物，但常无感染症状，多数母牛胎儿三毛滴虫感染是自身限制性的，约在 95d 内，生殖道内的滋养体则被清除掉，少数母牛不能清除感染而成为带虫者，并在整个妊娠过程中和分娩后 6 ~ 9 周一直保持着感染。

（二）防治措施

1/600 卢戈氏液、1% 钾皂液、鱼石脂液、2% 红汞液及 0.1% 雷佛诺儿液洗涤患部，30min 即可杀死虫体。用上述浓度的药物液冲洗阴道、子宫或阴茎、包皮鞘，隔日一次，3～4 次为一疗程。或用 10% 甲硝哒唑（灭滴灵）冲洗。

隔离病畜，推广人工授精。认真检查公牛精液。

【血吸虫病】

见"皮肤黏膜苍白鉴别诊断"中常见疾病的诊断与治疗。

【弓形虫病】

见"浮肿鉴别诊断"中常见疾病的诊断与治疗。

【巴贝斯虫病】

见"腹泻鉴别诊断"中常见疾病的诊断与治疗。

【贝诺孢子虫病】

见"脱毛鉴别诊断"中常见疾病的诊断与治疗。

【牛焦虫病】

见"红尿鉴别诊断"中常见疾病的诊断与治疗。

【牛的立克次氏体热（Q 热）】

Q 热是由贝氏立克次氏体引起的一种人兽共患的急性热性传染病。临床上动物感染多为隐性经过，但妊娠牛可引起流产。

（一）诊断要点

1. 临床症状

本病临床表现无明显特征，常难与其他热性传染病区别，因而误诊率很高。感染可分为急性型、亚临床型和慢性型。发病大多急骤，少数较缓。急性潜伏期一般为 2～4 周。常突然发病，表现为发热、乏力以及各种痛症。多数反刍动物感染后，病原体侵入血流后可局限于乳房、体表淋巴结和胎盘，一般几个月后可清除感染，但有一些反刍动物可成为带菌者。极少数病例出现发热、食欲不振、精神委顿，间或有鼻炎、结膜炎、关节炎、乳房炎。由于病原体局限于乳房，可在泌乳期经奶排出。在产犊时，大量病原体可随胎盘排出，也可随羊水和粪尿排出体外。反刍动物怀孕和分娩时，由于应激因素的作用常出现发热、消化系统紊乱的症状。奶牛感染后一般泌乳和胎儿发育都会受到影响，有时出现不育和散在性流产。

2. 临床病理学

本病可引起全身各组织、器官病变。血管病变主要是内皮细胞肿胀，可有血栓形成。肺部病变与病毒或支原体肺炎相似。小支气管肺泡中有纤维素、淋巴细胞及大单核细胞组成的渗出液，严重者类似大叶性肺炎。心脏可发生心肌炎、心内膜炎及心包炎，并能侵犯瓣膜形成赘生物，甚至导致主动脉窦破裂、瓣膜穿孔。脾、肾、睾丸也可发生病变。

3. 流行病学

本病病原为贝氏立克次氏体，属于立克次体科、柯克斯体属。是一种专性的细胞内寄生物，具有小杆状、球状、新月状、丝状等多种形态，一般大小为 (0.2～0.4) μm × (0.4～1) μm。无鞭毛，革兰氏染色阴性（一般不易着染），姬姆萨染色呈紫红色。电镜下观察有 2 或 3 层与胞质膜隔开的细胞壁，有较完整的酶系统，可独立完成各种代谢，并合成各种氨基酸和叶酸等。

贝氏立克次氏体可在鸡胚卵黄囊内生长，也可在多种原代和传代细胞内繁殖。本菌与其他立克次体的区别是具有可滤过性，不引起人的皮疹，并能直接传播而不需要媒介昆虫。其贝氏立克次氏体对理化因素有较强的抵抗力。在干燥的蜱组织、蜱粪以及感染动物的排泄物和分泌物中，经数周至半年仍有感染性，在病牛肉中可存活 30d，在水和牛乳中可存活 4 个月以上。巴氏消毒法不能把污染牛乳中的病原体全部杀死。牛乳煮沸不少于10min方可得到可靠的消毒。3%~5%石炭酸、2%漂白粉或3%氨胺中，经1~5min死亡。

贝氏立克次氏体以蜱为媒介，在袋鼠、砂土鼠、野兔及其他野生动物中循环，形成自然疫源地。病原体从自然疫源地转至牛而造成感染，再通过胎盘、羊水、乳汁等排出体外，在家畜之间经污染的空气而广泛传播，从而形成另一完全独立循环的疫源地，病原体往往从此传染给人类。

（二）防治措施

临床应用四环素、土霉素、强力霉素和甲氧苄氨嘧啶等药物治疗效果较好。首选为四环素和土霉素。为提高治疗效果，建议这两种药物交替使用。

由于家畜是Q热的主要传染源，因此控制病牛是防止人畜发生Q热的关键。为此，人医、兽医应密切配合，平时应了解本病疫源的分布和人、畜感染情况，注意家畜的管理。孕畜分娩后要隔离3周以上，对出现流产、早产、胎盘滞留的家畜，应做血清学检查。对家畜分娩期的排泄物、胎盘及被污染的环境应进行消毒处理。从疫区运入的家畜、皮毛等畜产品应进行检疫及消毒处理。加强食品卫生检疫；加强家畜特别是孕畜的管理、抗体监测及严格进出口检疫；对家畜屠宰加工场地及畜产品进行消毒、通风，加强动物实验室的安全防御措施；灭鼠灭蜱；对疑有传染病的牛羊奶必须煮沸10min方可饮用。

【钩端螺旋体病】

见"黄疸鉴别诊断"中常见疾病的诊断与治疗。

【裂谷热】

裂谷热是由裂谷热病毒引起的一种急性、烈性人畜共患疾病，主要影响绵羊、山羊和牛等牲畜，可以引起病畜死亡和流产，发病率与死亡率较高。

（一）诊断要点

1. 临床症状

犊牛感染 RVFV 后通常表现为精神萎靡、食欲不振，伴随高热、腹泻、呼吸困难、黄疸等症状。成年牛通常表现为隐性感染，偶有实质性症状，表现为一过性发热，高热时间通常持续 24~96h 不等，反应迟钝、流泪、流延、厌食、精神萎靡、偶尔伴有出血、腹泻等症状。奶牛表现为产奶下降，怀孕母牛流产率可达 85%，死亡率 10%~15%。

2. 临床病理学

剖检表现为肝脏肿胀、充血、表面呈点状或弥散性坏死，形成单个直径 1 mm 左右的点状坏死灶，流产胎儿肝脏呈黄褐色。皮肤大范围出血，腹壁及内脏浆膜出现瘀斑。淋巴结肿大、出血、坏死，肾脏、胆囊充血并伴有皮质出血，肠道出血，犊牛多出现黄疸。

3. 流行病学

裂谷热病毒 RVFV 主要寄生在多种脊椎动物中，羊、牛等家畜以及鼠类为主要传染源，家畜及病人在病毒血症期间也具有传染性。RVFV 可通过血液、体液和气溶胶途径感染机体，蚊子吸血传播是重要的传播途径，但是绝大多数导致人类感染的是通过直接接触病畜的组织、血液、分泌物和排泄物所造成的。因此，某些职业群体，如牧民、农民、屠宰工人和实验室技术人员等，在宰杀、接生或实验诊断期间很可能感染到病毒。目前至今并无 RVFV 在人与人之间传染的报道。

（二）防治措施

要防止发生家畜流行病，必须在暴发之前进行动物免疫，若已经暴发，应限制或者禁止牲畜移动，减缓病毒从感染区向未感染区传播。同时对已感染或死亡的动物进行扑杀和销毁处理，并做好消毒工作。

【维生素 A 缺乏】

见"羞明流泪鉴别诊断"中常见疾病的诊断与治疗。

【碘缺乏症】

见"脱毛鉴别诊断"中常见疾病的诊断与治疗。

【锰缺乏症】

见"不孕症鉴别诊断"中常见疾病的诊断与治疗。

【亚硝酸盐中毒】

见"流涎鉴别诊断"中常见疾病的诊断与治疗。

【棉籽饼粕中毒】

见"流涎鉴别诊断"中常见疾病的诊断与治疗。

【马铃薯中毒】

见"流涎鉴别诊断"中常见疾病的诊断与治疗。

【酒糟中毒】

见"便秘鉴别诊断"中常见疾病的诊断与治疗。

【栎树叶中毒】

见"便秘鉴别诊断"中常见疾病的诊断与治疗。

【有机磷中毒】

见"流涎鉴别诊断"中常见疾病的诊断与治疗。

【铅中毒】

见"流涎鉴别诊断"中常见疾病的诊断与治疗。

（盛鹏飞）

主要参考文献

［1］徐世文，唐兆新．兽医内科学［M］．北京：科学出版社，2010.

［2］赵兴绪．兽医产科学［M］．北京：中国农业出版社，1980

［3］侯振中．兽医产科学［M］．北京：科学出版社，2011.

［4］蔡宝祥．家畜传染病［M］．北京：中国农业出版社，2001

［5］浩洪龙．易造成母牛流产的疾病的鉴别诊断［J］．中国乳业，2006，4：30－32.

［6］姜军．牛流产的病因与诊治方法［J］．养殖技术顾问，2011，07：145.

［7］王道坤．母牛传染性流产的病因和鉴别诊断［J］．黄牛杂志，2004，5：67－70.

［8］王双山．某规模化奶牛场牛流产病原的血清学调查［J］．畜牧与兽医，2013，4：79－82.

［9］翁善钢．几种引起牛流产病毒的概述［J］．中国奶牛，2013，6：31－36.

［10］操国景．牛病毒性腹泻病毒合并犬新孢子虫感染引起奶牛流产的诊断［J］．畜牧与兽医．2011，10：84－86.

［11］张丽．预防孕牛流产的措施［J］．新农业，2012，6：46.

［12］李加根．牛棉籽饼中毒并发流产的诊疗［J］．湖南畜牧兽医，2010，6：24－25.

［13］李凯年．用BPDA-PCR检测牛的流产布氏杆菌和牛分枝杆菌［J］．畜牧兽医科技信息，2001，12：12.

［14］王义才．应用"敌百虫"驱虫发生牛中毒和马流产的报告

[J]. 中国兽医杂志，1965，3：3 - 5.

[15] 韩清勇. 孕牛使用地塞米松引起流产 [J]. 中国兽医科技，1993，2：18.

[16] 杨宜生. 牛衣原体性流产 [J]. 中国兽医科技，1987，8：55 - 56.

[17] 黄银君. 牛真菌性流产研究概况 [J]. 动物医学进展，1990，4：1 - 3.

第十八章

难产鉴别诊断

难产是指由于各种原因而使分娩时间明显延长，如不进行人工助产，则母体难于或不能排出胎儿的产科疾病。

一、生理解剖基础

子宫角前部左、右分开，先弯向前外下方，再转向后上方，卷曲呈绵羊角状；后部左、右合并，分叉处有角间背侧、腹侧韧带相连。子宫体很短。子宫颈长，有阴道部。子宫角和子宫体的内膜上有 100 多个圆或卵圆形隆起，称子宫阜（carunculae），是形成胎盘的地方。牛子宫阜 60 多个，顶部凹陷。左、右子宫角后部之间有子宫颈。子宫颈管因黏膜突起互相嵌含而呈螺旋状，平时紧闭。子宫外口的黏膜形成辐射状的皱襞，形似菊花。

家畜中，牛左、右子宫角前部分开，后部合并，内腔有子宫帆（velumuteri）相隔，有人称其为双分子宫。

子宫壁由黏膜（内膜）、肌膜和浆膜组成。子宫阔韧带（liglatumuteri）为固定子宫、输卵管和卵巢的腹膜襞，由两层浆膜构成，其内含有分布于卵巢、输卵管和子宫的血管、淋巴管和神经，还含有平滑肌组织，与子宫肌的外纵层相连续，在分娩过程中有助于提升下坠的子宫，以利胎儿产出。

阴道是母畜的交配器官和产道，阴道呈扁管状，位于骨盆腔内，在子宫后方，向后延接尿生殖前庭，其背侧与直肠相邻，腹侧与膀胱及尿道相邻。有些家畜的阴道前部由于子宫颈阴道部突入，形成陷窝状阴道穹窿。牛的阴道宽阔，周壁较厚。

二、难产的病因

牛难产的致病因素主要可分为普通病因和直接病因两类：

（一）普通病因

1. 遗传因素

有一些引起母体异常情况的遗传因素而导致的难产。如阴道或阴门发育不全等；亲代的隐性基因引起胎儿畸形而发生难产。

2. 环境因素

如牛怀一个胎儿引起难产。

3. 内分泌因素

主要是激素的比例及浓度不平衡可引起难产。

4. 饲养管理因素

如运动不足、营养过剩或不足等。

5. 传染性因素

影响子宫和胎儿的传染病如果使子宫壁严重感染则收缩能力降低，子宫颈开张不全而引起难产。

6. 外伤性因素

如外伤引起的腹壁疝等。

（二）直接病因

1. 产力性因素

子宫弛缓、阵缩或努责过弱或过强；

2. 产道性因素

产道发生异常，如子宫捻转、子宫破裂、双子宫颈、产道狭窄、软产道有肿瘤或囊肿、骨盆腔骨折、子宫颈开张不全、子宫疝等；

3. 胎儿性因素

胎儿过大，胎位、胎势、胎向发生异常，胎儿畸形、双胎难产等。

三、难产的鉴别诊断

对难产进行诊断时应遵循以下步骤。

（一）病史调查

1. 预产期

早产或延期流产等；

2. 年龄及胎次

初产易发；

3. 以前的繁殖分娩情况

是否患有过产科疾病；

4. 妊娠期管理

草料、运动等；

5. 分娩过程如何

分娩时间、努责情况、胎水破裂情况等；

6. 产出情况和助产情况

是否助产、检查胎儿情况（死活），是否用药情况，如为多胎动物，产出情况和胎儿情况；

7. 既往病史

如阴门创伤、骨盆骨折及腹部外伤等。

（二）临床检查

1. 母畜的全身检查

检查母畜全身状况时，主要包括体温、呼吸、脉搏（T、P、R）、精神状况及能否站立等。

2. 胎儿及产道检查

（1）检查产道：应注意阴道的松软、是否狭窄、肿瘤、伤疤及滑润程度，特别有无螺旋状皱襞，如有很可能为子宫捻转。

子宫颈是否张开及张开的大小、子宫颈的松软及扩张程度；骨盆腔的大小以及软产道有无异常等，因为骨盆腔变形、骨瘤及软产道畸形等均会使产道狭窄，阻碍胎儿通过，软产道黏膜是否发生水肿，特别是有无损伤或出血。

（2）检查胎儿：首先确定正生或倒生，胎儿是否能够摸到胎头，判断是前蹄或后蹄。检查胎儿的姿势、方向和位置有无反常、体格大小和进入产道的深浅、是否活着（舌是否活动、有无吸吮动作、颈动脉有无搏动、肛门有无收缩反射、脐动脉是否搏动等）、畸形。

综上所述，通过检查后应快速、及时，正确而果断地作出决定，根据胎儿、产道和母畜的全身情况，以及器械设备等条件，决定用哪一种方法进行助产。

四、症状治疗

牛发生难产时，主要以助产为主要治疗手段。助产可分为人工助产和手术助产两类。其中，手术助产又包括矫正术、牵引术、截胎术和剖腹产术。

五、常见疾病的诊断与治疗

【胎儿性难产】

由于胎儿体积过大、胎儿姿势异常所导致的难产。临床表现为子宫口完全开张，且宫缩正常；产道松弛，且结构正常，但胎儿仍旧无法正常娩出。

（一）诊断要点

1. 临床症状

产道探查时一般能摸到胎儿尾、臀部、两后肢，胎儿背部向着母牛右侧腹壁；胎膜已破，羊水流尽。有时，可探查到胎儿呈正生仰卧位，即胎儿腹部朝向母牛背侧。子宫颈与阴道之间无明显界限，说明子宫颈已充分开张。软产道有轻度水肿，无损伤。

2. 病因

利用本地牛进行人工授精是导致胎儿过大的主要原因，同时分娩过程中子宫的收缩节律异常、胎儿经过产道时，未发生正常翻转也是导致本病发生的主要原因。

（二）防治措施

向产道内和胎儿体表灌注植物油以润滑产道，便于矫正和拉胎。充分润滑后，先把胎儿前置部分适当推回子宫，然后，术者双手经产道，右手上托胎儿臀部，左手下压胎儿后肢，扭转胎儿，由倒生侧位变为倒生上位，即胎儿的背荐部朝上靠近母体的背部。胎位矫正后，在胎儿两后肢的球节上系上绳子进行牵拉。

【子宫捻转】

子宫捻转是指母畜整个子宫或一侧子宫角以及多胎动物子宫角的一部分围绕子宫纵抽发生的扭转。往往伴有子宫颈及前部阴道的捻转，多数转 90°～180°，发生于怀孕后期或分娩时，经产奶牛多发。

（一）诊断要点

1. 临床症状

病牛有腹痛、不安的表现，如踢腹、不停地起卧，体温一般变化不大，但呼吸和脉搏增加。注意和结症相区分。确诊可经阴道检查和直肠检查。插入开膣器时，阻力增大，阴道上有明显的螺旋状皱襞，而且根据皱襞的方向可判断捻转的方向。

2. 病因

子宫的活动性增大是导致该病发生的主要原因。胎水量减少也是一个诱因。另外，孕期或分娩时母畜体位发生剧烈改变及胎儿体位的转动带动子宫一起发生旋转也可导致该病的发生。牛子宫角及子宫小弯处有韧带，大弯处无韧带，怀孕后大弯扩大明显，游离性增大，突然的体位变化可引起子宫捻转。

（二）防治措施

1. 通过产道矫正

如发生在分娩过程中，且子宫颈已开张，捻转程度不严重，可伸手入子宫内，抓住胎儿的一部分，旋转胎儿以矫正子宫。母畜应站立保定，并前高后低。

2. 通过直肠矫正

如果子宫向由侧捻转，将手伸至右侧子宫下侧方，向上向左侧翻转，反之亦然。

3. 翻转母体矫正

让母畜横卧，哪侧捻转哪侧向下，迅速翻转母体，翻转一次，阴道检查一次。

4. 剖腹矫正或剖腹产

主要针对不可复性子宫捻转。

【子宫颈开张不全】

不同因素导致的牛生产过程中子宫颈未充分软化、开张，从而导致胎儿难以娩出的疾病。是牛常见难产疾病之一。

（一）诊断要点

1. 临床症状

到了预产期，有分娩预兆，甚至努责，但长时间不见胎儿以及胎包露出阴门外部。阴道检查，子宫颈不能完全开张（有些松软）或完全不开张（硬），有时见部分胎膜露出或破水，但胎儿不能通过。

2. 病因

牛的子宫颈肌肉组织十分发达，产前受雌激素的作用发生的浆液性浸润而变软的过程需要的时间较长。若阵缩过早而产出提前，雌激素及松弛素分泌不足，子宫颈因未充分软化，即不能迅速达到完全扩张的程度。

分娩过程中，如果母牛受到惊吓或不良环境的干扰，也可使子宫颈发生痉挛性收缩而使子宫颈口不易扩张或扩张不充分，流产、难产时胎儿的头和腿不能伸入产道；子宫捻转被矫正之后，也常发生子宫颈扩张不全。除此之外原发性子宫颈无力、子宫捻转、子宫炎、胎儿死亡、胎膜水肿、双胎、胎水过多、胎儿干尸化、双子宫颈、子宫颈硬化等均可导致子宫颈开张不全。

子宫颈硬化引起的子宫开张不全，常见于过去分娩时子宫颈损伤发生慢性感染，以及子宫颈裂伤形成的瘢痕、宫颈肿瘤或纤维组织增生等。这时宫颈组织失去弹性，仅能开一小口，不能扩张，这种情况偶尔发生于经产的老牛。

（二）防治措施

1. 子宫颈扩张不充分，胎儿仍活着，努责不强烈，可用手或开膣器等刺激子宫颈开张，同时肌注己烯雌酚 40～60mg（牛）等，或在子宫颈局部分点注射 2% 普鲁卡因 30～40mL，在胎儿头能通过情况下，缓慢强力拉出。

2. 如子宫颈部分不开张，特别是子宫颈后部不能开张，可切开子宫颈，切口要小，2～3cm，以防大出血，局部应用止血药以及全身应用抗生素。

3. 子宫颈完全不开张，应尽可能早剖腹取胎。

【阴道阴门及前庭狭窄】

（一）诊断要点

1. 临床症状

分娩时，胎儿部分进入阴道但不能产出，检查胎向、胎位、胎势均正常。阴道中某些部位可能狭窄或有瘢痕等。

2. 病因

主要病因包括先天性狭窄；初产性狭窄（幼稚性狭窄）；阴道或阴门曾发生损伤或炎症，在分娩时不能充分松软或扩张；分娩延滞、母畜久卧或助产刺激，使阴道水肿和阴道内有肿瘤等。

（二）防治措施

如胎位等正常，阴道狭窄，可注入润滑剂强行拉出，如阴门过于狭窄，可局部麻醉后切开，不能太深，1cm 左右，1～3 切口，靠近阴门上方切开或剖腹产；如阴道内有大的肿瘤，可先切除肿瘤。

【骨盆狭窄】

（一）诊断要点

1. 临床症状

子宫颈开张，阴门、阴道开张正常、胎儿方面也正常，但不能排出。

2. 病因

主要病因包括先天性狭窄；幼稚性狭窄（配种过早或营养不良，发育受阻）；骨盆部曾发生骨折、骨裂、生成骨瘤、骨变形等。

（二）防治措施

如不太严重，可在产道内注入润滑剂取出胎儿，如有骨瘤，应尽早剖腹产，如胎儿已经死亡，可行截胎术。

【产力性难产】

由于分娩过程中产力不足所导致的难产。

（一）诊断要点

1. 临床症状

据分娩表现、阴道检查和问诊确诊。

到分娩期且分娩症状出现，但长时间不能产出胎儿，阵缩小或弱，产道检查：开张不全。

子宫收缩过强，表现为胎儿正常、产道正常，可使分娩在短时间内结束即急产。经产牛多见。急产出的胎儿不易适应外界环境，特别是压力环境。急产同时易引起产道损伤。如胎儿、产道异常，或未能充分开张产道，一方面，胎水过早流出产道或胎盘连接过早分开，使胎儿窒息，也可能使子宫破裂。

2. 病因

（1）内分泌失调，如雌激素分泌不足或孕酮分泌过多以及孕酮下降缓慢而微弱；

（2）子宫感染（子宫内膜炎、炎症等使子宫与腹膜等粘连）；

（3）子宫过度扩张（胎儿过大、胎水过多）；

（4）老龄、营养不良；

（5）用药不当如产前应用麻醉剂、镇静剂使子宫收缩力减弱，如用子宫收缩药不当（前列腺素、催产素、麦角新碱等），特别是产道未开张情况下用此药，引起收缩过度；

（6）受惊吓、刺激、气候以及空腹饮大量凉水引起收缩过强或过弱。

（二）防治措施

1. 子宫弛缓

牵引术（给糖、生理盐水强心后施行）。可适当药物催产，如催产素和麦角新碱等，但必须检查好胎位、胎向、胎势以及子宫口能开张良好。如分娩时久，可先用雌激素后给催产素，也可用前列腺素。

2. 子宫收缩过强

要暂时停止产科助产操作，减少刺激，可适当给一些解痉药、镇静剂，如戊巴比妥，此外，应据具体情况行牵引术或剖腹产。

【髋关节脱位】

髋关节关节骨端的正常的位置关系，因受力学的、病理的以及某些作用，失去其原来状态，称髋关节关节脱位。髋关节脱位常是突然发生，有的间歇发生，或继发于某些疾病。

（一）诊断要点

1. 临床症状

关节脱位的共同症状包括：关节变形、异常固定、关节肿胀、肢势改变和机能障碍。

前方脱位。股骨头转位固定于关节前方，大转子向前方突出，髋关节变形隆起，他动运动时可听到捻发音；站立时患肢外旋，运步强拘，患肢拖曳而行，肢抬举困难；患病时间比较长时，起立、运步均困难；如果新增殖的结缔组织长入髋臼窝，股骨头也会被关节囊样的结缔组织包裹，此时已经失去整复的希望。上外方脱位：股骨头被异常地固定在髋关节的上方。站立时患肢明显缩短，呈内收姿势或伸展状态，同时患肢外旋，蹄尖向前外方，患肢飞节比对侧高数厘米。他动患肢外展受限，内收容易。大转子明显向上方突出。运动时，患肢拖拉前进，并向外划大的弧形。

后方脱位。股骨头被异常固定于坐骨外支下方。站立时，患肢外展叉开，比健肢长，患侧臀部皮肤紧张，股二头肌前方出现凹陷沟，大转子原来位置凹陷，如突然向后牵引患肢时，可听到骨的摩擦音。运动时三肢跳跃，且患肢在地上拖曳明显外展。

内方脱位。股骨头进入闭孔内时，站立时患肢明显短缩。他动运动内收外展均容易。运动时患肢不能负重，以蹄尖着地拖行。直肠检查时，可在闭孔内摸到股骨头。

2. 病因

外伤性脱位最常见。以间接外力作用为主，如蹬空、关节强烈伸曲、肌肉不协调地收缩等，直接外力是第二位的因素，使关节活动处于超生理范围的状态下，关节韧带和关节囊受到破坏，使关节脱位，严重时引发关节骨或软骨的损伤。

在少数情况是先天性因素引起的，由于胚胎异常或者胎内某关节的负荷关系，引起关节囊扩大，多数不破裂，但造成关节囊内脱位，轻度运动障碍，不痛。

如果关节存在解剖学缺陷，当外力不是很大时，也可能反复发生间歇性习惯性脱位。

病理性脱位是关节与附属器官出现病理性异常时，加上外力作用引发脱位。

（二）防治措施

对牛的整复，侧卧，全身麻醉，患肢稍外转，对脊柱约120°的方向强牵引。术者手抵大转子用力强压试行整复，可取得成功。如整复不成，放置下去，常形成假关节。

后方脱位时，助手双手紧握患肢的跗部和飞节上方，将患肢向侧方轻轻移动，突然用力向躯干推腿，同时再向外方旋转可整复。内方脱位整复时，患肢在上侧卧保定，患肢球节部系一软绳由助手用力牵引，用一圆木杠置于患肢的股内部，由二人用力向上抬，与此同时牵引患肢，术者两手用力向下压大腿部，如感觉到或听到一种股骨头复位的声音，即整复。牛的完全脱位多整复困难，一旦整复，容易再发。

【赤羽病】

赤羽病又名阿卡斑病，是由阿卡斑病病毒引起牛的一种传染病，以流产、早产、死胎、木乃伊胎、胎儿畸形以及新生胎儿的关节弯曲和积水性无脑综合征为特征。

（一）诊断要点

1. 临床症状

妊娠母牛感染后常无体温反应和临床表现，异常分娩是该病的特征性表现。异常产多发生于妊娠7个月以上的母牛，并且胎龄越大越容易发生早产。早期感染的胎牛初生时常能存活，但行走能力差。中期因体型异常如胎儿关节弯曲、脊柱弯曲等而发生难产。即使顺产，新生犊牛也不能站立。后期多产出无生活能力或失明的犊牛，站立时出现共济失调。发生异常产的母牛并不影响下一次怀孕和分娩。

2. 临床病理学特征

主要的剖检变化是散发性脑脊髓炎，常呈严重的无脑性积水。胎儿则表现为体形异常、大脑缺损、脑形成囊泡状空腔、躯干肌肉萎缩并变白。

3. 流行病学

本病毒为布尼安病毒科、布尼安病毒属、辛波病毒属群成员。病毒粒子呈球形，有囊膜，表面有糖蛋白纤突。病毒核酸有三个负链或双叉单股RNA组成，分别与核衣壳蛋白构成螺旋状核衣壳。病毒包浆内复制，并以出芽方式释放。可在多种细胞中培养。病毒对脂溶剂、去污剂和酸碱敏感，不耐乙醚氯仿，对0.1%脱氧胆酸敏感。实验动物中小鼠最敏感，小鼠脑内接种可引起脑炎致死。

该病毒可感染黄牛、奶牛、肉牛和水牛，主要通过吸血昆虫传染，澳大利亚的媒介昆虫主要是短跗库蠓，日本主要是三带库蚊和骚扰伊蚊，而有些国家则为按蚊。该病具有明显的季节性，异常分娩发生的时期是从 8 月份至翌年 3 月份。8 ~ 9 月份多为早产或流产，10 月份到翌年 1 月份多产出体型异常的动物，2 ~ 3 月份以产出大脑缺损的动物为最多。同一母牛连续两年产异常胎儿的现象几乎没有，在同一地区连续两年发生者也极少。

（二）防治措施

由于我国目前尚未发现该病，因此应加强国境检疫，防止带毒动物或传播媒介的传入。疫区的主要防治措施是用杀虫剂杀灭吸血昆虫并消除其滋生地，加强动物保护防止昆虫叮咬，特别强调妊娠动物的保护措施。在蚊虫活动季节到来前，用该病的灭活苗和减毒苗对易感妊娠动物进行免疫接种。

【骨软病】

见"跛行鉴别诊断"中常见疾病的诊断与治疗。

（盛鹏飞）

主要参考文献

［1］戴辉宏．本地牛种产杂种牛犊难产的发生及防治措施［J］．广西畜牧兽医，2012，5：301 - 302.

［2］张少东，孙胜元，孟勇．治疗牛难产截胎术的改进［J］．黑龙江动物繁殖，2013，2：44 - 45.

［3］胡新民，丁克奇．一例倒立提举解决牛难产的诊治［J］．新疆畜牧业，2013，2：38.

［4］孙伟．牛难产的助产方法［J］．养殖技术顾问，2013，7：99.

［5］吴宇红，杨威．牛子宫颈口狭窄所致难产 3 例［J］．黑龙江动物繁殖，2011，4：31 - 32.

［6］孙英杰，孙洪梅，刘本君．犊牛裂腹畸形引起难产的诊治及体会［J］．黑龙江畜牧兽医，2011，4：84.

第十九章

乳房炎的鉴别诊断

乳房炎是由于各种病因引起的乳房的炎症，其主要特点是乳汁发生理化性质及细菌学变化，乳腺组织发生病理学变化。发病率在 20% ~ 70%。引起的主要经济损失主要包括产奶量的降低，其他如药费、兽医费用、劳动力的费用、奶的丢弃、奶质量的下降等。

一、生理解剖基础

奶牛乳房的外形呈扁球状，附着在奶牛的后躯。乳房内有一条中悬韧带，它沿着乳房中部向下延伸至乳房底部，将乳房分为左右两半，每一半乳房的中部又被结缔组织隔开，分为前后两个乳区。因此，乳房被分为前后左右4个乳区，每个乳区都有各自独立的分泌系统，互不相通。

乳房两侧又各有一条侧悬韧带，从腹壁沿乳房两侧延伸到乳房底部，而与中悬韧带相衔接。同时，还有一些薄韧带组织（如网丝）延伸到左右乳房组织内，以加强乳房的固定。

乳腺泡和末梢导管是由单层的分泌上皮细胞组成的，它们的外形似一粒有柄（导管）的葡萄（乳腺泡），乳腺泡的中心是空的，称乳腺泡腔。这些乳腺泡的分泌细胞相当于牛奶加工厂，它们的作用是：从它周围的血管中吸收所需要的营养物质，在细胞内合成乳脂肪、乳蛋白、乳糖，并将这些合成晶和吸收来的矿物质、维生素、球蛋白和水分等分别排到乳腺泡腔内，在此混合成乳（如图 19 - 1）。

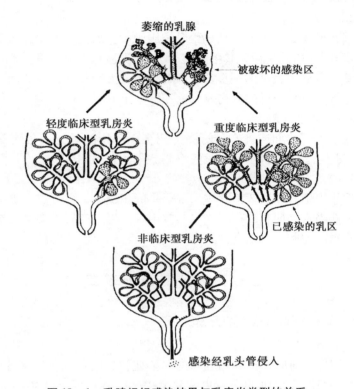

图 19 - 1　乳腺组织感染结果与乳房炎类型的关系
（引自 Schultz et al. Current Concepts of Bovine Mastitis, 1978）

二、病　因

1. 环境管理因素

环境条件如牛舍、牛床及运动场泥泞不堪，牛体及乳房周围积垢太多，卫生条件太差，气温过高（36℃以上）或过低（-5℃以下）等。挤奶条件不符合泌乳生理要求，如真空负压过高、过低，不适当的擦洗乳房和搭机挤奶。

2. 病原体感染

到目前为止，人们已从奶牛乳腺组织中分离出了 150 种病原微生物，最常见的有 23 种，其中细菌 14 种，支原体 2 种，真菌和病毒 7 种。其中发病率最高的是金黄色葡萄球菌、大肠杆菌、链球菌，近年来支原体、真菌引起的乳房炎发病率逐年上升。

3. 牛自身因素

处于泌乳盛期或乳产量过高的奶牛，身体能量处于负平衡抵抗力，老龄牛、多胎次牛相对发病率高。

4. 继发性因素

近年来笔者在临床治疗中发现奶牛的焦虫病，也会成为奶牛乳房炎的致病因素，而且治疗起来也非常困难。再有产后感染也可导致发生乳房炎。为此，对继发性乳房炎确诊后首先应治原发病。

三、乳房炎的鉴别诊断

（一）临床型乳房炎的诊断

1. 问诊

询问发病时间、全身和乳腺的主要变化、既往病史、治疗情况、管理利用情况、母牛的繁殖史和泌乳史等。重点要弄清奶牛饲养环境、挤奶卫生及挤奶技术。

2. 临床检查

在进行的全面的全身检查后进行乳房的局部检查。

（1）视诊：包括各乳叶的形状、大小、位置以及对称性；乳头及乳头管的形状，是否漏奶；乳房被毛的完整性如何，有被毛缺损提示可能存在损伤；乳房皮肤是否存在损伤、皮肤病、疤痕、水疱、血疹及溃疡，有无皮肤的颜色变化，有无新生物等。

（2）触诊：用手触摸乳头管、乳头乳池、乳头管管壁、乳池棚、乳腺乳池、乳腺皮肤、乳腺实质组织及乳上淋巴结等。

触诊时应先触诊表面和浅层部位，然后逐渐向深层触摸。一般触诊乳房的方法都是由乳头尖端开始，向上逐渐检查。

A. 皮温：将两只手的手背同时放于两乳区相对称的部位，感觉皮温是升高还是降低。

B. 实质部位的触诊：用手掌进行，触摸感觉敏感性如何，并用手掌按揉实质，正常的实质软硬度为挤奶前有明显的坚实感，挤奶后质地柔软，且稍有弹性，乳腺实质纹路清晰。检查时注意实质内有无条状或囊状的肿胀物。触诊时还要感知皮肤的紧张性、皮肤厚度和可移动性。

C. 乳头触诊：用一只手的拇指和食指固定乳头的基部，以另一只手的拇指和食指检查。

乳头管　以两手指相互揉动，正常时感觉到乳头管有较坚实感。检查时注意乳头管有无外伤、肿瘤以及乳头管的软硬度和温度。

乳头乳池　也是用手指揉动检查，正常时为柔软，薄厚均匀，没有块状或条状的坚实物，也没有固定或游动的块状物，如乳凝块、血凝块、纤维凝块、脓块、纤维性乳头瘤或息肉。

乳池棚　用手指揉动检查，正常时位于乳头基部，呈枕头牙子状，柔软有皱褶，没有赘生物和增厚现象。

D. 乳上淋巴结：检查左侧时，用左手顶起乳房，右手由正中线开始向外侧触诊乳房后缘。右侧检查方法相同。正常的乳上淋巴结约有鸡蛋大小，有弹性。发炎时淋巴结肿大，触摸敏感，坚实并且不可移动。

（3）试行榨乳：在检查乳腺时采少量乳汁。其目的在于凭借手感和乳流强度，了解乳头括约肌的收缩力（看奶口的松紧）、乳头管及乳池状态、乳和乳腺分泌物的气味及眼观性状。

（二）隐性乳房炎的诊断

主要包括化学检验法、乳汁电导率测定、乳汁体细胞记数（SCC）和乳汁微生物鉴定和药敏试验。

化学检验法：美国加州乳房炎试验（CMT）及类似方法、溴麝香草酚蓝试验（B. T. B. 法）、过氧化氢法（双氧水法）、4%苛性钠凝乳法（Whiteside 法）、氯化钙凝乳试验（改良 N. F. T. 法）、氯化物硝酸银试验。

四、对症治疗

1. 消炎抑菌

青霉素肌注或静注，最好采用乳导管，乳房内直接给药注入青链霉素，每天 3 次。

2. 采用封闭疗法

0.25% ~0.5% 的普鲁卡因 150 ~300mL，一次静注或乳房基底部封闭。

3. 全身治疗法

25% ~40% 葡萄糖液 500mL，葡萄糖生理盐水 1 000 ~1 500mL，维生素 B、维生素 C 静脉注射。

4. 理疗、按摩、热敷、磁疗或激光治疗

对动物机体有扩张血管、疏通经络、促进血液循环、加速新陈代谢及增强机体免疫能力等功能。

五、常见疾病的诊断与治疗

【牛葡萄球菌性乳房炎】

葡萄球菌病通常称为葡萄球菌感染，是由葡萄球菌引起的人和动物多种疾病的总称。葡萄球菌常引起皮肤的化脓性炎症，也可引起菌血症、败血症和各内脏器官的严重感染。除鸡、兔等可呈流行性发生外，其他动物多为个体的局部感染。

（一）诊断要点

1. 临床症状

牛葡萄球菌乳房炎主要由金黄色葡萄球菌引起，呈急性、亚急性和慢性经过。

急性乳房炎 患区呈现炎症反应，含有大量脓性絮片的微黄色至微红色浆液性分泌液及白细胞渗入到间质组织中。受害叶水肿、增大、有轻微疼痛。重症患区红肿，迅速增大、变硬、发热、疼痛。乳房皮肤绷紧，呈蓝红色，仅能挤出少量微红色至红棕色含絮片分泌液，带有恶臭味，并伴有全身症状，有时表现为化脓性炎症。

慢性乳房炎　约占60%，病初常被忽视，多不表现症状，但产奶量下降。直至在乳中出现絮片才被发现。后期可见到因结缔组织增生而硬化、缩小，乳池黏膜出现息肉并增厚。

2. 流行病学

葡萄球菌在自然环境中分布极为广泛。

通过各种途径均可感染，破裂和损伤的皮肤黏膜是主要的入侵门户，引起毛囊炎、疖、痈、蜂窝织炎、脓肿以及坏死性皮炎等。经消化道感染可引起食物中毒和胃肠炎；经呼吸道感染可引起气管炎、肺炎。也常成为其他传染病的混合感染或继发感染的病原。

葡萄球菌病的发生和流行，与各种诱发因素有密切关系，如饲养管理条件、恶劣环境、污染程度严重、有并发病存在使机体抵抗力减弱等。

（二）防治措施

首先应对从患者或病畜分离的菌株进行药敏试验，找出敏感药物进行治疗。据报道，金黄色葡萄球菌对新型青霉素耐药性低，特别是异噁唑类青霉素，应列为首选治疗药物。对皮肤或皮下组织的脓创、脓肿、皮肤坏死等可进行外科治疗。对食物中毒的患者，早期可用高锰酸钾液洗胃，严重病例可用抗生素治疗，并进行补液和防休克疗法。

为控制本病的发生首先要减少敏感宿主对具有毒力和耐抗生素菌株的接触；还要严格控制有传播病菌危险的病人和病畜。其次，要注意消毒，对手术伤、外伤、脐带、擦伤等按常规操作，被葡萄球菌污染的手和物品要彻底消毒，呈流行性发生时，对周围环境也应采取消毒措施。对动物，主要应加强饲养管理，防止因环境因素的影响而使抗病力降低；防止皮肤外伤，圈舍、笼具和运动场地应经常打扫，注意清除带有锋利尖锐的物品，防止划破皮肤。如发现皮肤有损伤，应及时给予处置，防止感染。

【牛传染性鼻气管炎】

见"咳嗽鉴别诊断"中常见疾病的诊断与治疗。

【结核病】

见"咳嗽鉴别诊断"中常见疾病的诊断与治疗。

【口蹄疫】

见"卧地不起鉴别诊断"中常见疾病的诊断与治疗。

【伪牛痘】

见"水疱鉴别诊断"中常见疾病的诊断与治疗。

【牛的立克次氏体热（Q 热）】

见"流产鉴别诊断"中常见疾病的诊断与治疗。

【棒状杆菌病】

见"流产鉴别诊断"中常见疾病的诊断与治疗。

【链球菌病】

见"咳嗽鉴别诊断"中常见疾病的诊断与治疗。

【纤维素性乳房炎】

感染主要指乳汁有絮状物，多见于金黄色葡萄球菌、链球菌、支原体早期阶段。主要表现病牛体温升高，精神沉郁，食欲减退，乳区肿胀，疼痛，坚实。乳汁中含有絮状物，条状物。

（一）诊断要点

乳上淋巴结肿胀，挤不出乳汁或只挤出几滴清水，重剧的急性炎症，多由卡他性乳房炎引起，常与脓性子宫炎并发。

（二）防治措施

治疗时金黄色葡萄球菌引起的乳房炎首选药物是青霉素类药，用药时可配合中药双黄连，穿心莲效果更好。链球菌性乳房炎可使用正泰霉素，头孢菌素。支原体性乳房炎可使用泰乐菌素。

【化脓性乳房炎】

化脓性放线菌引起"干奶牛"或夏季乳腺炎。感染多发生在干奶期，并因干奶牛处于脏湿泥泞的环境而增加。由于化脓性放线菌是乳牛皮肤常见菌，在夏季蝇蚊叮咬乳端发病，多发生于干奶2周后，且多在泥泞、潮湿环境中，发病率可达25%。主要表现一个或多个乳区浮肿，硬实，乳汁夹有脓液，后期变软，皮肤破溃，流脓。

（一）诊断要点

乳上淋巴结肿胀，重剧的急性炎症，多由卡他性乳房炎引起，乳量剧减，完全无乳，乳汁稀薄或黏稠，全身症状较重。发病数月后转为慢性（即乳区萎缩硬化）乳汁呈黏性脓性且含絮片，乳房中有米粒大至豆粒大脓肿，脓肿充满整个乳区或向皮外破溃。

（二）防治措施

治疗时应注意环境卫生的改善，青霉素，头孢菌素对化脓性乳房炎是有效药物，配合乳房冲洗，乳管送药。

【浆液性乳房炎】

主要以乳房内浆液渗出为主要特征，多见于大肠杆菌感染、低血钙。出现乳房均匀肿胀，乳区水肿，无任何柔软空隙，不痛不热，呈水样乳汁。多发生于胎产次高或产奶量高的奶牛。临床上多伴有食欲减退，反刍减少等症状。

（一）诊断要点

无全身症状或较轻，初期乳汁正常，以后稀薄且含絮片，乳上淋巴结肿胀。

（二）防治措施

治疗时应以消炎、利水、制止渗出为原则。常用药物：硼酸钙、氯化钙、乌洛托品、抗生素（妥布霉素）。中药可选用：蒲公英、金银花、紫花地丁、白术、茯苓。

【坏疽性乳房炎】

坏疽性乳房炎临床上主要以乳汁中含有污秽不洁、味恶臭、色发绿的异物为特征。主要由坏死杆菌、金黄色葡萄球菌引起。除乳汁含有异物外，还伴有严重的全身症状，精神沉郁，食欲废绝，乳房坏疽的皮肤冰冷、呈蓝黑色，释放特殊恶习臭味。一般来说，预后不良。

（一）诊断要点

特急性的病例突然出现食欲不振或废绝，体温上升到41℃以上，弓腰努背，起立困难，呼吸急促，脉搏数增加，全身被毛逆立，肌肉震颤，反刍停止，下痢和脱水，乳房全部肿胀，往往从腹下部肿胀至后肢。在乳房皮肤上形成紫红色或苍白色的圆形变色部分，病变部位有凉感，其他部位出现发红和热感。被厌氧性菌感染时，乳房皮下有气肿，挤奶时可挤出气体，被感染的乳房疼痛强烈，有的乳房皮肤破溃排脓引起组织坏死脱落。乳量迅速减少，乳汁病初呈水样，以后呈血样或脓样，有的有强烈的腐败臭味。

（二）防治措施

治疗时可选用林可霉素、安普霉素，配合强心输液中药紫花地丁、郁金、黄连、穿山甲。配合外用玉红膏（甘草、紫草白蜡、当归、白芷、轻粉、白蔹），可获得一定的疗效。

【出血性乳房炎】

出血性乳房炎是指乳汁内含有大量血细胞的一种炎症性疾病。多见于机械性损伤。临床上主要表现乳汁中夹有血丝、血块，其他症状不明显。主要是因为粗暴挤奶，挤压或乳房封闭损伤乳腺内血管所致。

（一）诊断要点

乳上淋巴结肿胀，乳汁似水样，含絮片，且泌乳量减少，乳量剧减，病初乳汁正常，后期含絮片，有跛行，由乳房外伤引起与浆液性乳房炎并发，生殖器官炎症继发本病或与乳房脓肿并发，乳汁含血，乳房皮肤有红色斑点，乳房出血。

（二）防治措施

治疗时可采用安络血或止血敏肌注止血，配合抗菌消炎药。可外敷白及膏，口服止血素。

【增生性乳房炎】

增生性乳房炎是指乳腺结缔组织增生，以局部形成硬块为特征，主要因各类乳房炎迁延导致，尤其是支原体诱发乳房炎导致乳腺纤维化和乳腺细胞萎缩。

（一）诊断要点

乳腺结缔组织增生，局部形成硬块。

（二）防治措施

治疗时主要以控制发展为主，难以完全治愈，用药可选用氟苯尼考、洛美沙星。中药山甲珠、皂刺、青皮、桃仁、瓜蒌皮具有一定疗效。

【病毒性乳房炎】

口蹄疫病毒、水泡性口炎病毒、牛瘟病毒、牛疱疹性乳头炎病毒、牛传染性鼻气管炎病毒等都能感染乳腺。由病毒引起的乳房炎，一般多是由于全身感染病毒后，在乳房继发炎症，所以控制病毒性乳房炎要以控制奶牛不受感染为主。

【真菌性乳房炎】

引起真菌性乳房炎的真菌有念球菌属、隐球菌属、毛孢子菌属、奴卡氏菌属和曲霉菌属。隐球菌和奴卡氏菌感染常引起严重的临床型乳房炎，由于乳腺受侵害，造成肉芽组织增生，而使乳房逐渐变硬，很难医治。念球状菌和毛孢子菌可引起明显的局限性炎症。真菌性乳房炎其主要原因是由于长期连续使用抗菌药，引起了真菌的二重感染导致乳房炎的发生。治疗时可选用咪康唑，制霉菌素，碘制剂。

【乳房水肿】

乳房水肿又称乳房浮肿，或结块乳房。是由于乳房局部血液淤滞而发生。为乳牛的常见病，通常为急性，具有乳腺间质组织间有过量液体聚积的特征。

（一）诊断要点

1. 临床症状

一般无全身症状，大多数发生于高产牛，从分娩前 1 个月到接近分娩期间突然出现乳房浮肿，特殊地增大，随着病情发展继发起立困难。由于乳房和乳头极易受损伤，所以，有时能引起乳房炎。从乳头基部和乳池的周围浮肿波及乳房全部，皮肤紧张带有光泽、无痛，按压乳房出现凹陷的状态，浮肿的乳头变得粗而短，使挤奶困难。除此之外，还有发生乳房中隔浮肿的。多数病牛从分娩前就表现食欲不振，到分娩后 7d 左右期间，乳房臌胀，急剧下垂，浆液集中积于中隔时，致使后肢张开站立，母牛运动困难，易遭受外界损伤，并发乳房炎后，病状显著恶化。乳房水肿病程长时常导致产奶量显著降低。

2. 病理变化

水肿部位结缔组织增生而变硬实，逐渐蔓延到乳腺小叶间结缔组织间质中，使后者增厚，引起腺体萎缩，使整个乳房肿大而硬结。

3. 病因

由于块茎等青绿多汁、糟渣饲料较多而运动较少、日粮中食盐的含量过高等等因素，影响对水分代谢因素等有关。

妊娠后期供应子宫的大量血液流入乳房，或初期乳静脉血压上升，静脉及淋巴系统不能做出相应的调节，从血管内渗出的液体蓄积于皮下，就会发生乳房浮肿。

（二）防治措施

治疗　一些轻症病牛通常不需要治疗即可痊愈，但为了促进水肿尽快消退，对水肿乳房可进行热敷和按摩；病牛应加强饲养管理，减少精料和多汁饲料，限制饮水，多喂干草，适度增加运动，促进血液循环；药物治疗以利尿、促进吸收和制止渗出为辅助性治疗原则。为了促使乳房血液循环，促进水肿消退，从分娩几日后就要开始让牛适当运动。同时适当减少精料及多汁饲料，控制饮水量，增加挤奶次数，每次挤奶时用温水（50~60℃）热敷，反复按摩乳房，奶要挤净。

病程较长而严重的水肿，应停喂多汁饲料，每次挤奶按摩时间不少于20~30min。对治疗本病比较有效的方法是给予利尿剂。本剂给予时间，对乳房水肿的消退有很大的影响，在分娩后48h以内，应尽量在分娩后早期开始给药。可给予双氢克尿噻、速尿等药物。初次投药时，可并用肾上腺皮质激素，可很快促进浮肿消退，但给予利尿剂可丧失体内水分，所以，要注意及时观察脱水症状。另外，对于中隔水肿的病牛，对中隔的病灶可进行穿刺，或切开以排出渗出液，用浸透0.1%雷佛奴尔或呋喃西林的纱布条引流，促使水肿早日消退。为防止细菌感染，要注意消毒处理伤口，肌肉注射青霉素200万U，每日2次。

预防　加强饲养管理，减少精料和多汁饲料，限制饮水，多喂干草，适度增加运动，促进血液循环。对重胎母牛日粮配方，应注意蛋白质含量以及矿物质添加剂的补充量，于分娩前后1个月，尽量减少精饲料，适当减少食盐的摄入量，增加运动。

【乳房创伤】

乳房外伤比较常见，一般多发生在泌乳期乳房较大的奶牛。可分为表层创与深层创。

（一）诊断要点

1. 临床症状

乳房创伤按照损伤组织程度可分为乳房表层组织轻微损伤，仅可见到皮下组织有少量出血，以后上覆一层干痂，在伤后数天，痂皮下可能化脓，如不予以治疗，细菌感染会侵入深部组织，引起乳房炎，甚至形成乳房囊肿；损伤边缘有相当严重的撕裂伤，甚至乳静脉被撕裂而大出血，或在妊娠后期或新产牛水肿的乳房破损，可有组织液不断外溢；锐利异物造成乳房深部组织穿进伤，造成可有乳汁混有血液通过创口外流，甚至继发破伤风；钝性创伤往往在乳房表面不见创口，但组织因严重挫伤导致坏死及血管破裂，有时形成血栓或血肿，乳汁变成粉红或深红。

2. 病因

乳房过大的乳牛起卧时易被自己的后蹄踏伤乳房或被其他牛踏伤造成不规则的撕裂状；母牛相互格斗，或受其他牛永角尖顶撞划破乳房；临产母牛乳房膨大下垂，后肢踏伤，以及玻璃碎片，铁丝及其他锐物刺伤所致。

（二）防治措施

治疗 小的皮肤及皮下浅创，把创伤周围的毛剪掉，用0.1%的高锰酸钾冲洗，待干后，涂擦2%~3%龙胆紫溶液。较大的皮肤及皮下创，按外科处理，创部剪毛，严格消毒后，做皮肤结节缝合。

预防 在日常管理中注意牛群环境的安全及其活动，可防止乳房创伤的发生。

（张子威，邢厚娟）

主要参考文献

[1] 尹柏双，付连军，沙万里，等．我国奶牛乳房炎治疗技术研究进展 [J]．畜牧与兽医，2013，11：101－103．

[2] 杨宇．奶牛乳房炎检测技术与牛奶质量关系的研究进展 [J]．中国畜牧兽医，2013，1：109－111．

[3] 王林会，李晓宇，金礼吉，等．金黄色葡萄球菌外毒素及荚膜特异性卵黄抗体联合治疗奶牛乳房炎效果研究 [J]．畜牧兽医学报，2013，12：2 016－2 021．

[4] 王尚荣．铁母散合剂对杂交奶牛乳房炎的预防和治疗效果观察 [J]．邵阳学院学报（自然科学版），2014，1：54－59．

[5] 薛俊欣，张铮臻，黄克和，等．奶牛亚临床酮病对乳房炎发病情况和抗氧化功能的影响 [J]．中国兽医学报，2012，12：1 876－1 881．

[6] 宋亚攀．浅析奶牛乳房炎的科学治疗方法 [J]．中国奶牛，2013，9：35－37．

[7] 甘宗辉，杨章平，刘贤慧，等．高度集约化奶牛场奶牛乳房炎病原菌的分离计数及感染规律 [J]．中国兽医杂志，2013，9：24－29．

[8] 冯士彬，张磊，李志明，等．乳房炎奶牛血液流变学指标及细胞因子的变化 [J]．中国兽医学报，2011，5：730－739．

[9] 贾原，薛振卫，温文弛．中药复方制剂在奶牛乳房炎综合防控中的应用效果研究 [J]．中国乳业，2011，10：32－35．

[10] 毛永江，陈莹，陈仁金，等．乳房炎对中国荷斯坦牛测定日泌乳性能及体细胞数变化的影响 [J]．畜牧兽医学报，2011，12：1 787－1 794．

[11] 顾洁，肖喜东，张晓军．奶牛乳房炎的病因、检测与防治应用 [J]．中国动物检疫，2012，2：60－62．

[12] 冯修义，李凤，叶冰．乳头药浴对奶牛乳房炎防治．中国畜禽种业，2012，3：76－77．

［13］ 何晶，高玉霞．奶牛乳房炎流行病学调查与损失评价［J］．黑龙江农业科学，2009，2：113 - 114．

［14］ 赵希斌，王金峰．浅谈奶牛乳房炎的防治［J］．新疆畜牧业，2010，2：46 - 47．

［15］ 富艳玲，刘爱玲，李旭东．奶牛乳房炎防治技术研究进展［J］．中国兽药杂志，2010，7：51 - 54．

［16］ 史冬艳，郝永清，张爱荣，等．奶牛金黄色葡萄球菌性乳房炎研究进展［J］．动物医学进展，2010，7：82 - 86．

［17］ 常建华，赵世华，朱宪光，等．纳米银乳房注入剂对奶牛乳房炎的临床效果观察［J］．畜牧与饲料科学，2010，8：124 - 127．

［18］ 郁杰，葛竹兴，苏永芳，等．泰州市奶牛乳房炎调查及其病原菌的分离［J］．基因组学与应用生物学，2010，6：1 108 - 1 110．

［19］ 王国富，高树新，刘明玉，等．奶牛主组织相容性复合物及其在奶牛抗乳房炎分子育种中的应用［J］．中国牛业科学，2007，5：72 - 74．

［20］ 吴俊强，曹立亭，胡松华．乳酸链球菌素治疗奶牛乳房炎效果观察［J］．中国奶牛，2008，7：41 - 44．

第二十章

红尿鉴别诊断

红尿是泛指尿液变红的一般概念。红尿是临床上较常见的一种尿色变化，主要包括血尿、血红蛋白尿、肌红蛋白尿、卟啉尿和药物性红尿。

一、生理解剖基础

尿液的生成、贮存和排出的组织器官是肾脏、输尿管、膀胱和尿道。红尿的发生与这几个器官密切相关。血液流经肾小球时，血液中的尿酸、尿素、水、无机盐和葡萄糖等物质通过肾小球的滤过作用，过滤到肾小囊中，形成原尿。当尿液流经肾小管时，原尿中对人体有用的全部葡萄糖、大部分水和部分无机盐，被肾小管重新吸收，回到肾小管周围毛细血管的血液里。原尿经过肾小管的重吸收作用，剩下的水和无机盐、尿素和尿酸等就形成了尿液。肾小管形成的尿液经肾乳头到达肾髓质，肾髓质连输尿管到达膀胱，最后经尿道排出体外。

二、红尿的病因

（1）传染性红尿，可见于血尿、血红蛋白尿，是由细菌、病毒感染引起的，如钩端螺旋体病、牛细菌性血红蛋白尿病、A 型产气荚膜杆菌病、溶血性链球菌病和葡萄球菌病等。

（2）侵袭性红尿，可见于血尿、血红蛋白尿，是由寄生虫引起的，如焦虫病、锥虫病、巴贝斯虫病、肾虫病等。

（3）结石性红尿，只见于血尿，是由泌尿系统结石引起的，如肾结石、膀胱结石、尿道结石等。

（4）免疫性红尿，多见于血红蛋白尿，是由于免疫反应导致大量溶血引起的，如不同血型输血，血清制品的使用等。

（5）中毒性红尿，可见于血尿、血红蛋白尿，是由毒物作用于红细胞或泌尿器官引起的，如铜中毒、蕨中毒、栎树叶中毒、水中毒等。

（6）遗传性红尿，主要见于卟啉尿，是一类遗传病。

（7）肿瘤性红尿，主要见于血尿，是泌尿系统肿瘤引起的。

（8）药物性红尿，可见于血尿、血红蛋白尿和药红尿，是由于药物使用不当或代谢产物引起的，如大黄、山道年引起的药红尿等。

（9）外伤性红尿，只见于血尿，是外力作用于泌尿器官导致血管破裂引起的，如肾损伤、膀胱损伤、尿道损伤。

（10）代谢性红尿，见于血尿、肌红蛋白尿，主要是由于营养物质缺乏引起的，如维生素 K 缺乏症引起的血尿，硒缺乏症引起的血红蛋白尿等。

三、红尿的鉴别诊断

（一）红尿的鉴别

当病畜出现红尿时，可根据以下步骤进行红尿过筛检验做出定性诊断。

首先进行尿沉渣检查，若显微镜下尿沉渣中含有大量红细胞，则为血尿；如无红细胞存在，则考虑其他四种红尿。然后进行联苯胺试验，呈阳性反应的考虑为血红蛋白尿和肌红蛋白尿，呈阴性反应的则考虑为卟啉尿和药物性红尿。最后，进行血红蛋白尿和肌红蛋白尿，卟啉尿和药物性红尿的鉴别诊断。

肌红蛋白尿和血红蛋白尿的最大区别在于肌红蛋白尿不伴有血红蛋白尿症，血浆中含有多量的肌红蛋白，但外观并不红染。可以通过尿液的分光镜检查进行精确区分，根据不同的吸收光谱加以区分。临床上最常用的鉴别方法是盐析法，取 5mL 尿液加入 2.5g 硫酸铵，混合均匀后过滤，滤液红色消退的是血红蛋白尿，而呈淡玫瑰色的则是肌红蛋白尿。

药物性红尿和卟啉尿可以通过酸化尿液实验进行鉴别，酸化后尿液红色消失的为药物性红尿，或者将尿液原样或经乙醚提取后，在紫外照射下发出红色荧光的为卟啉尿。

具体诊断思路如图 20 – 1。

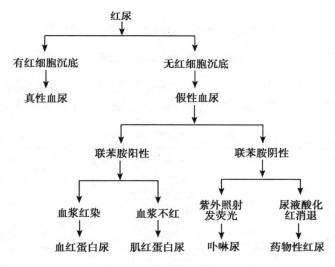

图 20 – 1　红尿过筛检验路线

（二）血尿的鉴别诊断

血尿恒指示泌尿系统本身的出血。

血尿的诊断主要分为 3 部分：血尿的确定，病因诊断（确定血尿的原因），定位诊断（寻找病灶的区段和部位）。

血尿的确定：首先排除血红蛋白尿、肌红蛋白尿、卟啉尿以及药物性红尿等假性血尿，一般通过尿沉渣镜检进行鉴别，血尿尿沉渣镜检时可见大量红细胞。

病因诊断（图 20 – 2）：对于确定为血尿的牛，应结合其全身临床表现，确定其为单纯的泌尿系统出血（即肾性血尿和肾后性血尿）

还是出血性素质病表现于泌尿出血的一个分症（即肾前性出血）。

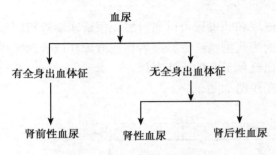

图 20 – 2　血尿的病因诊断

定位诊断（表 20 – 1）：对于没有全身出血体征的血尿病牛，可采用以下方法寻找泌尿器官出血的区段和部位，做出定位诊断。

表 20 – 1　血尿的定位诊断

尿流观察	膀胱冲洗	尿渣检查	泌尿系统症状	提示部位
全程血尿	红—淡—红	肾上皮细胞	肾区疼痛	肾性血尿
终末血尿	红—红—红	膀胱上皮细胞 硫酸铵镁结晶	膀胱触痛 排尿异常	膀胱血尿
初始血尿	不红	脓细胞	尿频尿痛 刺激症状	尿道血尿

（三）血红蛋白尿的鉴别诊断

血红蛋白尿常伴有血红蛋白血症及溶血危象，三者都是急性血管内溶血的临床表现。

对于患有血红蛋白尿的病畜，应首先根据其传播情况进行初步区分。

呈垂直传播家族性分布的为遗传性血红蛋白尿，临床上主要考虑遗传性铜累积病的急性溶血发作和先天性红细胞生成性卟啉病，可根据临床表现和遗传类型通过相关检验进行确诊。

呈水平传播且具有传染性的为传染性血红蛋白尿，可进一步通过病原学检验查明是何种微生物引起的疾病。

对于不能传播的因考虑为其余四种类型血红蛋白尿，具体可根据有无发热，毒物接触史、具体发生状况等逐步加以区分：其中伴有发热现象的应考虑为侵袭性血红蛋白尿，可采用血液原虫学检查确定是何种血液原虫引发的侵袭性血红蛋白尿；新生畜吸吮初乳后发生的可考虑为免疫性血红蛋白尿，如犊牛的同族免疫性溶血性贫血，输血之后发生的可考虑为不相合血输注引起的免疫性血红蛋白尿；江苏、安徽、黑龙江等特定地区若发生不传播不发热的血红蛋白尿，要考虑为代谢性血红蛋白尿，主要是低磷酸盐血症，如水牛血红蛋白尿病和乳牛产后血红蛋白尿病，可以通过血磷测定和磷酸氢钠治疗试验进行确诊；犊牛离乳大量饮水之后发生要考虑急性低渗性血管内溶血，如犊牛水中毒；对于群发的有毒物接触史的要考虑为中毒性血红蛋白尿，可根据现场条件和临床表现，通过毒物检验查明病因。

具体诊断思路如图 20 - 3。

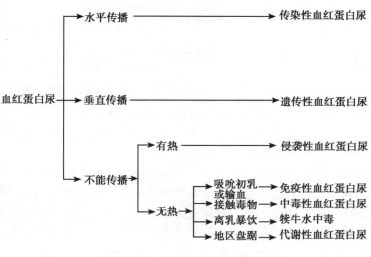

图 20 - 3　血红蛋白尿鉴别诊断

（四）肌红蛋白尿的鉴别诊断

在临床上，肌红蛋白尿常见于以肌肉变性、坏死为主要病理特征的各种疾病，肌肉中的肌红蛋白游离到血液中并随尿液排出。

根据肌红蛋白尿的分类，其鉴别诊断思路如下：单发还是群发，群发是否存在地区性、呈不呈现家族性分布，单发是否存在应激状态或损伤等，然后结合临床表现、病理特征等，做出具体诊断。

具体诊断思路如图20－4。

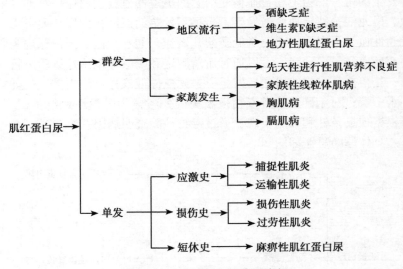

图20－4　肌红蛋白尿鉴别诊断

（五）卟啉尿的鉴别诊断

卟啉尿亦称为紫质尿，是由于体内卟啉代谢紊乱，卟啉产生过多，从尿中排出所致。卟啉病是血卟啉尿病的示病症状和固定症状。

遇到卟啉尿病畜，首先根据有无家族史，将原发性卟啉尿和继发性卟啉尿区别开，然后根据临床表现和卟啉衍生物定量分析，做出诊断。具体诊断思路如图20－5。

（六）药物性红尿的鉴别诊断

药物性红尿的有一个特性，即尿液经醋酸酸化后红色消退，而引起尿液红染的具体药物，可根据用药史查明。常见于肌肉注射红色素

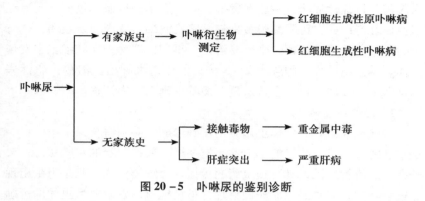

图 20 – 5 卟啉尿的鉴别诊断

（百浪多息）或内服硫化二苯胺、山道年、大黄之后的碱性尿液。

四、红尿的症状治疗

由于引发红尿因素较多，目前，没有统一而确定的治疗方案，临床上，应首先确定红尿的类型及病因，然后进行对症治疗。

五、常见疾病的诊断与治疗

【牛焦虫病】

又称梨形虫病，是由焦虫科焦虫属双芽焦虫、巴贝西焦虫、泰勒焦虫所引起，是一种急性的季节性寄生原虫病，虫体寄生在牛的血细胞和网状内皮细胞内。临床上主要以贫血、渐进性消瘦、反刍停止、食欲减退、黄疸、高热、血尿以及呼吸困难等为主要特点。

（一）诊断要点

1. 临床症状

病初，体温升高至 40～41.5℃以上，呈稽留热，以后下降多变为间歇热，颈前淋巴结肿大、压痛、呼吸及心跳加快、肌肉紧张、食欲减退、反刍停止、精神沉郁，产奶量急剧下降、鼻镜干燥、先便秘后腹泻、特征性症状，一般在发病 3～4d 后出现贫血，黄疸并排泄红褐色血红蛋白尿，可视黏膜黄染，被感染病牛迅速消瘦及衰弱，全身无力，站立不稳，妊娠母牛容易流产，早期血液检查在红细胞中发现虫体。淋巴结肿大，脾肿大 2～3 倍；消化道水肿出血溃疡；急性病例常在 2～3d 内死亡，多数病例在症状出现 12d 内死亡。

2. 临床病理学

特殊诊断：要对牛焦虫病做出正确诊断，必须符合以下条件：一是本病的发生具有明显的季节性，发病期一般在每年的 4～10 月；二是在本病流行地区，具有焦虫病的传播媒介蜱类活动；三是患牛出现上述症状后，采耳静脉血液做涂片，染色镜检，发现典型虫体即可确诊；四是对肩前淋巴结穿刺液进行检查，发现石榴体可对环形泰勒焦虫做出确诊。

剖检可见体表淋巴结肿大，呈核桃大或鸡蛋大小，切面外翻。可视黏膜黄染、皮下结缔组织发黄、水肿，血液稀薄，不易凝固。皮下组织贫血黄疸，脾脏肿大，肾脏肿大，真胃、大小肠黏膜充血和弥漫性出血，胆囊黏膜、膀胱黏膜及实质脏器上均有出血点，膀胱内积有血色尿液。

3. 流行病学

该病是由焦虫在蜱体内繁殖，牛、羊被蜱叮咬而感染的，以散发和地方流行为主，多发生于夏秋季节，以 7～9 月为发病高峰期。

（二）治疗要点

对全群牛紧急注射贝尼尔（血虫净），配成 5%～7% 的溶液，输血疗法：采健康牛血 300～500mL，静脉输入 2～3 次，隔日 1 次。还应该采用对症疗法，才能收到更好的效果，如健胃、强心、补液、补血、缓泻、舒肝和利胆等。用维生素 B_{12} 治疗贫血，肌肉注射一次 80～120mg，每天一次。具体补液方法是静脉滴注 10% 葡萄糖 1 000mL/天，生理盐水 1 000mL/天，加入适量的 10% 安钠咖、维生素 C、碳酸氢钠、止血敏、地塞米松、水杨酸钠和消百菌，一天一次，连用 5d。

【巴贝斯虫病】

见"腹泻鉴别诊断"中常见疾病的诊断与治疗。

【膀胱炎】

膀胱炎是膀胱黏膜或黏膜下层的炎症。临床上以疼痛性尿频和尿中出现较多的膀胱上皮细胞、炎性细胞、血液和磷酸铵镁结晶为特征。

（一）诊断要点

1. 临床症状

急性膀胱炎，排尿频频或屡做排尿姿势但无尿液排出，有时出现持续性尿淋沥，痛苦不安等症状，直肠检查患畜抗拒，疼痛不安，触诊膀胱手感空虚；慢性膀胱炎，患畜由于病程长出现营养不良、消瘦、被毛粗乱、无光泽，排尿姿势与急性相似。尿液检查，终末尿为血尿，尿液混浊，混有黏液、脓汁、坏死组织碎片和血凝块，有强烈的氨臭味。尿沉渣镜检可见多量膀胱上皮细胞、白细胞、红细胞、脓细胞和磷酸铵镁结晶等。

2. 临床病理学

急性膀胱炎可见膀胱黏膜充血、出血、肿胀和水肿，尿液混浊并含有黏液；慢性病例，膀胱壁明显增厚，黏膜表面粗糙且有颗粒，尿中混有血液或大的血凝块。

急性膀胱炎可根据疼痛性尿频，排尿姿势变化等临床特征以及尿液检查有大量的膀胱上皮细胞和磷酸铵镁结晶，进行综合判断。

剖检可见膀胱黏膜充血、出血、肿胀和水肿；慢性病例剖检可见膀胱壁明显增厚，黏膜表面粗糙且有颗粒。

3. 发病机制

膀胱黏膜发生炎症之后，其兴奋性、紧张性升高，膀胱频频收缩，患畜一般表现出疼痛性排尿，甚至出现尿淋沥。若其受到强刺激，会引起膀胱括约肌反射性痉挛，导致排尿困难或尿闭。

（二）防治措施

本病的治疗原则是加强护理，抑菌消炎，防腐消毒以及对症治疗。

膀胱冲洗　用2%硼酸溶液经膀胱插管进行冲洗，冲洗后向膀胱内注入庆大霉素或氯霉素。

尿路消毒　口服呋喃坦啶或静脉注射50～100mL 40%乌洛托品。

净化尿液　按20～80mg/kg体重口服氯化铵，每天一次。

抑菌消炎　可用0.1%高锰酸钾或1%～3%硼酸或0.01%新洁尔灭冲洗膀胱，然后膀胱内注射青霉素80万～120万IU，每日1～2次。同时，可肌注抗生素配合治疗。

【尿结石】

又称为尿石病，是指尿路中盐类结晶凝结成大小不一、数量不等的凝结物，刺激尿路黏膜而引起出血性炎症和尿路阻塞性疾病。临床上主要以腹痛、排尿障碍和血尿为主要特征。

（一）诊断要点

1.临床症状

排尿困难，频做排尿动作，排出混有脓汁和血凝块的红色血液。

2.临床病理学

特殊诊断：非完全阻塞性尿结石可能与肾盂炎或膀胱炎相混淆，可通过直肠触诊进行鉴别。输尿管结石，应用X射线摄片检查。膀胱结石可进行膀胱充气造影或采用2.5%～5%泛影酸钠阳性造影剂进行造影诊断；尿道探诊不仅可以确定是否有结石，还可判明尿石部位。超声检查有利于该病的诊断，运用物理、化学的方法对尿结石的成分进行分析，有利于其治疗和预防。

剖检可见肾盂、输尿管、膀胱或尿道内存在大小不一、数量不等的结石。当尿道破裂时可见周围组织出血和坏死，皮下组织被尿液浸润，当膀胱破裂时，腹腔内充满尿液。

3. 病因

普遍认为是伴有病理状态下的全身性矿物质代谢紊乱的结果。

（二）治疗要点

治疗原则：消除结石、控制感染以及对症治疗。

中药多根据清热利湿、通淋排石、病久者肾虚兼顾扶正的原则，用排石汤进行治疗。完全阻塞时可采用保守治疗，用水反复冲洗，尿道肌注 2.5% 氯丙嗪溶液 10~20mL。不完全阻塞时，可用利尿剂或消毒剂如乌洛托品等利尿或消毒，同时可用抗生素防治和预防感染，大量饮水，增加尿量，降低尿液内盐类浓度。

【牛蕨中毒】

牛蕨中毒是指牛在短期内采食大量蕨所发生的一种以骨髓损害和再生障碍性贫血为病理和临床特征的急性致死性综合征。

本病以全身出现明显的弥漫性或点状出血灶以及骨髓的胶胨化和实质变性为特征。

（一）诊断要点

1. 主要症状

精神沉郁，茫然呆立，食欲大减，消瘦虚弱，四肢乏力，步态蹒跚，后躯摇摆，卧地不起。病情发展后体温升高 40~41℃，个别达43℃，食欲废绝，瘤胃蠕动减弱乃至消失，反刍停止。大量流涎，咳嗽，腹痛不安，不时努责，排出干燥色暗的干粪，有时排些稀便带血。排尿困难并出现血尿。可视黏膜有针尖大乃至粟粒大出血点、贫血和黄染（黄疸）。有的出现鼻血和口、眼、耳出血、血汗。有的齿龈、口唇黏膜也出现出血斑点，被毛稀疏的会阴、股内侧和四肢系部也有出血斑点。当蚊、蝇、蜱刺螫或注射针孔以及外伤处往往流血不止，甚至出现血肿。病情重剧牛出现心功能不全，心音混浊、分裂、贫血性杂音、弱脉和频脉等症状。泌乳奶牛产奶量减少，偶见血性乳。妊娠母牛常发流产。犊牛常发咽喉水肿、麻痹，出现呼吸加快、浅表，终于呼吸困难，窒息死亡。

2. 临床病理学

全身浆膜、黏膜、皮下、肌肉、实质器官均呈广泛性出血。尤其左心内膜及膀胱黏膜出血严重，肌间出血可形成大的血肿。疏松结缔组织、脂肪组织，特别是骨髓严重胶样化；红骨髓部分或全部由黄骨髓取代。镜检可见骨髓造血细胞萎缩，粒细胞系及巨核细胞系减少或消失，仅有少数幼红细胞集聚。

特殊诊断：根据蕨类植物接触史、全身性出血典型症状和血液象变化以及心功能不全等，不难确诊蕨中毒病性。

3. 病因

一般是短期内大量采食蕨类或长期少量采食蕨类而引起中毒。

（二）治疗要点

疑似蕨中毒病牛，可将放牧牛群转移无蕨类植物草场放牧后，短期可望康复。重症病牛，宜集中厩舍饲养，加强管理，禁止运动，注意保温等，防止应激而易发出血。具体治疗，由于当前尚无特效解毒药物，只能采取综合疗法。首选是输血和输液疗法，视病牛病情和体重，可 1 次输注健康牛全血 500～2 000mL，同时输注富含血小板血浆，每周 1 次，早期病例，收效良好；急性中毒者可用骨髓刺激剂鲨肝醇 1g，橄榄油 10mL 混合皮下注射，连续 5 日或鲨肝醇 2g，吐温-80 5g，混合于 1% 的生理盐水 100mL 中，静注 20～25mL。同时，可酌情给予抗生素、丁醇、维生素 B_{12}、维生素 K、钙制剂、葡萄糖醛酸、葡萄糖以及硫辛酸等进行对症治疗。

【铜中毒】

见"可视黏膜黄疸鉴别诊断"中常见疾病的诊断与治疗。

【硒和维生素 E 缺乏症】

见"卧地不起鉴别诊断"中常见疾病的诊断与治疗。

【低磷酸盐血症】

见"卧地不起鉴别诊断"中常见疾病的诊断与治疗。

【栎树叶中毒】

见"可视黏膜黄疸鉴别诊断"中常见疾病的诊断与治疗。

（赵霞，杜强）

主要参考文献

[1] 东北农业大学．兽医临床诊断学［M］．北京：中国农业出版社，2008.

[2] 郭定宗．兽医内科学［M］．北京：科学出版社，2010.

[3] 沈勇，周雷．家畜红尿症的临床诊断［J］．兽医临床，2013，7：148.

[4] 徐杰，王茜．血红蛋白尿与肌红蛋白尿［J］．中国社区医师，2003，19（15）：19−20.

[5] 刘长松．奶牛疾病诊疗大全［M］．北京：中国农业出版社，2005.

[6] 李德昌，杨亮宇，王生奎．奶牛常见疾病诊疗手册［M］．北京：中国农业出版社，2009.

[7] 王光雷，金鑫．牛焦虫病的防治［J］．新疆畜牧业，2008，6：18.

[8] 见满振，靳月生，吴春艳．牛焦虫病及其防治［J］．北京农业，2008，8：17−18.

[9] 艾力木姑丽·麦麦提司依提．牛焦虫病的防治［J］．中国动物检疫，2012，29（3）：53−54.

[10] 宋铭忻．兽医寄生虫学［M］．北京：科学出版社，2009.

第二十一章

少尿或无尿的鉴别诊断

动物 24h 内排尿总量减少甚至接近没有尿液排出，称为少尿或无尿。少尿临床上表现为排尿次数减少和每次排尿量减少，甚至不排尿，见于热性病、急性肾炎。此时，尿液颜色变深，相对密度增加，有大量沉淀物。无尿又分为真性无尿和假性无尿。真性无尿是指肾的泌尿功能障碍，无尿液产生，见于急性肾炎、肾功能衰竭；假性无尿是指肾脏仍能分泌尿液，但因尿道结石而无尿液排出，见于尿结石、膀胱破裂等。

一、生理解剖基础

泌尿器官包括肾、输尿管、膀胱、尿道。肾是生成尿液的器官，其次还有调节体内电解质和酸碱平衡、稳定动脉血压的功能；输尿管为输送尿液入膀胱的管道，左右各一；膀胱为暂时贮存尿液的器官，略呈梨形，前端钝圆为膀胱顶，突向腹腔，后端逐渐变细称膀胱颈，与尿道相连；膀胱顶和膀胱颈之间为膀胱体；尿道是尿液排出体外的通道，以尿道内口接膀胱颈、尿道外口通体外。

二、少尿或无尿的病因

某些原因引起肾血流量急剧下降，肾脏严重灌注不足或肾脏本身疾患影响肾小球滤过功能以及下尿路梗阻，三个环节只要存在之一即可少尿或无尿。

三、少尿或无尿的鉴别诊断思路

少尿或无尿鉴别诊断可根据临床、尿液检查、血生化检查等予以确立。

检查处理　应排除机械性下尿路栓塞或膀胱功能障碍所致的膀胱损伤，叩诊呈浊音，稍压之，患畜有尿意感，可做导尿检查，以排除膀胱颈以下的梗阻，并可留取尿液作尿常规及生化分析。

肾前性少尿或无尿的临床特点　尿量轻或中度减少，一般不会出现无尿，尿钠含量常少于 30mmol/L，无蛋白尿。对于休克和严重脱水所致者，应注意与急性肾功能衰竭相区别，因前者常是急性肾功能衰竭的早期表现，如病情严重，治疗不及时，可使病情加剧成为急性肾功衰竭。因此，掌握两者鉴别对于本病的防治具有重大意义。

肾性少尿或无尿的鉴别

急性肾小球肾炎　本病主要病变位于肾小球。由于肾小球受累以致滤过率降低，而肾小管重吸收功能相对正常，故尿量减少，严重者可无尿。尿量少而比重高，尿钠含量常少于 30mmol/L，尿肌酐/血肌酐比值常超过 20：1，可与急性肾衰相区别。根据蛋白尿、水肿、高血压等临床表现，一般诊断不难。在该组疾病，尤其应警惕急性肾小球肾炎。临床特征为少尿或无尿、常有血尿、高血压、水肿及蛋白尿、早期出现氮质血症，病情迅速恶化，常发生肾功能衰竭而死亡。

慢性肾炎急性发作　慢性肾炎急性发作可引起少尿。根据过去肾炎史如浮肿，高血压及蛋白尿等一般诊断不难。须与急性肾炎相鉴别。急性肾炎一般病程短，本病病程长。尿液检查：急性肾炎尿量少，比重高，蛋白量一般较少，血尿常较明显；本病尿量少，比重也低，常有大量蛋白尿，血尿较少。急性肾炎肾功能一般正常，而本病常有减退。

慢性肾病所致肾功能衰竭期　各种慢性肾病如慢性肾炎，慢性肾盂肾炎，肾病综合征，肾结核，肾结石，高血压性肾病，肾肿瘤及先天肾畸形等。常发展至肾功能衰竭期，均可引起少尿，甚至无尿。尿比重低而固定，尿中可有蛋白质，各种管型，红细胞，白细胞等。尚有氮质血症，水、电解质及酸碱平衡紊乱所致尿毒症表现。根据病史，临床表现及实验室检查，诊断一般不难。

肝肾综合征　常发生于肝硬化并发食管静脉曲张破裂出血，重症病毒性肝炎或中毒性肝炎所致的急性或亚急性肝坏死，严重细菌感染，内毒素休克，严重肝胆道感染，肝胆道梗阻性疾病，也可见于肝硬化大量抽腹水后或合并低血糖等。发病机制未完全明了，可能由于肝功能不全引起有效肾循环障碍所致。

该综合征临床特点为上述病因存在；迅速发生少尿，氮质血症，类似急性肾衰；多伴肝昏迷，腹水，及黄疸加重，尿肌酐/血肌酐大于20∶1，这些可与急性肾衰相区别。急性肾功能衰竭：是由于肾组织严重缺血及肾毒物质对肾组织损害所致。少尿、不同程度的氮质血症、代谢性酸中毒和水、电解质平衡紊乱等表现。尿量呈高度减少，比重低，尿中含蛋白质，红、白细胞，大量肾上皮细胞或宽大的肾衰管型。

四、症状治疗

病因治疗　肾前性少尿或无尿应积极治疗原发病，及时有效纠正低血容量及休克，防止发生急性肾小管坏死。肾性少尿或无尿要针对肾脏本身，限制水量摄入，量入为出，调整平衡。肾后性少尿或无尿则以解除尿路梗阻为主要措施。

对症治疗　保持水、电解质及酸碱平衡；对于氮质血症的病畜，要限制蛋白质摄入，以优质蛋白为宜；积极防治高血压，心力衰竭，心律失常等。

五、常见疾病的诊断与治疗

【钩端螺旋体病】

见"皮肤黏膜黄疸的鉴别诊断"中常见疾病的诊断与治疗。

【肾炎】

肾炎是指肾小球、肾小管或肾间质组织炎症性病理变化的总称。本病的临床特征是肾区敏感和疼痛，尿量减少，尿液含有病理产物。以肾小球炎症为主的称为肾小球肾炎，以肾间质病变为特征的称为间质性肾炎。临床上根据病程分为急性肾炎和慢性肾炎。根据引起的病因又分为原发性肾炎和继发性肾炎。

（一）诊断要点

少尿或无尿，肾区敏感，主动脉第二心音增高，脉搏强硬，水肿，尿液检查可见蛋白尿、血尿、尿沉渣中有多量肾上皮细胞和各种管型。

1. 临床症状

急性肾炎　病牛食欲减退，精神沉郁，消化不良，体温上升。由于肾区敏感、疼痛，病牛不愿行走。站立时腰背拱起，后肢叉开或收于腹下。强迫行走时腰背弯曲，后肢僵直，步样强拘，小步前进，尤其侧转弯困难。

病牛频频排尿，但每次尿量较少，严重者无尿。尿色浓暗，比重升高，甚至出现血尿。

肾区触诊，病牛有痛感，直肠触摸，手感肾脏肿大，压之感觉敏感，病牛站立不稳，甚至躺下或抗拒检查。

由于血管痉挛，眼结膜颜色淡白，动脉压可升至 26.26kPa（正常为 15.96～18.62kPa）。主动脉第二心音增高，脉搏强硬。

重病病例，见有眼睑、颌下、胸腹下发生水肿。病程后期，病牛出现尿毒症，呼吸困难，嗜睡，昏迷。

尿液检查，蛋白质呈阳性。镜检尿沉渣，可见管型、白细胞、红细胞以及多量的肾上皮细胞。血液检查，可见血液稀薄，血液蛋白质含量下降，血液非蛋白氮明显升高。

慢性肾炎　病牛全身衰弱，疲乏无力，逐渐消瘦，血压升高，心搏动增强，主动脉第二心音增强，随病程的延长出现心脏衰弱。病程后期，眼睑，颌下，胸前，腹下或四肢末端出现水肿，重症者出现体腔积液或肺水肿。

尿量不定，相对密度增加，尿中有少量蛋白质，尿沉渣中有大量肾上皮细胞和各种管型，少量红细胞和白细胞。血液非蛋白氮升高，尿素氮增多，最终导致慢性氮质血症性尿毒症，病牛倦怠、消瘦、贫血、抽搐及有出血性倾向，直至死亡。典型病例主要是水肿、高血压和尿液异常。

间质性肾炎　临床症状视肾受损害的程度不同而异，主要表现为初期尿量增多，后期尿量减少，尿沉渣中见有少量蛋白、红细胞、白细胞及肾上皮细胞，有时尚可发现透明、颗粒管型。血清肌酸酐和尿素氮升高。

2. 临床病理学

急性肾炎眼观变化不明显，肾脏轻度肿大，充血，被膜紧张、易剥离，质地柔软。表面和切面呈淡红色，皮质部可见散在的针尖状出血点，皮质略显增宽。慢性肾炎，剖检可见肾脏体积增大，色苍白；后期肾脏缩小和纤维化，表面凹凸不平，呈颗粒状，质度硬实，被膜难剥离，切面皮质变薄，结构致密，有时在皮质或髓质内见有或大或小的囊腔。间质性肾炎，肾体积缩小，结缔组织增生，并形成瘢痕组织、变硬，表面呈颗粒状，灰白色，被膜增厚，难剥离。切面皮质变薄，增生的结缔组织呈灰白色条纹状。

3. 病因

肾炎的发病原因尚不十分清楚，但目前认为本病的发生与感染、毒物刺激、外伤及变态反应等因素有关。

感染因素。多继发于某些传染病的经过之中，如炭疽、牛出败、口蹄疫、结核、传染性胸膜肺炎、败血症、布氏杆菌病、钩端螺旋体，猪和羊的败血性链球菌、猪瘟、猪丹毒及牛病毒性腹泻等常常引发或并发肾炎。这是由于病毒和细菌及其毒素作用于肾脏引起，或是由于变态反应所致。

中毒性因素。主要是有毒植物，霉败变质的饲料与被农药和重金属（如砷、汞、铅、镉、钼等）污染的饲料及饮水或误食有强烈刺激性的药物（如斑蝥，松节油等）；内源性毒物主要是重剧性胃肠炎症，代谢障碍性疾病，大面积烧伤等疾病中所产生的毒素与组织分解产物，经肾脏排出时产生强烈刺激而致病。

诱发因素。过劳，创伤，营养不良和受寒感冒均为肾炎的诱发因素。此外，本病也可由肾盂炎、膀胱炎、子宫内膜炎、尿道炎等邻近器官炎症的蔓延和致病菌通过血液循环进入肾组织而引起。

据报道，肾间质对某些药物呈现一种超敏反应，可引起药源性间质性肾炎，已知能反应的药物有：二甲氧青霉素、氨基苄青霉素、先锋霉素、噻嗪类及磺胺类药物。

慢性肾炎的原发性病因，基本上与急性肾炎相同，只是作用时间较长，性质较为缓和。

4. 发病机理

目前，肾炎的发病机制在兽医临床尚未得到充分的阐明，目前认为肾炎是一种免疫性疾病。免疫性机制在肾炎的致病过程中起着主要作用，在此基础上，由于炎症介质的参与，最后导致肾损伤和产生临床症状。非免疫性机制参与疾病的进展，有时成为病变持续、恶化的重要因素。

免疫反应：①肾自身抗原引起的致肾炎反应：肾自身抗原与抗体结合，在原位形成的免疫复合物可导致炎症反应，同时伴随着补体经典途径激活和炎症细胞浸润。②植入抗原引起的致肾炎反应：外源性或内源性抗原分子可因理化及免疫等因素种植到肾小球毛细血管壁或系膜区，然后引起循环中相应抗体与植入抗原结合，或抗体先植入，然后循环中的抗原再结合上去，形成局部免疫复合物，引发肾炎。③免疫复合物引起的致肾炎反应：外源性或内源性抗原可刺激机体产生相应的抗体，在血液循环中形成循环免疫复合物（CIC），CIC 在某些情况下可沉淀或被肾小球捕捉，激活炎症介质，导致肾炎的发生。④细胞免疫：在肾炎的发病过程中，除体液免疫外，细胞免疫也起着重要的作用。

炎症反应：免疫反应须引起炎症反应才能导致肾的损伤及其临床的症状的发生。炎症介导系统包括炎症细胞和炎症介质两大类，其中炎症细胞可产生炎症介质，炎症介质又可趋化、激活炎症细胞，而且各种炎症介质间又相互制约或促进，形成十分复杂的网络。炎症细胞主要有单核巨噬细胞、嗜中性粒细胞、血小板等，这些炎症细胞可产生多种炎症介质，造成肾的炎症病变。

非免疫机制的作用：病原微生物或毒素以及有毒物质或有害的代谢产物随血液循环而移行至肾，并滞留于肾小球或肾小管的毛细血管网内，对肾产生直接刺激作用，损伤肾小球或肾小管的毛细血管而导致肾炎。

（二）治疗要点

本病的治疗原则是，消除病因，加强护理，消炎利尿，抑制免疫反应及对症治疗。

改善饲养管理：首先应将病畜置于温暖、干燥、阳光充足且通风良好的畜舍内，并给予充分休息，防止继续受寒、感冒。在饲养方面，病初可施行饥饿或半饥饿疗法。以后应酌情给予富营养、易消化且无刺激性的能量饲料。对饮水和食盐的给予量也适当地加以控制，从而减缓水肿和肾的负担。

药物治疗　侧重于消除感染、抑制免疫反应和利尿、消肿等措施

消除炎症，控制感染：青霉素肌内注射，每千克体重 1 万 ~2 万 IU，每日 2 ~3 次，连用 3 ~4d。其次可选用头孢菌素类、喹诺酮类等合并使用以提高疗效。为防止尿道感染，可用乌洛托品静脉注射或内服，一次量 5 ~20g。

免疫抑制疗法　鉴于免疫反应在肾炎的发病学上的重要作用，应使用免疫抑制剂以控制病情的发展。肾上腺皮质激素在药理剂量范围内具有很强的免疫抑制作用和抗炎作用。氢化可的松，肌内注射或静脉注射，一次量 200 ~500mg；地塞米松，肌内注射或静脉注射，一次量 10 ~20mg，每日 1 次。有条件时可使用过氧化物歧化酶、别嘌呤醇及去铁敏等抗氧化剂，在清除自由基、防止肾小球损伤方面有重要作用。

利尿消肿　为促进排尿，减轻或消除水肿，可选择利尿药。呋塞米肌肉注射或静脉注射，每千克体重 0.5 ~0.1mg；内服，每千克体

重 2mg，每日 1～2 次，连用 3～5d。氢氯噻嗪内服，每千克体重 1～2mg，每日 1～2 次，连用 3～5d。在应用上述利尿药期间，注意补充钾盐。

中药疗法：加味补阳还五汤：赤芍、川芎、当归、桃仁、红花、甘草各 30g，地龙、连翘各 40g，二花 60g，黄芪 80g，水煎服。金匮肾气丸：熟地 80g，山药、山芋各 40g，泽泻、茯苓、桂枝、丹皮各 30g，附子 25g，水煎服，每天 1 剂，连用 5～7d。

对症疗法：当心脏衰弱时可使用安钠咖或洋地黄制剂；当有血尿时可使用安特新诺、酚磺乙胺、维生素 K_3 和云南白药等止血剂；若出现尿毒症，应采取体液疗法以及使用 5% 碳酸氢钠静脉注射液以纠正酸中毒。

【肾病】

肾病是一种以肾小管上皮细胞弥漫性变性、坏死为病理特征的非炎症性肾脏疾病。表现为大量蛋白尿、低蛋白血症、水肿。

（一）诊断要点

根据临床症状：表现为水肿，但无血尿，血压不升高，并结合实验室检查结果：尿中有大量蛋白质、肾上皮细胞、透明及颗粒管型，但没有红细胞及红细胞管型，血浆蛋白含量降低，胆固醇含量增高及病死进行诊断。

1. 临床症状

肾病症状与肾炎相似，只是不出现血尿，尿沉渣中无红细胞及红细胞管型。轻症病例，尿量不会出现明显变化，尿中含有少量蛋白质，当尿液呈酸性时，出现少量管型。重症病例，病牛食欲减退或废绝，周期性腹泻，消瘦，可视黏膜苍白；尿量减少相对密度增加，含有大量蛋白质，尿沉渣中出现上皮细胞、透明管型和颗粒管型。

2. 临床病理学

肾肿大，被膜易剥离，质地软，皮质增厚，切面有散在的灰白色条纹，皮质与髓质界限模糊。

3. 病因

肾病的病因有多种，其中以中毒与缺氧为较主要因素。

中毒性肾病病因。常见的有家畜蛋白性与脂肪性肾病。蛋白性肾病通常发生在传染性胸膜肺炎、口蹄疫、结核病和猪丹毒等急、慢性传染病，以及重金属元素、霉菌毒素等中毒病的过程中。而脂肪性肾病则常见于严重的妊娠中毒，原发性酮病及某些传染病。

低氧性肾病 发生于大的撞击伤，马的氮尿症，输血性贫血，大面积烧伤和其他引起大量游离血红蛋白与肌红蛋白的疾病。

其他肾病病因。空泡性肾病或称为渗透性肾病与低血钾有关。犬和猫的糖尿病，常因糖沉着于肾小管上皮细胞，尤其是沉积于髓质外带与皮质的最内带时而导致糖原性肾病。在禽痛风时因尿酸盐沉着于肾小管而导致尿酸盐肾病。

4. 发病机理

肾病是全身性疾病的一种局部反应。外源性或内源性有害物质经肾排泄时，由于肾小管的浓缩作用，使其浓度升高，对肾小管产生强烈的刺激，从而导致肾小管上皮细胞变性、坏死；或由于肾缺血而引起肾组织缺氧，肾小管对缺氧比肾小球敏感，因此缺氧时更易受到损伤。

肾病初期，肾小球损害不严重，尿量变化不大。当肾小管上皮细胞肿胀、脱落，引起管腔狭窄或阻塞时，出现少尿或无尿。当肾小管上皮细胞发生变性、坏死时，引起重吸收功能障碍，出现蛋白尿、尿量明显增多，随着蛋白的大量流失，血浆蛋白质明显减少，出现低蛋白血症，致使血浆胶体渗透压降低，液体成分进入组织间隙而发生水肿。当尿液呈酸性时，尿蛋白凝固，形成管型。

（二）治疗要点

治疗原则是消除病因、改善饲料、利尿消肿。

由于感染因素引起的，可选用抗生素或磺胺类药物；由于中毒因素引起的，可采取相应的解毒措施。选用利尿剂消除水肿。饲养上给予富含蛋白质的饲料，限制饮水和饲喂食盐。为了调整胃肠道功能，可投予缓泻剂，以清理胃肠，或给予健胃剂，以增强消化功能。

【尿结石】

见"红尿鉴别诊断"中常见疾病的诊断与治疗。

【膀胱炎】

见"红尿鉴别诊断"中常见疾病的诊断与治疗。

【膀胱破裂】

膀胱破裂是指膀胱壁发生裂伤，尿液和血液流入腹腔所引起的以排尿障碍、腹膜炎、尿毒症和休克为特征的一种膀胱疾患。表现为尿急、尿痛、血尿，当膀胱破裂出血导致血尿时，血块阻塞或尿外渗到膀胱周围、腹腔内，则无尿液从尿道排出。

（一）诊断要点

直肠检查，膀胱空虚皱缩，或膀胱不易触摸到，经数小时复查，膀胱仍然空虚，有时可隐约摸到破裂口。根据以上症状即可确诊。必要时可以肌肉或静脉内注射染料类药物，于 30～60min 后，再行腹腔穿刺，根据腹水中显示注入药物的颜色，即可确诊。

1. 临床症状

奶牛常突然发病，精神沉郁，初期喜卧地，体温升高至 40℃ 左右，没有食欲，不反刍，不排尿，直肠检查膀胱缩小如鸡蛋大小，有时可触摸到膀胱壁的破裂处。随着病程发展腹腔尿液不断增多，腹围逐渐增大，冲击式触诊腹壁有明显的拍水音，叩诊有水平浊音，腹腔穿刺有大量微黄色有尿味的液体流出，将穿刺液置试管内煮沸，可闻到尿味。若已继发腹膜炎，则穿刺液呈淡红色较混浊，并混有纤维蛋白絮块。病程延长则患牛表现精神极度沉郁，眼结膜弥漫性充血，体温升高，呼吸浅表，心率加快，瘤胃蠕动极弱，并可出现不同程度的瘤胃臌气，如不采取治疗措施，病牛可在膀胱破裂后 3～4d 逐步衰竭、昏迷而死亡。

2. 病因

空虚的膀胱位于动物骨盆腔深部,受到周围组织良好的保护,一般不易破裂。引起膀胱破裂最常见的原因是继发于尿路的阻塞性疾病,特别是由尿道结石、砂性尿石或膀胱结石阻塞了尿道或膀胱颈。尿道炎引起的局部水肿、坏死或瘢痕增生。阴茎头损伤以及膀胱麻痹等,造成膀胱积尿,均易引发膀胱破裂。膀胱内尿液充盈,容积增大,内压增高,膀胱壁变薄、紧张,此时任何可引起腹内压进一步增高的因素,例如动物卧地,强力努责,摔跌、挤压等,都可导致膀胱破裂。由慢性蕨中毒、棉酚中毒等继发的膀胱炎或膀胱肿瘤等,有时也可以引起膀胱破裂。其他外伤性原因,如火器伤,盆骨骨折,粗暴的难产、助产都可能发生膀胱破裂。对公牛不正确或反复多次的直肠内膀胱穿刺导尿,可导致膀胱不完全破裂,尿液渗出到膀胱周围而发生局限性腹膜炎。轻者造成膀胱和直肠的部分粘连,重者发生大范围粘连甚至造成直肠 - 膀胱瘘。

(二) 治疗要点

膀胱破裂的治疗应抓住3个环节,对膀胱的破裂口及早修补,控制感染和治疗腹膜炎、尿毒症,积极治疗导致膀胱破裂的原发病。以上3个环节互为依赖,相辅相成,应该统筹考虑,才能提高治愈率。

牛半仰卧保定,速眠新全身浅麻配合术部浸润麻醉。手术部位选择在距耻骨前沿2~4cm、乳腺外侧3~4cm处。术部纵向切口15~20cm,常规切开腹壁各层。在到达腹膜时,先将腹膜剪开一2cm的小口,缓慢排出腹腔的内积尿,待积尿基本排完后再将腹膜切口扩大。然后术者手伸入骨盆腔入口处探摸膀胱破裂处,同时清除腹腔中的血凝块和纤维蛋白凝块,如有粘连,应小心细致地分离粘连。

以舌钳或肠钳在膀胱颈处固定,并缓慢地多次牵引将膀胱拉出切口外(不易拉出时可进行第一、二尾椎间隙麻醉),然后修补膀胱破裂处。破裂口的缝合应用肠线和圆针分两层缝合。第一层做浆膜、肌层连续内翻缝合,第二层做浆膜、肌层间断内翻缝合,破裂口小的可做荷包缝合。

腹腔冲洗 用大量的温生理盐水彻底冲洗腹腔,最后再用甲硝唑或环丙沙星溶液冲洗腹腔。常规闭合腹腔。

术后护理 术后常规抗菌消炎，加强日常护理，并对继发症积极采取措施进行治疗。

【循环虚脱】

循环虚脱又称外周循环衰竭，是血管舒缩功能紊乱或血容量不足引起心排血量减少，组织灌注不良的一系列全身性病理综合征。由血管舒缩功能引起的外周循环衰竭，称为血管性衰竭。由血容量不足引起的，称为血液性衰竭。临床特征为心动过速、血压下降、低体温、末梢部厥冷、浅表静脉塌陷、肌肉无力乃至昏迷和痉挛。各种动物都能发生。

（一）诊断要点

根据病史，再结合黏膜发绀或苍白，四肢厥冷，血压下降，尿量减少，心动过速，烦躁不安，反应迟钝，昏迷或痉挛等临床表现可以做出诊断。应与心力衰竭进行鉴别诊断。同时应区分外周循环衰竭是由失血引起的，还是由脱水或休克引起的。循环虚脱病程危急，可在短期内死亡，但经积极治疗，一般预后良好。

1. 临床症状

随着病程的发展表现出不同的症状。

初期，精神轻度兴奋，烦躁不安，汗出如油，耳尖、鼻端和四肢下端发凉，黏膜苍白，口干舌红，心率加快，脉搏快弱，气促喘粗，四肢与下腹部轻度发绀，显示花斑纹状，呈玫瑰紫色，少尿或无尿。

中期，随着病情的发展，精神沉郁，反应迟钝，甚至昏睡，血压下降，脉搏微弱，心音混浊，呼吸疾速，节律不齐，站立不稳，步态踉跄，体温下降，肌肉震颤，黏膜发绀，眼球下陷，全身冷汗粘手，反射机能减退或消失，呈昏迷，病势垂危。

后期，血液停滞，血浆外渗，血压急剧下降，微循环衰竭，第一心音增强，第二心音微弱，甚至消失。脉搏短缺。呼吸浅表疾速，后期出现陈施二氏呼吸或间断性呼吸，呈现窒息状态。

因发病的原因不同，所以临床上会出现其各自病因的特殊症状。因出血引起的，尚有结膜高度苍白、红细胞压积容量降低等急性出血性贫血的表现；因脱水引起的，尚有皮肤弹性降低、眼球凹陷、红细胞压积容量增加等表现；因过敏反应引起的，往往突然发生抽搐和肌肉痉挛，粪尿失禁、呼吸微弱等表现；因感染引起的，多伴有体温升高及原发病的相应症状。

病理变化，病畜剖检时，发现全身各个器官都有明显的病理学变化。心肌扩张，心脏内充盈血液，毛细血管充血，肠壁淤血、出血、全身静脉淤血，特别是肝、脾、肾的静脉淤血，肺水肿和淤血，胃肠黏膜坏死。

2. 病因

循环虚脱的病因较为复杂，大致可分为以下几种。

血容量突然减少，如外伤性失血、手术失血过多，剧烈呕吐和腹泻、重剧胃肠道疾病引起的严重脱水，以及各种心脏病，均可引起心输出血量减少，血压急剧下降，导致循环虚脱。

剧痛和神经损伤，如剧烈疼痛性疾病，脑脊髓损伤和麻醉意外等使交感神经兴奋或血管运动中枢麻痹，周围血管扩张，血容量相对降低。

严重中毒和感染，常见的疾病如出血性败血症、脓毒血症、大叶性肺炎、流行性脑炎以及感染创口等。其感染菌如埃希氏大肠菌、金黄色葡萄球菌、绿脓杆菌等，产生大量毒素，引起内中毒，先是因交感神经兴奋，内脏与皮肤等的毛细血管和小动脉收缩，血液灌注量不足，引起缺血、缺氧，产生组胺与5-羟色胺，继而毛细血管扩张或麻痹，形成淤血、渗透性增强、血浆外渗，发生虚脱。

过敏反应，如注射血清和其他生物制剂、抗生素、磺胺类药物产生的过敏反应，血斑病和其他过敏性疾病的过程中，产生大量血清素、组织胺、缓激肽等物质，引起周围血管扩张和毛细血管床扩大，血容量相对减少。

3. 发病机理

不论何种原因引起的循环虚脱，其基本的病理演变过程是大致相同的。

初期（代偿期），血容量急剧下降，有效循环血量减少，静脉回心血量和心排血量均不足，引起血压下降，交感—肾上腺素系统兴奋，大量分泌儿茶酚胺，心率加快，内脏与皮肤的毛细血管痉挛收缩，血压升高，血液重新分配，保证脑和心脏得到相对充足的供应，维持生命活动。此外，肾灌注不足引起肾素分泌增加，通过肾素－血管紧张素－醛固酮系统，引起钠和水潴留，血容量增加，在一定程度上起代偿作用。

中期（失代偿期），由于毛细血管网缺血，组织细胞发生缺血性缺氧，局部组织发生酸中毒，血管对儿茶酚胺的敏感性降低，使儿茶酚胺的释放量增加，以维持血管收缩。由于组织缺氧，释放出大量组织胺、5-羟色胺，加上缓激肽和细菌毒素的直接作用，使小动脉和微动脉紧张度降低，促使大部分或全部毛细血管扩张，有效循环血量更加不足，血压急剧下降，组织细胞的缺血缺氧状态更加严重，促进外周循环衰竭的发展。由于心脑缺血缺氧，动物陷于高度抑制状态。

后期，随着病情的发展和恶化，组织酸中毒加剧，外周局部血液pH值降低，酸性血液在细菌等的作用下，发生弥漫性血管内凝血，形成血栓，造成微循环衰竭。病畜脉微欲绝，有出血倾向，发生水肿，陷于昏迷状态。

（二）治疗要点

一般原则是补充血容量，纠正酸中毒，调整血管舒缩机能，保护重要脏器的功能，及时采用抗凝血治疗。

补充血容量常用乳酸林格氏液（0.167mol/L 乳酸钠溶液与林格氏液按 1∶2 混合）静脉注射，如同时给予 10% 低分子（分子量为 2万~4 万）右旋糖酐注射液（牛 2 000~4 000mL），对维持有效循环血量、保护肾功能、降低血液黏滞度、疏通微循环，防止弥漫性血管内凝血，均有良好的作用。也可使用 5% 葡萄糖生理盐水、生理盐水、复方生理盐水及 5%~10% 葡萄糖注射液。可根据皮肤皱褶试验、眼球凹陷程度、红细胞压积容量及中心静脉压等判断脱水程度，并估算补液量。

纠正酸中毒可用5%碳酸氢钠注射液，牛1 000~1 500mL；或11.2%乳酸钠溶液，牛300~500mL，与5%葡萄糖生理盐水500~1 000mL，一起静脉注射；或在乳酸钠林格氏液中按0.75g/L加入碳酸氢钠，与补充血容量同时进行，纠正酸中毒。

当采取补充血容量和纠正酸中毒的措施以后，如血压仍不稳定，则应使用调节血管舒缩功能的药物。如山莨菪碱，牛100~200mg静脉滴注或直接静脉注射，每隔1~2h重复用药一次，连用3~5次。对其他家畜或病情严重的牛，可按1~2mg/kg一次静脉注射，待病畜可视黏膜变红、皮肤变温，血压回升时，即可停止用药；硫酸阿托品，牛50mg，皮下注射；多巴胺，牛60~100mg，静脉滴注。

当病畜处于昏迷状态伴发脑水肿时，为了降低颅内压，改善脑循环，常用20%甘露醇或25%山梨醇静脉注射，也可用25%葡萄糖注射液，牛500~1 000mL静脉注射。

对于存在弥漫性血管内凝血的病畜，为减少微血栓的形成，可以使用肝素100~150U/kg，溶于5%葡萄糖溶液或生理盐水500mL中，以每分钟30滴的速度静脉滴注。

进行外周循环衰竭治疗的同时，必须积极治疗原发病，加强护理，改善饲养管理。

【急性肾衰竭】

急性肾衰竭又称急性肾功能不全，是指由多种原因造成的急性肾实质性损害而导致的肾功能抑制。临床上以发病急骤，少尿或无尿，代谢紊乱和尿毒症等为主要特征。

(一) 诊断要点

根据发病史、临床症状结合实验室检验结果可做出诊断。必要时做超声和液体补给试验。液体补充试验，给少尿的动物静脉补液，补液后，注射速尿，若仍无尿或尿比重低，可认为急性肾衰。

1. 临床症状

急性肾功能衰竭的临床表现可分3期。

少（无）尿期，多数病例此期可持续 15d 左右。患病动物在原发病症状的基础上，排尿明显减少或无尿。由于水、盐及代谢产物排泄障碍，而出现水肿、心力衰竭、高钾血症、低钠血症、代谢性酸中毒、氮血症，且易发生感染等。

多尿期，若能度过少尿期，则尿量开始增加。但水及氮质代谢产物潴留依然显著，由于钾排出过快而发生低钾血症，有些动物出现心力衰竭，后肢瘫痪等症状。患病动物多死于该期。耐过者，水肿开始消退，症状逐渐好转。

恢复期，经过多尿期后，尿量逐渐恢复正常。但由于患病动物体力消耗严重，表现为肌肉无力、萎缩等。恢复期的长短，取决于肾实质病变的程度。重症者，肾小球滤过功能长期不能恢复，可转变为慢性肾衰。

少尿期的尿量少，尿比重初期高于 1.025，尿钠浓度高，尿中可见红细胞、白细胞、各种管型及蛋白质。多尿期的尿比重降低，尿中可见白细胞。血液白细胞总数及中性粒细胞比例增高，血中肌酐、尿素氮、磷酸盐、钾含量升高，血清钠、氯及 CO_2 结合力降低。

肾造影检查，急性肾衰时，造影剂排泄缓慢，根据肾显影情况可判断肾衰程度。肾显影慢，逐渐加深，表明肾小球滤过率低；显影快而不易消退，表明造影剂在间质及肾小管内积聚；显影极淡，表明肾小球滤过几乎停止。

2. 病因

常见的病因有大失血、严重脱水、急性中毒、变态反应和感染等。由于外伤或手术造成的大出血，急性左心衰竭，严重的呕吐、腹泻失去大量水分等因素引起的肾脏严重缺血。由于某些化学药物（如氯仿、磺胺类药物等）、生物毒素（如蛇毒、生鱼胆）和细菌和病毒感染（有多种血清型的钩端螺旋体、大肠埃希氏菌、链球菌、葡萄球菌、变形杆菌和犬瘟热病毒等）等，可直接侵害肾组织或通过免疫途径造成肾组织的损伤。

3. 发病机理

肾前性急性肾衰 由于血液入肾前发生流通障碍而造成急性缺血

而引起肾衰。如心力衰竭时心输出量减少；大失血脱水或败血症所致的有效循环血量不足，血容量减少；药物、麻醉或脊髓损伤等诱发的低血压；某些过敏性休克时，入肾小球动脉端的血压低于8kPa，肾小球滤过作用濒临停止，尿量极少并含少量蛋白质，继而发生肾衰。

肾性急性肾衰 由肾脏本身急性病变引起，多见于急性间质性肾炎和急性肾小管坏死，以及肾脏病变所致的急性局部缺血，偶见于严重的腹部创伤性双侧肾脏破裂。由于大部分肾小管基底膜损伤，溶解以至坏死，所产生的管型与细胞碎片阻塞肾小管，尿液被重新吸收而使血氮增多，引起肾衰。

肾后性急性肾衰 因尿液排出肾脏受阻所致。多见于双侧输尿管或尿道阻塞。由于尿液排出受阻，而肾脏仍正常泌尿，使尿液积聚，导致肾小管、肾小球内压力过高，不仅使肾小球滤过受阻，尿中积聚代谢产物，也可造成肾小球管破裂或坏死，因而发生急性肾衰。若一侧输尿管阻塞，尚可见肾盂积水。

在促进急性肾衰中起作用的两个重要因素是进行性、自身长期化的肾缺血和急性肾小管的坏死。不论促发的原因是哪一种，肾小管管腔被蛋白管型和细胞碎屑阻塞，以及滤液经损伤的肾小管上皮漏回，都有助于一系列变化的连续发生。

（二）治疗要点

本病宜以积极抢救，防止休克和脱水，及时补液，纠正酸中毒和减缓氮血症为治疗原则。

少尿期治疗，应给予高能量、低蛋白、富含维生素且易消化的食物。积极治疗原发病并纠正高血钾和钠、水潴留。

补液纠正脱水可用生理盐水、5%葡萄糖注射液等。若高血钾症严重，常用乳酸林格氏液，每千克体重10~20mL静脉注射，或者用10%葡萄糖溶液30mL加U胰岛素，按1mL/kg体重静脉注射或按0.5mL/kg体重口服10%葡萄糖硼酸钙溶液以纠正高血钾。若伴酸中毒，可静脉注射5%碳酸氢钠。对肾小管坏死的危险病例，纠正脱水后可用渗透性利尿剂，如20%甘露醇或20%葡萄糖溶液静脉注射，1~2mL/kg体重，4mL/min的速度输入，以减轻氮血症。

为防止发生败血症，可给予抗生素，如氨苄西林钠、头孢菌素等。为防止休克，可给予地塞米松 0.4~0.8mg/kg，每天 1 次或 2 次。解除痉挛，可选用 654-2、氯丙嗪等。当重金属中毒时，应尽早投予二疏基丙醇 4.4~6.6mg/kg 体重，肌内注射，间隔 4~6h 1 次。当尿路阻塞时，应设法排除阻塞的原因。

多尿期，多尿期开始时，常为尿毒症高峰，仍需按少尿期治疗，随尿量渐多，水肿消退，转入多尿期治疗，主要应注意补钾，可给予口服钾盐，或静脉注射氯化钾注射液，并根据尿量，适当进行口服或静脉补液。

【尿道炎】

尿道炎是指尿道黏膜的炎症，其临床特征为尿频、尿痛、局部肿胀。各种家畜均可发生，牛比较常见，尤其是公牛易发本病。

（一）诊断要点

根据临床特征和尿道逆行性造影可确诊，如疼痛性排尿，尿道肿胀、敏感，以及导尿管探诊和外部触诊即可确诊。

尿液检查，尿液中无膀胱上皮细胞。应做尿液细菌培养以确定病原，单纯性尿道炎尿中无管型和膀胱以上的上皮细胞。

1. 临床症状

病畜频频排尿，尿呈断续状流出，并表现疼痛不安，公畜阴茎勃起，母畜阴唇不断开张，黏液性或脓性分泌物不时自尿道口流出。作导尿管探诊时，手感紧张，甚至导尿管难以插入。病畜表现疼痛不安，并抗拒或躲避检查。尿液混浊，混有黏液，血液或脓液，甚至混有坏死和脱落的尿道黏膜。局部尿道损伤为明显的一过性，或仅在每次排尿开始时滴出血液，也可见不排尿。

尿道炎通常预后良好，如果发生尿路阻塞，尿潴留或膀胱破裂，则预后不良。

2. 临床病理学

尿液混浊，混有黏液，血液或脓液，甚至混有坏死和脱落的尿道黏膜。

3. 病因

主要是尿道的细菌感染，如导尿时手指及导尿管消毒不严，或操作粗暴，造成尿道感染及损伤。或尿结石的机械刺激及刺激性药物与化学刺激，损伤尿道黏膜，再继发细菌感染。此外，公畜的包皮炎，母畜的子宫内膜炎症的蔓延，也可导致尿道炎。

（二）治疗要点

治疗原则是消除病因，控制感染，结合对症治疗。当尿潴留而膀胱高度充盈时，可施行手术治疗或膀胱穿刺。清洗尿道，用 0.1% 高锰酸钾溶液清洗尿道及外阴部，然后向尿道内推注抗生素。

【水中毒】

见"皮肤黏膜苍白"中常见疾病的诊断与治疗。

【蛇毒中毒】

蛇毒中毒是动物被毒蛇咬伤而引起的一种动物毒素中毒。临床上以毒血症、溶血、中枢麻痹及休克甚至死亡为特征。各种动物均可发生。

（一）诊断要点

根据病史和临床症状，一般可以确诊。

1. 临床症状

神经毒症状，咬伤后，流血少，红肿热痛等局部症状轻微，通常在咬伤后的数小时内即可出现急剧的全身症状。病畜痛苦呻吟，兴奋不安，全身肌颤，吞咽困难，口吐白沫，瞳孔散大，血压下降，呼吸困难，脉律失常，最后四肢麻痹，卧地不起。终因呼吸肌麻痹，窒息死亡。

血循毒症状，咬伤后，局部症状特别明显，主要表现为咬伤部剧痛，流血不止，迅速肿胀，发紫发黑，很快出现坏死，肿胀迅速向上发展，一般经 6 ~ 8h 可蔓延到全肢、背腰部以至全身。病情进一步发展，出现血尿、血红蛋白尿、少尿、尿闭及胸膜腔大量出血等全身症状，最后导致心力衰竭或休克而死。

混合毒症状，咬伤后，局部出现红肿热痛和坏死等。毒素吸收后，全身症状严重且复杂，既具备神经毒所致的各种神经症状，又具备血循毒所致的各种临床表现。呼吸中枢和呼吸肌麻痹引起的窒息，或血管运动中枢麻痹和心力衰竭引起的休克，通常是死亡的直接原因。

2. 病因

世界上蛇类有3 000种左右，其中毒蛇约650种。我国的蛇类约有150多种，毒蛇占47种，常见的有金环蛇、银环蛇、眼镜蛇、五步蛇、蝮蛇、蝰蛇、龟壳花蛇、竹叶青和海蛇。这些毒蛇，除海蛇主要分布于近海地区外，大多数分布于长江以南各省区，而长江以北平原和丘陵地区只有蝮蛇、蝰蛇等较少几种毒蛇。家畜于放牧觅食时被毒蛇咬伤，马、牛及羊被咬伤的部位多在跗关节或球关节附近，犬、猫则多在四肢和头部。咬伤部位愈接近中枢神经和血管丰富部位，中毒症状愈严重，病程愈短。猪由于皮肤厚及皮下脂肪丰富，毒素吸收缓慢，其中毒症状出现也慢，各种动物对蛇毒的敏感性不尽相同。最敏感的是马属动物，其次是绵羊和牛，而猪的敏感性最小。

3. 发病机理

蛇毒是一种含特异性毒蛋白、多肽类及某些酶类的复杂化合物，如胆碱酯酶、凝血素、凝集素、溶蛋白素、蛋白分解酶等。因此，蛇毒的作用是多方面的，通常据此将其分为3类，即神经毒、血循毒和混合毒。神经毒主要作用于脊髓神经和神经肌肉接头，使骨骼肌麻痹乃至全身瘫痪；亦可直接作用于延髓的呼吸中枢或呼吸肌，使呼吸肌麻痹，最后窒息而死。血循毒主要作用于血液循环系统，引起心力衰竭、溶血、出血、凝血、血管内皮细胞破坏，最后休克而死。混合毒则兼有神经毒和血循毒的毒性作用，但总是以其中某一种毒性作用为主。毒蛇种类不同，所含毒素也不尽相同，金环蛇、银环蛇等眼镜蛇科环蛇属毒蛇的毒液多属神经毒；蝰蛇、蝮蛇、竹叶青等蝰蛇科和蝮蛇科毒蛇的毒液多属血循毒；眼镜蛇和眼镜王蛇的毒液多属混合毒。

（二）治疗要点

治疗原则是防止毒素扩散，排毒，解毒和对症治疗。

发现毒蛇咬伤，应在伤口近心端处进行结扎，以能阻断淋巴、静脉回流为限，但不能阻碍动脉血的供应，以后间隔 15～20min 放松 1～2min，以免缺血而发生坏死。排毒和服蛇药后解除结扎。

结扎后，应立即用清水、氨水、双氧水或 0.1% 高锰酸钾液冲洗伤口。然后，沿咬伤牙痕并与血管走向平行，进行切开扩创，创口要深达被咬伤局部组织的肌肉和肌膜，将其周围组织切除，或扩创后挤压、烧烙、抽吸（切不可用嘴吸）周围组织中的毒液。

处理伤口之前或同时，内服或局部涂敷蛇药，和/或注射抗血清。蛇药如湛江蛇药、季德胜蛇药、南通蛇药、群生蛇药、上海蛇药等，也可选用七叶一枝花、八角莲、山梗菜、万年青、青木香、石蟾蜍、半边莲、田基黄等捣烂外敷。咬伤部周围，可注射 1%～2% 高锰酸钾液、双氧水或胃蛋白酶液，并用 0.25%～0.5% 盐酸普鲁卡因注射液 100～200mL 封闭。为结合或破坏已吸收的毒素，可缓慢静脉注射 2% 高锰酸钾注射液 50～100mL。单价或多价抗蛇毒血清早期静注常具有特效，皮下注射，亦有较好的解毒效果。用量：80～100mL。

对症治疗，应用大剂量糖皮质激素如地塞米松等，具有解毒、抗休克作用。也可用山梗菜碱、安钠咖、乌洛托品、樟脑、葡萄糖等强心、解毒、兴奋呼吸的药物。有窒息危险的，应施行气管切开术。

（赵霞，樊瑞锋）

主要参考文献

[1] 崔中林. 奶牛疾病学 ［M］. 北京：中国农业出版社，2007.

[2] 李毓义，杨宜林. 动物普通病学 ［M］. 长春：吉林科学技术出版社，1994.

[3] 陈香美，董科. 实用肾病学 ［M］. 北京：北京医科大学中国协和医科大学联合出版社，1995.

[4] 董德长. 实用肾病学 ［M］. 上海：上海科学技术出版

社，1999.

［5］ 王小龙．兽医内科学［M］．北京：中国农业大学出版社，2004.

［6］ 王建华．家畜内科学 第2版［M］．北京：中国农业出版社，2003.

［7］ 叶仁高，陆再英．内科学［M］．北京：人民卫生出版社，2004.

［8］ 张幼成．奶牛疾病［M］．北京：农业出版社，1984.

［9］ 郭定宗．兽医内科学［M］．北京：高等教育出版社，2005.

［10］ 樊璞．实用牛病学［M］．上海：上海科学技术出版社，1986.

［11］ 威廉．C. 雷布汉．奶牛疾病学［M］．北京：中国农业大学出版社，1999.

［12］ 石冬梅，皇甫和平．育成奶牛膀胱破裂修补术及成因探讨［J］．畜牧与兽医，2007（7）：55-56.

［13］ 高雯雯．家畜膀胱破裂的症状与治疗［J］．兽医临床，2014，2：162.

第二十二章

昏迷的鉴别诊断

昏迷是由于脑功能受到极度抑制而意识丧失和随意运动消失，并对刺激无反应或出现异常反射活动的病理状态。

还有一种昏迷称为醒状昏迷，亦称"睁眼昏迷"或"去皮质状态"。患牛主要表现为睁眼闭眼自如，眼球处在无目的的漫游状态，容易使人误解为患牛的意识存在。但是，它对周围事物的反应能力完全丧失，不能对任何刺激做出主动反应。醒状昏迷的出现说明患牛的脑干的功能存在而脑皮质功能丧失，绝大多数情况下因该功能难以恢复，故预后较差。

一、生理解剖基础

昏迷的生理解剖基础是上行网状激活系统障碍，网状结构在脑干部，将脊髓、延脑的上行感觉神经路的侧枝连结。从而，将感觉神经路上行的感觉冲动，传入脑干部的网状结构，激活上行性网状结构激动系统，进而将它投射，使大脑皮质的神经细胞的活动亢进。感觉的冲动减少，则使上行性网状结构激动系统的活动减弱和大脑皮质的兴奋水平下降。大脑皮质的兴奋水平的高低，以不同的意识状态来表现，所以，上行性网状结构激动系统的活动下降的话，就将处于睡眠或昏睡状态。即意识的生理学机制是由于上行性网状结构激动系统的活动，以往所假定的睡眠中枢部位，可能就包含在上行性网状结构激动系统中。上行性网状结构激动系统的中核即脑干网状结构，反过来由大脑皮质控制它的活动。

二、昏迷的病因

1. 传染病

病原微生物感染是神经系统疾病最常见的病因。例如，各种嗜神经性病毒，衣原体与弓形体引起的非化脓性脑脊髓炎。

2. 寄生虫病

如多头绦虫的脑多头蚴，有钩绦虫与无钩绦虫的囊尾蚴寄生于脑可造成机械性压迫和损伤，使神经系统结构和完整性遭到破坏，从而导致严重的病理现象。

3. 中毒或毒素的作用

污染性饲料毒物或有毒植物能引发严重的神经疾病，如食盐中毒、有机农药中毒、霉菌毒素中毒、重金属元素中毒等。此外，一些有机溶剂，一氧化碳，某些过量的药物，以及各种细菌毒素和异常的代谢产物，均能对神经系统产生毒性损害作用。

4. 血液循环障碍

中枢神经系统，尤其是大脑皮层对氧十分敏感，因此，各种原因导致的大脑缺血、脑血栓、脑充血和水肿以及脑出血等，都可引起脑部血液循环障碍而出现严重的神经症状，甚至引起死亡。

5. 理化因素或机械因素的影响

日射、挫伤和震荡可能对神经组织造成直接损伤，还能伴发循环障碍，严重的挫伤和震荡可导致休克。

6. 肿瘤的侵占与压迫

许多原发性或继发性肿瘤可生长于神经组织而造成压迫或损害，如生长于软脑膜的各种肉瘤、内皮瘤，生长于脑实质内的成神经细胞瘤、神经胶质细胞瘤、各种肉瘤，生长于外周神经的神经节细胞瘤等。鸡的马立克氏病，瘤细胞常在坐骨神经丛和臂神经丛形成肿瘤性病灶而引起运动障碍。

7. 营养因素

如硫胺素缺乏引起的多发性神经炎，维生素 A、维生素 E、泛酸、吡哆醇缺乏时可分别出现神经细胞变性、神经细胞染色质溶解和坏死、脑软化、髓鞘脱失、视神经萎缩及失明等多种病理变化。

此外，变态反应能引起神经系统的病理变化。遗传、品种、性别和年龄等诸方面，在神经系统的某些疾病的发展过程中也有一定的联系。

三、昏迷的鉴别诊断思路

昏迷的外因有的较易明确，如颅脑外伤、电击伤、溺水意外等；但有时则较难确定。临床上可按下列步骤进行诊断与鉴别诊断的思考。

确定是否有昏迷 通过病史询问及临床检查，一般来说比较简单，但一些精神病理状态及闭锁综合征亦可对刺激无反应，它酷似昏迷，应注意鉴别区分。

精神抑制状态 见于癔症或剧烈精神创伤之后，病牛忽然对外界刺激毫无反应，呼吸急促或屏气，双目紧闭，眼睑急速轻眨。当拨开其上眼睑对眼球上转。瞳孔对光反应灵敏。四肢伸直、屈曲或挣扎、乱动。

木僵 病牛不动、不食，甚至对强烈的刺激无反应，常伴有紫绀、流涎、体温过低、尿潴留等自主神经功能紊乱。

闭锁综合征 由于脑桥腹侧局限性病变及两侧皮层脊髓束和支配第 V 颅神经以下的皮层延髓束，因而除能睁眼、闭眼、眼球垂直活动以外，病损以下所有的运动功能全部丧失，但意识未受影响。本综合征主要见于基底动脉闭塞，亦可见于脑桥中央髓质溶解症及脑桥肿瘤等。

推测病变部位 根据昏迷奶牛有无神经系统损害的表现（如呼吸、瞳孔、反射性眼球运动及运动反应等）、颅内压增高及其他系统的表现，可推测引起昏迷的原发病变是在颅内还是颅外。颅内病变又可依据其范围与性质分为幕上、幕下局灶病变、弥散性脑病变、癫痫性昏迷。

病因诊断

脑血管意外　脑卒中是引起昏迷的常见病因。可分为脑出血、内囊出血、脑室出血、脑桥出血、重型小脑出血、脑动脉血栓、脑脊液压力增高。

颅脑外伤　有明确的头颅外伤史，意识短暂丧失常为脑震荡；如昏迷持久，可能为脑挫伤，可伴有精神错乱及偏瘫等局灶性神经意识缺损症，以及呕吐与累及生命中枢等表现，脑脊液混有血液。外伤性颅内血肿的病情呈进行性加剧，一般于伤后有短暂昏迷，继以一段意识好转期，有头痛、呕吐，而后出现躁动不安，再度昏迷，并常伴随脑疝症，如急性或亚急性硬膜下及脑内血肿。也可在伤后昏迷继续加深迅速出现颅内压升高与脑疝征，如急性或亚急性硬膜下及脑内水肿。弥漫性轴索损伤为严重脑上之一，系大脑半球白质与上部脑干的神经元及轴索弥漫性损害与变性，伴有脑水肿及血管损伤，如见于颅脑损伤后持久昏迷或植物状态。

脑肿瘤　一般发病缓慢，主要表现为痫性发作，运动与感觉障碍，头痛、呕吐、视乳头水肿等颅内压增高并发脑疝则可引起昏迷。

中枢神经系统感染　各种中枢神经系统感染均有不同程度的头痛、发热、精神意识障碍、颈背强直及脑脊液异常。

癫痫性昏迷　昏迷可见于癫痫大发作后或痫性大发作持续状态。

低血糖症昏迷　发病时迅速发生不同程度的昏迷、冷汗、心动过速及恶心呕吐，摄入或静脉注射葡萄糖可立即恢复。

肝性昏迷　又称肝性脑病、门—体循环性脑病或肝脑综合征，系由严重肝病所引起。若为暴发性肝衰竭，肝功能进行性迅速损减，血清胆红素与转氨酶值显著升高，由神智错乱很快转入昏迷。若为慢性进行性肝病，常有胃纳减退、腹胀、肝脾肿大、黄疸、腹壁静脉曲张、肝臭等肝病症状及肝功能损害，发生昏迷较缓慢。

尿毒症　昏迷前先有一个时期的表情淡漠、动作缓慢、注意力不集中、智能减退、嗜睡等抑制性症状，有时会出现震颤、惊厥。发生酸中毒与氮质血症，表现为恶心、呕吐、食欲减退、疲乏、消瘦、贫血、不安、失眠，终至抽搐及昏迷。有时因多尿、呕吐、低钠而失水。

外源性中毒 引起昏迷的毒物大致可有中枢神经抑制剂、麻醉剂、一氧化碳、乙醇、氰化物、抗胆碱能及胆碱能类药物或毒物等。

四、症状治疗

应对患病奶牛尽快查明原因，对因治疗。若暂时不能查明原因，可先行对症治疗。

保持呼吸道通畅，吸氧，呼吸兴奋剂应用，必要时气管切开或插管行人工辅助通气。

维持有效血循环，给予强心、升压药物，纠正休克。

颅压高病牛给予降颅压药物如 20% 甘露醇、速尿、甘油等，必要时进行侧脑室穿刺引流等。

预防或抗感染治疗。控制高血压及过高体温。止抽搐用安定、鲁米那等。纠正水、电解质紊乱，补充营养。给予脑代谢促进剂，如ATP、辅酶 A、胞二磷胆碱、脑活素等。给予促醒药物，如醒脑静、安宫牛黄丸等。注意口腔、呼吸道、泌尿道及皮肤护理。

五、常见疾病的诊断与治疗

【牛玻纳病】

牛玻纳病是由玻纳病毒引起的一种以进行性非化脓性脑膜炎性疾病，临床上以进行性运动失调、意识障碍为特征。

（一）诊断要点

1. 临床症状

意识障碍，进行性运动失调为主要症状。皮温降低（特别是后躯），心音细弱，步态踉跄，只能用前置站立，移动。自己不能进入睡眠，发病第 48d 开始，肩部震颤，两侧性眼球震荡，斜视昏迷症状，脊髓反射，脑神经反射，姿势反射异常。

2. 临床病理学

以非化脓性脑炎为特征，单核细胞浸润在血管周围，神经细胞变性，这些病变主要在大脑边缘系，间脑和中脑的脑周围的灰白质中。

3. 流行病学

玻纳病毒是一种嗜神经性病毒，在神经细胞内复制。基因组大小为 9kb，可表达 5 个蛋白。带毒动物为传染源，玻纳病毒的侵入门户是嗅球的神经上皮。传播不明显。也可能水平或垂直传播。

（二）治疗要点

本病是一种引起人和动物的中枢性神经系统疾病的人畜共患传染病。加强检疫，防治该病的传入是控制该病的最好防疫措施。尚无有效治疗方法。

【李氏杆菌病】

李氏杆菌病是由李氏杆菌引起的一种散发性传染病，病牛主要表现脑膜脑炎、败血症和妊畜流产。

（一）诊断要点

该病主要从流行病学及临床症状进行初步诊断。并需要实验室诊断进一步确定。

1. 临床症状

自然感染的潜伏期约为 2～3 周。有的可能只有数天，也有长达两个月的。病初体温升高约 1～2℃，不久降至常温。原发性败血症主见于犊牛，表现精神沉郁、呆立、低头垂耳、轻热、流涎、流鼻液、流泪、不随群行动、不听驱使。咀嚼吞咽弛缓，有时于口颊一侧积聚多量没有嚼烂的草料。脑膜脑炎发于较大的动物，主要表现头颈一侧性麻痹，弯向对侧，该侧耳下垂，眼半闭，以至视力丧失。沿头的方向旋转（回旋病）或作圆圈运动，不能强使改变，遇障碍物，则以头抵靠而不动。颈项强硬，有的呈现角弓反张。后来卧地，呈昏迷状，卧于一侧，强使翻身，又很快翻转过来，直至死亡。病程短的 2～3d，长的 1～3 周或更长。成年动物症状不明显，妊娠母畜常发生流产。水牛突然发生脑炎。症状似黄牛，但病程短，病死率很高。

2. 临床病理学

有神经症状的病牛，脑膜和脑可能有充血、炎症或水肿的变化，脑脊液增加，稍混浊，含很多细胞，脑干变软，有小脓灶，血管周围有以单核细胞为主的细胞浸润，肝可能有小炎灶和小坏死灶。败血症的病牛，有败血症变化，肝脏有坏死，多形核细胞增多。流产的母牛可见到子宫内膜充血以至广泛坏死，胎盘子叶常见有出血和坏死。

3. 流行病学

李氏杆菌病主要是由产单核细胞李氏杆菌引起。本菌在分类上属于李氏杆菌属。最初，李氏杆菌属只有产单核细胞李氏杆菌一个种，以后相继确认伊万诺夫李氏杆菌、无害李氏杆菌、威斯梅尔李氏杆菌和西里杰李氏杆菌也划归于李氏杆菌属。产单核细胞李氏杆菌是一种革兰氏阳性的小杆菌，在抹片中或单个分散，或两个菌排成"V"形或互相并列。在22℃和37℃都能良好生长。用凝集素吸收试验，已将本菌抗原分出15种O抗原和4种H抗原。现在已知有7个血清型、16个血清变种。对人致病者以1a、1b和4b多见，牛以1型和4b最多见。本菌在pH值5.0以下缺乏耐受性，pH值5.0以上才能繁殖，至pH值9.6仍能生长。对食盐耐受性强，在含10%食盐的培养基中能生长，在20%食盐溶液内能经久不死。对热的耐受性比大多数无芽孢杆菌强，常规巴氏消毒法不能杀灭它，65℃经30~40min才杀灭。一般消毒药都易使之灭活。

牛可以自然发病，且常为本菌的贮存宿主。本病为散发性，一般只有少数发病，但病死率很高。各种年龄的动物都可感染发病，以幼龄较易感，发病较急，妊娠母畜也较易感。有些地区牛发病多在冬季和早春。患病动物和带菌动物是本病的传染源。由患病动物的粪、尿、乳汁、精液以及眼、鼻、生殖道的分泌液都曾分离到本菌。家畜饲喂青贮饲料引起李氏杆菌病的实例曾有一些报道。传染途径还不完全了解。自然感染可能是通过消化道、呼吸道、眼结膜以及皮肤破伤。饲料和水可能是主要的传染媒介。冬季缺乏青饲料，天气骤变，有内寄生虫或沙门氏菌感染时，均可为本病发生的诱因。

（二）治疗要点

本病的治疗以链霉素较好，但易于引起抗药性。广谱抗生素病初大剂量应用有效。有人用大剂量的抗生素或磺胺类药物，一次治疗病牛，获得满意效果，但有神经症状的患畜治疗难以奏效。

【牛昏睡嗜血杆菌感染】

见"咳嗽鉴别诊断"中常见疾病的诊断与治疗。

【有机磷中毒】

见"流涎鉴别诊断"中常见疾病的诊断与治疗。

【汞中毒】

汞中毒是动物吸收汞及汞化合物后，刺激局部组织并与多种含巯基的酶蛋白结合，阻碍细胞正常代谢，引起以消化、呼吸、泌尿等系统急慢性炎症为特征的疾病。

（一）诊断要点

根据病史（汞制剂、汞蒸气的接触史及环境污染情况），结合临床症状与主要病理变化可做出初步诊断。必要时采取可疑样品，胃肠内容物、肝、尿液等进行毒物分析。

1. 临床症状

急性中毒：主要表现为消化道症状，引起剧烈的胃肠炎和腹泻，未发生突然死亡者，1～2d后出现口膜炎和急性肾炎，伴有消化功能紊乱。牛呈现腹痛、体温降低。汞蒸气中毒者，出现咳嗽、流泪和鼻液，随之出现神经症状和急性肾炎综合征。伴有肌肉震颤和抽搐，共济失调，喉头麻痹，大量流涎，眼睑痉挛，频尿或少尿，尿液出现蛋白、管型和血尿。犊牛有机汞中毒时，出现共济失调，身体摇摆，眼睑、耳及颈部肌肉颤动，对外界刺激敏感，体温正常或偏低。有食欲但不能咀嚼及吞咽，流涎。严重者出现痉挛，甚至角弓反张，视力减退，卧地不起，四肢划动，甚至昏迷死亡。

慢性中毒：食欲减退，进行性消瘦，口唇黏膜溃疡，流涎，齿龈红肿，甚至出血。牙齿松动，易脱落。神经机能紊乱，震颤，感觉减退，麻痹，最终呆痴，衰竭，昏睡而死。长期小量连续吸收少量汞而造成蓄积性中毒，表现大量流涎，齿龈肿胀，牙齿松动等。

2. 病因

有机汞农药，包括剧毒的西力生（氯化乙基汞）、赛力散（醋酸苯汞）和强毒的谷仁乐生（磷酸乙基汞）、富民隆（磺胺汞），不仅残毒量大，而且残效期长，国内已不再生产，使用范围也明显缩小，有机汞农药中毒越来越少。

牛舔吮作为油膏剂外用的碘化汞或氯化汞，误食经有机汞农药处理过的种子或沾染有机汞农药的饲料和饮水，可引起急性中毒。

汞化合物，不论是有机的还是无机的，在常温下即可升华而产生汞蒸气。在汞剂包装、运送、存放和使用过程中有任何失误，都会使空气被汞蒸气所污染。汞蒸气比空气重，笼罩地面，易污染下风方向的饮水、牧草和禾苗，亦可直接被动物吸入，而造成中毒。曾有报道，给马长期外敷汞软膏，使同厩饲喂的牛持续吸入汞蒸气而发生了中毒。

3. 发病机理

不同汞化合物的毒性差异很大。Hg^{2+} 不易通过血脑屏障及胎盘屏障，而元素汞（蒸气汞、金属汞）具有高脂溶性及扩散性，易通过血脑屏障及胎盘屏障，被氧化为 Hg^{2+} 后，不易再穿过血脑屏障排出。元素汞也易通过胎盘屏障而在胎儿体内蓄积。汞对局部有刺激作用，当汞制剂直接接触皮肤和黏膜，如消化道、呼吸道等黏膜时，由于汞制剂具有同蛋白质结合和溶于脂质的性质，其蛋白质化合物易溶于富含蛋白质和氯化钠的组织液中，并释放出汞离子，对局部组织产生刺激、腐蚀作用，从而导致口膜、胃肠及其他接触性皮肤、黏膜的腐蚀性病变。进入体内的汞离子也可以同多种酶中的巯基结合，抑制这些酶的活性。汞还可以与组织中的氨基、磷酰基、羧基等官能团结合；也可作用于细胞膜的巯基、磷酰基，抑制细胞 ATP 酶，改变细胞膜的通透性，进而影响细胞功能。汞经肾脏、乳腺、唾液腺等排泄过程中，与硫化合物形成硫化汞沉积于黏膜，刺激黏膜发生炎症和溃疡。

（二）治疗要点

脱离毒源 首先让动物脱离毒源（含汞废水、汞农药、汞蒸气等），停喂可疑饲料和饮水。若为涂用汞软膏所致中毒，则应停止涂药，并用肥皂水清洗皮肤。

减少吸收 为了减少汞及其制剂在消化道的吸收，可灌服浓茶、豆浆、蛋清或牛奶，使汞离子与蛋白质结合，有助于延缓吸收，减轻局部刺激。

排出毒物 采用温水、饱和碳酸氢钠溶液、2%氧化镁或0.2%~0.5%活性炭悬浮液洗胃，同时可以给予硫酸镁导泻，促使胃肠毒物排出。

加强护理 安静休息，给予无盐饲料。

驱汞疗法 目前，常用二巯基丙磺酸钠，二巯基丁二酸钠，依地酸钙及青霉胺等。

【氢氰酸中毒】

见"呼吸困难鉴别诊断"中常见疾病的诊断与治疗。

【草酸盐中毒】

草酸又名乙二酸，广泛存在于植物界，在植物中大多以草酸盐的形式存在。在很多饲用植物中含有多量草酸盐，多种真菌也能产生草酸，动物过量食入时可引起中毒。临床特征主要表现为食欲减退，呕吐，腹痛，有时腹泻，出现瘤胃蠕动减弱和轻度瘤胃臌气。

（一）诊断要点

根据采食富含草酸盐的饲料或野生植物的病史，结合特征性的低钙血症即可作出诊断。对肾和血管组织学检查可检出草酸盐结晶，临床检验血清钙降低和血液尿素氮升高，有助于诊断。必要时鉴定和测定可疑植物中草酸盐含量。

1. 临床症状

病牛不安，频繁起立与卧地，肌无力，步态异常，心率加快，肌肉颤抖和抽搐。频频做排尿姿势，偶尔排出棕红色尿液。呼吸急促、困难，鼻流出带血的泡沫状液体。最后发生瘫痪，卧地不起，甚至昏迷。急性中毒动物可在中毒后 9～11h 死亡。慢性中毒常表现为精神沉郁，肌无力，生长受阻，慢性胃肠炎。

2. 病因

在短时间内大量摄入草酸盐时，一部分草酸盐来不及转化而进入皱胃并被动物吸收后引起中毒。

3. 发病机理

草酸盐可被反刍动物瘤胃微生物降解，经代谢转化为碳酸盐和重碳酸盐，但在短时间内大量摄入草酸盐时，一部分草酸盐来不及转化而进入皱胃并被动物吸收后引起中毒。反刍动物长期摄入少量草酸盐时，瘤胃微生物可逐渐适应，提高瘤胃分解草酸盐的能力。新引进的动物，初次采食富含草酸盐的植物，对草酸盐的敏感性较大，当多次摄入而逐步适应后，可提高对草酸盐的耐受力。但是如果持续摄入稍高水平的草酸盐时，瘤胃内容物 pH 值的改变及纤维素的消化障碍，可能引起瘤胃功能扰乱。

消化道中的草酸盐能与金属离子（钙、锌、镁、铜、铁等）形成不溶性的草酸盐沉淀而随粪便排出，降低这些矿物元素的利用率。草酸被吸收入血后，能与血钙结合成草酸钙沉淀，导致低钙血症，从而严重扰乱体内钙的代谢，使神经肌肉的兴奋性提高和心脏机能减退，血凝时间延长。草酸与体内的钙、镁结合，形成不溶解的草酸盐晶体，可沉积于脏器内，造成对脏器的损害。摄入的草酸盐 90% 以上由尿排出，草酸盐结晶通过肾脏时，可导致肾小管阻塞、变形和坏死，引起肾功能障碍。草酸也对多种酶系统的活性具有抑制作用，从而干扰机体糖代谢。

胃肠黏膜弥漫性出血，肠系膜淋巴结肿大，腹腔和胸腔积液。肺充血、支气管和细支气管内充满带血的泡沫。肾肿大，肾皮质可见黄色条纹，在皮质与髓质交界处尤为明显。镜检在肾小管、肾盂、输尿管可见草酸盐结晶沉积，此种结晶在瘤胃血管壁及脑血管壁也可见到。

（二）治疗要点

中毒时可注射钙剂，以便症状缓解。可静脉注射10%葡萄糖钙溶液200～500mL；10%氯化钙溶液100～250mL，同时辅助应用体液补充剂，如静脉注射葡萄糖生理盐水500～3 000mL，具有利尿并降低尿路中草酸盐结晶沉淀的作用。此外，可针对病情采取其他对症疗法及支持疗法。

【脑灰质软化】

脑灰质软化（PEM）或脑皮质坏死是发生于犊牛或成年牛的一种硫胺素缺乏性疾病。其特征为弱视和斜眼、卧病不起、角弓反张、抽搐。在奶犊牛中，本病呈散发性，但在群养周岁小母牛和成年牛其发病率可达10%～25%，待肥育肉犊牛或周岁肉牛也常群发。

（一）诊断要点

对急性病例，根据临床症状和CSF穿刺有助于诊断。CSF常透明，无有核细胞增加，蛋白质可能正常或稍微增加。对于慢性感染3d以上者，CSF蛋白质增加，有核细胞轻微至中度增加，尤其出现巨噬细胞。活体检测红细胞羟乙醛酶活力、粪或瘤胃中硫胺素酶的分析，以及病牛用硫胺素治疗效果观察等，对诊断本病尤为重要。血中硫胺素含量低于50nmol/L，神经机能正常，而粪便硫胺素酶阳性，伴有增重缓慢，说明该动物患有硫胺素亚临床缺乏症。病理剖检发现大脑皮质有强烈的荧光组织学特征性变化，组织化学检查发现脑、肝和心脏硫胺素含量较低等，可以确诊本病。

1. 临床症状

PEM的症状主要表现为病犊牛和成年牛表现精神沉郁、厌食、低头、磨牙或出现"头痛"现象，伸头、伸颈等。因视皮质对正发生的病变敏感，故可能先发生失明症状。如动物能行走，则出现共济失调和四肢感觉缺失。如动物不能站立或躺卧，则出现角弓反张、眼球震颤、癫痫和昏迷等现象。有些犊牛或周岁牛常见背内侧斜视，可能是第四对脑神经核受压损伤之故。这种现象成年牛少见。病牛常肌肉颤抖和流涎。如治疗不及时，由于大脑皮质坏死程度加剧，病牛则在 24～96h 死亡。

2. 病因

该病发生的主要因素是硫胺素缺乏。

3. 发病机理

有关 PEM 的发病机理，许多学者从硫胺素代谢、瘤胃内硫胺酶的活性、各种饲料对硫胺素的生成和破坏有关的瘤胃微生物丛的影响及改变反刍兽硫胺素水平的化学药物等方面进行过研究。病牛所有组织均缺乏硫胺素，但其缺乏的原因及其机理仍未完全搞清楚。

（二）治疗要点

为了确保受影响的酶复合物迅速恢复其活力，故一旦出现临床症状，就应立即静脉注射盐酸硫胺素 10～20mg/kg，然后按 10mg/kg 肌肉注射，2 次/天，根据症状轻重和治疗效果，连用 3～10d。另外，也可静脉注射二甲亚砜（DMSO），在 20～30min 内缓慢注射，其剂量为 1g/kg 体重，用等量的 5% 葡萄糖溶液稀释。DMSO 可间隔 24h 重复应用，但通常注射一次即可。一般不用皮质类固醇。可同时静脉滴注甘露醇以清除脑水肿和加速机体恢复。机体恢复的快慢与诊断和治疗的速度密切相关。急性病例用上述方法治疗数小时内逐渐出现病征好转。亚急性病例在 24～96h 内出现转机。视力可以恢复，甚至恢复到正常视力，但需 2～3 周的恢复期。

【肾炎】

见 "少尿、无尿鉴别诊断" 中常见疾病的诊断与治疗。

【脑膜脑炎】

见 "痉挛抽搐鉴别诊断" 中常见疾病的诊断与治疗。

【日射病及热射病】

日射病或热射病统称中暑，是因暑日曝晒，潮湿闷热，体热放散困难所引起的一种急性病。临床上以体温显著升高，循环衰竭和一定的神经症状为特征。本病病情发展急剧，甚至迅速死亡，故应特别注意。

（一）诊断要点

日射病是气候炎热的夏季，牛受日光直接长时间的暴晒，而且饮水和喂盐不足，导致散热调节障碍，从而体温急剧上升，最终产生其他全身严重的临床症状。或酷暑盛夏，日光直射头部，或气温高、湿度大、风速小、散热困难是中暑发生的外因。牛长时间逗留在潮湿闷热不通风、温度高于体温或相当于体温的环境，肌肉活动剧烈，代谢旺盛，产热增多，是中暑发生的内因；当夏季持续高热，牛只长时间拴在闷热而拥挤的牛舍中时，更易发生本病。在午后和闷热的黄昏，以及皮肤不卫生、心脏疾患、肥胖、血管神经紊乱、夏天饮水不足时，都易发生本病。结合以上要点很容易确定，并建立诊断。

1. 临床症状

常突然发病，病牛精神萎顿、步态不稳、共济失调，或突然倒地不能站立；运步躯体摇晃，步样蹒跚，突然停步于树荫道旁，鞭挞不走，后期卧地不起，体温显著升高，可达 42~43℃，触摸体表感到烫手，有昏迷的趋势。有的病例呈现兴奋状态，甚至出现狂暴或显著的神经性抽搐；心跳快而弱，早期垂皮有湿而腻的汗液，以后皮肤干燥，灼热。精神多沉郁，偶有兴奋，眼结膜潮红，后转蓝紫色，早期瞳孔散大，后期则缩小。

2. 病因

酷暑盛夏，日光直射头部，或气温高，湿度大，风速小，散热困难，是中暑发生的外因；驮载过重，使役过度，肌肉活动剧烈，代谢旺盛，产热增多，是中暑发生的内因；缺乏耐热锻炼，饮水不足，体质肥胖，皮肤卫生不良，是中暑发生的诱因。

3. 发病机理

日射病及热射病的病理变化，两者之间有其共同的特征，即脑及脑膜的血管高度淤血，并见有出血点。脑脊液增多，脑组织水肿。肺充血和肺水肿。胸膜、心包膜以及肠黏膜都有淤血斑和浆液性炎症的病理变化。

（二）治疗要点

发病牛应立即停止使役，并将病牛移在荫凉树下或宽敞、荫凉、通风处，对在室外或野外已倒地的病牛，可临时搭荫棚，避免日光直射，多给清凉饮水。

降温疗法，对中暑的牛效果确实，为此可采用物理降温或药物降温。物理降温，可用冷水泼身，头颈部放置冰袋，或用冰盐水灌肠。降温疗法，一般在体温降 39~40℃时，即可停止降温，以防体温过低，发生虚脱。

为维护心肺机能，对伴发肺充血及肺水肿的病牛，先用适量强心剂（如安钠咖、毒毛旋花子苷 K 等）后，立即静脉泻血 1 000~2 000mL。泻血后即用复方氯化钠液或生理盐水 2 000~3 000mL，静脉注射。

为治疗脑水肿（有呼吸不规则，两侧瞳孔大小不等和颅内压增高的症状），可用 20% 甘露醇液 500~1 500mL，静脉注射。也可用 25%~50% 葡萄糖液 300~500mL，静脉注射，每隔 4~6h 注射 1 次。对发生高钾血症的病牛，为补充钙离子以及对抗钾离子对心肌的不良作用，可用 10% 葡萄糖酸钙或乳酸钙液 200~300mL，静脉注射。

【肝性脑病】

肝性脑病是一种肝脑综合征，是继发于严重肝病的以意识障碍为主要表现的神经、精神综合征。临床上又称为肝昏迷。患病牛往往先出现一系列神经症状，最后才发展为昏迷。而且，慢性肝机能不全动物可出现神经症状，而无昏迷。所以，称为肝性脑病更为准确。肝性脑病是各种严重肝病的并发症，其昏迷常常是该病的终末表现。临床上以行为异常、中枢性失明和精神高度沉郁为主要表现，轻者仅有轻微的行为异常，重者意识完全丧失。各种动物均可发生。

（一）诊断要点

对肝性脑病的诊断，主要是以神经症状来确诊。实验室检验包括溴磺肽钠试验、血清谷氨酸氨基转移酶和碱性磷酸酶活性、总蛋白、球蛋白、尿素氮、血清含量测定等。此外，还可结合肝活组织穿刺、尿素循环酶分析，以及脑电图检查等。

1. 临床症状

大多数动物表现为食欲减退或废绝，体重减轻，生长停滞，黄疸，精神高度沉郁，昏睡乃至昏迷；行为异常，盲目运动，出现视觉障碍，头抵固定物，失明，抽搐；急性肝坏死病例，血清中肝特异酶活性升高。患肝性脑病的动物特别是采食高蛋白饲料，神经症状加剧。实验室检查，溴磺肽钠（BSP）排泄半衰期延长（>5min）。

2. 病因

本病的根本原因是各种肝脏疾病所致的肝功能异常。主要有3种类型的肝脏疾病可以导致肝性脑病，一是进行性肝脏疾病；二是门脉循环异常；三是尿素循环酶缺乏。

进行性肝脏疾病，包括各种家畜的急性实质性肝炎、肝坏死、肝肿瘤、脂肪肝综合征及霉败饲料、误食有毒植物或化学物质引起的中毒性肝病，还有如慢性肝炎等疾病。

门脉循环异常，主要见于门脉畸形或堵塞，如幼畜先天性门脉分流，使相当一部分门脉血液不经肝脏而由短路直接流入腔静脉，导致胃肠吸收的各种有毒物质得不到肝脏的解毒处理，造成本病的发生；还有家畜的肝片吸虫等寄生虫因素引起的肝门静脉循环异常。

尿素循环酶缺乏，动物体内特别是蛋白质的代谢过程，尿素的生成受阻，出现高氨血症，造成脑组织损害。

3. 发病机理

肝性脑病是肝脏解毒功能不全和衰竭的表现，发病机制尚未完全阐明，一般认为是肝细胞功能衰竭与门静脉侧支分流有关。主要来自肠道的多种毒性代谢产物，未被肝脏解毒，经侧支进入体循环，通过血脑屏障而至脑部，引起大脑功能紊乱。近年对于肝性脑病发病机理提出了一些学说，主要有氨中毒学说、假性神经递质学说、氨基酸代谢失衡学说、短链脂肪酸中毒学说、胶质细胞水肿学说以及脑神经细胞敏感性增高等学说。由于原发病因（各种肝病）不一、肝性脑病型（急性、慢性）不同、病程不同阶段的代谢变化不尽一致，用任何一种学说均难以解释所有肝性脑病的发病机理，因而，目前普遍认为肝性脑病在肝机能不全基础上是多种有毒物质综合作用的结果。其中神经氨中毒学说最为重要，普遍认为氨中毒虽不是肝性脑炎唯一的发病机理，但是肝性脑病发病的经典学说。

（二）治疗要点

肝性脑病的治疗原则主要是加强饲养管理、纠正碱中毒、恢复肝功能。

治疗的根本目的是，减少或切断蛋白质来源，降低含氮物质的生成。治疗效果的好坏，主要取决于肝病的病因和肝功能障碍的程度。相当一部分急性肝病可治愈，慢性肝病则很难恢复。

轻症病例，应限制蛋白质和脂肪的摄入量，以减少氮的产生和减轻肝脏负担。同时为减少胃肠内含氮物质的产生，可口服新霉素等抗生素，抑制分解尿素的菌群。重症病例，出现神经症状的，服用溴化钾 100mg/kg. bw，3～5d，3 次/天，以后可根据症状，酌情减量。并完全切断蛋白质来源，应用灌肠或泻剂清除胃肠道内含氮物质，病牛可连续静脉注射葡萄糖溶液 500mL，并配合维生素 B，2 次/日，恢复肝功能；纠正脱水、低钾血症和碱中毒，促进氨排出，扩充血量；对深度昏迷的动物，可行氧疗法。

在治疗过程中，严格禁忌应用镇定剂、麻醉剂，以免加重病情，甚至危急动物生命。

对门脉分流病畜，采取门脉矫正术，闭合门脉侧支，对于由寄生虫引起的，进行驱虫治疗。

（姚琳琳，陈晰）

主要参考文献

[1] 刘耳，陈烈君，邹莉萝，等．奶牛杀虫脒、有机磷农药中毒的病例报告［J］．中国奶牛，1985，3：36－38．

[2] 张建军．牛有机磷中毒病诊断与防治［J］．甘肃畜牧兽医，2010，3：25－27．

[3] 黄宗勇．牛有机磷中毒后期的治疗［J］．广东畜牧兽医科技，2003，4：46．

[4] 马景岩，粟华，陈延玲，等．奶牛种衣剂农药中毒的治疗［J］．中国奶牛，1996，5：45．

[5] 尹福生．牛氢氰酸中毒的急救疗法［J］．湖北畜牧兽医，1999，3：38．

[6] 李四清．家畜氢氰酸中毒的防治［J］．农村实用技术，2004，2：45．

[7] 肖定汉．奶牛病学［M］．北京：中国农业大学出版社，2002．

[8] 王春璇．奶牛临床疾病学［M］．北京：中国科学技术出版社，2007．

第二十三章

心杂音鉴别诊断

心杂音是指伴随心脏的舒、缩活动而产生的正常心音以外的附加的音响。依产生杂音的病变所存在的部位不同，可分为心外性杂音与心内性杂音。

一、生理解剖基础

心音是随同心室的收缩与舒张活动而产生的声音现象。健康牛的每个心动周期内可听到两个相互交替的声音。

在心室收缩过程出现的心音，称缩期心音或第一心音；于心室舒张过程出现的心音为舒期心音或称为第二心音。

正常情况下，由于左、右心室的收缩在时间上是同时的，所以，虽然第一心音是分别有左（二尖瓣）右（三尖瓣）房室瓣的振动音所共同组成，但听起来只是在时间上相吻合的一个声音；同样，第二心音也是分别由主动脉根部与肺动脉根部的半月瓣的振动所共同组成，由于在出现时间上的一致，听起来也是一个声音。心杂音就是在正常心音中混有掺杂的音响。

二、心杂音的鉴别诊断思路

如果所听到的心脏杂音有摩擦音的性质，或类似排水样的声音，或仅在心肺交界处听到，与心音无一定的时间关系，杂音不随血流方向传导，于心室的收缩期和舒张期均可听到，与心脏瓣膜和瓣口无关，即属于心外杂音，起源于心外。

如果所听到的心脏杂音与心音保持一定的关系，杂音沿血流方向传导，杂音跟随在第一心音或第二心音之后，或杂音与第一心音或第二心音同时出现，限于心脏的收缩期或舒张期听到，与心脏的瓣膜瓣口关系密切，在一定的心音最强听取点听得最清楚，即属于心内杂音，起源于心内。

如果确定是心内杂音，还需判定是收缩期杂音还是舒张期杂音。凡是发生在第一心音与第二心音之间的杂音，即为收缩期杂音；凡是发生在第二心音与下一心动周期的第一心音之间的杂音，即为舒张期杂音；凡是发生在第一心音与下一心动周期的第一心音之间的杂音，换言之，也就是连续出现在心室的收缩期和舒张期的杂音，即为连续性杂音。

如果确定是心内杂音，还要弄清是器质性心杂音还是非器质性心杂音。凡是杂音的音色（音品）尖锐、粗糙，杂音稳定、长期存在，心室的收缩期和舒张期均可出现，运动或应用强心剂后杂音增强的即属于器质性心内杂音，表明心脏的瓣膜或瓣口有一定的器质性病变。凡是杂音的音色比较柔和，杂音不稳定、时隐时现，仅限于心室收缩期出现，即属于非器质性心内杂音。其中兼有心脏相对浊音区增大，伴有心率加快、可视黏膜发绀、静脉淤血和皮下水肿等心代偿机能不全的症状，运动或应用强心剂后杂音减弱或消失，即为瓣膜相对闭锁不全性杂音；兼有可视黏膜苍白及血液稀薄等症状，运动或应用强心剂后杂音增强的，即为贫血性杂音。

三、症状治疗

治疗试用一些抗生素可能有一定效果，建议用大剂量普鲁卡因青霉素（每千克体重1万单位）至少连用7～10d，还可与其他抗生素合用，治疗后体温下降，表示感染被控制，但治疗必须坚持1周以上，氨苄青霉素或红霉素可能更加有效，但因使用时间长，治疗费用高，应考虑经济上是否合适。

四、常见疾病的诊断与治疗

【心内膜炎】

心内膜炎指心内膜及其瓣膜的炎症，临床上以血液循环障碍，发热和心内器质性杂音为特征。

（一）诊断要点

依据病史和临床症状，早期症状是食欲下降、产奶量下降、发热和心动过速，但都是心膜炎的特征症状。发现心音高亢、缩期杂音、心衰早期症状和心动过速时应考虑到本病的可能并应做进一步检查。跛行和强拘是帮助诊断的一个非常重要的症状。由于发热、心动过速和偶尔出现的呼吸迫促，心内膜炎常被误诊为肺炎或网胃腹膜炎。

1. 临床症状

急性心内膜炎 临床表现决定于病原体毒性的强弱，炎症的性质（疣状、溃疡性），伴发心肌炎的程度，原发病的表现以及全身性感染的情况。患牛通常表现为衰弱无力，易于疲劳，在溃疡性心内膜炎时，往往伴发脓毒败血症而体温升高。

当发生大、小循环严重淤血，特别是并发心肌炎时，则出现严重的心脏机能衰弱，心悸强动而振动胸腔，心音混浊，静脉怒张，黏膜发绀，呼吸困难，脉搏迅速微弱等现象。当心传导系统受到损害时，则出现心律不齐，期外收缩。伴随心脏瓣膜器质性的病变而出现缩期杂音或张期杂音。

慢性心内膜炎 主要表现为心脏瓣膜闭锁不全或孔口狭窄的症状。临床上除见心内杂音外，往往不见明显的心循环严重障碍。

2. 临床病理学

主要包括心内膜的损伤，组织细胞反应，血栓形成，其中血栓形成更为常见。

3. 病因

原发性心内膜炎多数是由细菌感染引起的。牛主要是由化脓性放线菌、链球菌、葡萄球菌和革兰氏阴性菌引起。

继发性心内膜炎多数继发于牛的创伤性网胃炎、慢性肺炎、乳房炎、子宫炎和血栓性静脉炎。也可由心肌炎、心包炎等蔓延而发病。

此外，新陈代谢异常、维生素缺乏、感冒、过劳等，也易诱发。

4. 发病机理

心内膜炎大多是慢性传染病的并发症，如慢性败血症等可伴发心内膜炎。心内膜炎的发生机理尚未完全明了。目前认为，心内膜炎为慢性变态反应性炎症，在慢性传染病时，由于受微生物和毒素影响，机体的敏感性增高，致敏的机体呈现出一种弥漫性间质性反应，首先波及的为血管系统中的内膜，心内膜也是血管内膜的一部分，因此可引起浆液性过敏性炎。同时活动性间叶细胞的范围扩大，全部内皮细胞（包括心内膜内皮细胞）的摄取活动增强，可从血液中吸取有害物质。血管内皮和心内膜内皮发生变性、渐进性坏死以及血流的改变均为血栓形成创造了条件。因此，常在脉管和心内膜形成血栓，当在心内膜形成血栓时则构成疣状物。

（二）治疗要点

急性心内膜炎首先应治疗原发病，患牛应绝对安静，给予品质良好的易于消化的饲料。

在积极治疗原发病的同时，病初，应用大剂量的抗生素（青霉素、链霉素、红霉素）和磺胺类药物有较好的效果，同时施行心区冷敷，以免心脏活动加剧。

体温过高时，可用解热药。心脏机能衰弱时，要及时应用咖啡因或樟脑油皮下或肌内注射。也可应用洋地黄、毒毛旋花子甙 K 等强心药。必要时可用 25% 葡萄糖溶液 500mL 或 10% 高渗氯化钠溶液 250~300mL 静脉注射，每日 1~2 次，可增进治疗效果。如呈现肺水肿或大循环淤血时，可由颈静脉放血 500~1 000mL（成年牛），放血后注入等量的葡萄糖生理盐水。

风湿性心内膜炎，可使用水杨酸钠剂，10% 水杨酸钠液 100~200mL，或水杨酸溴碘 50~100mL 静脉注射，或水杨酸钠咖啡因 2g，水杨酸钠 10g，乌洛托品 8g，蒸馏水 100mL，混合消毒，静脉注射。

慢性心内膜炎已形成器质性病变时，药物疗效不佳。如发生代偿性失调，可适当地使用药物以维持和改善心脏的活动，可酌情使用各种强心剂，如皮下注射咖啡因或樟脑油，或用金盏花全草粉、铃蓝花各 1.5g，混于饲料中内服，每天两次。或毒毛旋花甙 K、咖啡因。硝酸士的宁、硫酸阿托品以及水杨酸钠等。在心脏显著衰弱，心跳加速及循环淤血时，可适当使用洋地黄制剂如 0.02% 洋地黄毒甙液 8 ~ 15mL 静脉注射，连续应用时间不要超过 5 ~ 7d，如需继续应用，应间隔 5 ~ 7d，再注射。

此外，可进行对症治疗，当胸腔、腹腔积液，除给予利尿药外，可行穿刺术放液；必要时对心区进行冷敷疗法。

【创伤性心包炎】

创伤性心包炎是指尖锐异物刺入心包或其他原因造成心包乃至心肌损伤，致发心包化脓腐败性炎症的疾病。临床上以心动过速，心音减弱，心浊音区扩大，出现心包摩擦音或心包击水音为特征。

（一）诊断要点

根据创伤性心包炎的临床症状可以做出初步诊断。但确诊需借助二维心回声检查法、心包穿刺法或二者同时使用。胸透也可以确诊。

1. 临床症状

牛创伤性心包炎多发生在创伤性网胃炎之后。在出现心包炎症状前通常有创伤性网胃炎的临床表现，运步小心谨慎、保持前高后低姿势，卧下及起立时的姿势反常，慢性前胃弛缓，反复发生轻度瘤胃臌气。在呼吸、努责、排粪及起卧过程中，常出现磨牙或呻吟等。当异物刺入心包后出现心包炎的症状，患牛全身状况恶化，精神沉郁，眼半闭，肩胛部、肘头后方及肘肌常发生震颤。病初体温升至 40℃ 以上，个别可超过 41℃，病至后期，体温降至常温。心率明显加快，每分钟达 100 次以上，运动后可增至 140 ~ 150 次。后期体温降至常温时，心率仍然明显增加，是本病的重要特征症状之一。呼吸浅快，呈腹式呼吸，轻微运动即可出现呼吸急促，甚至呼吸困难。病初脉搏充实，后期变为细弱。心区触诊有疼痛反应，心搏动增强。听诊可闻心包摩擦音，其音如抓搔声、软橡皮手套相互摩擦的声音，在整个心动周期均可听到，以心缩期明显。随着心包内渗出液的增多，心搏动减弱，心音遥远，心包摩擦音消失，出现心包击水声，其音性如含漱声或振摇盛有半量液体的玻璃瓶时产生的声音。叩诊心浊音区扩大，心浊音区上方常因存在气体而呈鼓音或浊鼓音。有的病牛出现期前收缩等心律失常。病程经 1~2 周后，病牛的颈静脉充盈呈索状，出现明显的颈静脉阴性搏动。下颌间隙、颈垂及胸腹下水肿。病牛常因心力衰竭或脓毒败血症而死亡。

2. 临床病理学

病畜胸下、颌下部皮下呈胶冻样，胸腔集有多量茶褐色液体。心包、膈和胸膜有不同程度的粘连。心包内集有腐臭的，含有纤维蛋白块的灰色液体，心包腔增大，心包积液炎症呈脓性、纤维素性或浆液纤维素性等。在心外膜上附着纤维素样物质，又称为绒毛心。心包浆膜表面有新形成的纤维蛋白沉着。慢性病例，心包明显增厚，呈絮状、菜花状。腹腔内含有腹水、呈茶褐色。网胃与隔膜由结缔组织增生而粘连。网胃、隔膜与心包之间有结缔组织增生而形成的瘘管，瘘管内集有污秽的、污灰色的腐臭浓汁，有的见异物存在于瘘管之中。

3. 病因

牛创伤性心包炎的病因与创伤性网胃炎相同，主要是因饲草饲料内，牛舍内外地面上以及房前屋后、田埂路边、工厂或作坊周围等地方的草丛中散在着各种各样的金属异物。牛的舌面角质化程度高，采食快，咀嚼粗糙，易将异物误食而落入网胃内。存在于网胃里的尖锐异物未能及时清除，当瘤胃臌气、妊娠、分娩等使腹内压增高的情况下刺透网胃前壁、膈肌而伤及心包壁，甚至刺入心肌而发病。

4. 发病机理

从网胃来的细长的铁丝线，钢丝，铁钉，小剪刀，缝针，注射针等尖硬金属异物；碎玻璃、陶瓷碎片等非金属异物。异物混杂于饲草饲料，牛误食后导致创伤性网胃——心包炎；牛采食时不充分咀嚼而匆匆吞咽，导致异物随同食物一同进入消化道；网胃的位置、结构、运动；异物有一定的长度；腹压加大更易发病。另外，异物刺伤相关脏器还可引起膈肌炎、心包炎、肺炎、胸膜炎、皱胃炎、肠炎等。

（二）治疗要点

药物疗法：普鲁卡因青霉素 1 000 万 U，链霉素 10g，每日肌肉注射 2 次，连续 6d 为一疗程。症状若有好转，可延续 1~2 个疗程，以巩固疗效。

手术疗法：采用心包切开术，取出金属异物。并采取冲洗、引流及消炎等方法。

为加快病牛康复，术后饲喂易消化且富含营养的饲料，酌增青绿饲料及维生素，来增加牛的抵抗力。牛舍要注意保持冬暖夏凉。夏秋季要防止牛被蚊蝇叮咬，以免牛因骚扰不安而妨碍伤口愈合。

【再生障碍性贫血】

贫血是指单位体积的血液中红细胞压积、红细胞数和血红蛋白低于正常值的病理特征。临床上以黏膜苍白、心率加快、心搏增强、肌肉无力及各器官组织缺氧的各种症状为特征。

（一）诊断要点

呈正细胞正色素性贫血。以全血细胞减少，即红细胞、白细胞和血小板均显著减少，同时血红蛋白量降低为特点。另外，尽管贫血十分严重，但末梢血管无骨髓再生反应，网织红细胞反而减少，血片上几乎见不到多染性红细胞等各种幼稚红细胞。

1. 临床症状

一般发病缓慢，可视黏膜苍白有增无减、全身症状越来越重，而且伴有出血综合征，常发生难以控制的感染，预后不良。

贫血 一般为进行性的，主要是骨髓造血功能衰竭。

出血 血小板生成减少所致，亦有毛细血管脆性、通透性增加。可见皮肤、鼻、消化道、阴道及内脏器官的出血，但一般无肝、脾、淋巴结肿大及骨髓外造血。

感染 局部感染常反复发生，有的周身感染和败血症。由于中性粒细胞及单核细胞减少，机体防御机能下降，体温升高，皮肤发生局部坏死等症状。

2. 临床病理学

骨髓像 急性型骨髓穿刺液稀薄，油滴增多，涂片中有核细胞显著减少。慢性型骨髓增生减低，油滴较多。

活检 红髓脂肪变性，急性的几乎全变成脂肪髓。慢性性脂肪组织中可见造血灶。

骨髓细胞检查 细胞缺乏，仅可见淋巴细胞、网状内皮细胞及浆细胞。

3. 病因及发病机理

损伤骨髓造血的因素中，药物、化学、物理因素和感染较为常见。

细胞毒类药物，特别是烷化剂，是强烈的骨髓抑制性药物，达到足够剂量即可损害骨髓造血功能。此外，某些抗癌药和头孢类药物、氯霉素、磺胺药、保泰松、苯巴比妥、青霉胺、苯妥英等，其中氯霉素危险性最高，其次为保泰松。

物理因素，见于各种电离辐射，如 X 射线、放射性同位素等超过一定剂量，可直接损害多能干细胞或造血微环境，从而抑制骨髓造血。

感染及其他因素，急慢性感染，包括细菌、病毒（如肝炎病毒）、寄生虫（如严重晚期血吸虫）等，引起红细胞总数减少。此外，某些慢性贫血未及时发现或治疗，如慢性肾炎；某些恶性肿瘤等有时也可引起再障；亦有部分为先天性再障，伴有多种畸形及染色体异常。

（二）治疗要点

原则是加强饲养，消除病因，提高造血机能，补充血液量。

首先去除可疑致病因素，如停用能够引发本病的药物、脱离有毒环境等，给予足够的营养和适当的休息，如白细胞数低于正常值较大，应予以短期隔离，以防感染。

提高造血机能，可选用丙酸睾酮、氟羟甲睾酮等，辅以中药治疗，效果明显。必要时可行脾切除术。

有条件可进行输血治疗。

【先天性心脏病】

是由于胚胎发育异常、染色体畸变或基因突变所致的一种原发性或遗传性心脏病，又称先天性心脏缺陷或先天胜心脏异常主要包括室间隔缺损，法乐氏四联症，房间隔缺损和动脉导管未闭等。发病率为 $0.2\% \sim 21.4\%$。

（一）诊断要点

血检 红细胞增加（$1.0 \times 10^4/\mu L$），血细胞比容增加（40%以上）和血红蛋白浓度增加（13g/100mL 以上），是该病低氧症的反应。

心电图（A- B 导联） 高度频脉，S 波和 T 波的振幅增高。胸部单极导联 Vl-5，7-9，11 和 12 中的任何一个单级导联显示高电位，是心室肥大所致。

血压和血液氧气分压 当室间隔缺损时，右心室收缩压明显上升，总颈动脉收缩压和扩张压明显下降。氧分压，总颈动脉血以及左心室明显下降。

1. 临床症状

根据病的种类和程度的不同，临床症状也有所不同。

多表现循环、呼吸系统症状 可见重度发绀，呼吸困难，不耐运动，易疲劳。单纯的室间隔缺损，因缺损部小，不表现出临床症状，可见正常分娩。

成牛 主要症状有心跳增加，呼吸迫促，心杂音，脉搏沉衰，肺泡音异常，发绀。

犊牛 发育不良或停滞，体质虚弱，不爱运动，有稍微的运动时，出现呼吸困难，黏膜发绀，不耐运动。有心区体征和心力衰竭综合征。

2. 临床病理学变化

法乐氏四联症，肺动脉完全闭锁，大血管转换症，两大血管右室起始症及室间隔缺损。

3. 病因

牛遗传性心肌病的根本原因是常染色隐性遗传类型的先天性缺陷。遗传缺陷的原因相当复杂，迄今尚未定论，其主要发病环节和基本病理过程尚未阐明。

4. 发病机理

病因迄今未完全明确。考虑的因素有：遗传因素、特定的种公牛、妊娠期病毒感染、妊娠期辐射、化学物质。本病的病理学基础是出生时存在心脏解剖学结构缺陷或胚胎结构残留，肺循环与体循环之间出现短路即分流，氧合血和还原血发生掺和，导致不同类型的心脏构件形态学改变和不同程度的心内血液动力学紊乱。

（二）治疗要点

本病不适合外科手术，但小的室间隔缺损时，可正常分娩，泌乳量可达平均水平以上，故可继续饲育。但因寿命短，应早确诊，不留作种用，以减轻饲养负担。

【肺气肿】

肺气肿是由于肺泡充满过量气体而过度扩张，使肺的体积膨胀，伴有肺泡壁破裂。常见的有肺泡性气肿及肺间质性气肿。

（一）诊断要点

根据病史、临床症状和死亡病例的肺脏病理变化而作出诊断。

类症鉴别与肺水肿、支气管痉挛和肺炎进行区别：

与肺水肿的区别。肺气肿常伴有肺水肿，并且肺下部有实变和湿啰音，极易与肺充血及肺水肿相混淆。但后两种无用力呼吸的特征，常见两侧鼻孔流出黄色或淡红色的泡沫样鼻液。

与支气管痉挛的区别。因感染或变态反应引起急性细支气管炎并导致支气管痉挛，临床表现出呼吸困难，有明显的双重呼吸，体温正常，全身反应不明显，常认为是急性肺气肿。此时用抗组织胺或抗生素治疗，再使用皮质类固醇，症状好转即为支气管痉挛。

与肺炎的区别。肺炎体温升高，痛苦的湿咳或阵发性剧烈干咳，局部有捻发音和湿啰音，这种异常呼吸音不像肺气肿那样明显而广泛。

1. 临床症状

急性肺气肿突然发作，病牛精神沉郁，食欲减少至废绝，流泪，鼻漏呈浆性或脓性，站立不安，不愿卧地，可视黏膜发绀，体温多数升高至40.5℃，从口内流出白色泡沫状物，心搏增至每分钟100~160次，心律不齐，心音模糊。典型症状是呼吸困难，呼吸次数增加至每分钟40~80次，少数达100次以上，气喘，腹部扇动，鼻孔开阔，举头伸颈，张口吐舌，舌呈暗紫色，胸部叩诊可呈鼓音，肺部听诊有摩擦音和啰音，于背部两侧皮下出现气肿，触诊呈捻发音，气肿可蔓延至胸颈部、肩部和头部。

2. 临床病理学

肺脏显著臌胀，肺膜紧张，颜色苍白而有肋骨压迹，肺膜下充满大小不等的气泡。间质气肿时，肺泡间隔被空气胀满而增宽。肺表面因气泡而隆起似卵大、拳大至皮球大；肺切面因小叶间质充气扩大而呈撕裂状。胸膜和纵隔形成大小不等的气泡；胸、背、肩和颈部的皮下组织及肌膜中，有大小不等的气泡集聚。有明显的充血性心力衰竭和细支气管炎。

3. 病因

原发性急性肺气肿，主要原因是重度劳役、过度奔跑、长期挣扎和鸣叫、吸入有害化学气体等引起紧张性呼吸，特别是老龄或体弱的动物，由于肺泡壁弹性降低，更易发生。

继发性肺气肿，常因慢性支气管炎、弥漫性细支气管炎、各种肺炎、肺脓肿、急性过敏反应、异物损伤、植物或煤气中毒、真菌或病毒感染以及一侧性气胸、支气管狭窄或肺萎缩时，可引发肺泡气肿。

4. 发病机理

肺实质支持组织和弹性组织过度伸展是肺泡过度扩张的基础。各种致病因素直接作用于机体，引起了肺泡组织失去弹性；支气管痉挛及支气管和细支气管炎使气道阻塞，但空气仍能通过其间的通道进入肺泡、聚积并引起肺泡膨胀，由于肺泡弹性降低，易受膨胀气体的压力而破裂。当肺泡因压缩性萎缩和肺结缔组织被空气扩张，则引起肺间质性气肿，这最常见于牛。肺组织弹力降低、肺泡气肿，将引起肺排气不全和二氧化碳的蓄积，加至毛细血管在肺气肿组织压迫下血流减慢，因此肺中气体与外界交换面积减少，致使机体需氧不足。为了满足氧气之需，在中枢神经的调节下，引起了代偿性呼吸加深加快，如此就加剧了慢性肺气肿的形成。肺气肿时，由于肺动脉的血流不畅，引起右心室扩张、衰竭和二氧化碳的潴留，使病牛发生酸中毒。

（二）治疗要点

对肺气肿尚无特效疗法。继发于传染性肺炎的肺气肿，对原发性损害进行有效治疗，随原发病的痊愈，肺气肿通常将自行消退。具体治疗方法。

输氧 当严重缺氧并危及生命时，应输氧。输氧速度应控制在每分钟 5 ~ 6L 为宜，持续 3 ~ 4h，初输氧时，速度先慢，一般为每分钟 3 ~ 4L，后逐渐加速。

利尿肺气肿时常伴有肺水肿，为减轻肺水肿，若机体体液状态良好，可使用速尿，剂量为 5 ~ 1.0mg/kg 或 25 ~ 50mg/45kg 体重，每日 1 或 2 次肌肉注射。

解除支气管痉挛，缓解呼吸困难 阿托品 0.05mg/kg 体重，1 次肌肉注射，每日 2 次。

消炎、抗过敏 可用地塞米松 10 ~ 20mg，1 次肌内或静脉注射，每日 1 次，连用 3d。

【胸膜炎】

胸膜炎是胸膜发生以纤维蛋白沉着和/或胸腔积聚大量炎性渗出物为特征的一种炎症性疾病。临床上以胸部疼痛、腹式呼吸、体温升高和胸膜摩擦音或叩诊水平浊音为特征。根据病程可分为急性和慢性；按病因分为原发性和继发性；按炎症范围分为局限性和弥漫性；

按渗出物量分为干性和湿性；按渗出物性质分为浆液性、浆液—纤维蛋白性、出血性、化脓性、化脓—腐败性等。

（一）诊断要点

根据呼吸浅表而困难，明显的腹式呼吸，胸壁触诊疼痛，听诊有胸膜摩擦音，胸部叩诊呈水平浊音，特别是利用X射线检查或超声检查出现液平段，胸腔穿刺有大量渗出液流出，即可确诊。

急性轻度渗出性胸膜炎，全身症状较轻时，及时治疗，恢复慢，需要几天甚至几周，一般预后良好。渗出性胸膜炎伴发出血、化脓、腐败时，多死于窒息和心力衰竭，预后不良。胸膜炎一般多易复发而取间歇性经过，并转为慢性，因胸膜发生粘连，预后慎重。

1. 临床症状

轻度和重度胸膜炎的临床症状不同，取决于患畜的种类、自然条件和感染程度。病初精神沉郁，食欲降低或废绝，体温升高，脉搏加快，心悸亢进，呼吸迫促而浅表，出现腹式呼吸，鼻孔开张，有的弱咳，有的腹部浮肿。胸膜疼痛症状，表现静止不动，表情痛苦，前行费力，前肢僵硬，肘头外展，不愿运动或卧下，触诊胸壁或肋间，发生战栗或呻吟，肋间肌痉挛或躲避。胸部叩诊，发现单侧性或双侧性的水平浊音，并随体位而变动。胸部听诊，随呼吸运动出现胸膜摩擦音，咳嗽不能减轻，随着渗出液增多，摩擦音消失，出现拍水音。拍水音部位肺泡呼吸音减弱或消失，而健康部位肺泡呼吸音则增强，心音遥远，减弱，呈一种短脆的"滴答"声。

慢性病例，表现食欲减退，消瘦，间歇性发热，呼吸困难，运动乏力，反复发作咳嗽，胸部听诊常出现肺泡呼吸音减弱，全身症状不明显。

2. 临床病理学

急性胸膜炎，胸膜明显充血、水肿和增厚，粗糙而干燥；胸膜面上附着一层黄白色的纤维蛋白性渗出物，容易剥离，主要由纤维蛋白、内皮细胞和白细胞组成；在渗出期，胸膜腔有大量混浊液体，其中有纤维蛋白碎片和凝块，污秽并有恶臭。肺脏下部萎缩，体积减小呈暗红色。

胸腔穿刺，当胸腔内积聚大量渗出液时，穿刺可流出多量黄色或红黄色液体，渗出液含大量纤维蛋白，放置易于凝固，比重大于1.018，蛋白质含量在4%以上，雷瓦尔他反应阳性。显微镜检查发现大量炎性细胞和细菌。应同时作厌氧和需氧培养和支原体培养。

血液学检查，白细胞总数升高，嗜中性粒细胞比例增加，呈现左移现象，淋巴细胞比例减少。

X线检查，少量积液时，心膈三角区变钝或消失，密度增高；大量积液时，心脏、后腔静脉被积液阴影淹没，下部呈广泛性浓密阴影；严重病例，上界液平面可达肩端纹以上，如体位变化、液平面也随之改变，腹壁冲击触诊时液平面呈波动状。

超声波检查，有助于判断胸腔的积液量及分布，积液中有气泡表明是厌氧菌感染。

慢性胸膜炎，因渗出物中的水分被吸收，胸膜表面的纤维蛋白因结缔组织增生而机化，使胸膜肥厚，壁层和脏层与肺脏表面发生粘连。局限性胸膜炎可发生有小白斑（腰斑），胸膜变为肥厚，经久后变成厚的结缔组织，接着发生钙盐沉着。易伴发肺炎和心包炎。在愈合期分泌物把胸膜和内脏粘连在一起。

3. 病因

原发性胸膜炎，较少见。可因胸壁各种外伤、肋骨骨折、创伤性网胃——心包炎、食道破裂、胸腔肿瘤等均可引起本病。受寒侵袭、过劳、长途运输、体弱等诱因，使动物机体防御机能降低，病原微生物如链球菌、巴氏杆菌、克雷伯氏菌等乘虚侵入繁殖而致病。

继发性胸膜炎，较为常见。常起因于邻近器官炎症的蔓延，如卡他性肺炎、大叶性肺炎、吸入性肺炎、肺脓肿、腹膜炎等疾病。还常继发于传染病，如所有动物的出血性败血症，猪的传染性胸膜肺炎、牛的传染性胸膜肺炎、溶血性巴氏杆菌病、肺结核、散发性牛脑脊髓炎、嗜血杆菌感染，羊的传染性胸膜肺炎，马的腺疫、鼻疽、传染性胸膜肺炎、传染性贫血等疾病的经过中。

4. 发病机理

各种致病因子损害胸膜的间皮组织和毛细血管，引起毛细血管的充血和间皮组织的疏松，产生大量渗出液。渗出的液体成分又被胸膜未被损害部位所吸收，而渗出的纤维蛋白则沉积于胸膜上。如果渗出液的量很大，液体积聚于胸膜腔中。如果微生物和渗出液中的固体成分不能及时被正常的和新形成的特异抗体所完全溶解，将产生新生的结缔组织。

炎症早期急性阶段，细菌产生的内毒素及渗出液中蛋白分解产物被机体吸收，可引起发热。炎症产物对刺激脑膜以及沉于胸膜壁层、脏层的纤维蛋白随呼吸运动相互摩擦，会刺激神经末梢引起疼痛，呼吸运动受到限制，呼吸浅表而快或呈断续性呼吸。炎症第二阶段，随着渗出液增多，胸膜摩擦状态可被缓解，疼痛会有所减轻，但由于渗出液压迫肺脏，引起肺腹侧萎缩，肺活量减少，妨碍气体交换，引起呼吸困难。渗出物继续蓄积就会挤压心房造成静脉回流受阻。炎症第三阶段，渗出物被吸收并出现粘连，使肺与胸壁的运动受到限制，但对呼吸的影响逐渐减小。在细菌内毒素的作用下，胸膜刺激的反射作用以及大量渗出液和纤维蛋白的聚积与粘连，可使心脏功能发生障碍。

（二）治疗要点

治疗原则为抗菌消炎，制止渗出及促进渗出物的吸收和排除以及防止自体中毒。

患畜应置在通风良好、温暖、安静的环境，给予易消化的富营养的草料，适当限制饮水。

消除炎症，通常应以胸膜液致病菌的细菌培养和药敏试验为基础，选择有效的抗菌药物来控制感染，在确定有效抗菌药前应使用广谱抗菌药物，如氨苄西林钠、先锋霉素类抗菌药，氨基糖甙类和磺胺类药物。厌氧菌感染，应用甲硝唑。支原体感染，应用四环素。常用氨苄青霉素 20～25mg/kg、头孢曲松钠 10～15mg/kg、卡那霉素 4～5mg/kg、阿米卡星 10mg/kg、头孢拉啶 10～30mg/kg 或阿奇霉素 10～20mg/kg，肌内或静脉注射，2 次/天。必要时做胸腔内注射，可收到良好效果。

制止渗出。病初可在胸壁上施行冷敷或灌注冷水，或者贴敷冰袋。配合静脉滴注 10% 葡萄糖酸钙，大动物 200～300mL，小动物 5～20mL，1 次/天，连用 2～3d。还可应用乌洛托品、水杨酸制剂等。

促进炎性产物吸收。胸部涂擦刺激剂如 10% 樟脑酒精、芥子精、氯仿、氨擦合剂，或用特定电磁波 TDP 治疗仪或红外线治疗仪照射两侧胸壁，同时配合速尿 1～2mg/kg，肌内注射。急性炎性消散后，可实行温敷法。

加速炎性渗出物排出。应用利尿药、强心剂、泻药、呕吐药以及发汗药等。洋地黄，大动物 1 次剂量 2～5g，小动物 1 次剂量 0.1～0.2g；醋酸钠或醋酸钾溶液，大动物 100～180mL，小动物 5～10mL，内服。

胸腔冲洗，胸腔渗出液积聚过多，呼吸高度困难时，可进行胸腔穿刺，进行引流和灌注，结合纤维蛋白溶解疗法，反复冲洗，排除积液。在施行胸腔穿刺排出积液后，应用 0.1% 雷佛奴尔，2%～4% 硼酸溶液，0.1% 麝香草酚溶液，1%～2% 醋酸铅溶液，或碘酊 60mL，2% 碘化钾溶液，反复冲洗胸腔，然后注射青霉素 100 万～200 万单位或氨苄青霉素 0.5～1g，地塞米松 2.5～5mg。

对症治疗，当胸壁疼痛时，小动物肌内注射杜冷丁 11mg/kg，间隔 6～12h 重复一次，或肌内注射盐酸曲马多 50～200mg，2 次/天，连续注射 2～3d。高热病例，可用醋酚苯胺、安替匹林、非那西丁、洋地黄制剂。

【胸腔积液】

胸腔积液又称胸水，是指胸膜腔内积聚有大量的液体，而胸膜无炎症变化的一种异常状态。通常以呼吸困难、胸腔内贮留有血清样漏出液为特征。

它不是独立疾病，而是其他脏器或其他全身性疾病的一种症状。常与心包积水、皮下水肿等并存。

（一）诊断要点

根据呼吸困难及叩诊胸壁呈水平浊音等特征症状，即可初步诊断。胸腔穿刺及抽出液体的物理、化学和细胞学检查，可为确诊提供依据。

应与胸膜炎、腹膜炎、子宫和胎膜积水、卵巢囊肿、膀胱尿潴留和黏液瘤等相鉴别。

通常情况下，胸腔积液是不致命的。它常伴随着其他疾病发生，当胸腔、腹腔、心包腔同时积水，或继发感染时，多预后不良。

1. 临床症状

病初胸腔有少量漏出液积聚，常看不出明显的临床症状。当液体积聚过多时，呼吸浅表而困难，以腹式呼吸为主，体温正常或偏低，舌色青白或青黄；胸部叩诊时，呈水平浊音，多为单侧性的，感染侧的肋骨活度的减少或缺失，浊音界的位置随着病畜姿势的改变而变更；胸部听诊，有漏出液部位，肺泡呼吸音消失，但漏出液上部肺泡呼吸音代偿性增强，心音减弱、遥远，呈短脆的"滴答"声，有时心音消失；随病程延长，逐渐消瘦、贫血，胸下或腹下常有水肿；探查穿刺，有大量淡黄色、清澈的液体流出；X线检查，显示一片均匀浓密的水平阴影；胸水、腹水、心包积水有时常同时出现；还有心脏病、肺部疾病或肾脏疾病等原发病的固有症状。

2. 临床病理学

漏出液的化学成分与引起漏出的原因有关。一般而言，漏出液无色或呈淡黄色，稀薄水样，透明清亮或微混浊，无气味，不混有纤维蛋白性凝块，比重1.018以下，蛋白含量3%以下，利瓦他氏反应阴性，胸膜面较光滑，细菌学检查为阴性。非炎性漏出液中的有中性粒细胞、少量淋巴细胞，一般无嗜酸性粒细胞。当漏出液接近于渗出液的特征时，则出现大量变性的中性粒细胞，甚至脓细胞。在淋巴管破裂或慢性肉芽肿性炎症时，淋巴细胞数量增加，如主要是淋巴细胞，表明淋巴管破裂或其他淋巴组织损伤。恶性淋巴瘤引起的胸腔积液，出现肿瘤细胞。

3. 病因

本病常因心脏、肺脏或静脉受压迫的疾病如心内膜炎、心脏瓣膜病、心力衰竭、肺水肿、肾功能不全、肝硬化、胸腔内肿瘤等引起血液循环障碍而发病；慢性贫血、稀血症、低蛋白血症以及任何长期的消耗性疾病如鼻疽、癌症、棘球蚴病等使血液胶体渗透压降低等均可引起发病；也见于某些毒物中毒、非洲马病、牛病毒性白血病、机体缺氧等过程中。

4. 发病机理

动物在健康状况下，组织液的生成和回流处于动态平衡状态。健康动物胸腔内有少量的液体，在呼吸运动时起润滑作用。当动物发生心力衰竭时，静脉回流障碍，使体循环静脉系统有大量血液淤积，充盈过度，压力上升，均可使组织液生成与回流失去平衡，胸膜腔内的液体形成过快，而发生胸腔积液；中毒、缺氧、组织代谢紊乱等，使酸性代谢产物及生物活性物质积聚，破坏毛细血管内皮细胞间的黏合物质，引起血管壁通透性升高而发生大量液体渗出；机体蛋白质生成不足、丧失过多及摄入减少等均可引起低蛋白血症，导致血浆胶体渗透压下降，可使液体漏入胸腔和其他器官，不仅发生胸水，还可并发腹水及全身水肿；肿瘤造成淋巴管阻塞，可发生乳糜性胸水，其中含大量的乳糜颗粒，蛋白质含量高，具有一般漏出液的化学性质；胸腔积聚大量漏出液，压迫膈肌后移，胸腔负压降低，使肺脏扩张受到限制，导致肺通气功能障碍，肺泡通气不足而发生呼吸迫促或呼吸困难。

（二）治疗要点

治疗的关键是消除病因，治疗原发病，对症治疗。

首先应加强饲养管理，限制饮水，供给蛋白质丰富的优质饲料，积极治疗原发病。

当胸腔积液不多时，强心利尿。应用 10% 氯化钙 100～300mL，50% 葡萄糖 250mL，20% 安钠咖 20mL，混合静脉注射，1 次/天，连用 3d。或双氢克尿噻，2～4mg/kg，2 次/天，口服；或速尿，2～4mg/kg，2～3 次/天，注射或口服。

当胸腔积液过多引起严重呼吸困难时，应穿刺排液，但通常液体会迅速的重新累积，应注入适量抗生素和醋酸可的松等。

当血液稀薄时，可应用低分子和中分子右旋糖酐 500mL，10% 氯化钙 150mL，混合静脉注射。也可用洋地黄浸膏同醋酸钾溶液、杜松子浓煎剂各 20mL 配伍应用，2 ~ 3 次/天，内服。

可试用咖啡因、水杨酸钠、柯柯碱、洋地黄制剂、盐酸毛果芸香碱（5 ~ 20mg）皮下注射。

【心力衰竭】

心力衰竭又称心脏衰弱、心功能不全，是因心肌收缩力减弱或衰竭，引起外周静脉过度充盈，使心脏排血量减少，动脉压降低，静脉回流受阻等引起的的一种全身血液循环障碍综合征。心力衰竭根据病程长短，可分为急性心力衰竭和慢性心力衰竭；根据发病起因，可分为原发性心力衰竭和继发性心力衰竭，按发生部位分为左心衰竭、右心衰竭和全心衰竭。临床上以呼吸困难，皮下水肿、发绀，甚至心搏骤停和突然死亡为特征。

（一）诊断要点

根据病史和临床特征如静脉努张，脉搏增数，呼吸困难，垂皮和腹下水肿以及心率加快，第一心音增强，第二心音减弱等症状可做出诊断。心电图描记、X 线检查和超声心动图检查资料有助于判定心肌扩张或肥大，对本病的诊断有辅助意义。应注意与其他伴有水肿（寄生虫病、肾炎、贫血、妊娠等）、呼吸困难（有机磷中毒、急性肺气肿、牛再生草热、过敏性疾病等）和腹水（腹膜炎、肝硬化等炎症）的疾病进行鉴别诊断。

突发性心力衰竭，一半多来不及治疗而死亡。多数原发性心力衰竭，经过及时得当的治疗，预后良好。继发性心力衰竭，预后视原发病治疗情况而定。

1. 临床症状

急性心力衰竭的初期，精神沉郁，食欲不振甚至废绝，易疲劳、出汗，呼吸加快，肺泡呼吸音增强，体表静脉怒张；心搏动亢进，第一心音增强，脉搏细数，有时出现心内杂音和节律不齐。进一步发展，各症状全部严重，且发生肺水肿，胸部听诊有广泛的湿啰音；两侧鼻孔流出多量无色细小泡沫状鼻液。有的步态不稳，易摔倒，常在症状出现后数秒钟到数分钟内死亡。

慢性心力衰竭（充血性心力衰竭），病情发展缓慢，病程长。除精神沉郁和食欲减退外，多不愿走动，易疲劳、出汗。黏膜发绀，体表静脉怒张。垂皮、腹下和四肢下端水肿，触诊有捏粉样感觉。呼吸比正常深，次数略增多。排尿常短少，尿液浓缩并含有少量白蛋白。初期粪正常，后期腹泻。随着病程的发展，病畜体重减轻，心率加快，第一心音增强，第二心音减弱，有时出现相对闭锁不全性缩期杂音，心律失常。心区叩诊心浊音区增大。由于组织器官淤血缺氧，还可出现咳嗽，知觉障碍。

X 检查常可见心肥大、肺瘀血或胸腔积液的变化。心电图检查可见 QRS 复波时限延长和/或波峰分裂、房性或室性早搏、阵发性心动过速、心房纤颤及房室阻滞。

右心衰竭时，呈现体循环淤血和心脏性水肿。右心扩张，心腔充积血液和血凝块，心壁变薄，心肌实质变性，大循环静脉系统明显淤血。肝、脾、肾、胃肠及脑等器官都见淤血和水肿。肝脏肿大，实质变性，进而发展为肝硬变。胃肠壁和肠系膜明显瘀血，严重时可导致瘀血性卡他。肾脏淤血，间质水肿，肾小球毛细血管的通透性增高，肾小管和尿中可出现蛋白质和管型；脑神经细胞呈不同程度的变性，严重时，尚可见脑膜和脑实质小点状出血。

2. 临床病理学

病理变化，左心衰竭时，首先呈现肺循环淤血，迅速发生肺水肿。剖检左心腔扩张，充积血液或血液凝块，心壁柔软、脆弱。肺切面湿润，富含血液，从支气管和细支气管断端流出许多泡沫状液体，支气管内亦充积多量泡沫状液体。镜检，肺泡壁毛细血管充血，肺泡充满淡红色水肿液。其中混杂少量脱落的肺泡上皮或巨噬细胞。

3. 病因

急性原发性心力衰竭主要发生于过重使役的家畜，尤其是长期饱食逸居的家畜突然使重役，长期舍饲的肥育牛长途驱赶；在治疗过程中，静脉输液量过多，注射钙制剂、砷制剂、隆朋、浓氯化钾溶液等药物时速度过快；麻醉意外；雷击、电击；心肌脓肿、心房或心室破裂、主动脉或肺动脉破裂、急性心包积血等。急性心力衰竭还常继发口蹄疫等急性传染病；弓形虫病等寄生虫病；胃肠炎、肠阻塞、日射病等内科病以及中毒性疾病的经过中，多由病原菌及其毒素直接侵害心肌引起。

慢性心力衰竭常继发于心包疾病（心包炎、心包填塞）、心肌疾病（心肌炎、心肌变性、遗传性心肌病）、心脏瓣膜疾病（慢性心内膜炎、瓣膜破裂、腱索断裂、先天性心脏缺陷、高血压（肺动脉高血压、高山病、心肺病）等心血管疾病；棉籽饼中毒、棘豆中毒、霉败饲料中毒、慢性呋喃唑酮中毒等中毒病；肉牛采食大量曾饲喂过马杜拉菌素或盐霉素做抗球虫药的肉鸡粪以及甲状腺机能亢进、慢性肾炎、慢性肺泡气肿、幼畜白肌病的经过中。

瑞士的红色荷斯坦和西门塔尔及其杂种牛中曾发生一种遗传因素起主导作用，外源性因素起触发作用的慢性心力衰竭。

4. 发病机理

健康动物的心脏具有强大的储备力，能胜任超过正常 6~8 倍的工作。在正常情况下，通过增加心率和增强心肌收缩力使心脏排血量增加，以满足运动、妊娠、泌乳、消化等生理需求。在病理情况下，心脏的主要代偿机制是加快心率，增加每搏排血量，增强组织对血中氧气的摄取力和血液向生命器官的再分布。

急性心力衰竭时，心肌的收缩力明显降低，心排血量减少，动脉压降低，组织高度缺氧，反射地引起交感神经兴奋，发生代偿性心率加快，增加排血量，可短暂地改善血液循环。然而，当心率超过一定限度时，心室舒张不全，充盈不足反而使心排血量降低。心动过速时心肌耗氧量增加，冠状血管血流量减少使心肌的氧供给量不足，使心肌收缩力减弱加剧，心排血量更加减少。交感神经兴奋还能引起外周血管收缩，心室的压力负荷加重，同时肾素—血管紧张素—醛固酮系统被激活，肾小管对钠的重吸收增加，引起钠和水潴留，心室的容量负荷加重，影响排血量，最终导致代偿失调。在超急性病例，对缺氧最敏感的脑组织首先受侵害而出现神经症状。病程较长的病例，因肺水肿而出现呼吸困难。

充血性心力衰竭是逐渐发生的。心跳加快及心脏负荷长期过重，心室肌张力过度，刺激心肌代谢，增加蛋白质合成，心肌纤维变粗，发生代偿性心肥大，心肌收缩力增强，排血量增加。然而，肥大的心肌，其结构发展不均衡，心肌纤维容积增大，所需营养物质与氧增多，但心肌中的毛细血管数量没有相应增多，心肌得不到充分的营养物质和氧的供应。另一方面，心肌纤维肥大，细胞核的数量并未增加，核与细胞质的比例失常，核内 DNA 减少，使心肌蛋白更新障碍。凡此种种都影响心肌的能量利用，使储备力和工作效率明显降低，心肌收缩力减退，收缩时不能将心室排空，遂发生心室扩张，导致充血性心力衰竭的发生。

右心衰竭时，体循环瘀血，引起皮下水肿和体腔积水。肾脏血流减少引起代偿性流体静压升高，尿量减少。肾小球缺血引起渗透性增高，血浆蛋白质漏出到尿中，形成蛋白尿。门脉循环系统充血会伴发消化、吸收障碍及腹泻。

左心衰竭时，肺静脉压增加引起肺静脉瘀血，使呼吸加深，频率加快，运动耐力下降。支气管毛细血管充血和水肿引起呼吸通道变狭窄而影响肺通气。肺静脉流体静压异常增高，漏出液增加，引起肺水肿。然而，临床上是否发生肺水肿取决于心力衰竭发生的速度。心力衰竭发生较慢的病例因具有容量较大的淋巴导管系统可以阻止临床型肺水肿的发生。

（二）治疗要点

治疗原则是消除病因，增强心肌收缩力，改善心肌营养，恢复心脏泵功能。

为增强心肌收缩力，增加心输出量，恢复心脏泵功能，可选用洋地黄类药物。临床应用时，一般先在短期内给予足够剂量（洋地黄化剂量），以后给予维持剂量。对牛可先用洋地黄毒苷 0.03mg/kg 体重肌肉注射，或地高辛 0.022mg/kg 体重静脉注射，以后的维持剂量为上述剂量的 1/5～1/8。首次口服剂量为 0.07mg/kg 体重，以后每天的维持剂量为 0.035mg/kg 体重。甲基地高辛的强心作用强于地高辛，具有增加心肌收缩力，降低心率，增加心排血量，改善体循环的作用，可用于各种动物急性和慢性心力衰竭。应该指出的是，洋地黄类药物长期应用易蓄积中毒；成年反刍动物不宜内服；由心肌炎等心肌损害引起的心力衰竭禁用；发热与感染时慎用。

为消除钠、水滞留，促进水肿消退，应限制钠盐摄入，给予利尿剂，常用双氢克尿噻，牛 0.5～1.0g/kg 体重（或 25～50mg）口服，2～3 次/天；速尿，牛 2.5～5.0mg/kg 体重，体重口服或 0.5～1.0mg/kg 体重肌内注射，2～3 次/天，连用 3～4d，停药数天后再使用 3～4d。

对于心率过快的病畜，牛等大家畜用复方奎宁注射液 10～20mL 肌内注射，2～3 次/天。对于伴发室性心动过速或心脏纤颤的病畜，可应用利多卡因，犊牛 4mg/kg 体重，按 25～80μg/min 的速度静脉滴注，直到心律失常消失。如发生室性早搏和阵发性心动过速，可应用硫酸奎尼丁。

为改善心肌营养和促进心肌代谢，可使用 ATP、辅酶 A、细胞色素 C 等。还可试用辅酶 Q_{10}，它能改善心肌对氧的利用率，增加心肌线粒体 ATP 的合成，改善心功能，保护心肌，增加心输出量，对轻度和中度心力衰竭有较好效果。

此外，应针对出现的症状，采用健胃、缓泻、镇静等对症治疗。同时要加强护理，限制运动，保持安静，以减轻心脏负担。

【心肌炎】

心肌炎是心肌炎症性疾病的总称。心肌兴奋性增高和收缩机能减退是其病理生理学特征。临床上以急性非化脓性心肌炎比较常见。各种动物均可发生。

（一）诊断要点

根据病史（是否同时伴有急性感染或中毒病）和临床表现进行诊断。临床表现应注意心率增速与体温升高不相适应，心动过速，心律异常、心脏增大、心力衰竭等。

心功能试验也是诊断本病的一项指标。首先测定患畜安静状态下的脉搏次数，后令其步行 5min，再测其脉搏数。患畜突然停止运动后，甚至 2~3min 以后，其脉搏仍会增加，经过较长时间才能恢复原来的脉搏次数。应注意急性心肌炎与下列疾病区别：心包炎，心内膜炎，缺血性心脏病，心肌病，硒缺乏病，心肌营养不良等。

1. 临床症状

由急性感染引起的心肌炎，绝大多数有发热症状。突出的临床表现是心率增快且与体温升高的程度不相适应。病初第一心音增强、分裂或混浊，第二心音减弱。心腔扩大发生房室瓣相对闭锁不全时，可听到缩期杂音。重症病例出现奔马律，或有频发性期前收缩。濒死期心音微弱。病初脉搏增数而充实，以后变得细弱，严重者出现脉搏短绌、交替脉和脉律不齐。病至后期，动脉血压下降，多数发生心力衰竭而出现相应的临床表现，心电图特征，病初呈窦性心动过速，继之出现程度不同的单源性或多源性期前收缩以及各种心律失常。

2. 临床病理学

心肌炎时，炎症反应集中于间质和血管周围的结缔组织，伴发水肿并有淋巴细胞、浆细胞、巨噬细胞和不同数量的嗜酸性粒细胞浸润，中性粒细胞一般很少见。心肌纤维的变化和变性的严重性颇不一致，但有时病变的组织学特征却很明显。非化脓性心肌炎初期为局灶性充血，浆液和白细胞浸润。心肌脆弱，松弛，无光泽，心腔扩大。后期，心肌纤维变性，混浊肿胀，颗粒变性，心肌坏死，硬化，呈苍白色，灰红色或灰白色等。局灶性心肌炎，心肌患病部分与健康部分相互交织，当沿着心冠横切心脏时，其切面为灰黄色斑纹，形成特异的虎斑心。

3. 病因

本病通常继发或并发于某些传染病、寄生虫病、脓毒败血症和中毒病的经过中，多数是病原体直接侵害心肌的结果，或者是病原体的毒素和其他毒物对心肌的毒性作用。免疫反应在风湿病、药物过敏及感染引起的心肌炎的发生上起重要作用。

4. 发病机理

本病通常继发或并发于某些传染病、寄生虫病、脓毒败血症和中毒病的经过中，多数是病原体直接侵害心肌的结果，或者是病原体的毒素和其他毒物对心肌的毒性作用。免疫反应在风湿病、药物过敏及感染引起的心肌炎的发生上起重要作用。

（二）治疗要点

治疗原则是减少心脏负担，增加心脏营养，提高心脏收缩机能和防治其原发病等。

首先应使用抗生素、磺胺类药或特效解毒剂、高免血清等治疗原发病。病初不宜使用强心剂，以防心肌过度兴奋而迅速发生心力衰竭，此时宜在心区冷敷。对具有高度发绀和呼吸困难的病畜可给予氧气吸入。心肌炎后期可使用安钠咖或樟脑油，以增强心肌收缩机能，但禁用洋地黄及其制剂，以免病畜过早发生心力衰竭，甚至死亡。为了增加心肌营养，改善心脏传导系统功能，可静脉注射 25% 葡萄糖溶液，也可使用 ATP、辅酶 A、肌苷、细胞色素 C 等促进心肌代谢的药物。治疗的同时应加强护理，改善饲养管理，限制运动，避免外界的刺激。

【心肌扩张】

心肌扩张是指心肌收缩力减弱，心内腔增大，心壁变薄，心律失常和心力衰竭的一种心脏病。按病因可分为原发性和继发性；按病程可分为急性和慢性两种。临床上以心功能障碍、心脏变大和心壁变薄为特征。

（一）诊断要点

通过临床症状，X 线和超声检查及实验室检查能够诊断。

1. 临床症状

急性心肌扩张、多突然呈现全身性症状，虚弱，嗜睡，食欲大减或废绝，精神沉郁，大出汗，心搏动强盛（如暴跳状），严重的可使全身震颤；心脏浊音界扩大，第一心音高朗带金属音响，第二心音微弱，甚至听不见，往往出现缩期性杂音，脉搏细微、频数、脉律不整。轻微运动便出现呼吸促迫、困难、频发咳嗽，听诊有各种啰音。有的病牛发生左心和右心不同程度的衰竭并常伴发心房纤维颤动等。常常由于心脏麻痹而突然死亡。

当转为慢性经过时，除可视黏膜高度发绀外，出现眩晕、浮肿、昏迷、支气管卡他、慢性胃肠卡他、肝脏和肾脏机能障碍等症状。并多呈现蛋白尿，体腔积液（如胸水、腹水等），腹下水肿以及消瘦等。

心电图显示心室过早收缩和心室阵发性心搏过速，波形异常。X线和超声检查可见心脏各房室都不同程度增大，胸骨与右心室的接触明显增多；肺静脉体积增大，肺实质密度增高，液体密度增高；心脏廓影模糊，心血管造影显示右心室扩张。超声心动图检查：左心室缩短率减少，心室收缩力下降；左心室后壁和室中隔薄，收缩降低。

2. 临床病理学

血液尿素氮和肌酐中等程度升高；低蛋白血症，在伴有腹水时，可见到血清白蛋白减少；随着肝淤血和灌注不足，碱性磷酸酶和丙氨酸氨基转移酶等肝酶的释放中等增高。

剖检时，见扩张的心脏多发生于右心室，呈卵圆形，心尖钝圆，心脏的横径大于纵径，心脏内常积有多量血液或血凝块，心壁变薄而柔软。以刀切开，室壁自行塌陷。心肌往往贫血、变性、呈淡黄色，弛缓脆弱，乳头肌和腱索延伸而平展。如心肌扩张仅限于心腔的某部，则可形成心脏动脉瘤。

3. 病因

急性原发性心肌扩张，见于疲劳过度而引起的血压激增，即心脏疲劳。急性继发性心肌扩张，常继发于某些急性传染病，如马传染性胸膜肺炎、牛口蹄疫、犬瘟热、犬细小病毒病等；心肺疾病，如急性肺炎、心肌炎、心内膜炎等以及中毒病等。

慢性原发性心肌扩张，见于马喘息时。慢性继发性心肌扩张，多继发于心肌疾病、心瓣膜病、贫血、慢性肾炎等疾病经过中。

另外，营养不良，甲状腺机能减退，低钾血症，高钾血症等电解质紊乱（如吐、泻、摄入钾过多等）使心肌纤维变性而易诱发本病。

4. 发病机理

急性原发性心肌扩张，见于疲劳过度而引起的血压激增，即心脏疲劳。急性继发性心肌扩张，常继发于某些急性传染病，如牛口蹄疫、心肺疾病，如急性肺炎、心肌炎、心内膜炎等以及中毒病等。

慢性原发性心肌扩张。慢性继发性心肌扩张，多继发于心肌疾病、心瓣膜病、贫血、慢性肾炎等疾病经过中。

另外，营养不良，甲状腺机能减退，低钾血症，高钾血症等电解质紊乱（如吐、泻、摄入钾过多等）使心肌纤维变性而易诱发本病。

（二）治疗要点

给予患病动物低盐高营养性食物，并注意补充维生素和矿物质。

急性病例，可静脉注射狄卡林等制剂，慢性病例，可口服洋地黄叶末，在一个疗程（一周）过后，停药几天，再行一个疗程治疗。对继发性传染病的病例，除治疗原发病所应用的药物外，宜用咖啡因、硫酸阿托品等进行治疗。

【心肌肥大】

心肌肥大是指各种病因引起的心肌纤维变粗，体积增大，导致心壁增厚，心脏重量增加的一种心脏病。按其病因可分为原发性心肌肥大和继发性心肌肥大。

（一）诊断要点

根据病史和特殊检查，一般即可确诊。本病预后谨慎。

1. 临床症状

原发性心肌肥大，心浊音界扩大，心搏动和脉性增强，第二心音高朗。

继发性心肌肥大，初期，多不表现全身性血液循环障碍。后期，呼吸困难，咳嗽，心绞痛，晕厥，脉搏变细弱，静脉怒张，消瘦，水肿；胃肠、肾脏等器官出现淤血症状，颈动脉上行疾速而具双峰特征。

左心室肥厚，Q 波、非特异性 S-T 波改变，室性心律紊乱等。X线检查，左心房扩张，左心室突出。气管隆起，肺静脉增大，肺瘀血或水肿，血管造影证明，左心室收缩终容积减少，左心室收缩过度，舒张期二尖瓣处有血液回流。超声心动图可见左心室肥大，中隔与左心室厚度之比大于中隔与左心室游离壁的厚度。二尖瓣收缩期前运动，主动脉瓣收缩中期关闭。左心室收缩过度。

2. 临床病理学

心肌肥大可发生于心脏的一侧或两侧，但通常以左心肥大较多，而且心室肥大多于心房。右心肥大时，心尖部的横径增加，左心肥大则心脏的纵径增长。左右心肥大时，心脏的外形比正常心脏圆。此外，心肌肥大时的重量显著增加，有时可达正常的 2 倍以上，心腔壁增厚，乳头肌和肉柱变粗；右心肥大时，还可见右心室内的节制带变厚。心肌纤维的长度增加，直径变大，肌原纤维的数量增多。心肌纤维的体积虽增大，但常不一致。胞核变大，两极多呈方形。电镜下，线粒体变大，但其数量和膜的宽度则相对比肌原纤维的体积减小。

3. 病因

原发性心肌肥大，一般由过劳而引起，因为劳动时，动物全身骨骼肌必须加强收缩，并促使肌间动脉的收缩，因而血压升高，使心力亢进，以保证身体需要的循环血量，心肌作功因而加强，终于导致心肌肥大。

继发性心肌肥大，主要继发于使心脏负荷增大的主动脉瘤，主动脉先天性狭窄、血栓形成、肿瘤压迫、动脉硬化等动脉疾患；主动脉瓣口狭窄、二尖瓣闭锁不全等心脏瓣膜病；慢性肺气肿、肺与胸膜粘连、慢性进行性肺炎以及鼻疽性和结核性肺炎等肺脏疾患；心包脏层、壁层粘连等心包粘连，慢性肾炎等疾病。

4. 发病机理

目前，对此病的发病机理存在着两种不同而又互相关联的见解。

一种认为各种心脏瓣膜病、高血压心脏病以及先天性心脏病所致的较长时间心脏超负荷，必伴发心功能增强，使能量消耗增多，引起心肌内 ATP 消耗增加，ADP 蓄积，这就刺激心肌细胞线粒体的生物合成，以补偿 ATP，同时也使心肌核酸和蛋白质合成增加，从而导致肌丝数量增多，肌纤维的直径增大，心肌肥大。

另一种认为，心肌负荷加重，心肌纤维牵伸本身就是一种生长的基本刺激。这种刺激能改变肌浆网膜的特性，进而加快氨基酸的运转及 RNA 合成，导致心肌肥大。

（二）治疗要点

应减轻患畜的使役和避免急剧性运动，在保持安静休养的同时，注意营养疗法。

对于患心肌肥大的牛可用 β-肾上腺素能阻断剂。伴发心脏衰竭的患畜，可酌情应用强心剂、利尿剂等。

【心脏瓣膜病】

心脏瓣膜病是心脏瓣膜、瓣孔（包括内膜壁层）发生各种形态或结构上器质性变化，导致血液循环障碍的一种慢性心内膜疾病。按病因分为先天性和后天性心脏瓣膜病。按发病部位可分为二尖瓣闭锁不全、二尖瓣狭窄、三尖瓣闭锁不全、三尖瓣狭窄、主动脉瓣闭锁不全、主动脉瓣狭窄、肺动脉瓣闭锁不全、肺动脉瓣狭窄和法乐式四联症等。临床以心内器质性杂音和血液循环紊乱为特征。

（一）诊断要点

心脏瓣膜疾病，单纯某一种类型很少存在，大都是联合发生，尤其是瓣膜闭锁不全和瓣孔狭窄常常并发。这时见不到单纯某一种瓣膜病时所固有的症状，往往是一种症状被另一种症状所掩盖。如一种瓣膜病的杂音发生于收缩期，另一种发生于舒张期。当二者并发时，收缩期与舒张期同时均能听到。这就需要根据其产生时间、性质、强度及其最强听诊点进行诊断。要确诊时最好借助于心脏超声显象或 M 型超声心动图检查，必要时还需进行心导管检查，X 线检查，心血管造影，心电图描记等特殊检查。心脏瓣膜病的临床症状表现多样化，应平时多注意，不断积累经验，以很好的掌握。

预后谨慎。

1. 临床症状

由于患畜的品种和侵害部位不同，病情有一定差异，其临床症状也较为复杂。

二尖瓣闭锁不全 心搏动增强，心区缩期震颤。左侧心区可听到响亮刺耳的全缩期心内杂音，在左房室孔区最明显。肺动脉第二心音增强，伴有心肥大时心浊音区扩大。在代偿期内，脉搏无明显变化；代偿机能减弱时，脉搏细弱；代偿失调时出现右心衰竭的临床表现。

二尖瓣狭窄（左房室孔狭窄） 心搏动增强，心区震颤，脉搏弱小。第一心音正常或稍增强，第二心音多被杂音掩盖。常发生右心肥大和扩张，致使右侧心浊音区扩大。运动后出现呼吸困难和结膜发绀。

三尖瓣闭锁不全 颈静脉阳性搏动，右侧心区震颤，可听到响亮的全缩期心内杂音，脉搏微弱。当发生心力衰竭时，出现水肿、发绀、浅表静脉怒张等。

三尖瓣狭窄（右房室孔狭窄） 心搏动减弱，脉搏细弱。右侧心区可听到舒张期后（缩期前）心内杂音。颈静脉怒张，有阴性搏动，全身水肿，呼吸迫促，常因心力衰竭而死亡。

主动脉瓣闭锁不全 心搏动增强，左侧心区震颤，可听到响亮的全舒期心内杂音。常因左心室肥大而心浊音区扩大。特征症状为出现骤来急去的跳脉。当左心衰竭时，出现相应的临床表现，跳脉消失。

主动脉瓣狭窄（主动脉孔狭窄） 左侧心区震颤，可听到刺耳的缩期心内杂音。特征症状为出现徐来缓去的徐脉，常并发左心肥大而使心搏动增强和心浊音区扩大。

肺动脉瓣闭锁不全 在左侧肺动脉孔区出现明显的舒期心内杂音，常将第二心音掩盖。易继发右心室肥大而使右侧心浊音区扩大。

并发右心衰竭时，出现发绀、水肿、腹水、浅表静脉怒张等临床体征。

肺动脉瓣狭窄（肺动脉孔狭窄） 心区震颤，脉搏细弱。左侧心区可听到缩期心内杂音，常有呼吸困难和结膜发绀。右心肥大时右侧心浊音区扩大。

法乐氏四联症 系伴有肺动脉狭窄、室间隔缺损、主动脉右位和右心室肥大四种心血管畸形的先天性心脏瓣膜病。主要症状为易于疲劳、心动过速、发绀和呼吸困难。右心室的收缩压与左心室的相似。

临床上单纯的瓣膜闭锁不全和狭窄比较少见，常常是几个瓣膜和瓣孔同时被侵害，或者瓣膜闭锁不全与狭窄合并发生，使临床表现错综复杂。

2. 临床病理学

心脏瓣膜病往往使心脏瓣膜装置出现各种形态或结构病理变化，主要为瓣膜及其邻近结缔组织增生，瓣膜游离缘肥厚、萎缩、硬化、部分愈合；瓣孔呈现息肉状或菜花样新生物；腱索缩短以及心肌扩张等，临床上多合并发生瓣膜闭锁不全和瓣孔狭窄。

3. 病因

先天性心脏瓣膜病主要有心房和心室间隔缺损，先天性瓣膜病，心脏或心内膜发育异常等。后天性心脏瓣膜病多继发于急性心内膜炎，慢性心肌炎，心脏衰弱，心肌扩张等疾病，导致心脏瓣膜及瓣孔发生形态学变化。

4. 发病机理

无论是先天性因素导致本病还是其他因素使本病继发，最终都会使心脏瓣膜或瓣孔性心脏闭锁不全或狭窄现象，或两者同时发生，出现心内器质性杂音。瓣膜闭锁不全时，可引起血液逆流，心容量负荷加重；瓣孔狭窄时，血液流通时受阻，心脏的压力负荷加重。两种病变都会使后方（按血流方向而言）心腔发生代偿性肥大或扩张；又因血液的停滞也引起代偿性心肌扩张，这时使心房、心室和血管中的血液正常分配发生紊乱，如适当调节，患畜将会维持健康状态。代偿作用使耗氧量增加，供血减少，最终由于心肌变性和结缔组织增生，使代偿机能减退，动脉血量减少，静脉淤血，随之发生脑、肝、脾、肾等脏器淤血、体腔积液、水肿等现象。

（二）治疗要点

当患畜的心脏瓣膜病处于代偿期间时，不可使用强心剂，否则会缩短代偿作用的期限，为使其发挥较长时期的心脏代偿作用，应限制使役，避免兴奋，注意营养。当代偿作用丧失后，还需应用适当的药物来维持心脏活动机能，在血液循环障碍和血压降低的情况下，酌情使用洋地黄、毒毛旋花子甙K、咖啡因、硝酸士的宁、硫酸阿托品及水杨酸钠等各种强心药。但药物治疗不能使心脏形态学的病理变化痊愈，应从动物的经济价值，使用价值等方面考虑是否需要进行手术治疗。

此外，对一些心脏瓣膜病应采取对症治疗，给予抗生素或利尿药等，有一定的效果。

（于娇，陈晰）

主要参考文献

[1] 王哲，姜玉富. 兽医诊断学［M］. 北京：高等教育出版社，2010.

[2] 倪耀娣. 兽医临床诊疗学［M］. 北京：中国农业科学技术出版社，2008.

[3] 刘宗平. 兽医临床症状鉴别诊断学［M］. 北京：农业出版社，2008.

[4] 付贵财. 奶牛创伤性心包炎的病因与防治［J］. 中国畜牧兽医文摘，2013，29（1）：161－162.

[5] 李春龙，李娜. 成年牛心包炎在临床上的有效诊治［J］. 畜牧兽医科技信息，2008，02：55.

[6] 田绍信，李光旭. 成年牛心内膜炎的诊治［J］. 农村实用科技信息，2007，7：32.

[7] 王公臻，宋金金. 牛创伤性网胃心包炎的临床诊断［J］. 吉林

畜牧兽医，2007，4：44－45.

［8］ 丁岚峰，易本驰．宠物临床诊断［M］．北京：中国农业科学技术出版社，2008.

［9］ 郭定宗．兽医内科学［M］．北京：高等教育出版社，2005.

［10］ 田牧群．肉牛疾病防治实用技术［M］．宁夏：宁夏人民出版社，2008.

［11］ 徐世文，唐兆新．兽医内科学［M］．北京：科学出版社，2010.

第二十四章

气肿的鉴别诊断

皮下气肿又称气肿。是指空气或其他气体浸润到皮下或皮下组织，表现为皮下肿胀，触之有捻发音或踏雪感。多见于关节后部或胸颈部，一般不危及生命，经治疗可康复。

一、气肿的病因

1. 串入性气肿

是在体表移动性较大的部位发生创伤时，由于动物的运动，创口一张一合，空气被吸入皮下，并逐渐向四周扩散引起的，严重者可达全身皮下；或者因含气器官破裂，气体沿破裂口串入皮下组织引起。

2. 腐败性气肿

是由于感染了腐败细菌，使局部组织腐败、分解并产生气体而蓄积于组织内所致。肿胀多发生在肌肉丰满的部位，见于气肿疽和恶性水肿等。

二、气肿的鉴别诊断思路

一般皮下气肿病畜皮下组织肿胀，触之有海绵样感觉和捻发音及踏雪感。关节处气肿可见行动困难，有粗糙的嘎吱声。当胸颈部气肿伴随心跳出现时，则为纵隔气肿，严重时可影响静脉回流，出现颈静脉扩张、心动过速、呼吸困难，甚至心力衰竭的表现。鉴别诊断时皮下气肿用手指轻压若触到海绵感觉和捻发音，一般不易漏诊或误诊。仔细的临床观察有利于弄清气肿的来源。X线检查有助于进一步查明气肿的来源。气肿如果首先表现在颈部，则应考虑其来源可能为纵隔气肿。在胸壁首先出现气肿的部位往往是肋骨骨折的部位。

三、症状治疗

通常情况下，对于皮下气肿无需特殊治疗，及时控制气体的来源，一般情况下外伤所致的皮下气肿可以在几天之内自行吸收。医源性及肺部破损引起的纵隔气肿则需及时进行手术治疗，修复损伤部位，及时去除引起气肿的原因，有效阻止进一步恶化的发生。中毒病引起的气肿需要及时解毒、排毒，及时解除呼吸困难，防治发生缺氧和窒息。细菌引起的腐败性气肿其治疗要点则是局部处理，去除坏死组织，结合全身治疗，防治继发性疾病的发生。

四、常见疾病的诊断与治疗

【坏死杆菌】

坏死杆菌是由坏死梭杆菌引起的各种哺乳动物和禽类的一种慢性传染病。临诊上表现为皮肤、皮下组织和消化道黏膜的坏死，有时在内脏形成转移性坏死灶，嗅有酸臭气味。一般呈地方性流行，时有散发。

（一）诊断要点

1. 临床症状

本病多发生于春季，由畜舍环境污染严重所致。以运动较少，圈舍潮湿的奶牛多发。本病的病因主要经损伤的皮肤、黏膜感染坏死杆菌，幼畜也可经脐带感染。数小时至 1~2 周，一般为 1~3d。各种动物受害组织和部位不同，而有不同的名称。成年牛常发生腐蹄病，病肢出现跛行，不能负重。两趾间出现坏死区，并可蔓延至关节处。坏死灶中有灰黄色恶臭脓汁。严重时患畜卧地不起，可继发脓毒败血症，甚至死亡。犊牛多发生坏死性皮炎。在体侧、头和四肢，体表皮肤及皮下组织发生坏死和溃烂，初为突起的小丘疹，盖有一层易剥离的干痂，进而痂下深部组织迅速坏死，形成创口小而坏死腔很大的囊状坏死灶，流出少量黄色稀薄恶臭的液体。坏死性口炎多见于犊牛，病初体温升高，有鼻漏和流涎，口腔黏膜红肿，在齿龈、上颚、喉头、颊及咽后壁黏膜发生坏死，附有污褐色或灰白色的粗糙伪膜，强力撕脱后露出出血的溃疡面。喉头的坏死物质如吸入肺部可引起致死性肺炎治疗不及时，可发生败血症而死亡。

2. 临床病理学

坏死可见于食管、瘤胃、瓣胃等，出现坏死及溃疡，坏死处可深达 2～3 cm，溃疡底部则可见肉芽组织增生。多数溃疡可因瘢痕化而痊愈。如果疾病蔓延至全身时，可见转移性病灶，肝脏肿大，有散在的淡黄色圆形坏死灶，周边有结缔组织包裹。可根据流行特点、临床表现和坏死组织的特殊变化，臭味等可初诊。同时进行实验室检查，采取病、健组织交界处的组织，制成涂片、染色、镜检，发现着色不均匀，呈串珠状长丝形菌体，即为坏死梭杆菌，即可确诊。必要时可进行分离培养、鉴定或动物接种试验。

3. 流行病学

坏死杆菌病是坏死梭杆菌引起的多种家畜可慢性感染的疾病，以牛、羊、马、猪、鸡和鹿易感。病畜是本病的传染源，病菌随病灶的分泌物和坏死组织排出，经过损伤的组织和黏膜感染，新生畜可经脐带感染。本病多发在雨季和低洼潮湿地区，一般呈散发或地方性流行。

（二）治疗要点

预防本病发生，关键在于避免皮肤、黏膜损伤，一旦发生创伤，及时进行外科处理，保持畜舍、环境、用具的清洁与干燥。注意对蹄部的保护，不在泥泞、潮湿地区放牧。一般只采用局部治疗，应配合全身疗法，控制继发感染，同时还依病情，施以对症治疗，可促进康复，提高治愈率。对腐蹄病，可先将患部用 1% 高锰酸钾溶液洗净后，撒布高锰酸钾粉或硫酸铜粉。如大批发生时，可用 10% 硫酸铜或 5% 福尔马林溶液脚浴，每日 1～2 次，连续 3 日。坏死性口炎应小心除去口腔内的伪膜再用高锰酸钾冲洗，然后用碘甘油每天 2 次至痊愈。内脏感染时，为防止继发性症状的发生，可用 10% 磺胺嘧啶钠注射液 100～200mL，静脉注射，每日 2 次。青霉素 320 万～400 万 IU，链霉素 2～4g，注射用水适量，肌注，2～3 次/天。必要时还需要对症治疗，如强心、补液等。

【支气管肺炎】

见"咳嗽鉴别诊断"中常见疾病的诊断与治疗。

【气肿疽】

气肿疽是由气肿疽梭菌引起急性高热性败血性传染病。以组织坏死、产气和水肿为主要特征，又称鸣疽气肿性炭疽黑腿病本病。气肿疽梭菌可形成芽孢，在土壤内可存活多年，病菌感染后，主要存在病畜的肌肉皮下组织脾脏肝脏及胆汁中。病菌随着土壤或被芽孢污染的饲料饮水进入机体，经消化道损伤黏膜侵入组织。也可通过创伤和吸血昆虫的叮咬经皮肤传染。多经伤口而感染在夏季干旱酷热及吸血昆虫活跃期易发生，在多雨季节和洪水泛滥时多发。

（一）诊断要点

结合临床症状及实验室诊断不难确诊该病。

1. 临床症状

本病潜伏期通常为 1～3d，长的 7～9d，突然发病，体温升高，在 24 小时后体温可逐渐下降，初期兴奋不安，耳角发热，眼结膜潮红充血，呼吸困难，脉搏次数增加，步态僵硬常呈跛行，背部软弱，口角流含有血泡沫的垂涎中后期饮食欲废绝，呆立不动，在股肩腰背或胸前等处肌肉丰满的部位发生气性炎性水肿，肿胀部热而疼痛，尤其四肢明显，触诊敏感疼痛，用手指触压留痕并可以听到捻发音，叩诊呈鼓音。切开肿胀处，从切口流出暗红色带有泡沫并有酸臭气味的液体。随着病情的发展，肿胀部的皮肤干燥，呈紫黑色，肿胀部的中心变凉，失去知觉，触诊患部硬而略有弹性，产生多量气体，捻发音更明显，最后体温下降，呼吸困难，因败血症和心力衰竭而死亡。

2. 临床病理学

尸体显著膨胀，鼻孔流出血样泡沫，肛门与阴道口也有血样液体流出，肌肉丰满部位有捻发音。皮肤表现部分坏死。皮下组织呈红色或黄色胶样，有的部位杂有出血或小气泡。胸、腹腔及心包有红色、暗红色渗出液。

3. 流行病学

气肿疽梭菌为革兰氏阳性梭菌，两端钝圆，常呈多形性，无荚膜。在菌体的中央或近端易形成卵圆形的芽孢，菌体因形成芽孢而呈梭状。本菌有鞭毛、菌体及芽孢抗原，在适宜的培养基上可产生 4 种毒素，菌体及毒素具有免疫原性。本菌为专性厌氧菌。在自然条件下，气肿疽主要侵害黄牛。本病的传染源主要是病牛，传递因素是土壤。病牛体内的病菌进入土壤，以芽孢形式长期生存于土壤，动物采食被这种土壤污染的饲料和饮水，经口腔和咽喉创伤侵入组织，也可由松弛或微伤的胃肠黏膜侵入血流而感染全身。本病常在牛 6 个月龄至 3 岁间容易感染，但幼犊或其他年龄的牛也有发病的，肥壮牛似比瘦牛更易患病。

（二）治疗要点

消灭传染源发生本病后，对病牛和疑似病例就地隔离，对疑似病牛，先肌内注射抗气肿疽血清 15～20mL，间歇 7d 后再皮下注射气肿疽甲醛灭活疫苗 1mL。由于病牛是本病的主要污染源，被污染的牧场饲料和饮水均能诱发传染，所以污染的牧场及低湿地区，都不宜放牧由于此病发病急病程短，在发病后，立即外科治疗患病部位，同时立即大剂量使用抗菌药物进行全身治疗，以有效控制病情的发展。在病的早期可用 16 号针头在有气体的部位进行放气，插入针头后用手挤压针头周围的气体，然后皮下或肌内分点注射 0.1%～0.2% 的高锰酸钾溶液或 0.1% 的甲醛溶液，也可用 10～20mL 0.25%～0.50% 普鲁卡因溶液，溶解 80 万～120 万 U 青霉素，在周围分点注射进行治疗。严重时可用手术刀在皮肤上做一条切口，以便顺利放出气体，并除去坏死组织，用 0.2% 高锰酸钾溶液或 3% 双氧水充分冲洗，暴露创口，以防止厌氧气肿疽梭菌在患部的繁殖如果肿胀位于腿的中部，可用绷带扎紧肿胀部位才上方，以免沿循环途径向上蔓延青霉素土霉素及磺胺类药物对本病治疗均有良好的效果，若与抗气肿疽血清同时应用，其效果更好可肌肉注射青霉素，每次100万~200万 U，每天2次，连用5d；静脉滴注庆大霉素120万 U 或四环素4g，加入葡萄糖溶液中，1次/天，连用5d。发病后期在配合治疗的同时，实施强心补液，以提高治疗的效果5%碳酸氢钠注射液500mL，1%地塞米松注射液3mL，10%安钠咖注射液30mL，5%葡萄糖生理盐水300mL，1次静脉注射，碳酸氢钠与安钠咖分开注射，每天1次，直至病情解除。

【呼吸道合胞体病毒感染】

见"咳嗽鉴别诊断"中常见疾病的诊断与治疗。

【间质性肺气肿】

间质性肺气肿是由于肺泡、漏斗和细支气管壁的破裂，空气进入肺小叶间结缔组织的一种肺病。临床上以突然呼吸困难，皮下气肿以及迅速窒息为特征。本病可发生于各种家畜，但以牛为最常见。

（一）诊断要点

根据病史调查，突然出现呼吸困难，叩诊呈鼓音及皮下气肿等症状，可以诊断。

1. 临床症状

本病常突然发生，迅速呈现呼吸困难，甚至窒息危象。病畜张口伸舌，惊恐不安。随着进行性的气喘，脉搏快而弱，但体温一般不高。多数病例颈和肩部出现皮下气肿，迅速散布于全身皮下组织，触诊可感有捻发音。

胸部叩诊，叩诊音高朗，呈过清音，严重时呈鼓音。肺叩诊界一般正常，若伴发急性肺泡气肿，叩诊界后移。胸部听诊，肺泡呼吸音减弱，但在呼气与吸气过程中均可听到破裂性啰音及捻发音。在肺组织被压缩的部位，可听到支气管呼吸音。若伴发支气管炎，则可听到各种啰音。

2. 临床病理学

肺小叶间质增宽，间隙充气而变为浅灰白色明亮的条纹外，肺的横断面可发现由小叶间隙高度扩张所呈现的气腔，这些气腔的大小不等，有的如核桃大、拳头大、小儿头大。间质中气泡的压力使邻近肺组织发生萎陷。某些部分的肺组织呈现高度水肿，或呈现坚实橡皮样的暗红色。有时在气管、支气管腔有大量泡沫水肿液。组织学变化为肺水肿、间质气肿、肺泡上皮增生、透明膜形成、酸性白细胞浸润等。

3. 病因

本病的病因是多种多样。牛可起因于吸入刺激性气体、肺脏被异物刺伤以及肺线虫损伤。马多因过度使役、奔驰、赛跑、冲撞、呛水、长途运输及剧烈咳嗽等引起本病。某些中毒，如黑斑病甘薯、白苏、农药1605及灭鼠药安妥等中毒疾病可继发本病。

变态反应主要见于牛急性间质性肺气肿，具有第一型（速发型）变态反应的特征。至今已被提出致病的变应原，大致有干草灰尘、某些花粉、霉菌孢子如粪土小多孢子、胎生网尾线虫的幼虫（导致犊牛寄生虫性支气管炎）以及某些青草中的异性蛋白导致动物过敏反应，即所谓"再生草热"。牛再生草热的临床特征主要是急性肺水肿和肺气肿。

本病可继发于牛的流行热、腺瘤病和产气荚膜杆菌病等疾病经过中。

4. 发病机理

肺脏在上述因素的作用下，导致机体发生痉挛性咳嗽或深长而用力的深呼吸，使肺内压力突然剧烈升高，使细支气管壁和肺泡壁破裂，空气进入肺间质。进入间质中的小气泡散布于整个肺脏中，部分还汇合成大的气泡。大部分气体随着肺脏的运动移动至纵隔，沿前胸口而到达颈部、肩部以及背部皮下，可引起全身皮下气肿。

（二）治疗要点

治疗原则为除去病因，加强护理，消除过敏反应，制止空气进入间质组织，治疗原发病和对症治疗。尚无根治办法。

使动物安静，少量而多次地给予饲料和饮水。轻症的病例，破裂肺泡愈合，皮下气体吸收，可不药而自愈。

在极度不安和有咳嗽时，可用镇静剂，如皮下注射吗啡、阿托品。或内服镇咳合剂，水合氯醛 8g，麻黄素 0.1g，颠茄浸膏 1g，糖浆 100g，将前三种药先溶于 20mL 水中，在加糖浆，1 次胃管投服，犊牛，10～20mL/次，1 次/天，连用 3 次。或水合氯醛 10～20g，加水适量灌肠。也可静脉注射安溴 100mL，或 2%静松灵 2～3mL。

制止过敏可用抗组胺药物，牛，阿托品 15～30mL，0.1%麻黄素溶液 10mL，皮下注射。或扑尔敏 100mg 或异丙嗪 500mg，肌肉注射，2～3 次/天，连续 3～4d。同时肌肉注射氨茶碱 5mg，肌内注射青霉素 100 万～200 万单位，2 次/天，有明显效果。

对症治疗。当心脏衰弱时，可用洋地黄类制剂（如毒毛旋花子苷 K）、咖啡因类、樟脑类。当极度的呼吸困难时，氧气吸入。当出现广泛的气肿时，为了加速气体的消散，可用小套管针或皮下注射针头，进行穿刺放气。或切开皮肤，排出气体。

【黑斑病甘薯中毒】

见"呼吸困难鉴别诊断"中常见疾病的诊断与治疗。

（姚琳琳，赵文超）

主要参考文献

［1］李德昌，杨亮宇. 奶牛常见疾病诊疗手册［M］. 北京：中国农业出版社，2009.

［2］郭定宗. 兽医内科学［M］. 北京：高等教育出版社，2010.

［3］王哲. 兽医诊断学［M］. 北京：高等教育出版社，2010.

［4］陈芬梅. 坏死杆菌病的研究进展［J］. 青海畜牧兽医杂志，

2008，38（4）：49－50.

［5］杨佳徽．牛、羊坏死杆菌病的临床症状与病理变化［J］．养殖技术顾问，2013，10：142.

［6］纪永军．牛支气管肺炎的鉴别诊断与防治［J］．畜牧兽医科技信息，2007，6：40.

［7］张秀君．牛支气管肺炎的诊断及防治措施［J］．黑龙江畜牧兽医，2013，4：91－92.

［8］汪志铮．牛黑斑病甘薯中毒的防治［J］．当代畜禽养殖业，2009，12：30.

［9］陈熙．浅析牛羊黑斑病甘薯中毒的诊治与预防［J］．畜牧市场，2010，10：33－34.

［10］向锦国．中西医结合治疗牛黑斑病甘薯中毒［J］．贵州畜牧兽医，2007，31（5）：39.

［11］罗成．牛气肿疽病的诊断与防治［J］．中国职业兽医，2014，3：52.

［12］张树合．牛气肿疽的流行、鉴别与治疗［J］．养殖技术顾问，2013，10：129.

［13］张荣慧．牛气肿疽的诊治［J］．贵州畜牧兽医，2014，38（1）：29－30.

第二十五章

羞明流泪的鉴别诊断

羞明流泪,又称畏光,羞明畏日、怕日羞明、畏日、恶日、畏明。指患畜畏视光明,遇光则涩痛难睁,并伴随流泪。

一、生 理 解 剖 基 础

眼球,位于眼眶内,后端有视神经与脑相连。眼球的构造分眼球壁和内容物两部分。眼球壁分3层,由外向内顺次为纤维膜、血管膜和视网膜。纤维膜厚而坚韧,由致密结缔组织构成,为眼球的外壳。可分为前方的角膜和后方的巩膜。有保护眼球内部组织和维持眼球形状的功能。血管膜是眼球壁的中层,位于纤维膜与视网膜之间,富含血管和色素细胞,有营养眼内组织的作用,并形成暗的环境,有利于视网膜对光色的感应。血管膜由后向前分为脉络膜、睫状体和虹膜3部分。视网膜是眼球壁的最内层。又许多对光线敏感的细胞,能感受光的刺激。可分为视部和盲部。眼球内容物是眼球内一些无色透明的折光结构,包括晶状体、眼房水和玻璃体,它们与角膜一起组成眼的折光系统。

眼球的辅助器官,包括眼睑、泪器、眼眶和眶骨膜及眼球肌。眼睑是位于眼球前方的皮肤褶,俗称眼皮,分为上眼睑和下眼睑,有保护眼球免受伤害的作用。上下眼睑之间的裂隙称为眼裂,其内外两端分别称为内侧角和外侧角。眼睑外面为皮肤,内面为睑结膜,中间位眼轮匝肌和睑板膜。睑结膜为一薄层湿润而富有血管的膜,睑结膜折转覆盖与巩膜前部,称球结膜。正常结膜称淡红色,在发绀、黄疸或贫血是易显示不同的颜色,常作为临床诊断的依据。

二、羞明流泪的病因

机械性因素　结膜外伤、各种异物落入结膜囊内或粘在结膜及角膜面上，鞭梢的打击、尖锐物体刺激；牛泪管吸吮线虫病；眼睑内翻、外翻、睫毛倒生等。

化学性因素　如各种化学药品或农药误入眼内。

温热性因素　如热伤、冻伤。

光学性因素　眼睛未加保护，遭受夏季日光的长期直射、紫外线或 X 射线照射等。

传染性因素　多种微生物经常潜伏在结膜囊内，牛传染性鼻气管炎病毒科引起犊牛群发生结膜炎。给放线菌病牛用碘化钾治疗时，由于碘中毒，常出现结膜炎。另外，传染病如牛恶性卡他热、牛肺疫、流行性感冒等常发生牛的羞明流泪。

免疫介导性因素　如过敏、嗜酸细胞性结膜等。

继发性因素　常发生于邻近组织的疾病，如上颌窦炎、泪囊炎、角膜炎、重剧的消化器官疾病及多种传染病经过中常并发所谓症候性结膜炎并伴随羞明流泪。另外眼感觉神经麻痹也可引起结膜炎及羞明流泪。

三、羞明流泪的鉴别诊断思路

外伤　主要是通过视诊的手段观察病畜眼部的患处。根据不同的组织受伤进行相应的外科手术或药物治疗。

传染病和寄生虫　通过询问病史、流行病学研究及实验室诊断等方法从各个方面来确诊。实验室诊断主要通过菌体的形态观察、分离培养、生化试验、药敏试验、动物试验等手段来进行验证。

营养代谢病　根据饲料中缺乏物的病史，再结合相应的临床症状，来进行鉴别诊断。

四、症状治疗

治疗原则主要是治疗原发病，如各种原因引起的结膜炎、角膜炎。如有全身性疾病，还需对症治疗。

五、常见疾病的诊断与治疗

【牛巴氏杆菌病】

见"咳嗽鉴别诊断"中常见疾病的诊断与治疗。

【牛恶性卡他热（头眼型）】

牛恶性卡他热又叫做恶性头卡他，是病毒引起的一种急性、热性传染病。其主要特征是头部黏膜及胃肠道黏膜发生急性卡他性纤维素性炎症，同时也有角膜混浊和严重的神经症状。

（一）诊断要点

病牛除眼结膜角膜炎症症状外，还有口腔溃疡，流涎，体表淋巴结肿大，高热稽留等明显的全身症状，有的病畜还有神经症状。

1. 临床症状

病牛大都突然出现不能起立，精神高度沉郁、食欲废绝、泌乳停止、高烧到 41～42℃ 及脉搏增速（100～210 次/min）。由于黏膜受到侵袭，所以流出大量黏稠的鼻汁堵塞鼻腔，致使病牛呼吸极度困难。病牛眼睑水肿，巩膜高度充血，病牛经常流泪，从角膜周围向中心呈现白色混浊状态。口腔黏膜完全坏死及糜烂，流出有臭味的涎液，内含坏死组织碎片，口腔内发出腐败性恶臭。蹄冠部和角根也出现同样的病变，病牛因疼痛而呈现跛行状态，并且起立困难，也有蹄壳和角壳脱落的情况。体表淋巴结变的硬肿。病程延长时，眼和鼻的分泌物逐渐增多，而且变成脓性白色混浊状。另外，体表的皮肤由于充血而患湿疹，触诊时感觉黏稠，病牛表现痛楚。

2. 临床病理学变化

病死牛尸体消瘦，眼鼻有多量分泌物，血液浓稠，眼角膜周边或全部混浊。头窦与角窦黏膜呈卡他性炎。消化道（尤其口腔、皱胃和大肠）黏膜为急性卡他性炎，并有糜烂和溃疡。上呼吸道黏膜充血、出血，常有纤维素附着。肝、肾、心脏变性，色黄红，有针尖至粟粒大灰白色病灶。全身（尤其咽部与支气管）淋巴结肿大，色深红，周围胶样水肿，切面多汁，偶见坏死灶。脑膜充血、出血，脑质水肿，脑脊液增多。肺充血水肿。

3. 流行病学

病原为牛恶性卡他热病毒，为疱疹病毒科、疱疹病毒丙亚科、猴病毒属成员。病毒粒子由核芯、衣壳和囊膜组成，核芯由双股线状DNA与蛋白质缠绕而成。本病病毒保存十分困难，在低温冷冻和冻干条件下，存活期不超过数天；5℃柠檬酸盐抗凝血液中病毒可存活数天。

本病四季均可发生，但多见于冬季和早春，呈散发或地方流行性，本病主要发生于4岁以下黄牛和水牛，发病率较低，而病死率高。

（二）治疗要点

目前治疗本病还没有特效疗法，也没有疫苗，控制本病的发生有一定的困难，只能采取一般的预防性措施，如隔离、消毒，避免牛和绵羊混合放牧和同舍饲养，减少接触。应用广谱抗菌药防止继发感染，土霉素每天分两次静脉注射，足量连用3~5d为一疗程。同时使用氢化可的松和其他药物对症治疗。

中药治疗可以用龙胆泻肝汤：龙胆草、柴胡、黄芩、淡竹叶、地骨皮、车前草各62g，茵陈124g，薄荷、僵蚕、牛蒡子、板蓝根、双花、连翘、玄参各31g，栀子46g，煎服，每天1次。对病情较轻者效果明显。

【牛鹦鹉热衣原体感染】

见"咳嗽鉴别诊断"中常见疾病的诊断与治疗。

【牛流行性感冒】

见"咳嗽鉴别诊断"中常见疾病的诊断与治疗。

【牛肺疫】

见"呼吸困难鉴别诊断"中常见疾病的诊断与治疗。

【牛腺病毒感染】

见"咳嗽鉴别诊断"中常见疾病的诊断与治疗。

【牛吸吮线虫病】

牛吸吮线虫病俗称牛眼虫病，又叫寄生虫性结膜炎。是由旋尾目吸吮科吸吮属的多种线虫寄生于牛的结膜囊、第三眼睑和泪管引起，以蝇作为中间宿主而传播，对牛的健康有一定危害，主要引起结膜炎、角膜炎，甚至角膜糜烂和溃疡，严重者导致失明。

（一）诊断要点

根据大群牛流行特点，结合临床症状、病理剖检可作出初步诊断，同时注意与茨城病、牛传染性鼻气管炎、牛恶性卡他热、牛副流行性感冒等相鉴别。必要时，需做实验室检查。

1. 临床症状

病牛眼结膜潮红肿胀，流泪，角膜损伤后发生溃烂或混浊，炎性过程加剧时，眼内有脓性分泌物流出，常见上下眼睑被黏合。角膜炎严重时，造成角膜糜烂或溃疡，甚至发生角膜穿孔，最终导致失明。虫体的寄生，可使牛只不安、摇头，常将眼部往其他物体上摩擦。

实验室诊断 根据结膜潮红、流泪、分泌物多，角膜混浊，水晶体损伤，在眼球表面发现白色线状虫体，即可初步诊断为本病。用2.5%的硼酸强力冲洗眼内用白色瓷碗接取冲洗液，找出虫体，在显微镜下检查。肉眼观察，可见虫体乳白色，有的一端卷曲，有的不卷曲，前者多较后者长，镜下观察虫体表面有明显的锯齿状横纹，雄虫尾部卷曲，交合刺不等长，雌虫尾部钝圆。

2. 病因

由旋尾目吸吮科吸吮属的多种线虫寄生于牛的结膜囊、第三眼睑和泪管引起，以蝇作为中间宿主而传播。

（二）治疗要点

内服磷酸左旋咪唑，8mg/kg，1 日 2 次，连服 2 日，点眼用1% ~2% 敌百虫溶液或0.5% ~1% 复红溶液或5% 胶体眼水溶液直接滴入眼内杀虫，每日 2 次，连用 2 日，可以杀死或麻醉虫体并取出虫体。

冲洗眼结膜囊，应用2% ~3% 硼酸溶液或0.1% 碘溶液强力冲洗眼结膜囊和第三眼睑下，每周 1 次，连用 3 次。

用伊维菌素或阿维菌素，0.2mg/kg，1 次皮下注射，一周后可以再注射一次。

对症治疗驱虫后，对已发生结膜炎、角膜炎、角膜翳或伴有细菌和感染等症状的，用抗生素类药物（可以使用青霉素软膏或者磺胺药）继续进行治疗。

【牛眼结膜炎】

眼结膜炎是奶牛最常见的一种眼病，有卡他性、化脓性结膜炎等类型。结膜炎是眼结膜受外来或内在轻微刺激引起的炎症。

（一）诊断要点

牛眼结膜炎的共同症状是羞明，流泪，结膜充血，结膜浮肿，眼睑痉挛，渗出物流出及白细胞浸润。

1. 临床症状

卡他性结膜炎：主要症状是羞明流泪、结合膜充血、潮红、肿胀及分泌物异常增多。

症候性结膜炎：主要症状是羞明、充血及肿胀较原发性的轻，常有结膜黄染。慢性的一般症状轻微，结膜呈暗红色、污浊、不肿胀、肥厚，眼眵量少。

化脓性结膜炎：主要症状是羞明、分泌脓性眼眵，结膜囊内聚集脓性分泌物，眼睑常被浓汁粘着。初期眼结膜潮红，之后会变为苍白。

类白喉性结膜炎：牛炭疽病常并发此病症。症状与格鲁布性结膜炎很相似，不同的地方是，本病的薄膜是坏死部分，剥离薄膜后，可留下溃疡。常能并发全眼球炎及眼球萎缩。

格鲁布性结膜炎：主要症状是在结膜表面上有纤维素性薄膜沉着，薄膜分离后，下面组织并无缺损，或在结膜表面上形成许多小泡，泡中含少量微黄色液体，分泌大量带有薄膜的脓性眼眵。

2. 临床病理学

结膜水肿及高度充血，结膜组织学变化表现为含有多量淋巴细胞及浆细胞，上皮细胞之间有中性白细胞，角膜变化多种多样，可呈现凹陷、白斑、白色混浊、隆起、突出等，角膜组织学变化依不同类型而异，如白斑类型，固有层局限性胶原纤维增生和纤维化；白色混浊类型，可见上皮增生，固有层弥漫性玻璃样变性。

3. 病因

干草粉末、花粉、烟灰、被毛、昆虫等落出结膜囊内或粘于结膜面上引起；也可由化学物溅入，如石灰粉、熏烟、厩舍、空气中大量氮和硫化氢等刺激性气体存在，各种刺激性药品包括消毒药品、农药等误入眼内。还可因光学（如强日光直射）、温热（如热伤）、寄生虫（如牛泪管吸吮线虫）、传染病（如传染性鼻气管炎引发、牛流感、牛流行热继发）、毒物（如毒药或误食有毒植物）等引发。

（二）治疗要点

治疗的关键是消除病因，治疗原发病，对症治疗。

急性卡他性结膜炎，充血显著时，初期冷敷。分泌物变为黏液时，改为热敷，用0.5%～1%硝酸银溶液点眼，1～2次/天。点眼半小时后除杀灭结膜表层病菌外，还能在结膜表面形成一层很薄的膜，对结膜面起保护作用。点眼后为防止过剩硝酸银分解后的毒性刺激，用药后 10~15 min 须用生理盐水冲洗干净。当眼结膜囊分泌物出现减少，或处于吸收过程时，用收敛药较好。常用 0.5%~2% 硫酸锌溶液点眼，2~4 次/天；2%~5% 蛋白银溶液点眼，2~3 次/天；0.5%~1% 明矾溶液或 2% 黄降汞眼膏点眼，2~4 次/天。当疼痛加剧时，可用眼药水（配方：硫酸锌 0.05~0.1mL，盐酸普鲁卡因 0.05mL，硼酸 0.3mL，0.1% 肾上腺素 2 滴，蒸馏水 10.0mL）点眼。慢性卡他性结膜炎，须立即去除病因，用 5% 硫酸锌、抗菌素或磺胺类眼药水滴眼。

青霉素点眼对卡他性和化脓性结膜炎的疗效也很好。即每毫升 40% 的葡萄糖溶液内含青霉素 5 万~10 万单位，每隔 3~4h 点入 2~3 滴。

格鲁布性结膜炎用包有药棉的玻璃棒（用前煮沸灭菌），将薄膜摩擦剥离后，再用上述眼药水洗眼。

类白喉性结膜炎也必须除去薄膜，再往结膜上涂碘酊甘油，碘仿软膏或 5% 蛋白银溶液。

当出现全身性症状时，须使用抗菌素或磺胺类药物进行治疗。

【牛外伤性角膜翳】

牛角膜易因麦芒、鞭打、树枝碰触等原因造成外伤，引起角膜炎及角膜翳。

（一）诊断要点

先羞明流泪，继有炎症及呈云雾状混浊，角膜血管增生，覆盖白色瘢痕组织。

1. 临床症状

羞明流泪，患牛眼睛赤脉满布、涩痛泪出，生成翳障，不能视物，失治者常导致失明。

2. 病因

因各种原因造成外伤所引起。

（二）治疗要点

先用2%～5%硼酸水洗眼，拭干后再用2、3克碘仿粉吹眼（使之达角膜表面），每天或隔天一次，疗程短者三天，长的一周，即见白翳消退。

【牛传染性角膜炎】

牛传染性角膜炎，又称红眼病，是牛常见的、损失最大的眼病。它是由牛摩拉克氏菌所致。本病常见于夏、秋季圈饲舍外犊牛或育成牛（6～24月龄）。蝇、蠓、虻是传染牛摩拉氏菌的主要媒介。这些昆虫将强毒株牛摩拉氏菌从感染牛眼分泌物带至未感染牛眼中发病。体温、食欲正常，患侧眼怕光，羞明流泪，眼半闭或全闭，外观有泪痕污秽，眼角布满脓性分泌物，结膜渐红肿胀。炎症侵害角膜的程度不同，由浅入深，表现为淡蓝色、白色、灰白色的不透明的混浊。到后期由巩膜延伸入角膜内呈树枝状蓝色的溃疡凸起，失明。有的一侧眼，有的是双眼，还有的一侧眼轻一侧眼重。

（一）诊断要点

结合流行病学调查及临床症状确诊该病。

1. 临床症状

经2～7d的潜伏期后，发生急性结膜炎，本病常呈一侧性，也有部分为两侧性。初期病牛畏光、流泪。眼睑红、肿、痛，眼不能张开。不少病例2～3日后角膜混浊，有一黄白区，面上有黄色沉着物。由于眼内压增高，角膜和眼前方形成脓肿。病牛一般没有全身症状，但间有体温升高和精神萎顿。重病例，若不及时治疗，可导致角膜混浊、白斑或溃疡，甚至失明。

2. 临床病理学

病初眼睑微肿，结膜潮红，生眵流泪，眼不能张开，黑睛上有蓝灰色、灰白色翳膜，或在瞳孔之上，或在瞳孔之下，或在瞳孔一侧，或遮住瞳孔，以致视力减退；2～3日后则翳膜逐渐增大增厚，遮住瞳孔及黑睛，以致视物不见，牵行乱走，高抬腿，慢落地，不避障碍物。

细菌形态观察 取患病牛眼部分泌物涂片、触片镜检会发现有少量散在、双链或短链，不运动、不形成芽孢的链状革兰阴性菌。

细菌的分离培养 取病牛眼部分泌物在营养琼脂培养基上分离划线，37℃，pH 值为 7.2～7.5，培养 48h 后，观察菌落特征。预计培养结果：在血巧克力琼脂培养基上，可见圆形、半透明、灰白色、少黏稠性的溶血菌落，菌落粗糙，边缘不整齐，有菌毛；在 Muller-hinton 培养基上呈灰白色、湿润、表面光滑、边缘整齐的圆形小菌落。

生化试验 用待检菌纯培养物进行生化试验。预计试验结果：分离菌株的氧化酶试验与明胶液化试验均为阳性；糖发酵试验、硫化氢试验、靛基质试验、尿素酶试验均为阴性。

药敏试验 取待检菌纯培养物 1mL，用"L"型涂菌棒均匀涂布于 Muller-hinton 琼脂培养基表面，用无菌镊子按照一定的顺序贴上药敏纸片，置 37℃恒温箱温育 10～18h 后，测量抑菌圈直径，并根据试验结果筛选敏感药物。

动物试验 取健康小鼠 4 只，随机分为两组（对照组、试验组）。对照组腹腔接种改良马丁液体培养液 0.5 mL，试验组腹腔接种 0.5 mL 待检菌纯培养物，观察小鼠发病及致死情况。接种次日试验组小鼠表现精神委顿，食欲减退，少动或不动，第 3 天全部死亡，死亡小鼠外表皮肤无可见变化，剖检可见眼结膜充血，肝脏等实质器官可分离到与接种菌一致的细菌，而对照组的小鼠均表现正常。

根据以上流行病学的调查、病牛的临床症状、细菌分离、生化试验和动物试验结果可综合判断病牛患的是由牛摩拉氏菌感染引起的牛传染性角膜炎。

3. 病因

该病是由牛摩拉克氏菌所致。本病常见于夏、秋季圈饲舍外犊牛或育成牛。蝇、蠓、虻是传染牛摩拉氏菌的主要媒介。

（二）治疗要点

首先要立即隔离病牛并及时治疗，其治疗方法如下：2%～5%硼酸溶液或 0.01%呋喃西林溶液等冲洗患眼。拭干后用 3%～5%弱蛋白银溶液滴入结合膜囊内，2~3次/天。

对角膜溃疡的牛只，采用眼睑暂时完全缝合术。用不吸收合成线4~6针结节水平、褥状全层缝合。

【夜盲症】

夜盲症是由于饲喂的饲草料中维生素 A 的缺乏引起的，临床上是夜间或光线昏暗的环境下视物不清，行动困难等为主征的维生素缺乏症。

（一）诊断要点

根据饲料中缺乏维生素 A 和胡萝卜素的病史，结合临床症状，皮肤有无麸皮样痂块，血液中维生素 A 和胡萝卜素的降低来进行诊断。

1. 临床症状

病畜精神不振，食欲稍减，拱背，眼球微凸，巩膜淡灰蓝色，结膜贫血，呈灰黄色，羞明流泪，角膜混浊，后期失明，所有患牛日落后都视物不清，即晚上入舍时，表现为碰墙、碰糟等。口腔可视黏膜苍白，舌黏膜呈淡黄色，舌尖紧缩，被毛干枯无光泽，步行迟缓，走路不稳，严重的表现小便困难，甚至尿血或尿闭，大便泻泄，有的带血液，食欲、反刍停止，喘气加剧，即快死亡。体温、脉搏初期一般正常，后则稍高，心音亢进，个别的有腹下和四肢水肿现象。

2. 病因

依据发生原因临床常把维生素 A 缺乏分为原发性因素和继发性因素。

原发性病因

妊娠母畜维生素 A 原不足，胎儿体内含量亦不足，造成幼龄动物母源性维生素 A 缺乏，尤其容易使新生犊牛或仔猪出现瞎眼病和惊厥症状；由于母乳维生素含量不足，或幼龄动物出生后未吃到初乳以及使用代乳品饲喂，或是断奶过早，都易引起维生素 A 缺乏。

舍饲成年家畜由于饲料单一，长期饲喂秸秆、劣质干草、米糠、棉籽饼、亚麻籽饼等维生素 A 原贫乏的饲料而致病。放牧家畜一般不易发生本病，但在长期干旱的年份，牧草中胡萝卜素缺乏，也可发生。

饲料加工、贮存不当，饲料中的胡萝卜素可被氧化破坏，如自然干燥或雨天收割的青草，或经阳光长时间暴晒的饲草，在酶的作用下，所含胡萝卜素可损失 50% 以上；配合饲料如存放时间过长，其中不饱和脂肪酸氧化酸败后，可破坏维生素 A 及其他维生素的活性。

继发性病因

饲料中存在干扰维生素 A 代谢的因素很多。磷酸盐含量过多可影响维生素 A 的体内贮存；硝酸盐或亚硝酸盐含量过多，可促进维生素 A 及维生素 A 原的分解；饲料中缺乏脂肪，会影响维生素 A 及 A 原的溶解和吸收；蛋白质缺乏，会影响运输维生素 A 的载体蛋白形成。此外，微量元素及矿物质含量的不足或过剩，都能影响维生素 A 的转化、吸收和贮存。

胆汁中的胆酸盐有利于脂溶性维生素的溶解和吸收，胆酸盐还可增强胡萝卜素转化为维生素 A。慢性消化不良和肝胆疾病时，胆汁生成减少或排泄障碍，可影响维生素 A 的吸收，肝功能紊乱也不利于维生素 A 原的转化。长期腹泻、患热性疾病的动物，维生素 A 的排出和消耗增多，也可致机体维生素 A 相对不足。此外，矿物质（无机磷）、维生素（维生素 C、维生素 E）、微量元素（钴、锰）缺乏或不足，都能影响体内胡萝卜素的转化和维生素 A 的储存。

此外，饲养管理条件不良，天气寒冷，热应激，过度拥挤，缺乏运动及阳光照射不足等因素、均可诱发维生素 A 缺乏。

3. 发病机理

正常情况下，动物维生素 A 完全依靠外源供给，即从饲料中摄取。维生素 A 仅存在于动物源性饲料中，鱼肝和鱼油是其丰富来源。维生素 A 原（胡萝卜素）存在于植物性饲料中，在各种青绿饲料中较丰富。维生素 A 是保持动物生长发育、维持正常视力和上皮组织正常功能的一种必需营养物质，体内维生素 A 和胡萝卜素 90% 贮存于肝脏，并不断释放入血，当血浆中维生素 A 降至一定程度后，即可造成组织病理性损伤或表现临床症状。

暗视觉障碍。视网膜细胞内存在的视紫红质素由维生素 A 衍生物视黄醛和视蛋白构成，可感受弱光并产生暗视觉，当维生素 A 缺乏或不足时，视黄醛不足，视紫红质（视紫蓝质）合成作用受阻，暗视觉障碍，而发生夜盲。

上皮角化异常。维生素 A 参与黏多糖的合成，从而促进黏蛋白的合成。黏蛋白是细胞间质的主要成份，有保护和维持细胞完整性的作用，当维生素 A 缺乏时，可导致所有上皮细胞萎缩，尤其是具有分泌和覆盖功能的上皮细胞组织，如皮肤、上呼吸道、消化道、泌尿生殖道上皮组织等。上皮组织结构损伤，黏膜屏障功能减退，易继发感染其他疾病。

骨骼发育不良。维生素 A 参与骨骼改建，并有促进骨骼生长的作用，动物在生长发育阶段，当维生素 A 缺乏时，成骨细胞活性增高，成骨细胞和破骨细胞正常位置发生改变，软骨的生长和成骨的精细造型发生异常。由于颅骨变形而致颅腔变狭小，颅脑内脑组织受压、脑脊液压力增高，出现视乳头水肿，临床表现共济失调等特征性的神经症状。

维生素 A 缺乏还可引起蛋白质合成减少，矿物质利用受阻，影响体内其他物质代谢而致动物生长发育受阻，生产性能下降。

（二）治疗要点

先查明病因，同时改善饲养管理条件，调整日粮配方，发病后立即更换饲料，多喂青草、优质干草、胡萝卜及玉米等富含维生素 A 的饲料，必要时，可在饲料内滴加适量的鱼肝油。添加维生素 A 最好现加现喂，但当发病时，群内所有动物应注射维生素 A（440U/kg 体重），犊牛皮下注射维生素 A 每天滴剂 2～4mL，浓缩维生素 A 滴剂 5 万～10 万 U 药物，可用鱼肝油 5～10mL，内服可持续 7d。

【感光过敏性中毒】

感光过敏性中毒是指动物采食含有光敏物质的饲料后，在光线照射下体表浅色素部分发生的一种过敏性中毒病。临床上浅色素部位的皮肤出现红斑、水泡和皮炎为特征。

（一）诊断要点

根据有采食光敏性食物病史，皮肤炎症仅局限在皮色较浅背毛较稀及朝向太阳部位，可做出初步诊断。

1. 临床症状

基本症状表现在浅色素皮肤，太阳光照射后，局部皮肤红、肿，形成丘疹、水泡甚至脓泡，伴有痒感。多局限在皮肤色素浅、被毛稀、朝阳光的背侧，如嘴、眼周围、面部、耳廓，病区与健区皮肤界限明显。牛常在乳房、乳头、四肢、胸腹部、颌下和口周围出现疹块。停止日晒和停喂致敏饲料后，发痒缓解，症状数日后消失，饮食欲变化不大。严重病例，皮肤显著肿胀，疼痛，形成脓泡，破溃后，流出黄色液体，结痂，有时痂下化脓，皮肤坏死。与此同时，常伴有口炎、结膜炎、鼻炎、阴道炎等症状。病畜食欲废绝，流涎，便秘，有的有黄疸，心律不齐，体温升高。有的出现神经症状，兴奋，战栗，攻击人畜，有的痉挛、麻痹。有的呼吸困难，运动失调，后躯麻痹，双目失明。

2. 临床病理学变化

剖检可见病变多局限于皮肤，有各种不同程度炎症。有的出现消化系统炎症性变化和脑部病变。肝源性光过敏反应有肝脏损伤、肿大。卟啉症，尚有骨骼、牙齿内有卟啉沉着，显红紫色为特征。

3. 病因

原发性因素，主要见于动物采食了含有光敏性的植物和药物引起。常见的含有光敏性物质的植物如荞麦、灰菜、多年生黑麦草、金丝桃属植物、龙舌兰属植物等，以及被某些真菌寄生的植物如狗牙根草、藜、粟、羽扇豆、野蒺藜等和感染了蚜虫的三叶草等。因这些植物中所含荞麦素、金丝桃素、黑麦草碱及一些尚未鉴定的光敏性物质，受一定波长的光线照射后，引起光过敏反应。常见的药物如四氯化碳、菲啶（抗锥虫药）等，某些药物如皮质类固醇、玫瑰红等染料亦可引起光过敏。

继发性因素，主要见于胆汁代谢紊乱性疾病。叶绿素在体内转化为叶绿胆紫素，需经胆汁排泄。而叶绿胆紫素为光敏物质，如不能及时经胆汁排泄而进入血流，当组织内尤其是皮肤内叶绿胆紫素的量达一定程度后，即可引起感光过敏。凡可产生肝损伤和胆管堵塞的因素，就可能有产生光敏反应的现象，此称为肝源性光敏反应。

有的病例还难以区分为原发性和肝源性光敏反应，如采食油菜、红三叶草、车轴草、羊舌草、车前草、水淹后的三叶草、猪屎豆等，还有些牛、羊因采食幼嫩紫花苜蓿时，有散在性光过敏现象。

遗传性因素，常见于先天性卟啉血症。此外，有些品种羊更易产生光敏性皮炎，如考力代羊、南丘羊等，与遗传性胆色素排泄障碍有关。

4. 发病机理

当光敏物质到达皮肤后，在一定波长光线照射下，光敏分子被光激活，获得能量，处于活化状态。当光敏分子恢复至低能状态时，所释放的能量与皮肤细胞成分发生光化学反应，从而损伤了细胞结构，释放组胺，组织通透性增大，出现充血、水肿和坏死。主要发生在浅色素皮肤，表现为皮肤发红、水泡、溃烂、结痂，以及瘙痒和脱皮。同时发生消化系统及中枢神经系统的障碍。

（二）治疗要点

本病一经诊断后应把动物移到避光处，停止饲喂光敏原性食物，使用缓泻剂，使未吸收的光敏性食物迅速排出，治疗应取抗组织胺药，如苯海拉明、扑尔敏等药物，也可静脉注射钙制剂和维生素C。扑尔敏牛50~80mg。为防止感染，可用明矾水洗患部，再用碘酊或龙胆紫药水涂擦患部，或用薄荷脑0.2g，氧化锌2g，凡士林2g，制成软膏涂抹，同时肌注抗菌药。清热解毒、散风止痒，用土茯苓30g、牛膝15g、蒲公英15g、银花10g、野菊花15g、钻地风9g、赤芍9g、地肤子20g、生甘草5g，按比例配制，煎汤灌服。

（于娇，赵文超）

主要参考文献

［1］ 朴范泽．牛病类症鉴别诊断彩色图谱［M］．北京：中国农业出版社，2008.

［2］ 刘长松．奶牛疾病诊疗大全［M］．北京：中国农业出版社，2005.

［3］ 王书林．兽医临床诊断学［M］．北京：中国农业出版社，2008.

［4］ 李毓义，杨宜林．动物普通病学［M］．北京：吉林科学技术出版社，1994.

［5］ 关富颖，郭金文，张玉平．对初生奶牛犊夜盲症一例的分析［J］．兽医卫生，2007，5：24.

［6］ 胡梅，柴建亭，马权辉．奶牛传染性角膜结膜炎的诊治［J］．中国兽医杂志，2011，9：80－81.

［7］ 郑聘，郭洪友．牛巴氏杆菌病的发生与防治［J］．现代农业科技，2010，4：364－365.

［8］ 郭希保．牛巴氏杆菌病的发生与治疗［J］．畜牧与饲料科学，2009，5：127－128.

［9］ 胡来根．牛巴氏杆菌病的临床诊断与综合防治［J］．畜牧与饲料科学，2009，4：125.

［10］ 李尚敏．牛传染性角膜结膜炎的正确诊断及有效防制［J］．反刍动物，2007，10：38.

［11］ 常小芳，毋会波，赵忠明．牛传染性角膜炎的防治［J］．动物疾病防治，2007，9：48.

［12］ 马金才，冯克昌，张鹏．牛传染性角膜炎的防治［J］．中国奶牛，2007，2：54－55.

［13］ 姚树国，唐大为，张宝良．牛恶性卡他热的诊断与防控［J］．畜牧与饲料科学，2010，3：162.

［14］ 孙晓辉．牛恶性卡他热的诊断与防控措施［J］．当代畜禽养殖业，2014，1：15.

［15］ 李宗金．牛吸吮线虫病的诊断与治疗［J］．西南民族学院学

报，1989，11：84－85.

[16] 徐培春，孙克胜，郭艳清．牛眼虫病的诊治 ［J］．中国畜禽种业，2011，2：119.

[17] 张凌燕，喻敏，袁玉新．牛眼结膜炎的防治 ［J］．兽医临诊，2012，4：76.

[18] 单守廪．牛夜盲症的诊疗 ［J］．中兽医学杂志，1996，4：18.